Ernst Ulrich von Weizsäcker (Hrsg.)

Grenzen-los?

Jedes System braucht Grenzen –
aber wie durchlässig müssen
diese sein?

Redaktionelle Bearbeitung und
Übersetzungen: Rainer Klüting

Springer Basel AG

Die Deutsche Bibliothek – CIP-Einheitsaufnahme

Grenzen-los? : Jedes System braucht Grenzen – aber wie durchlässig müssen diese sein? /
Ernst Ulrich von Weizsäcker (Hrsg.). – Berlin ; Basel ; Boston : Birkhäuser, 1997
ISBN 978-3-0348-6106-9   ISBN 978-3-0348-6105-2 (eBook)
DOI 10.1007/978-3-0348-6105-2

© 1997 Springer Basel AG
Ursprünglich erschienen bei Birkhäuser Verlag GmbH 1997
Softcover reprint of the hardcover 1st edition 1997
Umschlaggestaltung: Micha Lotrovsky, Therwil

Buchgestaltung: Hans Kretschmer

Fotos: Rolf Weinert

Gedruckt auf säurefreiem Papier, hergestellt aus chlorfrei gebleichtem Zellstoff. TCF∞
ISBN 978-3-0348-6106-9

9 8 7 6 5 4 3 2 1

Inhalt

Seminar B: Grenzenlose Technologie

Festvortrag

Seminar C: Zivilisation braucht Grenzen

Seminar D: Globalisierung in Wirtschafts- und Energiepolitik

**Schlußplenum: Kooperation statt globalem Wirtschaftskrieg –
Plädoyer für ein neues Wohlfahrtsverständnis**

Ernst Ulrich von Weizsäcker

Vorwort und Einführung

Fortschritt war immer mit Fort-Schreiten verbunden, mit der Überwindung von Grenzen. In einer Welt der erzwungenen Seßhaftigkeit der Landwirtschaft, des Ochsenkarrens und quälender dörflicher Enge waren die Wanderschaft, das hurtige Reitpferd, das Erschließen neuer Räume und Kulturen ganz selbstverständlich eine Befreiung. Immer wieder waren es die Eliten, die sozialen wie die kulturellen und technischen, die zum Symbolträger der Mobilität und der Überwindung von Grenzen wurden.

Kolumbus und Vasco da Gama, Livingstone und Nansen wurden entsprechend als Symbolträger der Neuzeit gefeiert. Entdeckungen und Eroberungen bis hin zur „Eroberung des Weltraums" haben das Fortschrittsgefühl bis in die neueste Zeit hinein bestimmt und beflügelt. Insbesondere in den USA spielten und spielen die Pioniere, die vom Osten nach Westen aufbrachen, eine ebenso heldenhafte wie kulturbestimmende Rolle. Noch 1960, als schlechterdings kein neues Territorium mehr zu entdecken war, rief der junge, strahlende Präsident John F. Kennedy „Neue Grenzen" aus, die es nunmehr zu überwinden gelte.

Der amerikanisch-angelsächsische Traum der Überwindung immer neuer Grenzen hat nicht zuletzt auch die Wissenschaft und Technologie der letzten fünfzig Jahre dominiert. Man drang auch in den Mikrokosmos, die Moleküle und Atome vor, und Gehirnforschung und Molekularbiologie wurden allgemein als „Entdeckungsreisen" gekennzeichnet und wahrgenommen. Die Kommunikationstechnologie, der interkontinentale Flugverkehr, die internationalen Wirtschaftsbeziehungen und schließlich die Globalisierung sind zum technologisch-politischen Programm des Niederreißens jeglicher Grenzen geworden.

Doch das Stichwort Globalisierung, als es in seinen Konsequenzen verstehbar zu werden begann, löste auf einmal Ängste aus. Zum ersten Mal in der Weltgeschichte, so kann man überspitzt sagen, ist ein breites Bewußtsein, ein selbst die Eliten erfassendes Bewußtsein dafür entstanden, daß das Fortschreiten über Grenzen nicht mehr *automatisch* Fortschritt ist. Nun werden auf einmal die Verlierer der Grenzüberwindung sichtbar. Die Anhänger des sozialen Konsenses entdecken verstört, daß die von der Ökonomie als Wohlstandspfad gepriesene Globalisierung der Wirtschaft zugleich den Wohlfahrtsstaat der sechziger und siebziger Jahre unterminiert. Bei der ersten Ministerkonferenz der Welthandelsorganisation WTO im Dezember 1996 in Singapur wurde völlig klar, daß soziale und ökologische Belange dem Diktat des Freihandels gnadenlos untergeordnet werden.

Eigentlich ist die Erfahrung, daß jede Grenzüberwindung auch Verlierer hinterläßt, uralt. Indigene Völker wie etwa die nordamerikanischen Indianer haben mit ihrer jahrhundertealten grauenhaften Erfahrung Resonanz, daß das Fortschreiten der als Helden stilisierten Pioniere zugleich die Vernichtung uralter Kulturen und das Ausrotten ganzer Völkerschaften bedeutete. Daß diese Dezimierung der ethnischen und kulturellen Vielfalt unvermindert voranschreitet, dagegen erhebt Victoria Tauli-Corpuz vehement und eindrucksvoll ihre Stimme. Der Kongreß „Grenzen-los?" hat dieser in Deutschland selten gehörten Stimme endlich öffentliche Resonanz gegeben.

Doch erst seit auch die Gewinner zu spüren beginnen, daß sie durch die Grenzenlosigkeit in Schwierigkeiten kommen, kann man hoffen, ernsthaft über die Ambivalenz der Grenzüberwindung zu sprechen. Nun entdeckt man auf einmal, daß es *selbstverständlich* in sämtlichen gutfunktionierenden Systemen Membranen, Gradienten, Abschottungen, Verbotsschilder, Tabus, Isolationsmechanismen, Unterscheidungstechniken und viele andere Mechanismen der Grenzziehung gibt. In aller Regel sind diese aber nicht absolut, sondern einem feinen Regelspiel zwischen Grenzerhaltung und Grenzüberwindung unterworfen.

Eine zentrale Rolle in der menschlichen Gesellschaft spielt dabei das Recht. Schon die zehn mosaischen Gebote waren in Wirklichkeit *Verbote*, Grenzziehungen. Sie schützen den Schwachen, und sie gebieten Respekt vor Gott, einer für den expansiven Menschen nicht mehr verfügbaren Hoheit. Die total rechtlose Gesellschaft, die Mafiagesellschaft, ist eine besonders widerwärtige Form der grenzenlosen Gesellschaft. Und insoweit der grenzenlose Weltmarkt der Mentalität der Mafiawirtschaft gehorcht, wird er ebenfalls innerlich abgelehnt.

In der angelsächsischen Zivilisation wird das Recht im wesentlichen als Garantie der Fairneß des Wettbewerbs aufgefaßt. Im Rahmen des rechtlich fair gestalteten Wettbewerbs ist es aber in dieser Zivilisation ganz „in Ordnung", daß der Starke den Schwachen besiegt. Daß dieses nicht zu unerträglichen sozialen Ungleichheiten führt, soll dann durch die (parlamentarische) Demokratie sichergestellt werden. Die Schwachen können sich nämlich an der Wahlurne zur Wehr setzen. Dieses Bild ist so lange stark und stimmig, wie die räumliche Reichweite des Wettbewerbs die räumliche Reichweite der Demokratie nicht wesentlich übersteigt. Sobald aber die Starken weltweit mobil sind, während das demokratische Gegengewicht durch die Schwächeren auf den nationalen Rahmen beschränkt bleibt, haben wir eine dramatische Veränderung des Kräftegleichgewichts.

In einer Zivilisation, in welcher die Überwindung von Grenzen zum Fortschrittssymbol geworden und geradezu zum moralischen Imperativ hochstilisiert worden ist, wird eine solche Verschiebung des Kräftegleichgewichtes als zwar bedauerlich, aber dem höheren Ziel des Fortschritts gegenüber hinzunehmen wahrgenommen. Erst wenn die Fort-Schritts-Dogmatik durch die Erkenntnis der segensreichen Systemeigenschaften von Grenzen relativiert wird, haben wir eine politische Chance, der Machtentfaltung der Starken *Grenzen* zu setzen. Das internationale Recht, die Durchsetzung der Menschenrechte, der international koordinierte Käuferboykott (man denke an Greenpeace und Shell), die internationale Solidarität von Arbeitnehmern, das internationale Zusammenarbeiten von Kirchen, die ethische Wachsamkeit von Aktionären oder Investoren – all das sind Kräfte und Mechanismen, die der Grenzenlosigkeit oder auch der Skrupellosigkeit von Kapitalbewegungen entgegenwirken.

Was aber auf den ersten Blick nur als Idealismus oder als Sand im Getriebe der Weltwirtschaft erscheint, wird unter dem System-Blickwinkel der von Grenzen durchzogenen komplexen Systeme auf einmal zur systemerhaltenden Notwendigkeit. So kann man ein gesellschaftliches Interesse an der Erörterung von segensreichen Wirkungen von Grenzen legitimieren.

Es ist also nicht nur wissenschaftliche Neugier, sondern auch ein weiterreichendes gesellschaftliches Interesse, daß wir die kreativen, lebensschützenden, segensreichen Eigenschaften von Grenzen aller Art in den Blickwinkel rücken. Besonders faszinierend ist die Tatsache, daß in der biologischen Evolution dem Wettbewerb aktiv Grenzen gesetzt wurden. (Diese Tatsache ist den meisten Ökonomen und Stammtischpolitikern, die sich auf vermeintliche Naturgesetze berufen, wenn sie dem unbeschränkten Wettbewerb das Wort reden, unbewußt!) Der Mechanismus „dominant-rezessiv" bei den Genen führt in aller Regel dazu, daß die auf rezessiven Genen gespeicherten, meist schwächeren Eigenschaften die allermeiste Zeit vor dem Wettbewerb gegen ihre dominanten, stärkeren Konkurrenten geschützt sind, also nicht ausgerottet werden. Das war die großartige Entdeckung des Neodarwinismus 1930, die Entdeckung des Genpools, welcher sich in „Normalzeiten" der Evolution ständig ausweitet. Erst in „Krisenzeiten", wenn die Population insgesamt dezimiert wird, wird die statistische Wahrscheinlichkeit des Zusammentreffens von zwei gleichen rezessiven Genen von beiden Elternteilen hoch genug, um die Evolution nennenswert zu beeinflussen. Das ist die Stunde der „schwachen" Gene. Unter Hunderten von ihnen kann nunmehr dasjenige „gesucht" und gefunden werden, welches mit der neuen ökologischen Herausforderung (zum Beispiel dem Auftauchen eines neuen Räubers, Nahrungsknappheit, Krankheit) fertig wird. Jetzt auf einmal stellt sich heraus, daß es sehr „vorausschauend" war, die zahllosen, im Normalfall unterlegenen Mutationen durch die Rezessivität vor dem Zugriff der Auslese zu schützen und auf diese Weise die Evolutionsfähigkeit derart zu erhöhen (ohne dadurch die Robustheit der dominanten Wildtyp-Eigenschaften zu gefährden).

Ein weiterer Evolutionsmechanismus trägt dazu bei, daß die „Schwachen" geschützt werden: die Isolation. Hat nicht Charles Darwin seiner Evolutionstheorie ihre letzte Gestalt gegeben, als er auf den Galapagosinseln hochspezialisierte Finken entdeckte, die auf originelle, aber keineswegs perfekte Weise Fähigkeiten entwickelt hatten, welche auf dem südamerikanischen Festland von Spechten, Papageien, Kernbeißern oder sogar Vampirfledermäusen gezeigt werden? Die Evolution der Vielfalt ist auf geographische Barrieren und zusätzliche, in der Organismenwelt selbst entstandene Begrenzungsmechanismen angewiesen. Wenn sich jemand im Zusammenhang mit dem wirtschaftlichen oder sozialen Wettbewerb auf Mechanismen der biologischen Evolution berufen kann, dann ist das in der heutigen Diskussion am ehesten Riccardo Petrella mit seiner Forderung nach Grenzen des Wettbewerbs.

Nicht weniger faszinierend als die Grenzen in der Evolution sind die Membranen und Mikrostrukturen, wie sie die moderne Biologie ans Tageslicht fördert. Praktisch kein biochemischer Prozeß findet in freier Lösung statt. Die für das Funktionieren des komplexen Organismus erforderliche Festlegung von Ort, Geschwindigkeit und gegebenenfalls Zeitpunkt des Ablaufs biochemischer Reaktionen wird von in *Membranen* eingebauten Makromolekülen vermittelt, welche die Funktion von Schleusen oder Türstehern oder Reaktionshelfern haben. Dieter Oesterhelt, einer der weltweit bekanntesten deutschen Biochemiker, eröffnet in diesem Band dem Leser die Welt der Membranen, während Uwe Sleytr die Nützlichkeit der einfachsten Membranen für chemisch-technische Sortier- und Reaktionsprozesse illustriert. Hazel Henderson, die große Zukunftsforscherin, hat ebenso wie Riccardo Petrella die Herausforderung aufgenommen und in die Wirtschafts- und Sozialwissenschaften getragen. Jenseits der „globalen ökonomischen Kriegführung" entwirft sie eine Welt der Kooperation, des Respekts, der Aufklärung. Auch Orio Giarini und Bernd Guggenberger kritisieren die Grenzenlosigkeit, beide aus unterschiedlichen Blickwinkeln der Technologieentwicklung.

Aber romantisches Einnisten in gemütlichen Heimaträumen ist für unsere Gesellschaft keine Lösung. Das betont schon Ministerpräsident Rau in seinem Eröffnungsreferat, und er wird von Patrick Minford und Hans Günter Danielmeyer aus dem Gesichtswinkel der Weltökonomie und der zum internationalen Wettbewerb gezwungenen Industrie eindrucksvoll unterstützt.

Offensichtlich geht es darum, eine neue Balance zu gewinnen. Der Kongreß „Grenzen-los?" war naturgemäß nur ein Anfang auf diesem langen Wege.

Der Kongreß war ein Feuerwerk der Ideen in der Naturwissenschaft, der Technik, der Ökonomie und der Politik. Viele sorgfältig formulierte Feinheiten einzelner Rednerinnen und Redner gingen im Sturm des Redeflusses nahezu unter. Die Buchform gestattet uns, die Gedanken mit der notwendigen *Langsamkeit* aufzunehmen und in die eigene Lebenswirklichkeit zu holen. Die „Wiederentdeckung der Langsamkeit" ist schließlich eine der kreativsten Aufgaben der hektisch gewordenen, besinnungslos grenzendurchrasenden Zivilisation geworden. Das Medium Buch bleibt in dieser erhofften weiseren Zivilisation unverzichtbar, auch wenn es seine Grenzen hat.

Plenum

Hans Kremendahl

Ein zukunftsweisender Kongreß an einem Ort voller Zukunft

Der 6. Jahreskongreß des Wissenschaftszentrums Nordrhein-Westfalen ist für die Stadt Wuppertal zugleich eine Art Start für das Kongreßzentrum Wuppertaler Stadthalle. Wir hoffen, daß eine so hochrangige Tagung, die viele hervorragende Vertreter der Scientific Community über die Grenzen unseres Landes Nordrhein-Westfalen hinaus an diesen Ort geführt hat, der Auftakt dafür ist, daß unsere Stadthalle zu einem Ort des Dialogs, des Gedankenaustausches und auch des wissenschaftlichen Austausches wird.

Das Wissenschaftszentrum Nordrhein-Westfalen mit seinen drei Instituten ist ja selbst ein Beispiel dafür, wie man versucht, mit modernen Fragestellungen Grenzen zu überschreiten oder Grenzen durchlässiger zu machen. Jedes dieser Institute hat seinen eigenen Auftrag, seine selbständige Tätigkeit, aber die Zusammenfassung in der Dachorganisation dient ja zugleich der Interdisziplinarität, dient dem Versuch, unterschiedliche Zugänge, unterschiedliche Wissenschaftsdisziplinen in einen Dialog miteinander zu bringen, der nicht Selbstzweck ist, sondern einen praktischen Auftrag hat.

Wir in Wuppertal erleben dies mit dem Wuppertaler Standbein des Wissenschaftszentrums, nämlich dem Wuppertal Institut für Klima, Umwelt, Energie, in hervorragender Weise. Ist doch dieses Institut nicht nur bundesweit zu der – das kann man wohl mit Fug und Recht sagen – führenden Institution des Dialoges um unsere Zukunftsgestaltung geworden. Bücher wie „Faktor Vier" oder „Zukunftsfähiges Deutschland" sind Gegenstand einer Diskussion, die weit über die Grenzen unseres Landes hinaus relevant ist. Besonders freut mich, daß dieses Institut in wachsendem Maße Partner beim Wissenschaftstransfer zur Gestaltung unserer Stadt, für die Gestaltung unserer Region Bergisches Land ist. Es hat also auch einen unmittelbar regionalen Praxisbezug erarbeitet und nimmt immer stärker am Leben und der Gestaltung der gesellschaftlichen Angelegenheiten in unserer Region teil.

Das Thema des Kongresses „Grenzen-los?" hat viele Bezüge. Wenn ich an den politischen Raum denke, dann ist mir sehr bewußt, daß die Wiedervereinigung unseres Landes wohl nicht gelungen wäre, wenn man nicht Grenzen, die man auf mittlere Sicht nicht verändern konnte, durchlässig gemacht hätte, wenn man nicht versucht hätte, ihnen durch Begegnungen, durch Dialoge das Trennende zu nehmen. Erst dies hat dann auch dazu geführt, daß Grenzen revidiert werden konnten.

Wendet man die Frage „Grenzen – Grenzüberschreitung" auf die Wissenschaft an, dann wissen wir, glaube ich, alle, daß es immer dringender wird, die Grenzen von Fachdisziplinen zwar nicht zu beseitigen, weil sie notwendig bleiben – um der Solidität willen, um des begründeten Wissens willen –, sie aber durchlässig zu machen, um interdisziplinäre Kooperation zu ermöglichen, um das, was wir von Wissenschaft erhoffen und erwarten, nämlich Wegweisungen für die Zukunft, in Kooperation unterschiedlicher Disziplinen, der Natur- und er Geisteswissenschaften, der Ingenieur- und der Sozialwissenschaften, möglich zu machen. Ein Thema wie Umweltschutz, um beim herausragenden Thema des Wuppertal Instituts zu bleiben, macht dies sehr deutlich.

Insofern hat sich der Kongreß ein Thema gestellt, das herausfordernd ist, das spannend ist, und das zukunftsweisend zugleich ist.

Johannes Rau

Das Spannungsverhältnis zwischen Gemeinsamkeiten und Abgrenzungen in der Politik

Vor sieben Jahren haben wir alle erlebt, zu welcher Freude, ja zu welch über-schäumendem Jubel Menschen fähig sind, wenn Grenzen überwunden werden. Mit dem Fall der Mauer, der ein Glücksfall war, öffnete sich für die Menschen in der damaligen DDR eine Welt, die ihnen mehr als vier Jahrzehnte verschlos-sen geblieben war. Es gab damals aber auch Menschen im Osten Deutschlands, für die mit dem Fall der Mauer eine ganze Welt zusammenbrach.

Heute sind die sichtbaren Grenzen innerhalb Deutschlands verschwunden. Die Mauern aus Beton sind gefallen, aber Bedenken und Vorurteile haben man-che unsichtbaren Gräben breiter und tiefer gemacht, haben neue Grenzen ent-stehen lassen, vor allem in den Köpfen und in den Herzen der Menschen in Ost und West.

Mit Grenzen leben zu müssen, Grenzen zu überwinden und dann wieder an neue Grenzen zu stoßen – über Grenzen als Grunderfahrung des Menschen ist auf dem Jahreskongreß des Wissenschaftszentrums Nordrhein-Westfalen viel zu hören.

Schon das Thema versprach spannende und anregende Diskussionen, denn an der Grenze scheiden sich die Geister, und an ihrem Umgang mit Grenzen las-sen sich die Geister unterscheiden. Dem einen gelten Grenzen als mehr oder weniger notwendiges Übel. Dem anderen sind sie wertvoll um ihrer selbst wil-len. Ein dritter bezieht aus Grenzen Sicherheit und Orientierung, und einem vierten erscheinen sie unerträglich und ihre Beseitigung unerläßlich.

Daß am Ende dieser Konferenz nicht eine falsche und überflüssige Scheidung der Geister steht, dafür sorgen die Referentinnen und Referenten, die das Wis-senschaftszentrum Nordrhein-Westfalen nach Wuppertal eingeladen hat.

„Grenzen-los?" lautet das Thema, und das Fragezeichen hinter dem Thema zeigt mir: Es sollte nicht pauschal der Abschaffung aller Grenzen das Wort gere-det, sondern es sollte über die Frage nachgedacht werden, welche Funktion Grenzen haben.

Wer danach fragt, dem geht es um das rechte Verständnis von Grenzen, und das bedeutet: die Grenzen in den Blick zu nehmen, die dem Menschen durch

Geburt und Tod unwiderruflich gesetzt sind. Und auch jene, die er sich selber setzt, ja setzen muß, weil Selbstbegrenzung für den Menschen Voraussetzung ist für Freiheit in Gemeinschaft und in Gesellschaft. Uns Menschen ist es gegeben, über Grenzen hinauszudenken. Nach einem berühmten Satz Hegels gilt: *Als Schranke, als Mangel wird etwas nur gewußt, ja empfunden, indem man zugleich darüber hinaus ist.*

Sollten Grenzen mehr noch als nur Schranke und Mangel sein, sollten sie gar als etwas Lobenswertes erkannt und empfunden werden, so muß man erst recht „zugleich darüber hinaus" sein. Dann erst läßt sich entscheiden, ob über Grenzen zu reden noch etwas anderes sein kann als nur der Hinweis auf eine Beschränkung, die Kritik eines Mangels oder das Empfinden eines Zwanges.

Ein solcher Gedanken-Gang über die Grenzen tut freilich gut daran, von vornherein klarzustellen, auf welchen Wegen er wandelt. Die Diskussionen des Kongresses gehen ganz verschiedene Wege bei ihrer Frage nach der Bedeutung von Grenzen in so unterschiedlichen Bereichen wie Wissenschaft und Technik, Wirtschaft und Politik, Kultur und Recht.

Was kann die Politik zu diesem Thema beitragen? Zunächst einmal die Einsicht, daß praktische Politik und Wissenschaft sich zwar häufig mit den gleichen Problemen beschäftigen, aber ganz unterschiedliche Aufgaben und unterschiedliche Sichtweisen haben.

In der Wissenschaft geht es um Erkenntnis und um die Frage, was wahr ist. In der Politik geht es vor allem um das, was richtig ist, was uns weiterbringt in der „gemeinsamen beweglichen Regelung gemeinsamer Angelegenheiten", wie das Hartmut von Hentig einmal formuliert hat.

Politische Entscheidungen müssen in besonderer Weise berücksichtigen, daß sich nicht nur wissenschaftliche Erkenntnisse, sondern auch deren Bewertung in der Gesellschaft im Lauf weniger Jahre grundlegend verändern können. Deshalb sollte Politik möglichst solche Wege gehen, die man auch zurückgehen kann, wenn sie sich als Irrweg oder Sackgasse herausgestellt haben. Das setzt voraus, daß Minderheitenpositionen in der wissenschaftlichen Diskussion und in der öffentlichen Diskussion nicht beiseite geschoben, sondern ernstgenommen werden. Es hat sich ja immer wieder gezeigt, daß das, was heute erst eine Minderheit für richtig und notwendig hält, morgen schon so selbstverständlich scheint, als hätte es nie eine andere Auffassung gegeben.

Nicht erst seit der Erfindung des Faustkeils kann der Mensch mehr, als er darf. Je mehr wir können, um so häufiger stehen wir vor der Frage: Dürfen wir alles tun, was wir können? Eine Antwort auf diese Frage wird unterscheiden müssen zwischen dem, was Menschen möglich ist, und dem, was ihnen zuträglich ist. Denn menschenmöglich ist auch das Unmenschliche. Das haben wir erfahren, und wir sind gut beraten, mit den inhumanen Möglichkeiten des Menschen zu rechnen, auch wenn sie dem Menschen gewiß nicht zuträglich sind.

Aber wie läßt sich das dem Menschen Zuträgliche bestimmen in einer Welt, in der wie nie zuvor das Wissen die Weisheit überflügelt hat, in der es in Technik und Naturwissenschaft kaum noch Grenzen zu geben scheint, die als unüberwindbar gelten?

Allen Ankündigungen zum Trotz ist ja die Geschichte der Menschheit nicht zu Ende, wohl aber ist sie an einen Wendepunkt gekommen, an dem der Mensch sich der Herrschaft über seine Mittel versichern muß, wenn er nicht zum „Zauberlehrling" werden will. Die Ketten, die die Industrialisierung gesprengt haben, die Ketten des Prometheus lassen sich nicht wieder zusammenschmieden. Das kann auch niemand wollen, der die Geschichte kennt und der es mit der Zukunft der Menschheit gut meint. Aber wenn die industrielle Produktion ihre Grundlagen nicht selber vernichten soll, dann müssen wir die Grenzen beachten, die uns Natur und Umwelt setzen, dann gibt es zur ökologischen Erneuerung der Industriegesellschaft, zum ökologischen Umbau keine Alternative.

Ökologische Modernisierung ist freilich nicht Symptombekämpfung, sondern Strukturwandel, nicht Nachsorge, sondern Vorsorge.

Wir müssen langfristig Ziele formulieren, die die Unternehmen marktwirtschaftlich umsetzen können. Es geht um nicht weniger als um den Übergang zu einer Wirtschaftsweise, die mit weit weniger Rohstoffen und mit viel weniger Energie als heute auskommt. Das ist kein Programm der Askese, sondern ein höchst anspruchsvolles High-Tech-Projekt.

Da sind wissenschaftliche Forschung und technische Erfindungskraft genauso gefordert wie unternehmerische Phantasie, das Können der Beschäftigten genauso wie der politische Gestaltungswille.

Wir denken bei Rationalisierung heute in erster Linie daran, daß Arbeitsplätze wegfallen. Das muß und das kann sich ändern. Wir müssen Kilowattstunden statt Arbeitsstunden wegrationalisieren. Nicht Lohnsenkung macht uns wettbewerbsfähig, sondern moderne Technik für den sparsam Umgang mit Rohstoffen und Energie und für die optimale Nutzung des Rohstoffs Information.

Ernst Ulrich von Weizsäcker, der Präsident des Wuppertal Instituts, hat dazu gemeinsam mit anderen in seinem Buch „Faktor Vier" viele praktische Beispiele genannt.

Heute wird allenthalben beklagt, unsere Gesellschaft habe keine Vision mehr, die die Bedingungen des Überlebens zum Maßstab gegenwärtigen und zukünftigen Handelns macht. Ich widerspreche entschieden! Mit der ökologischen Modernisierung der Industriegesellschaft hat sie eine! Sie zu verwirklichen, macht eine neue Stufe der Verständigung nötig zwischen Wissenschaft, Wirtschaft und Politik.

Wenn wir das beherzigen, dann werden wir die große Fortschrittsaufgabe meistern, die darin besteht, das Können des Menschen zu verbinden mit seinem

Sollen, die Lücke zu schließen zwischen seinen intellektuellen und seinen moralischen Fähigkeiten.

Freilich wäre es vermessen und käme auch einer Überforderung gleich, wenn die Politik dazu den Takt und den Ton angeben wollte. Politik kann nicht die Menschen verbessern, wohl aber die gesellschaftlichen Strukturen, in denen sie leben und handeln.

Deshalb dürfen Politiker keine falschen Hoffnungen wecken, sondern müssen offen aussprechen, was Politik leisten kann und was nicht. Wir brauchen weder Allmachtsphantasien noch Ohnmachtsgebärden.

Angesichts der historisch einmaligen Möglichkeiten, die der Erkenntnisgewinn der Naturwissenschaften mit sich bringt, wächst die Verantwortung der Politik. Sie muß zum einen dafür sorgen, daß Wissenschaft und Forschung nicht nur materiell unter günstigen Bedingungen stattfinden können. Sie muß zum anderen verhindern, daß wissenschaftlich-technischer Fortschritt in Widerspruch gerät zu universellen Moralvorstellungen.

Der wichtigste Beitrag der Wissenschaft liegt darin, die Konsequenzen unterschiedlicher Wege deutlich zu machen, Optionen und Strategien darzustellen. Auf dieser Grundlage müssen dann die politisch Verantwortlichen aus dem Möglichen das Wünschenswerte auswählen und dabei wissen, womit sie rechnen müssen und worauf sie sich einlassen.

So falsch und gefährlich Allmachtsansprüche der Politik sind – sie haben auch ihre Kehrseite. Zu viele verstehen heute unsere repräsentative Staatsverfassung als ein System der repräsentierten Verantwortlichkeit. Fast könnte man meinen, mit ihrem Stimmzettel werfen sie auch ihre gesellschaftliche Verantwortlichkeit in die Wahlurne. Dieses Mißverständnis setzt die Politiker einem enormen Erwartungsdruck aus, der sie tagtäglich erfahren läßt, was Niklas Luhmann einmal „die Überforderung des Machthabers in Organisationen" genannt hat.

Wie andere kennen auch Politiker das Gefühl der Ohnmacht, wenn im Prozeß der gesellschaftlichen Entwicklung Entscheidungen fallen, die sie nicht oder nur unzureichend beeinflussen können. In besonderer Weise trifft das zu für das Verhältnis von Politik und Wirtschaft.

„Politik kann man in diesem Land definieren als die Durchsetzung wirtschaftlicher Zwecke mit Hilfe der Gesetzgebung." Dieser Satz stammt nicht aus einem Leitartikel zum Haushaltsgesetz der Bundesregierung, sondern er stammt von Kurt Tucholsky, und der hat ihn im Jahr 1919 aufgeschrieben.

Sicherlich ist dieser Satz in seiner Zuspitzung übertrieben. Aber ist es nicht auch richtig, daß die Politik in der Wirtschaft wenig entscheidet, aber immer mehr befaßt ist und am Ende alles zu verantworten hat?

Und läßt sich dieser Satz von Tucholsky nicht auch noch anders lesen? Als Beschreibung jenes Zustandes nämlich, nach dem die nationalen Regierungen zwar im Amt, aber nicht an der Macht zu sein scheinen angesichts des immer stärker werdenden Einflusses weltweit handelnder Konzerne, deren Umsatzzahlen weit größer sind als die staatlichen Haushalte der meisten Staaten dieser Welt.

Globalisierung heißt das Schlagwort, das längst zu einem Reizwort geworden ist. Es steht für eine Entwicklung, in der Kapital und Technologien, Informationen und Güter Grenzen überwinden mit einer Leichtigkeit und Geschwindigkeit wie nie zuvor.

Wenn aber im Zeichen der Globalisierung der Markt gleichsam als neuer Leviathan einer Welt gesehen wird, in der globale Wirtschaftsakteure auf der Suche nach Standortkonzessionen die nationalen Regierungen in die Knie zwingen; wenn mit Hinweis auf Globalisierung die Furcht geschürt wird vor Arbeitsplatzverlusten und Wohlstandseinbußen durch massive Verlagerung deutscher Produktion ins Ausland, dann ist der nüchterne Blick auf die Wirklichkeit geboten, und dann brauchen wir Klarheit in der Problemanalyse.

Zunächst einmal halte ich es für einen Irrglauben – der amerikanische Ökonom Paul Krugman nennt es sogar „Besessenheit" –, wenn so getan wird, als konkurrierten Staaten untereinander genauso wie Unternehmen.

Die internationale Verflechtung der Weltwirtschaft ist kein Nullsummenspiel. Sie fördert die ökonomische Effizienz und führt zu Wohlstandsgewinnen. Die Bundesrepublik Deutschland ist eines der Länder, die zu den größten Gewinnern des freien Welthandels gehören. Wir sollten diese Grunderkenntnis nicht verdrängen – bei allen Problemen, die der schärfere Wettbewerb für Unternehmen in unserem Lande mit sich bringt.

Unternehmen und Unternehmer sind kein weltweiter Wanderzirkus, der auf der ständigen Suche ist nach den niedrigsten Löhnen und Sozialleistungen, nach den niedrigsten Steuern und Umweltschutzstandards. In Wirklichkeit setzen die Unternehmen und Unternehmer bei ihren Standortentscheidungen die Löhne ins Verhältnis zur Qualifikation und Produktivität der Arbeit, die Sozialleistungen ins Verhältnis zum sozialen Frieden, die Steuern ins Verhältnis zu den Staatsleistungen, die Freiheit von Regulierungen ins Verhältnis zu Ordnung, Stabilität und Sicherheit des jeweiligen Umfelds.

Sicher ist es richtig, daß die Bundesrepublik kein billiger Standort ist. Aber unser Land ist nach wie vor ein attraktiver Wirtschaftsstandort. Hohen Löhnen stehen hohe Leistungen gegenüber. Wir haben hochqualifizierte und -motivierte Arbeitskräfte. Wir können uns stützen auf ein soziales Kapital, das gewachsen ist aus Leistungsbereitschaft des einzelnen und sozialer Sicherheit, aus Mitbestimmung und Interessenausgleich, aus Bodenhaftung und Weltoffenheit.

Wir dürfen dieses Kapital nicht verspielen. Das historische Bündnis zwischen Marktkräften, Sozialstaat und Demokratie dürfen wir nicht aufkündigen.

Wir erleben heute, daß sozialer Ausgleich fast schon als Luxus betrachtet wird, daß Beschäftigte offenbar nur noch als Kostenfaktoren in Zahlenkolonnen auftauchen. Mit dem Argument, wir müßten unsere Konkurrenzfähigkeit stärken, soll plausibel gemacht werden, was nicht plausibel ist: daß schwache Schultern mehr und starke Schultern weniger tragen sollen, daß die Armen ärmer und die Reichen reicher werden müssen.

Wir alle warten noch immer und wohl auch in Zukunft vergebens, daß dadurch unsere Wirtschaft leistungsfähiger wird und daß die so dringend benötigten Arbeitsplätze entstehen. Was wir aber täglich erfahren, ist eine immer tiefer werdende soziale Spaltung der Gesellschaft, ist ein wirtschaftlicher Wandel, ein ökonomischer Wettbewerb, in dem immer mehr Menschen immer weniger haben und wenige immer mehr.

Deshalb brauchen wir heute mehr denn je eine Politik, die dem Leitfaden einer grenzenlosen Wirtschaft in einer sozial gleichgültigen Welt endlich wieder die Einsicht entgegensetzt, daß eine zu ungleiche Verteilung des gesellschaftlichen Reichtums politisch und wirtschaftlich großen Schaden anrichten kann. Es stimmt, daß nur verteilt werden kann, was zuvor produziert worden ist. Aber es stimmt auch, daß eine ungerechte Verteilung auf Dauer auch die Produktion behindert.Wir brauchen eine wirtschaftliche Dynamik, die neue Arbeitsplätze schafft und bestehende Arbeitsplätze nicht vernichtet; eine Sozialpolitik, die den sozialen Frieden erhält; eine Wirtschaftspolitik, die nicht nur den Betriebseinheiten, sondern den Menschen dient, indem sie vor allem den jungen Menschen berufliche Perspektiven, sinnvolle Arbeit und sicheres Einkommen gibt.

Wir müssen die vorhandenen Vorteile des Standorts Deutschland sichern und ausbauen und dürfen sie nicht einem Wettbewerb mit Billiglohnländern opfern, den wir weder heute noch morgen gewinnen können.

Wir werden erfolgreich sein, wenn wir in der Forschungs- und Technologiepolitik endlich die Weichen so stellen, daß der Standort Deutschland für den Innovations- und Produktivitätswettbewerb der Zukunft fit gemacht wird.

Deshalb sollten wir die aufstrebenden Schwellenländer nicht nur als gefährliche Konkurrenten ansehen, sondern ihren Aufstieg als die in Wirklichkeit einzige Chance erkennen und anerkennen, den Wohlstand auf dieser einen Welt ein wenig gerechter zu verteilen. Und niemand sollte vergessen: Bei uns kaufen kann nur der, der selber etwas verkaufen kann und damit Geld verdient.

Die westlichen Industriestaaten, vor allem Europa, haben das Projekt der Moderne immer weniger für sich allein. In der Wirtschaft, aber auch auf dem Gebiet des Geistigen nimmt die Konkurrenzfähigkeit der Nichteuropäer zu. Es wäre eine trügerische Hoffnung, daß sie sich durch eine Art wirtschaftlichen oder kulturellen Nichtverteilungspakt begrenzen ließe, der festlegt, welche Elemente der Modernität die westliche Moderne für sich reserviert.

Einst war Europa der Zeitgeber der Modernisierung. Jetzt brauchen wir neue Impulse für das Projekt der Moderne, damit wir nicht zum Zeitempfänger werden. Wir brauchen ein neues und vertieftes Nachdenken über die universalen Ideen der Aufklärung, der Menschenrechte und der Humanität, die bei uns ihren Ursprung haben.

Solches Nachdenken muß kritisch sein – und selbstkritisch, offen für die Zeichen der Zeit und den Wandel in der Welt; es muß ein Denken sein, das dem Fremden Raum läßt, ohne das Eigene zu verleugnen, das Universalität nicht als Uniformität mißversteht, das Unterschiede anerkennt, aber auch deutlich macht, welche Grenzen einzuhalten sind, nicht, weil sie seit langem gelten, sondern weil sie universell und zeitlos gelten müssen: vor allem die Unverletzlichkeit und die Vernunftfähigkeit jedes Menschen. Das wäre eine Fortentwicklung des Projekts der Moderne, die nicht länger auf Belehrung setzt, sondern auf die Fähigkeit und Bereitschaft, mehr als bisher anderen zuzuhören und so voneinander zu lernen.

Vor mehr als zweihundert Jahren schrieb der Königsberger Philosoph Johann Georg Hamann an seinen Kollegen Immanuel Kant, von dem er sich immer wieder mißverstanden fühlte: „Sie müssen schon mich fragen, nicht sich, wenn Sie mich verstehen wollen." Gegenüber den außereuropäischen Gesellschaften sollten wir diesem Ratschlag Hamanns folgen. Ich bin davon überzeugt, daß es auch uns selber gut täte, wenn diejenigen mehr miteinander als übereinander redeten, die in Wissenschaft und Kultur, in Politik und Wirtschaft Verantwortung tragen. Nur so werden wir uns verständigen können über einen Fortschritt, der sich seiner Grenzen bewußt ist, und sich dadurch die Fähigkeit bewahrt zu Aufbruch und Vision, und der über bisherige Grenzen hinausgeht, wo es verantwortbar ist.

Dafür brauchen wir das Gespräch zwischen Wissenschaft, Wirtschaft, Kultur und Politik, und wir brauchen Institutionen wie das Wissenschaftszentrum Nordrhein-Westfalen, die nicht dem Zeitgeist nachlaufen, sondern immer wieder ein Stück vorausdenken und solche Dialoge organisieren.

Dafür möchte ich den Präsidenten und ihren Mitarbeiterinnen und Mitarbeitern danken, vor allem dem Wuppertal Institut und seinem Präsidenten, meinem Freund Ernst Ulrich von Weizsäcker, der diesen Jahreskongreß vorbereitet hat.

Dieter Oesterhelt

Biologische Membranen als lebensnotwendige Barrieren

Einleitung

Mein Beitrag beschäftigt sich mit einem biologischen Phänomen, das stets die Grenzen schafft und doch Räume verbindet: der biologischen Membran. Ohne grenzziehende Membranen innerhalb einer Zelle und nach außen existiert kein Leben in autarker Form. Hierbei übernehmen Membranen eine Reihe wichtiger Aufgaben: Stofftransport, Energiegewinnung und Informationsvermittlung.

Meine Darstellung wird inhaltlich nicht umfassend sein und nicht streng wissenschaftlich in der Sprache, eher anthropomorph eingefärbt. Ich will damit der Gefahr begegnen, daß Ihnen die ungeheure Fülle der bekannten Fakten den Zugang zu den Prinzipien verstellt.

Der menschliche Wunsch nach einer grenzenlosen, unbeschränkten Welt ist sehr alt, aber wenn Europa in der Tat seine Grenzen niederreißt, erheben sich schnell warnende Stimmen zur Problematik der Verbrechensbekämpfung, der ökonomischen Blockbildung und vielen anderen Problemen, die ausführlich in anderen Referaten behandelt werden.

Was bedeutet es, wenn keine Grenzen im biologischen Bereich bestehen würden? Jeder kennt einige schlimme Folgen aus dem Alltag. Grenzenloses Zellwachstum heißt Krebs und Tod des Trägers der ursprünglich einen einzigen, nun unbegrenzt wachsenden Zelle. Das Immunsystem kämpft heftig, aber meist vergebens dagegen an.

Grenzenloses Wachstum einer Population provoziert in der Tierwelt die Gegenantwort der Natur: in der Regel Massenvernichtung oder Massensterben. Das Wechselspiel von Jäger und Beute, Fuchs und Hase ist ein beliebtes Beispiel der Ökologen für zyklische Dichteschwankungen zweier voneinander abhängiger Populationen. Die endgültige Antwort auf die steigende Populationsdichte des Menschen hat die Natur noch nicht gegeben, sie läßt sich ahnen. Die simple Aussage also, grenzenlos ist möglich, kann bereits im biologischen Bereich nicht richtig sein und ist übrigens auch mathematisch bedenklich.

Es geht um die delikate Regulation von Beschränkung, und hervorragendes Beispiel ist die biologische Membran, denn von ihr aus beginnen und an ihr enden entscheidende Lebensprozesse. Ohne Membran keine Energiegewinnung. Ohne Membran ein Chaos chemischer Reaktionen. Ohne Membran keine selektive Stoffaufnahme und -abgabe. Ohne Membran kein Informationsaustausch zwischen Zellen in einem Gesamtorganismus, und ohne Membran keine Signalweitergabe an den Informationsspeicher der Zelle, die DNA im Kern.

Struktur der Membran: ein physikalischer Trick

Die biologische Membran kann molekular beschrieben werden. Membrana heißt im Lateinischen „dünnes Häutchen". Vor etwa dreißig Jahren begann die biochemische Forschung nach Struktur und Funktion der Membranen zu fragen. Weil die Membran sehr dünn ist, und sehr dünn heißt ein Millionstel Zentimeter, erreicht ihre Dicke die molekulare Dimension. In der Tat ist das physikalische Grundprinzip der Membran als Grenze zwischen Zellinnerem und Zelläußerem eine Moleküldoppelschicht von Fettstoffmolekülen, den Lipiden. In diese Lipiddoppelschicht sind Eiweißkörper, also Proteine eingelagert, und ich möchte kurz erläutern, wie die unglaubliche Vielfalt von Zusammensetzung und Funktionen der biologischen Membran entsteht.

Ich beginne mit den Lipiden. Die schematische Molekülzeichnung in Abb. 1 zeigt die wichtigste Eigenschaft der Membranlipidmoleküle an. Ihre schwarz-weißen Fettsäureketten vermitteln die fettlösliche oder hydrophobe Eigenschaft, die Kopfenden dagegen Wasserlöslichkeit oder Hydrophilie. Schematisch vereinfacht besteht also ein Lipidmolekül aus einem wasserliebenden Köpfchen mit zwei fettliebenden Schwänzchen. Stoßen solche Moleküle in wäßriger Umgebung aufeinander, lagern sich die wasserunlöslichen Teile zusammen, und der wäßrigen Umgebung zeigen sich nur die wasseranziehenden Köpfchen. So entsteht die Grundstruktur einer biologischen Membran, genannt Doppelschicht, als Grenze zwischen zwei wäßrigen Räumen. Diese molekulare Doppelschicht kann als Fläche praktisch unbegrenzt wachsen und sich spontan schließen wie eine

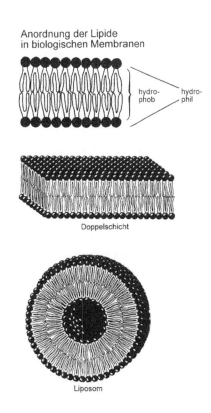

Anordnung der Lipide in biologischen Membranen

hydrophob hydrophil

Doppelschicht

Liposom

Abb. 1: Lipide und Lipidvesikel

Seifenblase, um keine wasserabstoßenden „Kanten" freizulassen. Damit entsteht die Kugel, die in sich geschlossene Oberfläche, wie sie auch jede Zelle umgibt.

Die physikalischen Eigenschaften der Doppelschicht und damit auch der biologischen Membran werden wesentlich durch die chemische Natur der Lipidmoleküle bestimmt, die Länge und Form der hydrophoben Ketten und die Natur des wasserlöslichen Köpfchens. Drei fundamentale Eigenschaften resultieren in allen Membranen: die Fluidität, die Plastizität und die Mosaikbildung. Lipidmoleküle sind nicht ortsfest: Innerhalb der Doppelschicht sind sie so beweglich, daß ein Molekül beispielsweise eine Bakterienzelle in einer Sekunde „umkreisen" kann: die Zellmembran als ein zweidimensionaler See von Lipid. Die Plastizität und die daraus entstehende Formdynamik kann an einfachen Lipidvesikeln gezeigt werden, gilt aber auch für komplexe Membransysteme. Sie ist wesentliche Grundlage für Membrantrennung und -verschmelzung. Die Mosaikbildung resultiert aus der Tendenz, daß ähnliche Molekülsorten besondere Affinität füreinander aufweisen und deshalb Flecken spezieller Zusammensetzung in der Membran bilden.

Fluidität und Dynamik der Doppelschicht haben eine weitere, auch für die biologische Membran wichtige Konsequenz. Werden einem Lipidvesikel als der Urform einer Zelle weitere Lipidmoleküle hinzugefügt, so reihen sie sich mühelos in die Doppelschicht ein und vergrößern die Oberfläche, das Vesikel wächst. Aus einem großen Vesikel können sich aber auch zwei kleine bilden, wie auch zwei kleine zu einem großen verschmelzen können, so daß eine ständige Veränderung umschlossener Räume möglich wird.

Zurück zum Bild der Grenze. Ein in sich geschlossenes reines Lipidvesikel stellt bezüglich innen und außen geradezu eine Art eisernen Vorhang dar. Nur Wasser kann sie durchdringen, ansonsten ist kein Stoffaustausch, kein Informationsaustausch möglich. Hier kommt die Rolle der Membranproteine zum Tragen. Sie erlauben biologischen Membranen die Vielfalt ihrer Funktionen: Nahrungsaufnahme zu vermitteln, Energie zu wandeln, Nervenimpulse zu leiten und Kommunikationszentralen der Zellen zu sein.

Wie können Proteine, die sonst in ihrer Mehrzahl in Wasser löslich sind, in diese Grenzschicht eingelagert werden?

Es gibt drei deutlich unterscheidbare Typen von Membranproteinen. Integrale Proteine durchqueren die Membran und erreichen beide Außenflächen, ja oft ist der überwiegende Teil des Moleküls auf die beiden wäßrigen Phasen verteilt und nur zusammengehalten von einem kleinen, sogenannten Transmembranteil, der wie die Ketten der Lipide fettlöslich ist. Dieser Typ von Molekül hat eine überragende Bedeutung im Stoff- und Informationsaustausch von Innerem und Äußerem.

Eine zweite Art von Membranproteinen taucht in die Membran ein, hat aber ihren Kopf sozusagen auf der Innen- oder Außenseite. Man spricht von membranverankerten Proteinen, und sie katalysieren oft zelluläre Reaktionen wasserunlöslicher Stoffe.

Eine dritte Art wird schließlich nur noch von der Oberfläche oder anderen Membranproteinen festgehalten. Diese sogenannten peripheren Membranproteine dienen oft katalytischen Zwecken, meist aber dem Kontakt der Membran zu Proteinen des Zelläußeren oder zu dem Zellinnenskelett.

Die Zusammensetzung biologischer Membranen schwankt um 50 Prozent für Lipid und Protein. In Ausnahmefällen kann sie bis zu 100 Prozent für je einen der Partner betragen. Die chemische Struktur der Lipide ist hochvariabel, und mehr als tausend verschiedene Molekülsorten kommen in Membranen vor. Ihre Zusammensetzung bestimmt hauptsächlich die Struktureigenschaften der Membran. Die Proteine sind 20- bis 200mal größer, und bereits die kleinste Zelle enthält in ihrer Membran schätzungsweise um tausend verschiedene Proteinsorten. Sie bestimmen in ihrem Muster wesentlich Aufgabe und Funktion der Membran.

Insgesamt muß man sich die Membran also als einen hochflexiblen dünnen Film von Lipidmolekülen vorstellen, in dem wie in einem See die verschiedensten Proteine einzeln oder als Aggregate schwimmen und etwa die Hälfte der Seeoberfläche einnehmen. Man spricht daher auch vom Flüssigmosaikmodell der biologischen Membran. Die Membranproteine machen sozusagen aus dem hermetisch abgeschlossenen Lipidvesikel das Import-Export-Geschäft der lebenden Zelle. Import des Notwendigen und Export des Abfalls, aber auch Export von Waffen: in Tieren die Antikörper gegen Angreifer, und in pathogenen Bakterien die Toxine zur Schwächung des Opfers. Trotz Vielfalt in Form und Funktion verändern die Membranproteine aber nicht die Grundstruktur der Lipiddoppelschicht.

Der Querschnitt einer Membran zeigt, bei hoher Vergrößerung im Elektronenmikroskop fotografiert, die Charakteristik: lang und dünn. Membranproteine heben auch nicht die dynamischen Eigenschaften der Lipidschicht auf, im Gegenteil, sie

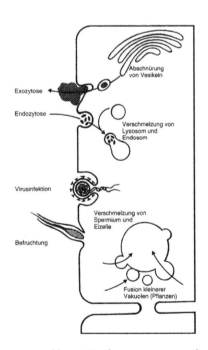

Abb. 2: Membrantrennung und Membranverschmelzung

29

werden biologisch effizient genutzt, etwa bei der Teilung jeder Zelle, die die Trennung der Zellmembran zur Voraussetzung hat. Eine Fülle weiterer zellbiologischer Phänomene hat mit der Dynamik von Membranen zu tun.

Beispielsweise die Verschmelzung der Membranen von Spermium und Eizelle, aber auch, vom Menschen weniger geschätzt, der Infektionsvorgang von membran-umhüllten Viren, die eine Zelle durch Fusion invadieren. Darüber hinaus finden die Prozesse der „Exozytose", „Phagozytose" und „Endozytose" als Membranfusionsprozesse statt, deren Summe man auch oft englisch als membrane traffic bezeichnet. Der Warenumschlag einer Zelle findet hier sozusagen im Containerbetrieb statt, und die Zelle erweist sich als Verpackungskünstler höchster Genauigkeit und Effizienz. Leider nur in Worten zu schildern, aber im Mikroskop eindrucksvoll zu sehen, zeigt sich die Elastizität einer Zellmembran, wenn sie, mit einer „Laserpinzette" gepackt und gezogen, sich wie ein Gummi dehnt.

Evolution: Ausgrenzung bei Verknappung

Was könnte der Grund für die Entstehung komplexer Membransysteme gewesen sein? Es ist gesichert, daß auf der sich abkühlenden Erde durch Hitze und elektrische Entladungen organische Moleküle entstanden, wie wir sie heute als Biomoleküle kennen. Ihre Konzentration ist an einzelnen Orten wohl sehr groß geworden, und in eng umgrenzten Räumen mag sich dann Leben im Sinne von biochemischen Stoffwechselreaktionen entwickelt haben, getrieben vom Abbau energiereicher Ausgangsverbindungen. Spätestens als die „Brennstoffe" dieser Ursuppen sich langsam dem Ende zuneigten, war es ein Gebot der Abgrenzung von Räumen durch Membranen, also durch Vesikelbildung und das Sicherstellen des Stoffaustauschs, um die verbleibenden Nahrungsstoffe der Ursuppe mit einem Teil der Energie anzuhäufen, die im Inneren der Vesikel durch ihren Abbau erzeugt wurde. Dies kann man auch als die Geburtsstunde einer Zelle bezeichnen, wenn man zusätzlich annimmt, daß im umschlossenen Raum eine selbstreplizierende Erbinformationsmaschinerie inzwischen evolviert hatte. Als bildliches Analogon stellt man sich Zeiten vor, wo wenige Horden von Urmenschen in nahrungsreichen Savannen ohne Kampf um Ressourcen auch ohne Grenzen auskamen. Erst die wachsende Konkurrenz um knapper werdende Nahrung erzeugte Ausgrenzung und wachsende soziale Organisation.

Die Evolution blieb natürlich nicht bei der Zelle als einem einfachen Vesikel mit Stoffaustausch nach außen stehen. Wie schon angedeutet, entwickelte die Natur durch Flächenvergrößerung und mit Hilfe spezifischer Proteine eine Art chemischer Differenzierung von Membranen. Während die meisten Bakterien nur von einer einfachen Membran umgeben sind, wird aus Gründen der Flächenvergrößerung diese Membran in photosynthetischen Bakterien in Falten gelegt, um die Absorberfläche ihrer „Sonnenkollektoren" zu vergrößern.

Die Zellen der Tiere und Pflanzen entwickelten darüber hinaus die Unterteilung der zellulären Innenräume, und die sogenannten Zellorganellen entstanden.

Der Reichtum von Zellen an solchen Kompartimenten ist überwältigend. Sie alle sind innerhalb der gemeinsamen Cytoplasmamembran gegeneinander abgetrennte Räume, in denen bestimmte biochemische Reaktionen ablaufen. Die Fülle dieser Organellen ist mit wenigen Beispielen zu nennen: der Zellkern als Informationsspeicher, der Chloroplast mit Sitz der Photosynthese, das Mitochondrion für die Atmung, das endoplasmatische Reticulum mit Ribosomen als Proteinfabrik und die Vakuole der Pflanzenzelle als Müllkübel. Wenn auch voneinander abgegrenzt und hochspezialisiert, kommunizieren sie doch miteinander intensiv.

Durch Trennung und Verschmelzung, aber auch durch molekularen Austausch spielt sich das zelluläre molekulare Leben unter Wahrung von Grenzen ab.

Membrantransport: durchlässige Grenzen

Jedes System braucht Grenzen, aber wie durchlässig müssen sie sein? Membranen haben für diese Aufgabe viele Molekülsorten zur Verfügung, die in verschiedenen Mustern einer individuellen Membran ihre Selektivität verleihen.

Drei Grundtypen treten fast überall auf: Transporter, Signalrezeptoren und Ionenkanäle. Transporter erlauben den Durchtritt von Stoffen sehr verschiedener Art als Warenverkehr, der mit Zoll belegt ist. Er wird grundsätzlich in einer Energiewährung, meist ATP, bezahlt, hiervon jedoch später. Die Membran muß aber auch für Information durchlässig sein, und ebenfalls in selektiver Art. Signalrezeptoren und manche Ionenkanäle sind sozusagen die Fernmeldedienste der Membran, und die Zelle bezahlt wieder in ATP.

Der Vielfalt zu transportierender Stoffe entspricht die Vielzahl hochspezifischer Membrantransporter. Diese molekularen Einheiten sind wirklich die Zollstationen an der Grenze, die exakt kontrollieren, welche Moleküle und wieviel von jeder Art passieren dürfen. Darüber hinaus stehen diese Transportsysteme über ein auch heute noch nicht in seinem Ganzen verstandenen Netzwerk von Regelprozessen miteinander in Verbindung, um sich über den Gesamtzwecke zu einigen.

Drei Beispiele zur Verdeutlichung. Hefezellen sind nur scheinbar kleine Kugeln. Als Eucaryonten verfügen sie über den ganzen komplexen Satz von Membransystemen tierischer und pflanzlicher Zellen. Hefe ist ein sehr guter sogenannter Modellorganismus auch für medizinisch relevante Fragen, und die Entschlüsselung des ersten „höheren" Genoms war das der Hefe. Die Bierhefe ist durch ihr Prinzip bekannt, Glucose zu fermentieren und das begehrte Ausscheidungsprodukt Alkohol zu produzieren. Zur Glucoseaufnahme hat sie ein spezielles Transportmolekül in der Zellmembran, den Glucosetransporter. Damit wächst und lebt die Hefe. Wird nun aber die Glucose knapp und die Umgebung bietet einen anderen Zucker, vermögen andere Moleküle der Membran diese Information zu erkennen und an den Zellkern weiterzugeben, der dann die Synthese eines neuen spezifischen Transporters veranlaßt.

Wie lebenswichtig Transporter nicht nur für Hefen, sondern auch für den Menschen sind, zeigt eine weitverbreitete Erbkrankheit: zystische Fibrose, die sehr früh zum Tod führt. Träger dieser Krankheit erzeugen eine defekte Kopie eines Chloridtransportsystems, das mit ATP betrieben wird und in seiner Aktivität vom Zellinneren aus gesteuert wird. 70 Prozent der Kranken tragen denselben Defekt: ein einziger Baustein in der langen Aminosäurekette des Proteins fehlt, Phenylalanin 508. Die humangenetische Analyse zeigt, daß die Mutation vor etwa 300 Jahren an einem Punkt in Europa entstand und sich von hier in die ganze Welt verbreitet hat.

Als letztes Beispiel sei der Kampf ums Eisen genannt. Alle Zellen eines Körpers, aber auch Bakterien, benötigen es, und oft, zum Beispiel im menschlichen Darm, ist es Mangelware. So entwickelten die Microflora und die Darmepithelzellen Transportsysteme für Eisen, die sich unbarmherzig Konkurrenz machen und beide noch das letzte Eisenion im Nahrungsbrei zu finden suchen.

Biogenese von Membranen: Grenzflächen vergrößern
Die Notwendigkeit für eine lebende Zelle, Membranflächen zu vergrößern, hat zunächst einen sehr trivialen Grund. Um aus einer Kugel, zum Beispiel einer Hefezelle, zwei gleich große zu machen, muß die Oberfläche verdoppelt worden sein. Diese Notwendigkeit der Zellmembranerweiterung als notwendige Voraussetzung der Teilung gilt natürlich auch für alle Zellorganellen, das heißt, die gesamte Membranfläche einer Zelle, unabhängig von ihrer Art, muß verdoppelt werden, ebenso wie die Erbinformation, wenn eine zweite, gleiche Zelle entstehen soll.

Es gibt aber noch andere wichtige Gründe für die Vergrößerung von Membranflächen, und einer ist die Erhöhung des Stoffumsatzes. Wie so oft bieten Hefen ein Beispiel. Man hat Stämme gesucht und gefunden, die ungewöhnliche Stoffe abbauen, zum Beispiel Kohlenwasserstoffe eines Ölteppichs, und sie anschließend in zelleigenes, für die Menschenwelt nützliches Eiweiß umwandeln. Sind diese fettlöslichen Stoffe einzige Nahrungsquelle der Hefe, müssen die abbaubaren Enzymkatalysatoren in der Membran in großer Zahl aktiv werden. Die Zelle reagiert auf diesen Bedarf durch schier unglaubliche Flächenvergrößerung ihrer intrazellulären Membransysteme, um maximalen Stoffumsatz zu erreichen.

Membransysteme dienen auch einer Kompartimentierung, das heißt, Einteilung von chemischen Reaktionsräumen einer Zelle. Darüber hinaus hat die

Natur in der biochemischen Differenzierung von Membranflächen ein Mei-
sterstück geschaffen. In spezialisierten Zelltypen, etwa einer Nierenzelle, muß
die dem Blut zugewandte Seite Stoffe aufnehmen, um damit ihre Entgiftungs-
funktion zu erfüllen. Einige dieser Stoffe müssen aber auf der anderen Seite die
Zelle wieder verlassen, um in den Harn zu gelangen. Damit die körpereigenen
Zellen solche Aufgaben erfüllen können, müssen verschiedene Membranproteine gezielt in die verschiedenen Membranareale geschickt werden. Ein neues
Feld der Biochemie beschäftigt sich mit den molekularen Mechanismen dieses
Sortiersystems, auch protein sorting genannt.

Energiegewinnung – Fundamentalprozesse an Membranen
Besonders auffällig ist die Membranflächenvergrößerung am Sitz der Photosynthese in den Chloroplasten und der Atmung in den Mitochondrien. In photosynthetischen Organismen, zum Beispiel dem Thylakoidmembranstapel eines
Chloroplasten, wird mit Hilfe von Sonnenenergie aus Kohlendioxyd und Wasser der Zucker Glucose gemacht und in Kohlenhydrate umgewandelt.

In heterotrophen Zellen, zum Beispiel der erwähnten Hefe, oder in Säugetieren wird die Glucose in den mitochondrialen Membranen mit Sauerstoff wieder zu Kohlendioxyd und Wasser veratmet. Dieser Kreislauf ist fundamental für
das Leben und wäre ohne die Hilfe von Membranen undenkbar. Die molekularen Grundlagen sind heute bekannt, und die Membran als strikte Ionenbarriere
ist das Herzstück des Geschehens.

Ähnlich wie in Chloroplasten ist die Membranfläche von Mitochondrien zur
Vergrößerung des Umsatzes vervielfacht. Der Prozeß zellulärer Atmung läßt
sich im Bild mit einem Trichter vergleichen, in den alle oxydierbaren Nährstoffe
hineinpurzeln, um in den verschiedensten Umwandlungsprozessen des Kata-
bolismus zur Bildung eines einzigen Stoffes beizutragen, den man abgekürzt als
NADH bezeichnet. Das Zentrum des Geschehens ist die Atmungskette.

NADH ist ein Speicher von Elektronen, die es von den Substraten übernommen hat und an die Membranproteinkomplexe I, III und IV abgibt, bis sie
schließlich am Ende dieser Kette den Sauerstoff erreichen und zu Wasser
umwandeln. Dies wäre Wasserproduktion ohne Folgen, wenn nicht an die Wei-
tergabe der Elektronen der Durchtritt eines Wasserstoffions, des Protons (H^+)
durch die Membran gebunden wäre. Der Zwangstransport der Protonen aus
dem Innenraum des Mitochondrions, genauer ihrer Matrix, bedeutet Bewegung
von Masse des Ions und von Ladung. Der Prozeß kann unmittelbar verglichen
werden mit dem Aufladen einer Batterie: positiv außen, negativ innen. Die entstehende Spannung ist von Protonen getragen und wird deshalb in Analogie zur
elektromotorischen Kraft eines Stromgenerators als protomotorische Kraft
bezeichnet. Diese Kraft ist universell in der lebenden Natur, kann aber nur existieren, solange eine Grenze besteht, das heißt, Protonen, durch die Atmungs-

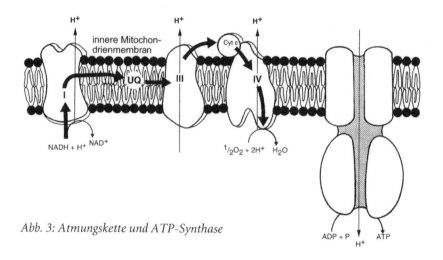

Abb. 3: Atmungskette und ATP-Synthase

kette einmal nach außen getrieben, nicht mehr die trennende Barriere der Membran durchqueren können, zumindest solange nicht der schon erwähnte Trick der Natur einsetzt: Sie schafft durch ein Membranprotein ein selektives Loch.

Es ist die ATP-Synthase, die diese Pore für Protonen in der Lipiddoppelschicht der Membran bildet, und sie kommt überwiegend von den Bakterien bis zu den Menschen vor. Wie der Mensch verlangt allerdings auch die Natur ihren Zoll. Das Proton kann diesen Proteinkomplex nur durchqueren, wenn eine Energiemünze geprägt wird. Es ist das erwähnte ATP, das in allen Zellen, allen Membransystemen und allen Organismen als Energiewährung anerkannt und zum Aufbau zelleigener Substanzen verwendet wird.

Der eigentlich primäre Prozeß der biologischen Energiegewinnung ist die Photosynthese. Allen ihren Variationen ist wie der Atmung gemein, daß sie ihren Sitz in der Membran haben. In den Thylakoiden der pflanzlichen Chloroplasten und in den Chromatophoren der Bakterien findet wie in der Atmung Elektronenfluß statt. Während aber im „Draht" der Atmung die Elektronen von NADH zum Sauerstoff *gleich* abwärts fließen, werden sie im Prozeß der Photosynthese durch Lichtabsorption in Photosystemen auf ein hohes Energieniveau gepumpt, bevor sie bergab fließen und letztlich NADH erzeugen, womit dann Stoffe wie das Kohlendioxyd reduziert werden können. Wiederum ist an den Elektronenfluß die Produktion von ATP gekoppelt, mit dessen Hilfe die Pflanze wächst.

Eine Urform der Photosynthese, die das genannte Prinzip von Erzeugung protomotorischer Kraft und ihrem Verbrauch unter ATP-Synthese ohne Elektronenfluß demonstriert, habe ich vor langer Zeit im Bakteriorhodopsin gefunden und seitdem im Detail studiert.

Diese Protonenpumpe, vorkommend in Archaebakterien oder Archaea, einer dritten Form des Lebens auf unserem Planeten, zeigt ihre Wirkung nicht mit dem bekannten Blattgrün, dem Chlorophyll, sondern mit einem Naturstoff, den alle „Sehtiere" in ihren Augen haben, dem Retinal oder Vitamin-A-Aldehyd. Eingebaut in das Membranprotein Bakteriorhodopsin, wirkt es bei Lichteinfall wie eine Turbine. Es schaufelt mit jedem absorbierten Lichtquant ein Proton nach außen und erzeugt so die protomotorische Kraft direkt. Der Name „lichtgetriebene Protonenpumpe" veranschaulicht diese Wirkung. Als Resultat der Kooperation mit der ATP-Synthase findet nun ein sich ewig fortsetzender Kreislauf der Protonen statt: Hinausgepumpt von Bakteriorhodopsin, kehren sie immer wieder durch die ATP-Synthase in die Zelle zurück und produzieren kontinuierlich das Kleingeld der Zelle, ATP. So wächst eine Zelle, die Bakteriorhodopsin in ihrer Zellmembran trägt, mit Licht als einziger Energiequelle.

Das Studium des Bakteriorhodopsin weltweit hat zu unserer grundsätzlichen Kenntnis des Wirkens von intrinsischen Membranproteinen als Pumpen viel beigetragen. Kurz gesagt wird durch Lichtabsorption das Retinal wie ein chemischer Schalter von trans nach cis gelegt und gibt das Proton zur Außenseite ab. In weniger als einer Hundertstel Sekunde jedoch kehrt der Schalter in die Ausgangsstellung zurück und nimmt das Proton, nun aber von der Innenseite, wieder auf. Das Resultat ist ein zyklischer Prozeß, der sich in der Sekunde hundertmal wiederholen kann und in jeder Runde ein Proton nach außen pumpt.

Bakteriorhodopsin ist nicht die einzige Pumpe, und Protonen sind nicht die einzigen Ionen, die durch Membranen transportiert werden. Pumpen für Natrium- und Kaliumionen, Kalzium- und Magnesiumionen, sie alle spielen eine enorm wichtige Rolle in den Prozessen der Muskelbewegung, der Nervenaktivität und anderen. Im Unterschied zu Bakteriorhodopsin benutzen diese Pumpen aber das ATP als Energiemünze für ihre Wirkung, das heißt verbrauchen Stoffwechselenergie.

Ich habe Ihnen bisher geschildert, was mit dem Fachgebiet Bioenergetik bezeichnet wird: Energiewandlungen lebender Systeme, die zu einem großen Teil an Membranen stattfinden. Die Membran als selektiv durchlässige Grenze ist das zentrale Element, und die exakt regulierten Stoffflüsse im molekularen Warenverkehr sind überlebensentscheidend. Molekulare Krankheiten, das heißt Störungen dieses Warenverkehrs, sind zu Dutzenden bekannt. Unter ihnen sind Defekte mitochondrialer Membranen ebenso wie Störungen des Proteintransportes oder die bereits erwähnte Chloridtransportstörung bei der Zystischen Fibrose zu finden. Bildlich gesprochen ist es wie mit dem Problem der Verteilung von Nahrungsmitteln auf der Erde. Sie müssen nicht nur ausreichend produziert, sondern auch so verteilt werden, daß sie die hungernden Empfänger erreichen.

Sehen und Riechen: Die Sinne beginnen an der Membran

Ein großes Thema ist die Rolle der Membranen in der Informationsvermittlung: von der Umgebung an die Zellen, innerhalb der Zellen und zwischen den Zellen. Ich werde mich auf Beispiele der zellulären Signalaufnahme beschränken müssen, das heißt, wie die Zelle oder der Organismus etwas über das „feindliche Ausland", also seine Umgebung, erfährt. Sehen und Riechen sind zwei Membranprozesse, die heute molekular recht gut verstanden sind. Was ist ein Signal? Ein Lichtquant grüner, gelber, roter oder beliebiger Farbe für das Auge und Tausende von flüchtigen Stoffen für die Nase, vom Parfüm bis zu faulen Eiern. Diese Signale erreichen die Membran der Sinneszellen, wo sich Rezeptoren befinden.

Das Prinzip der Oberflächenvergrößerung für Wachstum und zur Erhöhung des Stoffumsatzes in der Energiewandlung hatte ich bereits erwähnt. Beim Sehvorgang und anderen sensorischen Prozessen hat die Natur aber nun den gleichen Trick zur Erhöhung der Empfindlichkeit benutzt. In dem Teppich von Sehstäbchen der Netzhaut eines Auges wird buchstäblich jedes Lichtquant registriert, das heißt, die physikalische Grenze der Empfindlichkeit erreicht.

Die Sehstäbchen des Teppichs sind Außensegmente der hochspezialisierten und in der Netzhaut dicht gepackten Sehzellen. In jedem dieser Stäbchen liegen wiederum dicht gepackt sogenannte Diskmembranen, die ihrerseits praktisch nur ein Protein, das Rhodopsin, enthalten. Dieser Photorezeptor gibt bei Lichtabsorption ein Signal an eine molekulare Kette ab, die nach dem zentralen Vermittler G-Protein-Kaskade genannt wird. Man kennt heute sehr genau die molekularen Details des Sehvorganges und hat an ihm auch die wesentlichen Elemente biologischer Signaltransduktion molekular erklären können: Exzitation durch den Reiz, Amplifikation, das heißt Verstärkung durch Zwischenkatalysatoren, und Adaption, das heißt Gewöhnung an fortbestehende Reize.

Ein Beispiel: Wenn nur wenige Lichtquanten absorbiert werden – und wir reagieren bereits auf wenige Quanten –, kann als Folge ein Nervenreiz im inneren Segment der Sehzelle, an dem sogenannten synaptischen Terminal, nur entstehen und an die nächste Nervenzelle weitergegeben werden, wenn das Signal zuvor eine Million mal verstärkt wurde: die Aufgabe einer raffinierten, schnellen Biochemie der Signalkette. Jeder weiß andererseits, daß wir uns an helles Sonnenlicht oder an dämmriges Schummerlicht in weniger als einer Minute gewöhnen können. Die zugrundeliegende adaptive Biochemie ist heute ebenfalls bekannt.

Die Sehkaskade beginnt an der Diskmembran und endet an der Zellmembran, wo sie die Leitfähigkeit verändert, weil Ionenkanäle „verstopft" werden. Die Folge ist ein Spannungsabfall, wie er auch als Änderung der ionenmotorischen Kraft in Chloroplasten und Mitochondrien bei Licht- und Luftausfall auftritt. In elektrisch erregbaren Membranen findet nun ein besonderer Vorgang statt. Besetzt mit spannungsabhängigen Ionenkanälen, reagieren diese auf die initiale Spannungsänderung mit Öffnung, das heißt erhöhtem Stromfluß, und geben so das Signal weiter, weil der neue Spannungspuls die nächsten Nachbarn reizt. Wie in einem sich öffnenden Reißverschluß schreitet das sogenannte Aktionspotential fort, bis es am Ende des Axons und damit am Ende der Nervenzelle ankommt.

Die Signalübertragung auf die nächste Nervenzelle geschieht jetzt chemisch mit sogenannten Neurotransmittern und benutzt ebenfalls Ionenkanäle. Der einlaufende elektrische Puls verursacht die Membranfusion von synaptischen Vesikeln mit der Zellmembran und setzt so im schon geschilderten Prozeß der Exozytose Neurotransmitter, zum Beispiel Acetylcholin, frei.

Acetylcholinmoleküle vermögen Ionenkanäle der postsynaptischen Membran chemisch statt elektrisch zu öffnen, aber die Fortsetzung geschieht weiter durch Spannungspulse, bis das Großhirn erreicht ist. Fast ein Drittel seiner Kapazität verwendet unser Gehirn für die Verarbeitung optischer Eindrücke.

Alle Sinneseindrücke benutzen Nervenleitungen als Meldesystem, und ab einer gewissen Länge – denken Sie an einen Elefanten – reicht die Geschwindigkeit der geschilderten Prozesse nicht mehr aus, um dem Gehirn das Geschehen in Bruchteilen einer Sekunde zu melden. Hier hat die Natur einen weiteren Trick erfunden.

Das Umwickeln der Membran mit sich selbst hilft zur vollständigen Isolierung und erlaubt damit eine saltatorische, viel schnellere Fortleitung, deren detaillierte Schilderung ich mir hier sparen muß. Koordinierungsprobleme in der Protein- und Membransynthese sind vermutlich die Ursache für krankhaften Abbau des Membranproteins Myelin und führen zu so schrecklichen Krankheiten wie der Multiplen Sklerose.

Festzuhalten bleibt, daß die Natur mit Grenzen und ihrer Durchlässigkeit von der molekularen bis zur zellulären Ebene spielt, aber nur schein-

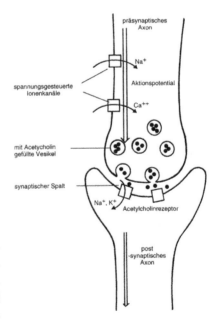

Abb. 4: Schema der Reizübertragung an Nervenendigungen (Synapsen)

bar, denn sie betreibt die Optimierung von Grenzen systematisch und erfolgreich. Nach diesen Regeln findet Leben statt. Die geringste Änderung kann in
einem Organismus zum tödlichen Defekt führen.

Signalvermittlung: ein Informationsnetzwerk
Das Ziel der Informationsvermittlung durch Membranen kann, muß aber nicht
das Nervensystem sein, und ein geradezu tödlich wichtiges Beispiel sind Signal-
ketten, die im Kern der Zelle enden und das Ablesen der Erbinformation regeln.
Ein multizellulärer Organismus wie der Mensch lebt von einem Gleichgewicht
des Lebens und Sterbens seiner Zellen in allen Organen (das Gehirn im Prinzip
ausgenommen). Es gibt den programmierten Zelltod, aber nicht er, sondern das
unkontrollierte Wachstum ist unser Problem. Warum? Es geht nach dem Prinzip der Zugbremse. Nur verfügbare Druckluft hält die Bremse offen, und der
Zug fährt. Jeder Defekt führt zum Halt. So enthalten Zellen Tumorsuppressor-
Gene, deren Produkt jeder Zelle, die sich zu schnell teilen will, das Todesurteil
sprechen. Was heißt zu schnell?

Rezeptoren, die auf Reiz hin Zellwachstum vermitteln, gehören meist nicht
der G-Proteinfamilie an, sondern der Tyrosinkinasefamilie. Reizsignale sind
Hormone und Wachstumsfaktoren wie zum Beispiel der sogenannte *epidermal
growth factor* EGF. Wird dieser Faktor an den Rezeptor gebunden, teilt die
Signalkette auf der Innenseite dem Kern mit, alles zur Zellteilung Notwendige
zu veranlassen. Fehlt der Faktor, teilt sich die Zelle nicht und leistet ihre biochemische Arbeit. Ein tragischer Unfall kann geschehen, wenn eine einzige
solche Zelle durch chemische oder physikalische Ursachen einer genetischen
Änderung ausgesetzt wird. Viele Änderungen mögen folgenlos sein, aber einige
sind fatal. Durch „genetisches Abschneiden" des Empfangsteils am Rezeptor
bleibt dieser nicht stumm, sondern signalisiert ohne Signal und damit permanent. Eine Folge: eine Krebszelle, die sich mit maximaler Rate zu teilen versucht.
Die erwähnte Tumorsuppression im eingeschalteten Zelltodprogramm und das
Immunsystem sind gute Polizisten, aber sie gewinnen nicht immer.

Von diesen einfachen Beispielen ausgehend, öffnet sich die faszinierende
Welt der Signaltransduktionsnetzwerke und Zell-Zell-Kommunikation, die
auch zu konkreten Fragen der molekularen Medizin, wie Wundheilung, führen.
All dies ist Gegenstand aktueller, molekular deutender Forschung, und immer
ist die biologische Membran im Zentrum des Geschehens.

Lassen Sie mich zum Schluß betonen, daß hier nur ein Teil der Eigenschaften biologischer Membranen, und auch der nur exemplarisch, geschildert werden konnte. Ich hoffe, Ihnen damit aber doch zwei Gedanken nahegebracht zu
haben. Der eine ist, wie komplex die Probleme von Grenzziehung und -auflö-
sung sind, wenn sie einem komplexen Phänomen, dem Leben, als Grundlage
dienen sollen. Die schillernde Vielfalt der Moleküle, die biologische Membra-

nen aufbauen und ihnen die mannigfaltigen Funktionen verleihen, sich dabei gegenseitig regulierend, aber in der Gesamtfunktion optimierend, spricht für sich. Hieraus kommt von selbst der zweite Gedanke. Die Natur hat diese Grenzen optimiert. Sie sind weder undurchlässig, noch wahllos Durchtritt erlaubend – und nur dies hat Leben möglich gemacht. Der Mensch als Teil der Natur sollte dieses Beispiel, das seine Physis bestimmt und seinen Geist erlaubt, ernst nehmen, wenn er Grenzen diskutiert.

Ich möchte mit einer optimistischen Bemerkung schließen, die einem Naturwissenschaftler vielleicht gar nicht ansteht. Das Phänomen der biologischen Membran zeigt die Notwendigkeit akkurater Grenzziehung und exakter Regulation aller grenzüberschreitenden Prozesse. Jeder Fehler wird mit dem Untergang der Zelle oder gar des ganzen Organismus beantwortet. Entstanden ist dieses System durch Versuch und Irrtum. Der Mensch, weil vernunftbegabt, wird hoffentlich diese Aufgabe für die Spezies *Homo sapiens* nach einem anderen Prinzip und deshalb in kürzerer Zeit lösen.

Patrick Minford

Globalisierung der Ökonomie: Zerstörung oder kreativer Prozeß?

[Prof. Minford setzt sich mit den Positionen von Sir James Goldsmith (MEP, Paris, London) auseinander, der in letzter Minute absagen mußte.]

Ich starte mit einem großen Platzvorteil: Mein Opponent in der Debatte ist nicht hier. Daher erkläre ich mich hiermit zum Sieger.

Im Ernst: Ich empfinde großen Respekt für meinen abwesenden Opponenten. Ich werde daher versuchen, seine Rolle wenigstens teilweise selbst zu übernehmen. Ich nehme Sir James Goldsmith sehr ernst, und vor einem anderen Forum wäre ich hundertprozentig mit ihm einig. Dieses andere Forum aber wäre ein rein britisches, in dem die Beziehungen zwischen Großbritannien und Europa diskutiert würden. Das ist aber heute nicht mein Thema. Heute geht es um freien Warenverkehr und Protektion, um das bewußte Aufrichten von Handelsschranken. Insbesondere geht es um die Frage, ob Europa eine Politik der Protektion betreiben soll.

Erinnern wir uns, was das Ziel des freien Warenverkehrs ist. Ein freier Warenverkehr sorgt in erster Linie mit dem Mittel des komparativen Vorteils für die richtige Allokation von Ressourcen – eine alte ökonomische Weisheit, die wir alle kennen. Im allgemeinen gewinnt durch freien Warenverkehr jeder. Genauer gesagt, gewinnt nicht notwendigerweise jede einzelne gesellschaftliche Gruppe; es gewinnen Nationen als ganze, alle gemeinsam und jede für sich. Sir James Goldsmiths Bedenken gegenüber dem freien Warenverkehr setzen bei der Einkommensverteilung an; auch dies ist ein sehr altes Element in der Theorie des freien Warenverkehrs, über die ich sprechen möchte, nachdem ich einiges Grundlegende geklärt habe.

Das zweite Ziel des freien Warenverkehrs ist sehr wichtig in unserer gegenwärtigen Diskussion. Ich bezeichne es als die „dynamische Re-Allokation von Ressourcen im Zuge der Fortentwicklung der Staaten" oder kurz auch den „Aufholprozeß" *(catch up)*. Zahlreiche Vorteile des freien Warenverkehrs entfalten sich dann, wenn Staaten den Beitritt zum Weltmarkt vollziehen und zu anderen Staaten aufschließen. Es gibt viele Beispiele für diesen Prozeß in der Geschichte. Eines ist natürlich die Neue Welt, die USA und Kanada. Als sie in das System eintraten, verdrängten sie eine Reihe alter Industrien in der alten Welt und kamen zu Reichtum, als sie den Anschluß zum Produktivitätsniveau der alten Welt fanden. Ein zweites Beispiel sind Deutschland, Frankreich und Italien im 19. Jahrhundert. Großbritannien war die Wiege der industriellen Revolution am Beginn des 19. Jahrhunderts. Doch in der Mitte des 19. Jahrhunderts begann das kontinentale Europa seinen eigenen Aufholprozeß und verdrängte Großbritannien von vielen Märkten. Dies war, so die allgemeine Überzeugung, ein Hauptgrund dafür, daß Großbritannien von 1870 an, als dieser Aufholprozeß auf dem Kontinent Fortschritte machte, eine Menge Probleme bekam. Ein weiteres Beispiel: Japan nach 1945. Ein sehr wichtiger Aufholprozeß, der zu einer rasanten Entwicklung Japans führte und zu vielen Dingen, mit denen wir heute zu tun haben. Das zeitgenössische Beispiel sind die „Kleinen Tiger" nach 1970, gefolgt seit 1980 von China und den übrigen Ländern im Pazifik.

Dies alles ist dynamischer, freier Warenverkehr in Aktion. Der Handel hilft den Ländern, sich zu entwickeln. Indem sie sich entwickeln, holen sie auf und steigern die Produktion solcher Güter, deren Herstellung ihnen von Natur aus am nächsten liegt. Sie drücken dabei die Preise dieser Produkte auf den Weltmärkten. Für die alten Länder ist das ein Gewinn, denn sie bekommen diese Produkte nun billiger, wenn sie sie von den neuen Akteuren auf dem Weltmarkt kaufen. Zugleich gibt es aber in den alten Ländern Bereiche der Industrie, in denen sie einen Vorsprung behalten, weil die neuen Länder diese Produkte noch nicht herstellen. In diesen Industriebereichen können die alten Länder die Preise erhöhen. Dadurch, daß die neuen Länder in den Markt eintreten, erhöhen sie die Nachfrage nach Produkten, auf die die alten Marktteilnehmer spezialisiert sind und die sie vergleichsweise gut produzieren können. Diese zusätzliche Nachfrage treibt den Preis in die Höhe. So gewinnen in diesem dynamischen Prozeß die alten und die neuen Marktteilnehmer.

Wo setzen die Bedenken von Sir James Goldsmith ein? Hier möchte ich kurz in seine Rolle schlüpfen. Sir James Goldsmith und Ross Perot, der ehemalige Präsidentschaftskandidat in den Vereinigten Staaten, argumentieren im Kern gleich. Sie argumentieren, daß das Lohnniveau in den sich neu entwickelnden Ländern wie China, Mexiko und Indien – nicht so sehr bei den „Kleinen Tigern" Taiwan und Korea, denn die werden inzwischen ein bißchen teurer – so niedrig ist, daß negative Effekte auf den europäischen oder, im Fall von Ross Perot, den US-amerikanischen Arbeitsmarkt und insbesondere das Niveau der Löhne für unqualifizierte Arbeit unvermeidlich sind. Dies ist ein sehr altes Argument im internationalen Handel. Es geht zurück bis in die alte Debatte der Jahre zwischen den Weltkriegen und vor 1914. Ely Heksher und Bertil Olin, zwei schwedische Ökonomen, die Theorien des modernen Welthandels entwickelt haben, hatten genau dies im Sinne: die Vorstellung, daß freier internationaler Warenverkehr ernste Auswirkungen auf die Einkommensverteilung haben müsse.

Wenn sich nämlich die Preise im internationalen Handel ändern, ändern sich auch die Preise der Produktionsfaktoren – des Kapitals, der unterschiedlichen Arten von Arbeit und der Rohstoffe, die in den unterschiedlichen Industrien gebraucht werden. Einige dieser Preise sinken, und das muß Probleme mit der Einkommensverteilung geben. So weit ist das vollkommen richtig. Ich werde im folgenden im einzelnen ausführen, daß die Löhne für unqualifizierte Arbeit als Folge des Eintritts dieser neuen Staaten mit niedrigem Lohnniveau in den internationalen Handel zurückgehen werden.

Sir James Goldsmith sagt nun: Dieses Problem der Einkommensverteilung ist außerordentlich schwerwiegend. Es produziert Armut in den Städten und hoffnungsloses Elend unter unqualifizierten Arbeitern, die keine Chance hatten, eine höhere Ausbildung zu bekommen. Sein Argument ist, daß wir Protektion brauchen, um dieses so schwerwiegende Problem zu vermeiden; denn Protektionismus in der produzierenden Industrie hebt das Niveau der Löhne für unqualifizierte Arbeit und kehrt diesen Prozeß deshalb in gewissem Maße um.

Dagegen sind zwei Hauptgruppen von Argumenten angeführt worden. In den USA, wo diese Diskussion schon recht alt ist – Ross Perot hat so bereits bei der vorletzten Präsidentschaftswahl argumentiert –, haben viele Ökonomen dagegengehalten, nicht der Warenverkehr verursache das Problem für unqualifizierte Arbeiter, sondern die Technik, insbesondere der Computer. Und wenn es denn die Computer seien, sei nicht zu sehen, was Protektionismus dagegen helfen solle. Das ist zwar ein Fehlschluß, aber so wurde argumentiert. Dieser Argumentationsstrang sagt also, daß es falsch sei, niedrige Löhne und den Warenverkehr für das Problem der unqualifizierten Arbeiter verantwortlich zu machen. Es ist ein wichtiger Punkt, denn eine der Schwierigkeiten beim Umgang mit diesem ganzen Problemkomplex ist zu verstehen, wo die Ursachen liegen. Hier wird also die Frage nach der Ursache thematisiert: Vielleicht sind es gar nicht die niedrigen Löhne, vielleicht ist es die Technik oder etwas anderes.

Das zweite Gegenargument ist: Nehmen wir mal an, das Problem sei durch den Warenverkehr verursacht. Das ist sicherlich mindestens zum Teil richtig. Aber Protektionismus ist nicht die beste Lösung dafür. Ich möchte diese beiden Argumente gemeinsam behandeln.

·Was also ist die Ursache des Problems? Um Sie, ganz im Sinne von James Goldsmith, ein bißchen das Gruseln zu lehren, möchte ich Ihnen ein paar Zahlen zur Einkommensentwicklung zeigen, damit Sie das Problem erkennen. Die Zahlen, die ich Ihnen präsentieren kann, sind sehr zuverlässig; sie wurden unter großen Problemen vom Büro für Arbeitsstatistik (Bureau of Labor Statistics) in Washington zusammengestellt. Sie geben ein Maß dafür an, was es in verschiedenen Ländern der Welt pro Stunde kostet, einen normalen Arbeiter anzustellen, einschließlich aller Sozial- und Nebenkosten. Die Ergebnisse sind in Dollar umgerechnet und als Prozentwert des Lohns in den USA ausgedrückt.

42

Tabelle 1: Gesamtkosten eines Produktionsarbeiters pro Stunde im Vergleich zu den USA; Währungsbeträge umgerechnet auf US-Dollar und normiert auf USA = 100. (Quelle: Bureau of Labor Statistics, Washington)

	1993	1994	1995
Deutschland (ehemals Westdeutschland)	152	160	185
Frankreich	97	100	112
Italien	95	95	96
USA	100	100	100
Großbritannien	76	80	80
Japan	114	125	138
Korea	32	37	43
Taiwan	31	32	34
Hongkong	26	28	28
Singapur	32	37	42
Mexiko	16	15	9

Wie Sie in der Tabelle sehen, liegt Mexiko ganz unten. Noch darunter liegen die Lohnkosten in Polen (etwa 10 Prozent der US-Kosten) und China (etwa 5 Prozent). Ich hoffe, beim Betrachten der Abbildung stellt sich der Goldsmith-Effekt ein, und Sie sind angemessen schockiert. Ross Perot hat den Ausdruck benutzt, daß NAFTA (North American Free Trade Agreement) ein „gigantisches Schlürfen" (gigantic sucking sound) erzeugen werde, wenn es Jobs aus den Vereinigten Staaten absaugen werde.

Tabelle 2: Fakten zur Entwicklung in den OECD-Ländern 1970 bis 1990

Deindustrialisierung:	Anteil „einfacher" Produkte an der Produktion: 1970: 17,0 % 1990: 12,6 %	
Rückgang der Löhne für unqualifizierte Arbeit relativ zu denen für qualifizierte Arbeit	−0,9 % pro Jahr	
Rückgang des Beschäftigungsniveaus unter unqualifizierten Arbeitskräften im Vergleich zu dem unter qualifizierten Arbeitskräften	−4,2 % pro Jahr	
Zunahme der Arbeitslosigkeit (in Prozent des Arbeitskräfteangebots):	Unqualifizierte: +5,2 % Qualifizierte: +2,9 %	
Anstieg des Lebensstandards:	+2,2 % pro Jahr	

Was sind die Fakten? Ich zeige Ihnen einige davon. In der Tabelle 2 sehen Sie die Fakten für die OECD-Staaten, die ein Modell der Weltwirtschaft erklären muß.

Ich bin jetzt bei der Frage nach der Ursache der Probleme angekommen. Wie können wir die Probleme, mit denen wir es zu tun haben, exakt beschreiben, und was ist ihre Ursache? Ein Aspekt ist offensichtlich die Deindustrialisierung, der Rückgang des Anteils der Güterproduktion am nationalen Einkommen. Die Abbildung zeigt die Zahlen für einfache Güter, also solche, die normalerweise in sich entwickelnden Staaten hergestellt werden, nicht die für komplizierte, technologische Produkte. Zu diesen einfachen Gütern gehören beispielsweise nicht Flugzeuge oder Autos, sondern die weniger komplizierten Dinge wie Textilien und neuerdings zunehmend Elektronik. Die Produktion dieser einfachen Güter ist in den vergangenen zwanzig Jahren in den OECD-Staaten um etwa fünf Prozent des Nationaleinkommens zurückgegangen.

Zweitens: Der Rückgang der Löhne für unqualifizierte Arbeit im Vergleich zu denen für qualifizierte Arbeit liegt in den OECD-Staaten bei fast einem Prozent pro Jahr. Das stimmt im wesentlichen für alle OECD-Staaten. Der Effekt ist in Europa nicht stärker als anderswo und tritt nicht in einem Staat wesentlich deutlicher auf als in einem anderen. Nächster Punkt: Das Beschäftigungsniveau ging im Bereich der unqualifizierten Arbeit wesentlich stärker zurück als im Bereich der qualifizierten Arbeit, nämlich um etwas mehr als vier Prozent pro Jahr. Das ist ein kompletter Zusammenbruch des Anteils der unqualifizierten Arbeit. Offensichtlich haben wir es hier mit einem wichtigen Aspekt der Geschichte zu tun.

Und schließlich der in der Argumentation von Goldsmith und anderen wichtigste Punkt, die Arbeitslosigkeit. Sie hat im Bereich der unqualifizierten Arbeit innerhalb von zwanzig Jahren um etwa fünf Prozent zugenommen. Bekanntlich ist dies nur zu wahr in Europa, aber es ist auch in den Vereinigten Staaten aufgetreten. Arbeitslosigkeit unter unqualifizierten Arbeitern hat deutlich zugenommen. Unter qualifizierten Arbeitskräften gibt es zwar auch mehr Arbeitslose, aber der Anstieg war langsamer. Die Zahlen haben bei einem sehr kleinen Wert in der Nähe von zwei Prozent angefangen und liegen jetzt bei etwa fünf Prozent.

Die letzte der Tatsachen, mit denen wir uns auseinandersetzen müssen, ist, daß die OECD reicher geworden ist. Der Lebensstandard ist in den letzten zwanzig Jahren um mehr als zwei Prozent pro Jahr gestiegen.

Die zweite Gruppe von Argumenten, mit denen wir uns auseinandersetzen müssen, sind die der sich entwickelnden Staaten. Dieser ganze Prozeß hilft diesen Staaten; das ist ein sehr wichtiger Aspekt. Schauen wir, was mit ihnen passiert. Die Produktion einfacher Güter hat um etwa zwei Prozent des nationalen Einkommens zugenommen. Recht interessant ist an den Daten, daß sie auch einen Anstieg der Produktion komplexer Güter und der Dienstleistungen zeigen. Das spiegelt vermutlich die Tatsache wider, daß der Fortschritt in einigen dieser Staaten inzwischen deutlich vorangekommen ist; denken Sie an die Koreas und Taiwans. Dieser Teil der Daten ist allerdings weniger sicher, weil die Quellen ziemlich schlecht zu handhaben sind. Aber es scheint, als seien die Löhne für unqualifizierte Arbeit beträchtlich gestiegen, mehr als die für qualifizierte Arbeit. Der Anstieg liegt in der Größenordnung von zwei Prozent pro Jahr. Das Beschäftigungsniveau der nichtqualifizierten Arbeit ist um gut ein Prozent pro Jahr mehr gestiegen als das der qualifizierten Arbeit.

Wir beobachten also bei den weniger entwickelten Ländern (Least Developed Countries, LDCs) Einkommensverschiebungen, die ein Spiegelbild dessen sind, was im Norden geschieht. Die Produktion nimmt an Umfang zu, unqualifizierte Arbeiter sind besser dran. Und natürlich wird dabei der Süden reicher, um etwa ein Prozent pro Jahr. Dies gilt für alle sich entwickelnden Staaten, unabhängig von den Gründen dafür. Doch der Welthandel ist sicherlich einer der Gründe.

Mein letzter Punkt: Die Preise für einfache Güter sind pro Jahr um etwa ein Prozent stärker zurückgegangen als die für komplexe Produkte oder Dienstleistungen, auf die die OECD-Staaten spezialisiert sind. Ich spreche von relativen Veränderungen der Preise. Für die sich entwickelnden Länder haben sich die Ausgangsbedingungen geändert: Das Verhältnis der Preise, die sie für ihre Textilien und andere einfache Produkte bekommen, zu denen der Güter, auf die die OECD-Staaten spezialisiert sind, ist gefallen. Die OECD-Staaten haben also in dem Sinne gewonnen, daß sie billiger einkaufen und teurer verkaufen können. Und schließlich – auch das sollte man erwähnen – sind auch die Rohstoff- und Ölpreise in diesem Zeitraum relativ zu den Preisen von Industriegütern und Dienstleistungen des Westens zurückgegangen.

Das sind die Fakten. Wie steht es nun um die Theorie, auf die James Goldsmith sich bezieht? Sind es die niedrigen Löhne, die dies alles bewirken? Im Kern erzählt Ihnen das Modell vom Warenverkehr und den niedrigen Löhnen, die Preise für einfache Produkte würden fallen, die Preise für komplexe Produkte und Dienstleistungen steigen, und die Löhne der unqualifizierten Arbeiter würden relativ zu denen qualifizierter Arbeiter zurückgehen, da unqualifizierte Arbeiter in aller Regel bei der Herstellung einfacher Produkte benötigt werden und, wenn deren Preise zurückgehen, es auch die für die Arbeitskraft tun sollten. Die Löhne qualifizierter Arbeiter sollten steigen, da die Preise für komplexe Produkte steigen. So sind die Prognosen dieses Modells. Außerdem würde es Ihnen sagen, daß die Güterproduktion in der OECD zurückgehen und eine Deindustrialisierung Platz greifen wird.

Dieses Modell des Welthandels von Sir James Goldsmith harmoniert also sehr gut mit den Fakten, die ich Ihnen präsentiert habe. Sie sehen, ich tue wieder einmal so, als wäre ich Sir James. Auf einer wissenschaftlichen Ebene spricht eine ganze Menge für seine These.

Und wie sieht es mit dem anderen Erklärungsmodell aus, das bei der Technik ansetzt? Jetzt setze ich den Hut eines nordamerikanischen Anti-Ross-Perot-Ökonomen auf. Dieses Modell macht die gleichen Vorhersagen für Löhne und Preise. Computer bringen unqualifizierte Arbeiter um ihre Arbeitsplätze, drücken ihre Löhne und drücken die Preise für die Produkte, die sie herstellen, auf dem Weltmarkt. Das Modell liefert mehr oder weniger die gleichen Auswirkungen. Ein Problem aus wissenschaftlicher Sicht für den Technik-Ansatz ist, daß, weil die Technik Arbeiter im Westen freisetzt – sie werden nicht mehr gebraucht – und ihre Preise drückt, eine Reindustrialisierung einsetzen sollte. Die Güterproduktion im Westen sollte zunehmen, da ja unqualifizierte Arbeiter billiger werden, was einen Anreiz erzeugt, mehr von ihnen einzustellen und die Herstellung einfacher Produkte auszuweiten. An diesem Punkt liegt ein gewisses Problem; es gibt weitere Probleme dort, wo das Modell sagt, was im Süden passieren wird. Dort nämlich müßte eine Deindustrialisierung einsetzen, das Spiegelbild der Geschehnisse im Norden. Von einem wissenschaftlichen Standpunkt aus ist dies ein Problem.

Aber auch das Modell vom Warenverkehr hat Probleme. Ich arbeite seit drei Jahren daran, ein Computermodell aufzubauen, mit dem man in Zahlen ausdrücken kann, was nach diesen unterschiedlichen Hypothesen passieren würde. Wenn Sie nun diesen Erklärungsansatz in so ein Computer-Modell stecken, finden Sie heraus, daß die Auswirkungen des Warenverkehrs auf Preise und Löhne zwar ganz gut passen, daß aber erhebliche Verschiebungen der Warenverkehrsströme und der weitgehende Zusammenbruch industrieller Aktivitäten im Westen vorhergesagt werden. Das aber paßt überhaupt nicht zur Realität. Der Einbruch der industriellen Aktivitäten im Westen ist recht moderat, wie Sie vorhin gesehen haben, und die Gewinne aus dem Handel mit Industrieprodukten haben sich nur wenig bewegt.

Kurz gesagt: Beide Erklärungsansätze haben, für sich allein genommen, Probleme. Jeder für sich alleine genügt nicht. Ich möchte Sie hier nicht durch alle Details der Zahlen führen, aber ich möchte Ihnen wenigstens einen Eindruck mitgeben. Der Warenverkehrs-Ansatz erklärt den Umfang von Warenverkehr und Produktionsausstoß nicht richtig, aber er erklärt die Preis- und Lohnentwicklung. Das Technikmodell paßt nicht zur Entwicklung des Produktionsvolumens; es geht in die falsche Richtung. Keines von beiden tut, was es soll.

Das Ergebnis können Sie sich vielleicht schon denken: Wenn man beide zusammenpackt, bekommt man eine ganz interessante Übereinstimmung mit der Realität. Die Arbeitsmarktdaten westlicher Länder können zu etwa vierzig Prozent durch den Warenverkehr erklärt werden, und zu etwa sechzig Prozent durch Technik. In diesem Sinne liegt James Goldsmith zu vierzig Prozent richtig. Das ist nicht schlecht in diesem Geschäft, insbesondere, da er kein allgemeines Gleichgewichtsmodell aufgebaut hat, um seine Hypothese zu prüfen; er ist lediglich Politiker – ein exzellenter, muß ich hinzufügen. Es ist nicht uninteressant, ein wenig auszuführen, was da passiert. Die Tabelle 3 zeigt es.

Tabelle 3: Faktoren zu den Fakten

Prozent pro Jahr	Entwicklung
0,8	Produktivitätswachstum bei Niedriglohn-Gütern in den Ländern des Südens
1,5	Technische Veränderungen zum Nachteil unqualifizierter Arbeit in den Ländern des Nordens
0,7	Allgemeines Produktivitätswachstum in den Ländern des Nordens
1,8	Zunahme der sozialen Protektion in den Ländern des Nordens
0,6	Rückgang der Zahl verfügbarer unqualifizierter Arbeitskräfte durch den Trend zu besserer Ausbildung in OECD-Ländern
1,1	Anstieg der sonstigen Produktivität in den Ländern des Südens

Wir bekommen eine erfreulich gute Übereinstimmung von rund 85 Prozent mit den Fakten. Für die Niedriglohnländer liefert das Modell das Wachstum der Produktivität und der Mengen produzierter Industriegüter. Die Produktivität nimmt um etwa 0,8 Prozent pro Jahr zu. Durch die Technologie gibt es in der OECD eine Verschiebung zu Lasten unqualifizierter Arbeit um etwa 1,5 Prozent pro Jahr. Der Norden braucht natürlich allgemeines Produktivitätswachstum, und dieses Wachstum ist auch da, unabhängig von den Problemen, mit denen ich mich hier beschäftige. Er braucht ein Stück Protektion, insbesondere soziale Protektion, also höhere Minimallöhne, Übernahme von mehr sozialen Lasten und Kosten durch Unternehmen, mehr Macht für Gewerkschaften oder auch eine Absicherung durch eine Sozialcharta. All dies sind wichtige Elemente zur Erklärung der Arbeitslosigkeit in den westlichen Ländern.

Zwei andere Dinge sollte ich zumindest erwähnen. Zum einen ist die Qualität der Ausbildung in der OECD explodiert und hat einen erheblichen Beitrag dazu geleistet, daß weniger unqualifizierte Arbeitskräfte zur Verfügung stehen. Ein wichtiger Punkt ist also die Versorgungsseite des Arbeitsmarktes. Höhere Ausbildung und Ausbildung allgemein hat die Zahl der verfügbaren unqualifizierten Arbeitskräfte massiv verringert. Das muß man berücksichtigen, wenn man erklären will, was passiert ist.

Und schließlich muß man Produktivitätszuwächse in anderen Bereichen im Süden in die Rechnung einbeziehen. Das Produktivitätswachstum in den LDCs war nicht auf die Produktion einfacher Güter beschränkt. Zuwächse gab es auch in ganz anderen Sektoren, die nicht im Welthandel mitspielten. Ein Beispiel dafür ist Seoul, wo das Geldwechselsystem auf dem allerneuesten Stand der digitalen Technik ist. Hier übernehmen also einzelne dieser Länder eine Vorreiterrolle. Die Produktivität wächst in einem Bereich, der nicht im internationalen Warenverkehr auftaucht. Solche Dinge sind wichtige Elemente eines Erklärungsansatzes. Wenn Sie all diese Faktoren zusammennehmen, bekommen Sie eine recht gute Erklärung für die tatsächlichen Vorgänge.

Um zusammenzufassen: Die erste Gruppe von Argumenten, die ich gegen Sir James Goldsmith ins Feld geführt habe, befaßte sich mit der Frage, ob seine Erklärung dessen, was wir beobachten, relevant ist. Die Antwort ist, daß sie im Kern sehr relevant ist. Ohne jeden Zweifel liefert der Ansatz beim Warenverkehr wichtige Erkenntnisse. Von den zwei Einflußfaktoren auf den Arbeitsmarkt in westlichen Ländern – der Technik und dem Warenverkehr – trägt der Warenverkehr mit vierzig Prozent zu der Entwicklung bei, wie wir sie beobachten. Das ist ein hoher Prozentsatz. Wenn in der Zukunft mehr und mehr Länder dem Welthandelssystem beitreten, könnte es sogar noch mehr Bedeutung bekommen. Wenn wir ein breit angelegtes, erklärendes Modell suchen, spricht vieles für Sir James Goldsmith.

Ich komme zu meinen wichtigsten Schlußbemerkungen, dem Politikaspekt. Im Grunde ist es ziemlich unwichtig, was die Ursache der gegenwärtigen Entwicklungen ist. Ich könnte Protektionist sein, auch wenn es die Computer sind, die die weniger qualifizierten Arbeitskräfte um ihre Arbeitsplätze bringen. Nehmen wir an, die Computer allein wären schuld. Die Technik allein wäre für den Verlust von Arbeitsplätzen für unqualifizierte Menschen verantwortlich. Wenn ich nun um die Produktion einen Schutzwall aufbauen würde, würde ich das Lohnniveau anheben und damit die Situation der unqualifizierten Arbeitskräfte verbessern. Protektionismus käme also als Politik durchaus in Frage, auch wenn die Ursache ganz woanders läge. In der Ökonomie sind wir keine Unterabteilung der Homöopathie. Wir kurieren eine Wirkung nicht mit dem Agens, das sie verursacht hat. Das heißt, auch wenn die Argumentationskette, durch die ich Sie geführt habe, mit dem Ergebnis geendet hätte, daß Technik die Ursache für alles ist, wäre Protektion durchaus ein Kandidat für politisches Handeln.

Was ist die beste Politik, mit einer Situation umzugehen, in der, aus einer Vielzahl von Ursachen, massive Verschiebungen der Nachfrage zu Lasten der Jobs für weniger qualifizierte Arbeitskräfte gehen? Vor dieser Frage steht die Politik seit langem. Welche Antwort hat sie bisher gefunden? Das Hauptinstrument, das Europa entwickelt hat, ist die soziale Protektion. Ich weiß, daß man in diesem Land den Standpunkt vertritt, daß unqualifizierte Arbeitskräfte einen anständigen Lohn bekommen sollten und es der Job der Regierung ist, diesen Lohn zu zahlen, den Gewerkschaften die Macht zu geben, diese Menschen zu schützen, und andere Mittel zu nutzen, ihnen Arbeitsplätze zu verschaffen. Ich weiß, daß speziell in Deutschland viele dafür plädieren, eine Menge Ressourcen in die Weiterbildung zu stecken. Ich möchte hier nicht Weiterbildungskonzepte kritisieren. Ich möchte darauf hinweisen, daß eine Politik der sozialen Protektion die Arbeitslosigkeit verschlimmert. Sie verschafft natürlich den unqualifizierten Arbeitskräften höhere Löhne, doch indem sie das tut, verschärft sie die Arbeitslosigkeit.

Wie sieht es nun mit Protektion aus, dem Argument von James Goldsmith? Zollschranken oder andere Schranken für Produkte können natürlich die Arbeitslosigkeit verringern und die Löhne für unqualifizierte Arbeitskräfte anheben. Wir wissen das aus der Handelstheorie. Die Löhne für unqualifizierte Arbeitskräfte steigen, weil die Preise für Güter in westlichen Ländern und damit die Gewinne der entsprechenden Industrien steigen, die damit die Löhne ihrer Arbeitskräfte aufbessern können. Auch das Beschäftigungsniveau unter den unqualifizierten Arbeitskräften steigt.

Protektion kuriert also die Probleme, die soziale Protektion erzeugt. Aber es gibt eine Menge Nebenwirkungen. Erstens verstärkt sie die Arbeitslosigkeit im Süden. Es ist also eine Art Sankt-Florians-Politik. Sie mag gut sein für unqualifizierte Arbeitskräfte mit Minimallöhnen in Deutschland, aber sie ist schlecht für Arbeiter in Korea oder China oder Mexiko. Protektion hebt in gewisser Weise die Entwicklungshilfen wieder auf, die diesen Ländern gegeben werden. Bekanntlich ist Warenaustausch viel wirkungsvoller als Entwicklungshilfe, wenn es darum geht, den Lebensstandard zu verbessern. Eine solche Politik zu betreiben, ist also ein gutes Stück Heuchelei, wenn jemand zugleich Entwicklungshilfe befürwortet. Der zweite Punkt ist, daß Protektion schädlich für die Allokation von Ressourcen in der OECD ist. Sie bremst qualifizierte Menschen und entsprechende Industriezweige.

Protektion und soziale Protektion sind schlechte politische Strategien. Meine Antwort an Sir James Goldsmith, in einem Satz komprimiert, ist: Stellen Sie einen guten Ökonomen ein und suchen Sie nach der besten Politik. Ich sage das, nebenbei bemerkt, auch zum Kontinent Europa. Stellen Sie gute Ökonomen ein und nehmen Sie sie ernst. Die beste Politik ist: Hören Sie auf mit sozialer Protektion. Hören Sie auf mit Protektion. Lassen Sie statt dessen den freien Markt die Struktur der Produktion und die Struktur der Löhne herausfinden. Helfen Sie den unglücklichen Opfern der Anpassungsprozesse, wie es seit Jahrhunderten getan wird. Helfen Sie den Opfern der Veränderung direkt. Ein Mittel dazu ist die negative Einkommensteuer – im Vereinigten Königreich gibt es so etwas, wir nennen es *family credit*. Helfen Sie den Menschen direkt. Sorgen Sie dafür, daß arme Haushalte Geld in der Tasche haben. Stellen Sie sicher, daß sie es vernünftig nutzen, und machen Sie den Weg dahin nicht allzu bequem. Die Folge-schäden einer negativen Einkommensteuer sind wesentlich geringer als die von Protektion und sozialer Protektion. Setzen Sie das Instrument der Weiterbil-dung ein, wie Deutschland es tut. Nutzen Sie die Chancen einer guten Ausbil-dung. Solche Dinge helfen. Dies sind Politikstrategien, die in die richtige Rich-tung führen. Sie sind der Weg zu einem höheren Beschäftigungsniveau und richtiger Allokation.

Das ist meine Antwort auf Sir James Goldsmith.

Ausgewählte Beiträge aus der Diskussion

Prof. Dr. Ernst Ulrich von Weizsäcker: Vielen Dank, Professor Minford.Ich sehe im Auditorium Mr. Martin Khor, den Generalsekretär des Third World Network, den ich als prominenten Streiter gegen bestimmte Probleme des freien Warenverkehrs kennengelernt habe. Martin, möchten Sie einen Moment das Wort ergreifen?

Kokpeng (Martin) Khor, Generalsekretär des Third World Network, Penang, Malaysia: Vielen Dank für die Einladung. Ich war sehr beeindruckt vom Thema dieser Konferenz, der Rolle von Grenzen und Barrieren in der Biologie und den anderen Naturwissenschaften, in der Sozialpolitik und der Ökonomie.

Hier in dieser Diskussion sprechen wir über Protektion und Protektionismus. Ich empfand es als sehr anregend, Professor Minford mit sich selbst und dem Geist von James Goldsmith diskutieren zu sehen. Ich stimme mit vielem überein, was er gesagt hat und was Goldsmith sagt; und ich habe auch Widersprüche zu manchem, was gesagt worden ist. Das Thema Ross Perot lasse ich hier beiseite.

Es ist nicht richtig, daß automatisch jeder gewinnt, wenn man Barrieren der ökonomischen Sphäre an geographischen Grenzen abbaut, so daß Warenverkehr und Investitionen vollkommen frei sind. Richtig ist, daß einige Menschen gewinnen. Es ist nicht richtig, daß es eine Gewinner-Gewinner-Situation ist oder daß letztlich jeder vom freien Warenverkehr profitiert und es keine Verlierer gibt.

In den vergangenen zwei oder drei Jahrzehnten hat in der Tat der Output weltweit zugenommen. Studien der UNDP haben gezeigt, daß zwischen 1975 und 1985 die Einkommen weltweit um vierzig Prozent zugenommen haben. Dieses Wachstum hat aber nur in fünfzehn bis zwanzig Ländern stattgefunden. In siebzig bis achtzig Ländern ist das Pro-Kopf-Einkommen unter das Niveau der siebziger oder achtziger Jahre gefallen.

Wir haben eine Globalisierung erlebt, die von freiem Warenverkehr, dem Abbau von Grenzen und der Diffusion der Technologie angetrieben wurde. Diese Globalisierung hat zu großem Wohlstand geführt, das ist richtig, aber auch zu einer enormen Konzentration des Wohlstands in einigen wenigen Ländern und auf relativ wenige Menschen in vielen Ländern. Die Globalisierung wird begleitet von einer Konzentration des Wohlstandes. Die Zahlen der Vereinten Nationen zeigen, daß der Wohlstand in den Händen der 360 Milliardäre der Welt größer ist als das gesamte Einkommen der Länder, die 45 Prozent der Weltbevölkerung repräsentieren.

Die Globalisierung hat den Wohlstand vermehrt, aber zugleich die Armut und die Marginalisierung vieler armer Länder verstärkt. Sie hat also Ungleichheit und Polarisierung von Arm und Reich verschlimmert. Dies alles gehört untrennbar zusammen.

Es ist nicht richtig, daß Japan oder Ostasien oder das Vereinigte Königreich gewachsen sind dank freien Warenverkehrs und der Abschaffung von Grenzen. Großbritannien ist in der Tat durch den freien Warenverkehr gewachsen, aber es war die britische Interpretation von freiem Warenverkehr. Sie sagten den Chinesen: Kauft unser Opium, denn wir wollen für Eure Seide nicht mit Gold bezahlen. Wir haben ein Zahlungsbilanzproblem. Das war vor hundert Jahren. Die Chinesen antworteten, sie wollten das Opium nicht, denn es sei schlecht für ihre Gesundheit. Da erwiderten die Briten, dies sei eine Verletzung des freien Warenverkehrs. Sie luden die Kanonen, und China mußte seine Märkte öffnen.

Nur unter sehr speziellen Umständen kommt es vor, daß vom freien Warenverkehr beide Seiten profitieren. Wenn ein schwächeres Land seine Grenzen öffnet, verliert die regionale Wirtschaft ihre Märkte, und die Arbeitslosigkeit steigt, denn regionale Unternehmen beschäftigen im allgemeinen mehr Arbeitskräfte als ausländische Unternehmen.

Die Alternative liegt allerdings nicht im Aufrichten permanenter Grenzen. Ich bin nicht für Protektionismus. Wirtschaftlich schwächere Staaten müssen aber die Chance haben, Barrieren und Grenzen aufrechtzuerhalten, bis sie stark genug sind, auf den eigenen Füßen zu stehen. Zugleich sollten wirtschaftlich starke Staaten ihre Grenzen niederreißen, damit die schwächeren oder ärmeren Staaten dort ihre Produkte verkaufen können. Wir brauchen weder überall Grenzen noch überall Grenzenlosigkeit, sondern etwas dazwischen, in dem Grenzen eine wichtige Rolle dabei spielen, die Interessen der Menschen eines Landes zu schützen. Grenzen können durchaus auch ein Werkzeug sein, andere Länder an der Entwicklung zu hindern. Wir müssen Grenzen angemessen nutzen und nicht in monolithischer Manier fordern: Schafft alle Grenzen ab!, oder: Richtet überall Grenzen auf!

Aus den Beispielen der Naturwissenschaften, insbesondere der Biologie, die wir hier vorgeführt bekommen haben, können wichtige Lehren für die Praxis in Politik und Ökonomie gezogen werden.

Farel Bradbury, The Resource Use Institute Ltd., Kent, England: Es wäre wohl im Interesse der Sache besser gewesen, wenn Sir James Goldsmith selbst anwesend gewesen wäre. Ich möchte behaupten, Prof. Minford, daß Sie sich mit einer vollkommen falschen Fragestellung befassen. Während Ihrer gesamten Präsentation haben Sie den Begriff „Wachstum" verwendet. Wachstum ist aber nicht mehr möglich. In dem ökonomischen Sinne, in dem Sie den Begriff verwenden, müssen wir uns von ihm verabschieden. Einfach ausgedrückt, verbraucht die

Menschheit pro Tag ungefähr die irdischen Ressourcen von siebentausend Jahren. Und Sie sprechen immer noch von Wachstum.

Wir schließen unsere Städte wegen der Luftverschmutzung durch Autos, unser Wasser ist vergiftet, der Boden ist vergiftet, die Luft ist vergiftet. Und immer noch sprechen Sie von Wachstum. Die ökonomischen Werkzeuge, die Sie uns zu verkaufen versuchen, sind nicht mehr angemessen.

Zum Kernpunkt Ihrer Argumentation und der von Sir James schlage ich als einfache Lösung vor, ein Grundeinkommen zu bezahlen. Dieses Grundeinkommen verringert die Kluft zwischen Arm und Reich. Es macht eine Menge Bürokratie überflüssig und verbessert die Geldzirkulation im Inland. Und wenn das Geld dafür mit einer Ressourcensteuer erhoben wird, verringert es zugleich die Umweltverschmutzung.

In einem Wort: Das Grundeinkommen dient dazu, Menschen dafür zu bezahlen, daß sie keine Autos bauen. Das ist ein vollkommen vernünftiger Vorschlag auf dem Weg zu einer neuen Wirtschaftsweise. Wir sind dabei, eine Europäische Union auf der Basis der alten, schlechten Wirtschaftsweise zu schaffen. Wir könnten dabei die enorme kulturelle Vielfalt über Bord werfen, derer sich Europa erfreut.

Wilhelm Knabe, Bürgermeister, Mülheim: Zwei Anmerkungen zu Prof. Minford. Erstens: Ihre Zahlen sind unvollständig, wenn Sie nicht das Bevölkerungswachstum erwähnen. Es ist unterschiedlich in den Ländern des Nordens und des Südens. Die Zunahme der nichtqualifizierten Arbeitskräfte sollte ungefähr gleich dem Bevölkerungswachstum sein, und das berücksichtigen Sie in Ihren Zahlen nicht. Dazu kommen die Massen unqualifizierter Arbeitskräfte, die vom Land in die Städte strömen. Diese Menschen waren zuvor Bauern, vielleicht landlose Bauern. Dieses Phänomen gibt es in den Ländern des Nordens nicht mehr. Das ist mein erster Punkt.

Der zweite Punkt ist wichtiger. Nicht alle Menschen haben durch den freien Handel gewonnen. Schauen Sie sich die Urbevölkerungen etwa in Brasilien oder Sarawak an. Diese Menschen haben die Möglichkeit verloren, ihre traditionelle Lebensweise fortzusetzen. Sie wurden daran gehindert und gegen ihren Willen in eine neue Lebensweise gezwungen. Auch die Natur hat in vielen Fällen durch den freien Handel nicht gewonnen. Wenn Sie im Interesse des freien Warenverkehrs Grenzen zwischen Staaten abschaffen, dann – und dies ist der Kernpunkt dessen, was ich sagen möchte – müssen Sie andere Regelungen vorsehen, dann müssen Sie ökologische Standards in die Bestimmungen für den freien Warenverkehr aufnehmen. GATT braucht sehr, sehr dringend ökologische Standards. Andernfalls wird noch viel mehr Zerstörung angerichtet werden, als schon angerichtet ist. Sie haben die ökologische Frage in Ihrem Vortrag nicht erwähnt. Vielleicht sollten Sie dazu noch etwas sagen.

Patrick Minford: Zunächst zur Frage der Ressourcenknappheit, die Mr. Bradbury angesprochen hat. Ich stimme ihm zu, daß wir in unserem Steuersystem Umstellungen weg von energieintensiven Aktivitäten fördern sollten. Das ist derzeit einer der wichtigsten Aspekte der OECD-Politik.

In der Vergangenheit haben wir gesehen, daß bei steigenden Preisen für knappe Ressourcen, wie in der Ölkrise 1973 und dann auch 1980, in einem freien Markt enorme Umstellungskräfte mobilisiert werden. Ich habe Ihnen schon die überraschende Tatsache genannt, daß die Preise für Rohstoffe in den vergangenen zwei Jahrzehnten im Verhältnis zu den Preisen für komplexe Produkte und Dienstleistungen gesunken sind. Sie sind deshalb gesunken, weil Ressourcenknappheit und diese Dinge in den siebziger Jahren ein allgegenwärtiges Thema waren und eine Welle der Umorientierung nach sich gezogen haben.

Ich bin deshalb nicht der Meinung, daß wir auf Wachstum verzichten müssen. Wir müssen vielmehr dem Markt die Möglichkeit geben, für Ressourcen einen angemessenen Preis zu ermitteln.

Dies ist auch meine Antwort zum Thema „ökologische Standards" an Bürgermeister Knabe. Solche Dinge wie ökologische Standards entspringen den veränderten Prioritäten in hochentwickelten Gesellschaften und damit auch einer Art Marktprozeß. Die ökologischen Standards in Deutschland sind wesentlich höher als in armen Ländern. Warum? Weil Menschen, wenn sie arm sind, viel mehr Gewicht auf die Verbesserung ihres Lebensstandards legen als reiche Menschen.

Wir sollten aufpassen, daß wir armen Ländern nicht ökologische Standards aufnötigen, zu denen sie von sich aus keinerlei Verhältnis haben. Es gibt nun mal unterschiedliche Standards, und wir müssen sie berücksichtigen, wenn wir überlegen, welche Politik wir machen wollen. Mit anderen Worten: Wenn wir wollen, daß Brasilien sich ökologisch sensibler verhält, weil wir in den reichen Ländern uns große Sorgen über die Art und Weise machen, wie Brasilien mit seinen Ressourcen umgeht, dann müssen wir uns eben mit den Verantwortlichen an den Verhandlungstisch setzen und sie überzeugen. Es geht nicht, daß wir ökologische Standards als Vorwand benutzen, brasilianische Industriebetriebe zu schließen und die Bemühungen des Landes um einen besseren Lebensstandard zu torpedieren. Das ist nichts anderes als Protektion durch die Hintertür.

Also: Ja zur Ökologie, Ja zu mehr Sensibilität gegenüber den anderen Prioritäten ärmerer Menschen, aber Nein zu einem Mißbrauch des Umweltschutzes als Instrument der Protektion.

Und noch eine Anmerkung zu Herrn Knabe: Es ist natürlich richtig, daß viele Entwicklungen in den Ländern des Südens mit den Migrationsbewegungen vom Land in die Städte zu tun haben. Aber das macht die Sache um nichts schlimmer. Es ist schlicht und einfach die Situation, in der sich diese Länder befinden.

Martin Khors Anmerkungen liegen auf der gleichen Linie. Er sagt: Errichten wir selektive Barrieren. Errichten wir Barrieren, die mir gefallen, aber errichten wir keine Barrieren, die mir nicht gefallen. Meine Erwiderung darauf ist, daß dies ein ziemlich gefährliches Spiel ist. Wenn Sie einige Barrieren zulassen, wird am Ende jeder Barrieren errichten. Die sich entwickelnden Länder, für die Herr Khor wohl spricht, haben ein großes Interesse an der Welthandelsorganisation, weil diese Organisation die Länder des Nordens daran hindert, Barrieren zu errichten. Die Länder des Nordens sind aber in der modernen Welt am ehesten anfällig für protektionistische Maßnahmen.

Es hat sich gezeigt, daß eine Welt des freien Warenverkehrs, wie wir sie immer noch mehr oder weniger haben, gut für die Länder des Südens ist. Sie hat dazu beigetragen, den materiellen Lebensstandard in den Ländern des Südens zu heben, und sie hat sogar die Ungleichheit in den Ländern des Südens verringert. Ich habe Ihnen gezeigt, daß die Löhne der niedrigqualifizierten Arbeiter in den am wenigsten entwickelten Ländern weitaus stärker gestiegen sind als die der qualifizierten Arbeiter. Das ist das Ergebnis der Entwicklung, die Bürgermeister Knabe erwähnte, der Migration all der Bauern und anderer Menschen vom Land in die Städte, wo sie Schuhe herstellen und Textilien anfertigen und ihr Lebensstandard sich drastisch hebt. Deshalb war es sehr gut für die sich entwickelnden Länder, daß es einen freien Warenverkehr gibt, und deshalb ist es sehr gefährlich, ausgewählte Grenzen beizubehalten, denn am Ende steht man ohne freien Warenverkehr da. Dieser freie Warenverkehr war von Vorteil für den Süden, und, vergessen Sie das nicht, Herr Khor, er hat dazu beigetragen, die Ungleichheit in den Ländern des Südens abzubauen.

Und was die Ungleichheit im Norden angeht: Da liegt wirklich ein Problem, über das ich ausführlich gesprochen habe. Aber es gibt viel bessere Methoden als die Protektion, mit diesem schwierigen Nebeneffekt eines Systems fertig zu werden, das im Prinzip den allgemeinen Lebensstandard verbessert.

Ernst Ulrich von Weizsäcker: Herzlichen Dank. Hazel Henderson stellt später auf diesem Kongreß ihre Vision einer Gewinner-Gewinner-Welt vor, die sich in manchen Punkten von dem unterscheidet, was Professor Minford gesagt hat. Sie wollte sich allerdings in dieser Diskussion hier nicht vordrängen.

Ralf Martin, Ökonomiestudent, Economics University of Maastricht: Mr. Minford, ich begrüße Ihre detaillierte und schlüssige Analyse und stimme auch Ihrer Schlußfolgerung zu, welches die beste Strategie der Politik sei. Aber an einem Punkt scheint mir ein Widerspruch zu bestehen. Sie wollen soziale Protektion abschaffen, aber auf der anderen Seite fordern Sie direkte Hilfe für die Armen.

Was ist der Unterschied zwischen sozialer Protektion und direkter Hilfe, der Sie unterstellen, daß sie keine Verzerrungen erzeugt?

Und die zweite Frage: Wenn Sie verlangen, daß den Armen direkt geholfen wird, dann müssen Sie auch sagen, wo das Geld dafür herkommen soll.

Dieter Stockburger, Grünstadt: Professor Minford, Sie erwähnten als Beweis für die Wirksamkeit der Marktkräfte die rasche Reaktion der Industriestaaten auf die Ölpreiserhöhungen in den siebziger und achtziger Jahren. Sie wissen so gut wie ich, daß die Preise damals als Folge einer Kartellentscheidung gestiegen sind, nicht eines Marktvorganges. Hier hat ein Kartell die Energiepreise erhöht. Die Industriepreise konnten folgen, weil die Technik, den Energieverbrauch zu senken, schon lange verfügbar war. Da aber die Marktpreise keinen Anreiz dazu gegeben hatten, hatte es niemand gemacht. Erst die Kartellentscheidung hat dazu geführt. Ich kann da nicht die Wirksamkeit der Marktkräfte sehen.

Auch heute steht die Technik zur Verfügung, den Verbrauch von Ressourcen dieses Planeten drastisch zu senken, ob um einen Faktor vier oder mehr, darüber kann man streiten. Die Marktkräfte heute sind nicht in der Lage, diese verfügbaren Techniken wirksam werden zu lassen, weil ein kurzfristiger Überfluß an Ressourcen da ist. Märkte aber reagieren immer nur kurzfristig.

Patrick Minford: Wie bezahlen wir für direkte Hilfe? Meine Antwort ist: Aus dem allgemeinen Steueraufkommen. Soziale Protektion ist im Grunde nichts anderes als eine versteckte Steuer, die direkt von der Industrie erhoben wird. Die Industrie wird per Gesetz oder durch die Macht der Gewerkschaften, hinter denen selbst wieder das Gesetz steht, gezwungen, hohe Löhne zu zahlen. Dies ist eine Transferleistung an die Arbeiter, die von der Industrie bezahlt werden muß.

Nimmt man das Geld aus dem allgemeinen Steueraufkommen, so hat das nicht die gleichen Rückwirkungen auf die Industrie. Hier wird die gesamte Bevölkerung herangezogen, nicht nur die Industrie und die dort Beschäftigten. Erhebt man eine Steuer von denen, die Arbeitsplätze haben, dann muß ja die Industrie diese Steuer direkt über ihre Beschäftigten bezahlen. Damit erzeugt man diese gravierenden Folgen der Arbeitslosigkeit. Wenn soziale Hilfe dagegen aus dem allgemeinen Steueraufkommen finanziert wird, entsteht dieser Arbeitsplatzeffekt nicht. Es ist also effizienter, Steuern zu erheben und den bedürftigen Menschen direkt zu helfen.

Außerdem kommt eine direkte Hilfe viel zielsicherer bei denen an, die sie brauchen. Nicht jeder, der keine berufliche Qualifikation hat, ist arm. Das ist eine wichtige Tatsache. Unter den Menschen mit niedrigem Einkommen sind in Großbritannien zum Beispiel viele Frauen mit Teilzeitarbeitsplätzen, die ihr Einkommen in eine gemeinsame Haushaltskasse einbringen. Eine andere

Gruppe sind junge Menschen, die noch zu Hause leben oder in irgendeiner Form von ihren Familien unterstützt werden.

Wer über Armut und Einkommensverteilung nachdenkt, muß es eindeutig als Verschwendung von Steuergeldern ansehen, Menschen Geld zu geben, die gar nicht arm sind. Direkte Hilfe an die Haushalte kann Armut wesentlich effizienter bekämpfen; das war ja wohl der zentrale Punkt in einigen Redebeiträgen.

Zunächst also wird eine allgemeine Steuer erhoben. Das hat keine negativen Auswirkungen auf das Beschäftigungsniveau. Anschließend wird mit diesem Geld ausschließlich denen geholfen, die Hilfe brauchen, anstatt daß man pauschal die Löhne für unqualifizierte Arbeit erhöht. Das ist meine Meinung: Vom Standpunkt der ökonomischen Effizienz erreicht man so das Ziel mit deutlich geringeren Kosten.

Zum Ölpreiskartell: Sicherlich, es war ein Kartell, das in den frühen siebziger Jahren die Ölpreise anhob. Aber dieses Kartell bezog seine Machtstellung aus der Tatsache, daß Öl knapp war. In den frühen siebziger Jahren war das Wachstum der Weltwirtschaft sehr stark, und dementsprechend hoch war der Bedarf an Öl. Der Ölpreis aber war zu niedrig, das zu finanzieren, was wir dann nach der Preiserhöhung erlebt haben: Exploration neuer Ölvorkommen in großem Umfang und neue Techniken, Öl zu suchen, zu pumpen und zu nutzen.

Das Kartell im Mittleren Osten hatte in den siebziger Jahren enorme Macht. Doch seitdem ist dieses Kartell aufgebrochen worden, und zwar eben durch die Marktkräfte, die die damalige Preiserhöhung entfesselt hat. Ölfelder in der Nordsee wurden erschlossen, neue Techniken wurden entwickelt, die es erlaubten, immer weniger ergiebige Ölvorkommen auszubeuten. Heute hat, so meine ich, das Kartell im Mittleren Osten herzlich wenig Einfluß.

Ich folgere daraus genau das Gegenteil wie der Sprecher im Publikum: Das Beispiel der Ölpreise illustriert gerade eben die Macht der Marktkräfte. Es zeigt, daß diese Marktkräfte sogar ein Kartell aufbrechen können. Und es zeigt, daß diese Marktkräfte in der Lage waren, eine sehr wichtige Entwicklung in Gang zu setzen, nämlich die Suche nach Alternativen, die dann in der Folge das Ressourcenproblem, von dem Mr. Bradbury sprach, ein Stück weit mindern konnten.

Matthias Finger

Nationalstaat und Globalisierung –
Kritische Überlegungen zur Zukunft des Nationalstaates im Zeitalter der Globalisierung

Zusammenfassung

Was wird aus dem Nationalstaat im Zeitalter der Globalisierung? Der Nationalstaat, der sich insbesondere durch seine (politischen und territorialen) Grenzen auszeichnet, kommt mit der wirtschaftlichen, aber auch der kulturellen Globalisierung zunehmend unter Druck. Dieser Text zeigt, wieso der Nationalstaat als Folge der Globalisierung erodiert, aber auch, wie er an diesem Phänomen selber schuld ist. Drei Szenarien und eine wahrscheinliche Entwicklung für die zukünftige Rolle des Nationalstaates werden abschließend herauskristallisiert.

Einführung

In diesem Text geht es nicht darum, den Nationalstaat in seiner heutigen Form zu verteidigen. Im Gegenteil, mit seiner militaristischen Vergangenheit und seiner aktiven Rolle in der Umweltzerstörung gibt es wenig zu bereuen, wenn sich der Staat auflösen wird, so wie dies einige Autoren prophezeien (Guéhenno, 1995; Ohmae, 1995). Nur ist es leider durchaus denkbar, daß, was nach dem Nationalstaat kommt, schlimmer ist. In der Tat hat der Nationalstaat, vor allem seit der Weltwirtschaftskrise Anfang dieses Jahrhunderts, Sozial- und später Umweltpolitiken entwickelt, die einige der negativsten Auswirkungen der industriellen Entwicklung abfedern helfen. Ist einmal die Globalisierung in voller Aktivität, werden diese Politiken durch die Erosion des Nationalstaates geschwächt. Es geht deshalb aus meiner Sicht weniger darum, den Nationalstaat wieder zu stärken, als vielmehr ihm in der sich abzeichnenden globalen Weltwirtschaft eine neue Rolle zuzuweisen.

Aber bevor wir uns, am Ende dieses Textes, über eine solche neue Rolle einige Gedanken machen können, geht es zuerst einmal darum, die Problemlage, in der sich der Nationalstaat heute befindet, kritisch zu analysieren. Dies bedingt, in einem ersten Teil, daß kurz auf den (industriellen) Entwicklungsprozeß zurückgeblendet wird. Denn der Nationalstaat muß als integraler Teil dieses Prozesses verstanden und somit auch als Teil der daraus resultierenden Probleme gesehen werden. Dies betrifft insbesondere die vorläufig letzte Etappe dieses industriellen Entwicklungsprozesses, nämlich diejenige, die wir heute mit dem Wort „Globalisierung" zusammenfassen. In einem zweiten Teil werde ich deshalb die Globalisierung und deren (negative) Auswirkungen auf den heutigen Nationalstaat analysieren. Dies wird es uns dann erlauben, in einem dritten Teil drei mögliche Szenarien und eine aus meiner Sicht wahrscheinliche Entwicklung für die sich abzeichnende Rolle des Nationalstaates herauszukristallisieren. Ich werde argumentieren, daß sowohl die wahrscheinlichste Entwicklung wie auch die möglichen Szenarien alle nicht wünschbar sind. Andererseits ist eine wünschbare Rolle für den Nationalstaat in der heutigen Globalisierung, wie ich sie abschließend kurz skizzieren werde, kaum realistisch.

Das dominante Entwicklungsmodell und die Rolle, die der Nationalstaat darin spielte

Ich möchte hier kurz den modernen (industriellen) Entwicklungsprozeß und das ihm zugrunde liegende dominante Entwicklungsmodell erläutern und zeigen, daß der Staat darin bis vor sehr kurzer Zeit eine zentrale Rolle gespielt hat. Auch muß nochmals in Erinnerung gerufen werden, daß weder dieser Entwicklungsprozeß noch das Entwicklungsmodell nachhaltig sind. Die Globalisierung ist, aus meiner Sicht, nur als weitere Etappe dieses Prozesses, nicht aber als Infragestellung des ihm zugrunde liegenden Modells zu verstehen. Sie ist somit nicht etwas grundsätzlich Neues. Was hingegen neu ist in der Etappe der Globalisierung, ist die Rolle des Nationalstaates: Dieser hat zwar der Globalisierung den Weg bereitet, wird nun aber in dieser Funktion des „Entwicklungsagenten" überflüssig.

Die Globalisierung ist, so meine These, im dominanten westlichen Entwicklungsmodell und *Entwicklungsprozeß* potentiell schon angelegt (McNeill, 1963). In der Tat, ausgehend von der wissenschaftlichen Revolution im 17. und 18. Jahrhundert und der damit verbundenen Idee einer globalen Rationalität, läßt sich die Globalisierungsidee und die entsprechende technologische Praxis bis heute verfolgen (Landes, 1969). Zudem produzierte die wissenschaftliche Revolution die wissenschaftlichen und technologischen Instrumente, mit denen letztlich Territorium und Natur weltweit dominiert werden. Dank der Kolonisation ab dem 16. Jahrhundert wird dieses westliche Modell global verbreitet – Völker, deren Territorien und die Natur werden weltweit dominiert. Mit der Französischen Revolution entsteht der moderne Nationalstaat, der nicht nur weltweit zum Modell wird, sondern von nun an in der Ausbreitung dieses Entwicklungsmodells eine zentrale Rolle spielen wird (Pierson, 1996; Poggi, 1990). Damit beginnt die systematische Rationalisierung der Gesellschaft, mit den Individuen als zentralem Baustein (Giddens, 1984; Janicaud,1985). Dieses Modell wird nach und nach weltweit exportiert. Aber erst die Industrielle Revolution gibt diesem Entwicklungsprozeß einen Impetus und eine nicht mehr bremsbare Dynamik, zumindest solange die physische Energie dafür ausreicht

(Cottrell, 1955; Mokyr, 1990). In der Tat, mit der Industriellen Revolution setzt die industrielle Dynamik erst richtig ein. Dank der Kraft dieser Dynamik kann nun das westliche rationale Entwicklungsmodell viel effizienter und viel rascher global verbreitet werden. Dieser Prozeß wird zusätzlich durch die zwei Weltkriege und während dieser Weltkriege, aber auch während des kalten Kriegs beschleunigt. Mit Hilfe des Militärs wird dieses Modell sozusagen mit Gewalt verbreitet (Clarke, 1972; Galbraith, 1968; McNeill, 1982).

Diesem Entwicklungsprozeß liegt somit ein implizites *Entwicklungsmodell* zugrunde. Dieses wird mit jeder Etappe nicht nur global ausgebreitet, sondern ebenfalls verstärkt. Die wichtigsten Dimensionen dieses Modells sind

1. die zunehmende *Rationalisierung* (Weber),
2. die *Homogeneisierung* von Kultur und Natur (Latouche, 1989; Shiva, 1993),
3. *Kolonisierung* und Expansion (Trainer, 1989),
4. *bio-physische Degradation* (Georgescu-Roegen, 1971), und
5. *Individualisierung*, d.h. sozio-kulturelle Degradation (Lipovetsky, 1983).

Zusammengefaßt charakterisieren diese fünf Dimensionen den modernen Entwicklungsprozeß. Dieser ist somit weder sozio-kulturell noch bio-physisch nachhaltig, und verschiedene Autoren haben auf diese Tatsache schon vor Jahren und zur Genüge hingewiesen (so z.B. Illich, 1978). Was hingegen meiner Meinung nach neu ist, ist die Überlegung, die ich hier einbringen möchte, die besagt, daß sich die bio-physische und die sozio-kulturelle Degradation gegenseitig in einer Art Teufelskreis verstärken. Mit anderen Worten, je individualisierter und fragmentierter die modernen Gesellschaften werden, desto zerstörerischer sind sie. Und umgekehrt, je degradierter die bio-physische Umwelt ist, desto größer die Chance von gesellschaftlicher Fragmentierung und Konflikten. Der gesamte Entwicklungsprozeß wird als Resultat dieses Teufelskreises um so unnachhaltiger. Dieser Teufelskreis hat, so meine ich, mit der Globalisierung der achtziger Jahre erst so richtig eingesetzt; und umgekehrt hat diese Globalisierung gerade durch die Auflösung der verschiedenen sozialen, kulturellen, politischen und territorialen Grenzen den Teufelskreis der unnachhaltigen Entwicklung noch zusätzlich beschleunigt. Auch kann der Slogan „nachhaltige Entwicklung" – der Ende der achtziger Jahre aus verschiedenen Gründen ins Spiel gebracht wurde – nicht darüber hinwegtäuschen, daß dieser Entwicklungsprozeß im Grunde genommen weder nachhaltig ist noch nachhaltig gemacht werden kann (Chatterjee & Finger, 1994).

Aber bevor wir auf die Globalisierung zu sprechen kommen, möchte ich vorher noch die *Rolle und Funktionen des Nationalstaates in diesem Entwicklungsprozeß* erläutern. Diese Rolle ist bisher kaum untersucht worden, denn die meisten Autoren haben bis heute ein rein theoretisches und abstraktes und oft auch idealisiertes Verständnis des Staates. Eine institutionelle und organisatorische

Herangehensweise an den Nationalstaat und seine Funktionen in der gesellschaftlichen Entwicklung fehlt vorwiegend. Wie oben gesagt, kommt der
moderne Nationalstaat als Idee und vor allem als Institution erst mit der Französischen Revolution auf. Im Verlaufe der Zeit und bis etwa Anfang der achtziger Jahre dieses Jahrhunderts, als die Globalisierung so richtig einsetzte, spielte
der Staat eine immer wichtigere Rolle und diversifizierte seine Funktionen. Drei
solche sich mit der Zeit überlagernde Funktionen lassen sich grob unterscheiden: Die erste und auch wichtigste Funktion des Staates ist diejenige der Verteidigung und Sicherheit der territorialen Integrität sowie der in diesem Territorium lebenden Individuen. Mit der Französischen Revolution werden diese
Individuen zu „Bürgern" und sind von nun an direkt als Soldaten an der Verteidigung des Staates beteiligt und an seinem Überleben interessiert. Mit Ausnahme des Unterhalts der Armee ist Sicherheit in erster Linie eine regulatorische Funktion, die über ein effizientes juristisches System läuft. Als Folge der
Industriellen Revolution muß sich jedoch der Staat vermehrt um zusätzliche
Aufgaben kümmern. Es geht hier vor allem um die Abfederung der negativen
sozialen Konsequenzen des industriellen Entwicklungsprozesses. Er übernimmt
zunehmend und zusätzlich soziale Funktionen. Distributionale Justiz und
Wohlfahrt, die sich vor allem nach dem Zweiten Weltkrieg entwickeln, nehmen
hier ihren Anfang. Ende des 19. Jahrhunderts mischt sich deshalb der Staat
immer mehr und direkt in den industriellen Entwicklungsprozeß ein, eine Rolle,
die die keynesianische (antizyklische) Wirtschaftspolitik noch verstärkt.

In den USA geschieht dies in erster Linie via Regulierung, aber in Europa –
und seinen Kolonien – übernimmt der Staat seit Ende des 19. Jahrhunderts noch
eine weitere Rolle, nämlich diejenige der staatseigenen Produktion von Dienstleistungen (Kommunikation, Transport, Energie, Banken, Versicherungen
u.a.m.) und sogar von Industriegütern. In den kommunistischen Ländern sind
Staat und wirtschaftliche Entwicklung sogar identisch. Diese Rolle des Staates
als „Entwicklungsagent" verstärkt sich noch durch die zwei Weltkriege und in
ihrem Verlauf sowie während des kalten Krieges, denn in Kriegszeiten hat der
Staat ein allgemein akzeptiertes Monopol über die Gesellschaft und ihre Entwicklung. Mit anderen Worten, der industrielle Entwicklungsprozeß in seinen
verschiedenen oben beschriebenen Dimensionen wird seit Ende des 19. Jahrhunderts vom Staat nicht nur aktiv gefördert, sondern man kann sogar behaupten, daß seither Staat und industrielle Entwicklung eins sind. Der Staat ist somit
nicht der neutrale Richter, wie dies einige Sozialwissenschaftler und Politiker
behaupten, sondern eben auch „Stakeholder", d.h. Akteur und als solcher direkt
am industriellen Entwicklungsprozeß interessiert. Dies ändert sich grundlegend in der neuen Etappe der Globalisierung, die Anfang der achtziger Jahre einsetzt. Denn der Nationalstaat wird dann in dieser Funktion als Entwicklungsagent von den neu aufkommenden Akteuren nicht mehr gebraucht.

Globalisierung – Erosion des Staates

In diesem Teil werde ich den bisher letzten Schritt im industriellen Entwicklungsprozeß darlegen, den Schritt der Globalisierung. In diesem Schritt wird der Nationalstaat in seiner Funktion als Entwicklungsagent überflüssig und von anderen Akteuren abgelöst. Auch sei hier darauf hingewiesen, daß der Staat diesen Schritt der Globalisierung zum Teil selbst aktiv gefördert hat: In der Tat haben die Staaten seit den achtziger Jahren aktiv dereguliert und privatisiert und den freien Handel sowie dessen Promotoren, wie zum Beispiel das GATT, die Welthandelsorganisation, die Weltbank und den Internationale Währungsfond gefördert. Auch die meisten multinationalen Unternehmen sind mit Staatsaufträgen und teilweise sogar mit finanzieller Unterstützung der Staaten groß geworden. In dieser neuen Etappe der Globalisierung wird es für den Staat immer schwieriger, den industriellen Entwicklungsprozeß zu kontrollieren und zu steuern. Und weil er sich nun nicht mehr direkt am Entwicklungsprozeß bereichern kann, kommt der Staat auch in seinen sozialen Funktionen unter Druck. Die Rolle der externen und internen Sicherheit bleiben ihm, auch wenn die erste an Wichtigkeit verliert. Generell aber erodiert der Staat.

Ich sehe die heutige *Globalisierung* als vorläufig letzte Etappe des beschriebenen Entwicklungsprozesses. In dieser Etappe nehmen alle fünf oben beschriebenen Dimensionen des Entwicklungsmodells – Rationalisierung, Kolonisierung, Homogeneisierung, bio-physische und sozio-kulturelle Degradation – globale Züge an. Generell wird zwar die Globalisierung mit wirtschaftlicher und finanzieller Globalisierung gleichgestellt (Dunning, 1993; Mittelmann, 1996). Und in der Tat tragen globale Finanzmärkte und zunehmend freier Welthandel substantiell zur Verbreitung des Entwicklungsmodells bei. Multinationale Unternehmen sind die neuen Akteure der nunmehr globalen Weltwirtschaft oder „neuen Weltordnung", wie einige Autoren behaupten (Barnet & Cavanagh, 1994; Korten, 1995). Aber diese neue globale Weltordnung ist nur möglich, weil sich parallel zur industriellen Produktion auch der Konsum globalisiert hat. Dieser Aspekt der Globalisierung hat seinerseits unter anderem auch mit kultureller Globalisierung zu tun, das heißt mit der Universalisierung von Werten und Moden (Waters, 1995). Dieses Phänomen wiederum wird durch soziale Erosion, gesellschaftliche und kulturelle Fragmentierung und Individualisierung beschleunigt. Mit anderen Worten, um die Dynamik und Kraft der Globalisierung angemessen zu verstehen, darf man sie nicht auf die Ausweitung des freien Welthandels reduzieren, was Ökonomen und deren Kritiker gerne tun. Globalisierung aus meiner Sicht ist ein umfassendes Phänomen, das sowohl wirtschaftliche, finanzielle und sozio-kulturelle als auch hier nicht erwähnte ökologische und technologische Dimensionen hat. Der Druck , der sich aus der Globalisierung auf den Nationalstaat ergibt, stammt von allen diesen Dimensionen und nicht nur von der wirtschaftlichen her.

Diese umfassende Konzeption der Globalisierung hilft zu verstehen, wieso in dieser neuen globalen Etappe des industriellen Entwicklungsprozesses der *Nationalstaat nunmehr ernsthafte Probleme bekommt* und erodiert. In der Tat globalisiert sich in dieser bisher letzten Etappe des industriellen Entwicklungsprozesses mehr oder weniger alles, außer der (Staats-)Politik, die ans Territorium gebunden bleibt. Kulturelle, technologische, wirtschaftliche und insbesondere finanzielle Entwicklungen vollziehen sich zunehmend territoriumsunabhängig, während Politik sich letztlich auf Personen abstützt, die territorial verankert sind. Die Konsequenzen dieser Entwicklungen aber – insbesondere die sozialen und ökologischen Konsequenzen der sich als Resultat des beschriebenen Teufelskreises zunehmend beschleunigenden Industrialisierung – sind letztlich immer lokal. Es tut sich somit zwischen „Global" und „Lokal", zwischen dem, was mobil, und dem, was ortsgebunden ist, eine zunehmende Kluft auf. Und diese Scherenbewegung findet sich auch immer mehr auf sozialer Ebene, denn Busineß ist tendenziell global, und die negativen Konsequenzen davon sind tendenziell lokal angelegt. Auf globaler Ebene finden wir somit nun die Promotoren dieses Entwicklungsprozesses und auf lokaler Ebene die Widerstände gegen diese. Oder noch anders: Auf globaler Ebene finden wir die Gewinner und auf lokaler Ebene die Verlierer. Diese werden mit zunehmender Globalisierung immer reaktiver und defensiver. Mit anderen Worten, diese neue Etappe des industriellen Entwicklungsprozesses charakterisiert sich durch eine Scherenbewegung, in welcher „global" und „lokal" zunehmend auseinanderdriften. Zwischen global und lokal erodiert der Nationalstaat, der diesen Entwicklungsprozeß bisher nicht nur aktiv gefördert, sondern auch zusammengehalten hat. Die Abbildung illustriert meine Argumentation.

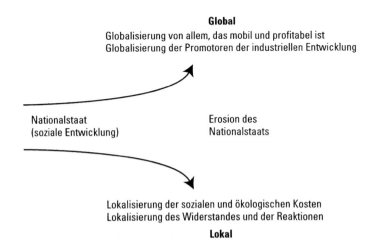

Der traditionelle Nationalstaat wird somit von beiden Seiten, von den globalen Akteuren wie von den lokalen Reaktionen her, unter Druck gesetzt (Sassen, 1996). Einerseits wollen die „globalen Entwickler" den Nationalstaat zunehmend für ihre Zwecke instrumentalisieren. Als solcher soll er der finanziellen und wirtschaftlichen Globalisierung förderlich sein. Andererseits wollen die Verlierer der industriellen Entwicklung den Staat als Bastion gegen die Globalisierung benutzen, können sich aber wegen der sozio-kulturellen Fragmentierung, die übrigens von der Demokratie noch verstärkt wird, nicht einigen. Damit ist auch gesagt, daß in dieser neuen Etappe der industriellen Entwicklung diese nicht mehr automatisch zur Erhöhung des Lebensstandards beiträgt. Einigen wenigen Gewinnern stehen im Zeitalter der Globalisierung immer mehr Verlierer gegenüber (Knoke, 1996; Martin & Schumann, 1996). Aber wir wollen hier nicht die sich relativ klar abzeichnenden negativen sozialen Konsequenzen der Globalisierung abhandeln, sondern uns vielmehr auf deren *Konsequenzen für den Nationalstaat*, die übrigens mit den sozialen Konsequenzen sehr eng verbunden sind, konzentrieren. Denn erodiert der Nationalstaat in dieser neuen Etappe der industriellen Entwicklung, so ist auch das einzige heute verfügbare soziale Verteilungsinstrument zunehmend geschwächt. Für den Nationalstaat bedeutet die Globalisierung einerseits Finanz- und andererseits Legitimationsprobleme. In der Tat holt sich der Staat seine finanziellen Ressourcen aus der Kontrolle über den industriellen Entwicklungsprozeß. Wird dieser aber territoriumsunabhängig, und der Staat verliert die Kontrolle darüber, so läßt sich dieser Prozeß auch kaum mehr besteuern. Besteuert werden kann nur noch, was nicht mobil ist, und gerade das ist finanziell nicht interessant. Mit der Finanzkrise und der damit verbundenen zunehmenden Unfähigkeit des Staates, die negativen sozialen Konsequenzen der Globalisierung abzufedern, entsteht auch eine zunehmende Legitimationskrise in den Augen der Bürger. Immer weniger wird sich der Staat aus seinen sozialen Funktionen heraus legitimieren können, und seine Funktionen in Dienstleistung und Produktion hat er meistens schon privatisiert. Es bleibt dem Staat somit nur noch die innere (und eventuell die äußere) Sicherheit als Legitimationsbasis.

Mit anderen Worten: Der Staat war ein wichtiger Akteur im industriellen Entwicklungsprozeß, und zwar solange es darum ging, diesen Prozeß auf seinem Territorium aktiv zu fördern und das entsprechende Entwicklungsmodell zu verbreiten. Diese Aufgabe ist in den industrialisierten Ländern ungefähr seit den achtziger Jahren geleistet, und der Staat wird zumindest in dieser Funktion nicht mehr gebraucht. Die industrielle Entwicklung ist jetzt zunehmend terroriumsunabhängig und somit auch staatsunabhängig. Das heißt nicht, daß der Staat nicht mehr gebraucht wird. Es heißt aber, daß der Nationalstaat im industriellen Entwicklungsprozeß eine zunehmend reaktive, ja sogar defensive und wahrscheinlich vor allem instrumentelle Rolle spielen wird. Auch muß er sich immer mehr mit den negativen Konsequenzen dieser industriellen Entwicklung herumschlagen. Aber gerade wenn es um die Lösung der durch die globale industrielle Entwicklung hervorgerufenen Probleme geht, ist möglicherweise der Nationalstaat gar nicht mehr die geeignete territoriale Einheit. Ich will hier dieser Frage nicht direkt nachgehen, sondern ich möchte nun genereller untersuchen, welche möglichen Rollen dem Staat in dieser neuen Etappe der Globalisierung zukommen werden.

Drei Szenarien der zukünftigen Rolle des Nationalstaates

Ich entwickle diese möglichen Rollen an Hand von drei Szenarien sowie einer wahrscheinlichen Entwicklung. Diese schließen sich nicht gegenseitig aus, denn jedes Szenario hat die Unterstützung von jeweils anderen Akteuren. Es handelt sich erstens um das Szenario des sogenannten „neuen Protektionismus", bei welchem versucht wird, die traditionellen Funktionen des Nationalstaates wiederherzustellen. Das zweite Szenario ist dasjenige der Steigerung der Effizienz des Staates, der so versucht, in der nun globalen Weltwirtschaft vor allem als wirtschaftlicher Akteur wettbewerbsfähig zu sein. Im dritten Szenario, das unter anderem die Unterstützung vieler Nichtregierungsorganisationen (NGOs) genießt, wird versucht, sozusagen das Äquivalent des Nationalstaates auf globaler Ebene zu reproduzieren. Alle drei Szenarien sind entweder unrealistisch oder aus meiner Sicht nicht wünschbar, wie ich im Folgenden argumentieren werde.

Das erste Szenario ist dasjenige des *neuen Protektionismus* (Boyer & Drache, 1996; Lang & Hines, 1993). Neuer Protektionismus ist der Versuch, den Nationalstaat vor der Globalisierung, insbesondere dem freien Welthandel, zu schützen, ja sogar abzuschotten. Es ist dies zuerst einmal ein reaktives und defensives Szenario, das sich unter anderem auf kulturelle und weniger auf politische Kräfte stützt. Promotoren des neuen Protektionismus sind meist populistische Politiker (von rechts und von links), die so auf Reaktionen im Volk und auf ihren eigenen Machtverlust im Zeitalter der Globalisierung reagieren (Goldsmith, 1993). Sie versuchen dabei, vor allem die sozialen Funktionen des Staates zu sichern, oder zumindest den Verlust dieser Funktionen in Grenzen zu halten. Aber angesichts der beschriebenen finanziellen Konsequenzen der Globalisierung auf den Staat werden interventionistische Politikstrategien mehr und mehr von rein regulatorischer Politik abgelöst (Majone, 1996). Diese wiederum bedingen einen starken juristischen und letzten Endes polizeilichen Staat, der diese Regulationen dann auch durchsetzen kann. Dieses Szenario ist sicher denkbar, auch wenn der protektionistische Staat wahrscheinlich kein Sozialstaat sein wird. Vielmehr wird es ein Staat sein, dessen wichtigste Funktion innere und nicht soziale Sicherheit sein wird. Auch ist aus meiner Sicht dieses Szenario kaum wünschbar, und zwar in erster Linie, weil es sich dabei um ein reaktives und wahrscheinlich auch reaktionäres Szenario handelt, das auf letzten Endes kulturellen und nicht politischen Kräften aufbaut. Es beinhaltet somit die Gefahr des Fundamentalismus. Zudem ist dieses Szenario wahrscheinlich mit einem Verlust an Demokratie verbunden, denn der Preis für mehr Sicherheit vor den Gefahren der globalen Weltwirtschaft wird ein Verlust an Freiheit sein.

Ein zweites Szenario ist dasjenige des *effizienten Staates*. Es geht dabei nicht darum, den Staat vor der Globalisierung zu schützen, sondern ihn vielmehr für die Globalisierung fit zu machen (Metzen, 1994; Osborne & Gaebler, 1992; Peters & Savoie, 1995). Globalisierung wird dabei als unabwendbarer Prozeß akzeptiert, und es wird versucht, den Staat, meist unter finanziellem Druck, so zu reformieren oder sogar zu erneuern, daß er in dieser neuen globalen Situation auch in Konkurrenz und im sogenannten „Standortwettbewerb" mit anderen Staaten bestehen kann (Porter, 1990). Dies ist die Sichtweise einiger aufgeklärter Politiker, die übrigens über diesen Prozeß ebenfalls versuchen, den Staat und sich selbst neu zu legitimieren. Effiziente Dienstleistungen – wenn oft auch vermindert – sind der Versuch, den Staat und seine Tätigkeiten neu aus sich heraus und nur noch indirekt aus seinen Funktionen zu legitimieren. Es handelt sich dabei um eine größere Ausrichtung der Dienstleistungen auf den Bürger, der nun zum Kunden wird, um Resultatorientierung, um die Dynamisierung des „Service Public", um eine größere Autonomie der Verwaltung von der Politik, die so unternehmerischer arbeiten kann, und in einem gewissen Maße sogar um eine Dezentralisierung der staatlichen Aktivitäten, die so näher an den Bürger gebracht werden. Dieses Szenario hat ebenfalls die Unterstützung der globalen Akteure wie der Weltbank, der OECD, ja sogar multinationaler Unternehmen, für die ein effizienter Staat, insbesondere was Infrastrukturleistungen anbetrifft, als Rahmenbedingung für ihre wirtschaftlichen Tätigkeiten wünschenswert ist. Dieses für einige Länder sicher realistische Szenario wird es dem Staat wahrscheinlich sogar ermöglichen, eine gewisse Autonomie und einen Handlungsspielraum gegenüber den neuen Akteuren der Globalisierung zu behaupten. Es ist aber ein Szenario, das die Probleme der Globalisierung letztlich nicht löst, sondern eventuell sogar verstärkt und beschleunigt. Als Resultat dieses Szenarios wird sich der Nationalstaat immer mehr wie ein Unternehmen verhalten müssen, um so in diesem Globalisierungsprozeß zu überleben. Er läuft dabei Gefahr, seine Spezifizität und Identität, somit auch seine politische Legitimation zu verlieren.

Ein drittes Szenario geht in Richtung *globaler Staat*, auch wenn dies nie so klar ausgesprochen wird. In der Tat ist es ein weitverbreiteter Wunsch, daß sich der Staat im Zeitalter der Globalisierung sozusagen auf globaler Ebene neu bilden soll. Dieser Wunsch kommt vor allem von denjenigen, die die negativen Konsequenzen der Globalisierung, insbesondere die sozial und ökologisch negativen Konsequenzen, politisch und auf suprastaatlicher Ebene wieder unter Kontrolle bringen möchten (Groupe de Lisbonne, 1995; Soroos, 1986). NGOs sprechen dabei oft auch von einer neuen globalen Zivilgesellschaft, die sich aber, um eine gewisse Effizienz zu erreichen, auf gewisse global institutionalisierte politische Mechanismen abstützen muß (Lipschutz, 1996). Insbesondere ginge es darum, neue globale Akteure, wie multinationale Unternehmen, politisch unter Kontrolle zu bekommen. Wiederum muß bemerkt werden, daß dies wahrscheinlich nur über regulatorische Politik möglich wäre, was wiederum von einem starken globalen Staat oder zumindest von einem starken Justizsystem und Polizeiapparat begleitet wäre. Aus meiner Sicht ist diese Entwicklung ebensowenig realistisch wie wünschbar. Alle Probleme des Nationalstaates, die zum Beispiel gerade soziale Bewegungen aufgeworfen haben, wie Freiheitsverlust, Demokratieverlust etc., wären nun auf globaler Ebene wiederzufinden. Zudem ist dieses Szenario kaum realistisch: Die Nationalstaaten könnten sich nie auf ein solches Szenario einigen, und die globalen Akteure, die sich inzwischen etabliert haben, würden es auch nie zulassen, von neuen globalen Regulatoren kontrolliert zu werden. Gerade dies zeigt uns, in welche Richtung die Entwicklung geht.

In der Tat – und dies ist sicher die wahrscheinlichste Entwicklung – bringt die Globalisierung, oft mit aktiver Unterstützung der Nationalstaaten, wie oben beschrieben, neue globale Akteure hervor. Es sind dies vor allem multinationale Unternehmen und multilaterale Organisationen (Weltbank, IMF, Welthandelsorganisation, OECD u.a.m.), die ihrerseits wiederum die wirtschaftliche und finanzielle Globalisierung aktiv fördern. Für sie ist der Nationalstaat einerseits ein Hindernis für den freien Welthandel und somit für ihre eigene Prosperität, andererseits aber brauchen sie denselben Nationalstaat, um zum Beispiel Eigentumsrechte zu sichern oder Wirtschaftsverträgen juristische Geltung zu verleihen. Auch muß er die schlimmsten sozialen Konsequenzen der Globalisierung abfedern, und selbstverständlich ist der Nationalstaat auch dazu da, den multinationalen Unternehmen zu helfen, entweder direkt oder indirekt Geld zu verdienen. Direkt ist dies zum Beispiel der Fall durch Staatsaufträge und indirekt durch Regulierungen, die multinationale Unternehmen begünstigen, ihnen Exportrisiken abnehmen oder sonst vorteilhafte Rahmenbedingungen schaffen. Mit anderen Worten, das wahrscheinlichste Resultat der Globalisierung ist, daß die neuen globalen Akteure die Nationalstaaten mehr und mehr für ihre Zwecke *instrumentalisieren* und gegeneinander ausspielen. Autoren der Dritten Welt sehen diese Entwicklung realistischerweise als einen neokolonialistischen Prozeß, diesmal durch multinationale Unternehmen und multilaterale Organisationen (Raghavan, 1990). Aber auch wir, im Norden, sind meiner Meinung nach gegen diese Entwicklung und höchst realistische Konsequenz der Globalisierung nicht immun.

Ausblick: Welche Rolle für den Nationalstaat in Zukunft?
In allen beschriebenen Szenarien geht der Nationalstaat schlußendlich geschwächt aus der neuen Etappe des industriellen Entwicklungsprozesses, der Globalisierung, hervor. Es ist wahrscheinlich, daß der Nationalstaat im Zeitalter der Globalisierung nicht mehr seine traditionellen Funktionen, insbesondere seine sozialen Funktionen, erfüllen und daß er vielleicht auch nicht mehr bestehen kann. Es ist somit nur logisch zu sagen, daß nun der Staat seine Rolle und seine Funktionen der Globalisierung anzupassen und neu zu definieren hat. Man ist versucht, diese Rolle etwa in folgender Art zu definieren: Der Staat soll von seiner traditionellen „command and control"-Arbeitsweise abkommen und sich vermehrt als „facilitator", als Lernförderer der gesamten Gesellschaft verstehen. Es ginge dabei nicht mehr so sehr um die Regulierung der Gesellschaft, sondern in erster Linie darum, die in der Gesellschaft angelegten Kräfte zu fördern und ihnen zum Durchbruch zu verhelfen, denn schlußendlich muß sich ja die Gesellschaft und nicht der Staat gegen die Globalisierung behaupten. Es ist aber aus meiner Sicht fraglich, ob der Staat über seinen eigenen Schatten springen kann und von einem „Stakeholder" – einem am industriellen Entwicklungsprozeß direkt interessierten Akteur – zu einem neutralen „Facilitator" werden kann.

Literatur

Barnet, R. & J. Cavanagh (1994), *Global dreams. Imperial corporations and the new world order*, New York: Simon & Schuster.

Boyer, R. & D. Drache (eds.) (1996), *States against Markets. The limits of globalization*, London: Routledge.

Bushrui, S., Ayman, I. & E. Laszlo (eds.) (1993), *Transition to a global society*, Oxford: Oneworld.

Chatterjee, P. & M. Finger (1994), *The Earth Brokers. Power, politics and world development*, London: Routledge.

Chossoudovsky, M. (1994), *Global impoverishment and the IMF-World Bank economic medecine*, Third World Resurgence 49, S. 17-36.

Clarke, R. (1972), *La course à la mort ou la technocratie de la guerre*, Paris: Seuil.

Cottrell, F. (1955), *Energy and society. The relation between energy, social change, and economic development*, Westport CT: Greenwood Press Publ.

Danaher, K. (ed.) (1994), *50 years is enough. The case against the World Bank and the International Monetary Fund*, Boston: South End Press.

Dunning, J.H. (1993), *The globalization of business*, London: Routledge.

Featherstone, M. (ed.) (1990), *Global culture. Nationalism, globalization and modernity*, London: Sage.

Galbraith, J.K. (1968), *La paix indésirable? Rapport sur l'utilité des guerres*, Paris: Calmann-Lévy (Amerikanisches Original: 1967).

Georgescu-Roegen, N. (1971), *The entropy law and the economic process*, Cambridge MA: Harvard University Press.

Ghandi, K. (ed.) (1991), *The transition to a global society*, New Delhi: Allied Publishers.

Giddens, A. (1984), *The constitution of society*, Cambridge: Polity Press.

M. Finger

Goldsmith, J. (1993), *The trap*, New York: Carroll & Graf Publishers.

Groupe de Lisbonne (1995), *Limites à la compétitivité. Pour un nouveau contrat mondial*, Paris: La Découverte.

Guéhenno, J.-M. (1995), *The end of the nation-state*, Minneapolis: University of Minnesota Press.

Illich, I. (1978), *Fortschrittsmythen*, Reinbek: Rowohlt.

Janicaud, D. (1985), *La puissance du rationnel*, Paris: Gallimard.

Knoke, W. (1996), *Bold New World*, New York: Kodansha International.

Korten, D. (1995), *When corporations rule the world*, West Hartford CT: Kumarian Press.

Landes, D. (1969), *The unbound Prometheus. Technological Change and Industrial development in Western Europe from 1750 to the present*, Cambridge: Cambridge University Press.

Lang, T. & C. Hines (1993), *The new protectionism. Protecting the future against Free Trade*, London: Earthscan.

Latouche, S. (1989), *L'occidentalisation du monde*, Paris: La Découverte.

Lipovetsky, G. (1983), *L'ère du vide. Essais sur l'individualisme contemporain*, Paris: Gallimard.

Lipschutz, R. (1996), *Global civil society and global environmental governance*, Albany: SUNY Press.

Majone, G. (1996), *Regulating Europe*, London: Routledge.

Martin, H.-P. & H. Schumann (1996), *Die Globalisierungsfalle*, Reinbek: Rowohlt.

Martin, B. (1993), *In the public interest? Privatization and public sector reform*, London: Zed Books.

McNeill, W. (1963), *The rise of the West. A history of the human community*, Chicago: University of Chicago Press.

McNeill, W. (1982), *The pursuit of power. Technology, armed force, and society since A.D. 1000*, Chicago: University of Chicago Press.

Meadows, D., Meadows, D., Zahn, E., and P. Milling (1972), *The limits to growth*, New York: Universe Books.

Metzen, H. (1994), *Schlankheitskur für den Staat*, Frankfurt: Campus.

Mittelmann, J. (ed.) (1996), *Globalization. Critical reflections*, Boulder: Lynne Rienner Publ.

Mokyr, J. (1990), *The lever of riches. Technological creativity and economic progress*, Oxford: Oxford University Press.

Nader, R. et al. (1993), *The case against 'Free Trade'. GATT, NAFTA, and the globalization of corporate power*, San Francisco: Earth Island Press.

Ohmae, K. (1995), *The end of the nation-state*, The rise of regional economics. New York: The Free Press.

Osborne, D. & T. Gaebler (1992), *Reinventing government. How the entrepreneurial spirit is transforming the public sector*, New York: Plume.

Peters, G. & D. Savoie (eds.) (1993), *Governance in a changing environment*, Montreal: McGill-Queens University Press.

Pierson, C. (1996), *The modern State*, London: Routledge.

Poggi, G. (1990), *The State. Its nature, development and prospects*, Cambridge: Polity Press.

Porter, M. (1990), *The competitive advantage of nations*, New York: Free Press.

Princen, T. & M. Finger (1994), *Environmental NGOs in World Politics. Linking the Local to the Global*, London: Routledge.

Raghavan, C. (1990), *Recolonization. GATT, the Uruguay Round and the Third World*, London: Zed.

Robertson, R. (1992), *Globalization. Social theory and global culture*, London: Sage.

Sachs, W. (ed.) (1992), *The development dictionary*, London: Zed Books.

Sassen, S. (1996), *Loosing control? Sovereignty in an age of globalization*, New York: Columbia University Press.

Shiva, V. (1993), *Monocultures of the mind. Biodiversity, biotechnology, and the Third World*, Penang: Third World Network.

Soroos, M. (1986), *Beyond sovereignty. The challenge of global policy*, Columbia SC: University of South Carolina Press.

Trainer, T. (1989), *Developed to death*, London: The Merlin Press.

Waters, M. (1995), *Globalization*, London: Routledge.

Seminar A
Grenzen in den Naturwissenschaften

Leitung:
Prof. Dr. Oswald Hess

Uwe Sleytr

Zweidimensionale Proteinkristalle (S-Schichten) – neuartige Forschung, überraschende Anwendungen

In jüngster Zeit wurden enorme Fortschritte im Methodengefüge zur Strukturaufklärung und Strukturmanipulation der belebten und unbelebten Materie erzielt. Die Aufklärung von biologischen supramolekularen Strukturen, insbesondere die genaue Kenntnis ihrer Bausteine, wie auch die Grundlagen und Gesetzmäßigkeiten ihrer Selbstorganisation, haben zu völlig neuen Forschungsschwerpunkten geführt, die sich unter dem Begriff „Molekulare Nanotechnologie" zusammenfassen lassen. Im Rahmen dieser Forschungen stehen wir auch erstmals an der Schwelle zu den theoretischen Grenzen der Miniaturisierung von funktionellen Einheiten, die zu erreichen bisher utopisch war oder sogar als reine Science-fiction angesehen wurde.

Waren bisher sowohl in der Biologie als auch in den Materialwissenschaften die wesentlichen Forschungsrichtungen mit dem Zerlegen von Strukturen befaßt, so ist die Zielrichtung der Molekularen Nanotechnologie eine kontrollierte Manipulation einzelner Bausteine und der Aufbau von supramolekularen Strukturen.

Um aus Atomen und Molekülen funktionsfähige Strukturen aufbauen zu können, bieten sich zur Zeit verschiedene Strategien an. Grundvoraussetzung ist aber stets, daß die zu bewegenden Atome und Moleküle und das erzielte Endprodukt sichtbar gemacht werden können. Der hochauflösenden Elektronenmikroskopie und der erst vor kurzem entwickelten Rastersondenmikroskopie kommen dabei entscheidende Bedeutung zu. Da beim „Molecular Manufacturing" von den kleinsten, meist von der Natur vorgegebenen Bausteinen ausgegangen wird, steht dieses Strukturierungsverfahren auch im völligen Gegensatz zu den gängigen Methoden der Miniaturisierung. Die kleinsten Bauelemente konnte man bisher nur dadurch erhalten, daß man Festkörper so lange mit verschiedenen zumeist mechanischen oder chemischen Verfahren behandelte, bis sich entsprechend kleine Bauteile ergaben bzw. Polymere und anorganische Materialien durch Abscheiden zufällig zu Strukturen zusammenfanden, die letztlich in ihrer Ultrastruktur einer statistischen Verteilung entsprachen. Diese „Top down"-Strategie steht somit im völligen Gegensatz zur „Bottom up"-

Strategie der Molekularen Nanotechnologie, bei der vor allem die Selbstorganisation der kleinsten elementaren Bausteine einer Struktur genutzt wird.

Die Aufklärung der molekularen Bausteine der belebten Materie, der Mechanismen ihrer Selbstorganisation zu funktionellen Molekülaggregaten und supramolekularen Strukturen sowie ihre dynamischen Veränderungen in der Zelle haben deutlich gezeigt, daß die Lebensvorgänge auf einem faszinierenden molekularen Legospiel beruhen. Die Molekulare Nanotechnologie steht gerade am Anfang, dieses im Verlauf von 3,5 Milliarden Jahren optimierte Bau- und Setzkastensystem der Natur zu erlernen, teilweise zu modifizieren und technologisch zu nutzen. Die Molekulare Nanotechnologie ist zudem ein interdisziplinäres Gebiet, in dem zahlreiche Forschungsrichtungen zusammenfinden. Wesentliche Bereiche sind die Molekularbiologie, Biotechnologie, Genetik, Zellbiologie, Biophysik, Ultrastrukturforschung, Biosensorik, Biokatalyse, Trenntechnik, Biomedizin und Biomimetik. In den Ansätzen reicht diese Forschungsrichtung bereits weit in die molekulare Elektronik und Informationsspeicherung sowie die Zukunftswelt der molekularen Maschinen. Aus der Sicht unserer gegenwärtigen naturwissenschaftlichen Vorstellungen werden die sich bereits abzeichnenden Entwicklungen im Rahmen der Molekularen Nanotechnologie zu den theoretischen Grenzen bei der Miniaturisierung funktioneller Systeme führen. Allen strategischen Überlegungen zufolge zeichnet sich dabei allerdings ein langer und mühsamer Weg ab, der weit in das nächste Jahrhundert reichen wird.

Im Rahmen meines Vortrages soll am Beispiel von zweidimensionalen Proteinkristallen gezeigt werden, welches faszinierende Anwendungs- und Diversifikationspotential sich für eine supramolekulare Struktur im Bereich der molekularen Nanotechnologie eröffnet, sobald deren Struktur, chemischer Aufbau und die Gesetzmäßigkeit der Selbstorganisation bekannt sind.

Zweidimensionale Proteinkristalle, das heißt, monomolekulare Schichten aus identischen Bausteinen, werden als Zellwandoberflächenschicht (sog. S-Schicht oder *surface layer*) von Bakterien gebildet. Diese S-Schichten finden sich in einer großen morphologischen und chemischen Vielfalt bei Organismen nahezu jeder taxonomischen Gruppierung von Eubakterien und Archaebakterien. S-Schichten bestehen jeweils aus einer einzelnen Protein- oder Glykoproteinspezies mit einem Molekulargewicht von 40 000 bis 200 000. Hochauflösende Elektronenmikroskopie in Verbindung mit digitaler Bildverarbeitungstechnik haben gezeigt, daß es verschiedene Gittertypen gibt. Abhängig vom Kristalltyp besteht eine einzelne morphologische Einheit aus einer, zwei, drei, vier oder sechs identischen Untereinheiten. S-Schichten weisen Gitterkonstanten zwischen 5 und 30 Nanometern auf und sind 5-15 Nanometer dick. Aufgrund dieser streng definierten Massenverteilung besitzen S-Schicht-Gitter Poren einheitlicher Größe und Morphologie; sie stellen somit hochporöse isopore Strukturen dar.

Eine Voraussetzung für die meisten nanotechnologischen Anwendungen von S-Schichten war die Entwicklung von Verfahren zur Desintegration und Rekristallisation. S-Schichten lassen sich vorzugsweise mit Hilfe von wasserstoffbrückenspaltenden Reagenzien in ihre Subeinheiten zerlegen. Eine Rekristallisation erfolgt zumeist bei der Rückführung zu nativen Milieubedingungen. In Abhängigkeit von den gewählten Versuchsbedingungen kann diese Rekristallisation in Suspension auf der Oberfläche fester Träger (zum Beispiel von Metallen, Silizium, Kunststoffen) an der Wasser/Luft-Grenzfläche oder an Lipidfilmen erfolgen. S-Schichten können bei lebenden Bakterien nur dann ihre Funktion als Schutz und Molekülsieb erfüllen, wenn sie im Zuge des Zellwachstums als geschlossene und somit lückenlose Oberflächenstruktur erhalten bleiben. Es ist somit nicht verwunderlich, daß die Ausbildung von S-Schichten ein hochdynamischer Vorgang ist, bei dem insbesondere einer kontinuierlichen Rekristallisation eine große Bedeutung zukommt.

Für S-Schichten gibt es bereits ein breites Spektrum von nanotechnologischen Anwendungen. Die Entwicklungen reichen von serienreifen Produkten bis zu strategischen Konzepten. Beispielsweise lassen sich die einheitlich ausgebildeten Porenstrukturen der S-Schichten zur Herstellung völlig neuer Ultrafiltrationsmembranen nutzen. Ultrafiltrationsmembranen, die nach den Standardtechniken aus Polymeren hergestellt werden, weisen eine schwammartige Struktur mit Poren sehr unterschiedlicher Größe auf. In Form der S-Schichten hat die Natur jedoch im Mikrometermaßstab Ultrafilter entwickelt, die eine mit herkömmlichen Verfahren nicht erzielbare Porenpräzision aufweisen. Um die in Dimension von Bakterienzellen vorliegenden S-Schicht-Fragmente makroskopisch für Ultrafiltrationszwecke nutzen zu können, wurde ein neues Verfahren entwickelt. S-Schichten werden dabei auf poröse Träger abgelagert und unter hohem Druck kovalent vernetzt. Letztlich ist dieses Verfahren dem Abdichten eines Daches mit Dachziegeln vergleichbar.

Aufgrund der einheitlichen Oberflächeneigenschaften von S-Schichten, insbesondere der regelmäßigen Anordnung und räumlich definierten Orientierung der funktionellen Gruppen im Subnanometerbereich, lassen sich an S-Schicht-Ultrafiltrationsmembranen auch chemische Modifikationen in sehr exakter Weise durchführen. Es können dabei sowohl die Porenweiten als auch die physikochemischen Oberflächeneigenschaften der Membranen verändert werden. Dieses große Modifikationspotential eröffnet völlig neue Möglichkeiten bei der Aufarbeitung und Reinigung von Molekülmischungen mit Hilfe von Ultrafiltrationstechniken, vor allem in Zusammenhang mit biotechnologischen und pharmazeutischen Trennproblemen.

Ein breites Anwendungspotential für S-Schichten ergibt sich auch in ihrem Einsatz als Matrix zur definierten Immobilisierung funktioneller Moleküle. Hochauflösende elektronenmikroskopische Untersuchungen und die Rasterkraftmikroskopie zeigten, daß die immobilisierten Moleküle (zum Beispiel Enzyme, Antikörper, Antigene, Haptene, Lektine) in geometrisch und räumlich definierter Weise an S-Schichten gebunden werden können und oft in ihrem Bindungsmuster die Geometrie des S-Schicht-Gitters reflektieren. S-Schichten werden dabei gleichsam als „molekulare Steckbretter" im Nanometermaßstab verwendet. Mit den bisher verwendeten Trägerstrukturen aus synthetischen Polymeren läßt sich eine derart hohe Bindungskapazität bei gleichzeitiger definierter räumlicher Orientierung der gebundenen Moleküle nicht erzielen. Aufgrund dieser Eigenschaften ergeben sich für S-Schicht-Technologien völlig neue Anwendungsmöglichkeiten im Bereich der Diagnostik, Biosensorik, Biomedizin und vor allem auch der Impfstoffentwicklung.

Ein vielversprechendes Anwendungsgebiet für S-Schichten zeichnet sich auch im Bereich biomimetischer Lipidmembranen ab. In lebenden Zellen sind in den Lipidmembranen (in Form der zellbegrenzenden Cytoplasmamembranen und der Zellorganellen) ein breites Spektrum hochspezialisierter Transmembranfunktionen (zum Beispiel Ionenkanäle, Signalübertragungsmechanismen, Carrier, lichtgetriebene Protonen- und Ionenpumpen) inkorporiert. Alle Versuche zur Nutzung dieser hochspezialisierten Funktionen in meso- und makroskopischen Dimensionen sind bisher daran gescheitert, daß die Stabilität von freitragenden, über poröse Träger gespannten Lipidfilmen für technologische Anwendungen nicht ausreichen. Die Beobachtung, daß die Zellhüllen vieler Archaebakterien, die unter extremen Umweltbedingungen leben (zum Beispiel Temperaturen von 110 Grad Celsius, einem pH-Wert von 1 und in konzentrierten Salzlösungen), aus einer S-Schicht und einer Cytoplasmamembran bestehen, hat das Konzept nahegelegt, großflächige funktionelle Lipidmembranen mit S-Schichten zu stabilisieren. Monomolekulare kohärente S-Schichten lassen sich beispielsweise herstellen, indem man die isolierten S-Schicht-Untereinheiten in die Subphase von mit Hilfe der Langmuir-Blodgett-Technik gespreiteten Lipidfilmen injiziert. S-Schicht-gestützte Lipidfilme können mehrere Mikrometer große Löcher in porösem Trägermaterial überspannen. Dieses neue Verfahren könnte dazu führen, daß funktionelle Membranproteine – die letztlich die theoretische Grenze bei der Miniaturisierung einer „molekularen Maschine" darstellen – technologisch nutzbar werden. Im Beitrag von Prof. Oesterhelt wurde gerade auf diese Membranfunktionen sehr detailliert eingegangen.

Neueste Untersuchungen haben gezeigt, daß S-Schicht-Subeinheiten auch in Form einer zusammenhängenden Schicht an Liposomen (Lipidvesikel) rekristallisiert werden können. Diese biomimetischen Strukturen entsprechen in ihrem supramolekularen Aufbau und in ihrer Größe den Zellhüllen von Archaebakterien. S-Schicht-bedeckte Liposomen sind wesentlich stabiler als nackte Lipidvesikel, wobei die S-Schicht-Gitter auch als Matrix zur Immobilisierung von monomolekularen Schichten funktioneller Moleküle (zum Beispiel Adressormoleküle) verwendet werden. Da Liposomen als Einschlußkörper für Wirksubstanzen ein sehr breites Anwendungspotential in der Kosmetik, für Drug-Targeting und Drug-Delivery sowie in der Gentherapie haben, eröffnen sich durch den Einsatz von S-Schichten auch hier völlig neue Strategien.

Abschließend sei noch erwähnt, daß sich S-Schichten auf Halbleiterbauelementen kristallisieren und in der Folge mit UV- oder Ionenstrahlen strukturieren lassen. Durch den Einbau funktioneller Moleküle und die Bindung von Lipidmembranen an diese strukturierten Oberflächen sollte es möglich werden, neue Verfahren zur Signalübertragung zwischen biologischen Systemen und Chips zu entwickeln.

Zusammenfassend:

Es ist im hohen Maße faszinierend, die Struktur, Chemie und das Selbstorganisationsprinzip einer funktionellen, biologischen, supramolekularen Struktur aufzuklären, sie in ihre kleinsten molekularen Bausteine zu zerlegen und unter definierten Bedingungen wieder zusammenzufügen. Auf der Ebene der einzelnen Bausteine eröffnet sich ein breites Feld für chemische oder genetische Modifikationen funktioneller Strukturen sowie für den gezielten Austausch von nativen Molekülen durch synthetische. Auf diese Weise lassen sich auch geänderte kooperative Eigenschaften der molekularen Einheiten erreichen. Die Arbeiten mit molekularen Bausätzen erlauben auch erstmals Strukturen, die von Zellen im Nano- oder Mikrometermaßstab optimiert wurden, in meso- und makroskopischen Dimensionen zu nutzen. Die an einigen Beispielen gezeigte „Bottom up"-Strategie in der Molekularen Nanotechnologie mit S-Schichten zeigt deutlich das breite Anwendungspotential dieser Strukturen in der Trenntechnik, Sensorik, Katalyse, Biomimetik, Diagnostik, Vakzineherstellung und Lithographie.

Oswald Hess. Herzlichen Dank, Herr Sleytr, für diese interessante Präsentation. Wie gewinnen Sie eigentlich Ihr Material für Ihre künftigen S-Schichten?

Uwe Sleytr: Wir züchten die Bakterien in einem Zehn-Liter-Fermenter, in zwei Tagen ein Kilogramm. 15 Prozent der Biomasse besteht aus S-Schichten, die wir dann ablösen.

Oswald Hess: Ich darf Ihnen noch einmal ganz herzlich danken. Ich freue mich, Professor Berry vom University College in London willkommen heißen zu können. Er wird sich mit der Evolution und dem Problem der Grenzen befassen.

Robert J. Berry

Evolution mit und ohne Grenzen

Grenzen der Evolution

Eine spannende Geschichte ist die Entwicklung des Evolutionsgedankens. Während Platon, christliche Dogmatiker, frühe Botaniker wie John Ray (1627–1705) und noch der große Cuvier (1769–1832) die Unveränderlichkeit der biologischen Arten behaupteten, postulierte Cuviers Gegenspieler Jean-Baptiste-Lamarck (1744-1829) eine laufende Veränderung der Arten. Charles Darwin (1809-1882) gelang mit seiner Theorie der natürlichen Selektion auch eine Erklärung für die mittlerweile durch geologische Befunde gesicherte Evolution der Organismen.

Darwin wußte allerdings noch nichts über Gene und wie Variation entsteht und überdauert. Gregor Mendels Ergebnisse wurden erst 1867 veröffentlicht, die Chromosomen wurden 1910 als Basis der Vererbung identifiziert, und die Aufnahme der Genetik in die Evolutionsbiologie fand erst in den dreißiger Jahren dieses Jahrhunderts statt und führte zu der neodarwinistischen Synthese von 1942 (die ihren Namen einem Buch von Julian Huxley verdankt, *Evolution – the Modern Synthesis*, das einen Überblick über die Ergebnisse der verschiedenen beteiligten Disziplinen gab und sie zusammenfaßte).

Zum Grundprinzip der Evolution gehört, daß sich mit der Zeit die vererbbaren Charakteristika im Erbgut eines Organismus verändern. Man kann dies zurückführen auf Veränderungen in der Häufigkeit von Genvarianten (Allelomorphie) in der Population, zu der der Organismus gehört. Es hat sich herausgestellt, daß es nur vier Kräfte gibt, die Veränderungen dieser Art produzieren können:

1. *Mutation,* ein seltenes Ereignis für ein Gen (1 zu 10^6 pro Generation), das deshalb wenig Auswirkungen auf die Häufigkeitsverteilung hat, obwohl es natürlich die Wurzel aller vererbten Variation ist;
2. *Immigration* aus einer genetisch andere Population;
3. *Abweichungen* (oder zufällige Veränderungen), die nur in genetisch kleinen Populationen von Bedeutung sind, obwohl sie in der Evolution eine bedeutende Rolle gespielt haben können, denn kolonisierende Gruppen sind üblicherweise klein an Zahl; und
4. *natürliche Selektion,* deren Resultat die Adaptation ist.

78

Eine Zeitlang nach Darwin nahm man an, die Selektion sei eine ziemlich schwache Kraft, die die Fitneß (also den Reproduktionserfolg) nur im Verhältnis von eins zu tausend oder eins zu hundert beeinflusse. Das änderte sich 1924 durch J. B. S. Haldanes berühmt gewordene Analyse des „Industriemelanismus": Schwarze Varianten des sonst wie eine Flechte gefärbten Birkenspanners breiteten sich rasch in Gegenden aus, in denen Industrierauch die Flechten zerstört und die Baumstämme schwarz gemacht hatte. Durch farbliche Ähnlichkeit mit dem Hintergrund waren sie besser vor Vögeln geschützt. Als seit 1956 die Industrie sauberer wurde und die Flechten zurückkamen, drang langsam wieder der normale Birkenspanner vor. Die unterschiedliche räumliche Verteilung der Industrie hatte eine starke genetische Heterogenität der Birkenspanner zur Folge.

Diese Heterogenität kann man durch die Häufigkeit schwarzer Exemplare in verschiedenen Gegenden beschreiben und bekommt als Ergebnis Gradienten *(clines)* der Genfrequenz. Solche *clines* – Veränderungen von Merkmalen in Raum und Zeit – sind in der Natur verbreitet. Sie sind entweder ein Hinweis auf unterschiedlichen Selektionsdruck in verschiedenen Teilen des Ausbreitungsgebiets der Spezies oder auf das Zusammentreffen zweier unterschiedlicher Populationen der Spezies.

Die drastischste Art jedoch, genetisch unterschiedliche Populationen zu erzeugen, ist die Kolonisierung eines leeren Lebensraums durch eine kleine Gruppe von Individuen. Besonders deutlich ist das der Fall, wenn eine Spezies auf eine Insel vordringt, auf der sie vorher nicht vertreten war. Außer bei einigen sehr mobilen Spezies wie Spinnen oder Vögeln werden mit großer Wahrscheinlichkeit nur wenige Organismen die Insel erreichen. Das Schicksal, das sie dort ereilt, ist mit größter Wahrscheinlichkeit der Tod, da sie es nicht schaffen, sich in der neuen Umwelt zu etablieren. Wenn sie aber überleben und Nachkommen zeugen, werden diese vermutlich infolge ihrer geringen Zahl weniger Genvarianten tragen, und diese mit einer anderen Häufigkeitsverteilung als in der Elternpopulation. Dies ist ein *Gründereffekt,* dessen Bedeutung für die Evolution als erster Ernst Mayr im Jahre 1954 bemerkt hat. Seinen Einfluß kann man an den kleinen Säugetierrassen auf den kleinen Atlantikinseln um Großbritannien herum beobachten. Auf den meisten Inseln fehlen einige Spezies, die es auf den britischen Hauptinseln gibt. Wichtiger aber ist in unserem Zusammenhang, daß die auf den Inseln auftretenden Ausprägungen wiederholt als eigene Unterspezies oder sogar eigene Spezies beschrieben worden sind. Man kann zeigen, daß dies in nahezu jedem Fall mit großer Sicherheit das Resultat von Gründerereignissen ist (Berry, 1996). Obwohl die Insel-Ausprägung sich mit ihren Verwandten andernorts erfolgreich paaren kann, kann man sie als den Beginn einer neuen Spezies bezeichnen; wenn sie isoliert bleibt, werden durch nachfolgende genetische Veränderungen, ob nun durch Adaptation, zufällige

Veränderung oder welchen Grund immer, die Unterschiede größer werden, was der Spezies immer mehr die Fähigkeit nimmt, mit Individuen aus der Mitspezies lebensfähigen Nachwuchs hervorzubringen.

Entstehung neuer Spezies

Eine Spezies kann sich mit der Zeit zu einer Folgespezies entwickeln, ohne sich dabei in zwei unterschiedliche Ausprägungen aufzuspalten; man nennt dies Anagenese. Alternativ dazu kann eine Spezies sich in zwei oder mehr Ausprägungen aufspalten; man spricht dann von Cladogenese. Am einfachsten entsteht solch eine Aufspaltung, wenn Populationen der Elternspezies physisch voneinander getrennt werden. Man sagt dann, die Abkömmlinge seien in Allopatrie aufgewachsen. Eine neue Spezies kann aber auch entstehen, wenn ein Genaustausch zwischen den zwei unterschiedlichen Ausprägungen stattfindet. Das ist dann eine parapatrische Speziesbildung. Die Voraussetzungen für Parapatrie sind ziemlich streng, was den Umfang des Genaustausches, die Stärke der differenzierenden Faktoren und anderes betrifft, aber es gibt keinen Grund zu bezweifeln, daß nicht gelegentlich eine neue Spezies entsteht, wenn zum Beispiel eine *cline* in der Mitte auseinanderbricht. Schließlich kann eine neue Spezies auch innerhalb des Ausbreitungsgebietes einer anderen Spezies entstehen, ohne jede physische Barriere. Dies nennt man Sympatrie. Sie ist bei blühenden Pflanzen verbreitet, wo es häufig Polyploidität gibt, also die Multiplikation des Chromosomensatzes. Polyploide können fruchtbar sein, wenn sie mit Individuen mit gleicher Chromosomenzahl gekreuzt werden, können aber normalerweise keinen lebensfähigen Nachwuchs hervorbringen, wenn sie mit Angehörigen der elterlichen Ausprägung gekreuzt werden.

Ein gut analysiertes Beispiel für sympatrische Speziesbildung ist *Spartina anglica*, ein Gras, das an vielen Stellen auf der Welt gepflanzt wird, um Sumpfflächen an Küsten zu stabilisieren. Die Elternspezies sind *Spartina maritima*, eine wenig verbreitete britische Spezies, und *Spartina alterniflora*, eine recht häufige nordamerikanische Spezies. Man nimmt an, daß die amerikanische Spezies zufällig nach Großbritannien gebracht und mit der britischen Spezies gekreuzt worden ist, wobei ein steriles Hybrid mit einer eng begrenzten Verbreitung im Umfeld eines größeren Hafens entstand. Aus den Hybriden entstand ein Tetraploid (mit vier Chromosomensätzen), das inter-fertil war und sich schnell als neue Spezies *Spartina anglica* ausbreitete.

Die Entdeckung der Bedeutung von Barrieren für die Bildung von Spezies wird oft Charles Darwin zugeschrieben, der sie gemacht haben soll, als er die Galapagosinseln auf dem Forschungsschiff H.M.S. Beagle besuchte. Darwin schreibt in seiner Autobiographie:

Während der Reise der Beagle *war ich tief beeindruckt von (…) dem südamerikanischen Charakter der meisten Produkte des Galapagos-Archipels,*

und insbesondere von der Art, in der sie sich von Insel zu Insel ein wenig
unterscheiden, während keine der Inseln im geologischen Sinne sehr alt zu
sein scheint. Es war offensichtlich, daß Tatsachen wie diese – und viele
andere – erklärbar waren, wenn man annahm, daß Spezies sich allmählich
verändern. Dieser Gedanke verfolgte mich.

Dies war eine ziemlich freizügige Interpretation der Fakten. In Wahrheit
war Darwin gelangweilt und hatte Heimweh, als die *Beagle* die Galapagosinseln
erreichte. Er war zu diesem Zeitpunkt seit mehr als vier Jahren an Bord des
Schiffes und wollte nach Hause. Er gab sich bei den meisten Inseln nicht die
Mühe, sie selbst zu betreten, sondern schickte lediglich Seeleute aus, dort für
ihn Sammlungen zu machen. Seine Augen öffneten sich erst, als er einige
Monate nach seiner Rückkehr nach England seine Vogelsammlung John
Gould übergab, einem Ornithologen der Zoologischen Gesellschaft von London, und dieser ihm sagte, daß die Galapagos-Ausprägungen eigene Spezies
seien und nicht nur triviale Varianten. Innerhalb weniger Tage, nachdem er
das erfahren hatte, begann Darwin, Notizen über Spezies-„Transformationen"
zu sammeln, und legte damit den Anfang zu der Gedankenkette, die ihn letztlich zu seiner Hypothese von der natürlichen Selektion führte. Geographische
Barrieren waren wichtig für Darwins Denken über die Evolution, aber sein
Damaskus-Erlebnis hatte er im Londoner Zoo und nicht auf den Galapagosinseln.

Ein Schlüssel zum Verständnis der Ausdifferenzierung der „Darwin"-Finken
ist, daß es 13 miteinander verwandte Finkenspezies auf dem Galapagosarchipel
gibt, aber nur eine auf der einzelnen Insel Cocos Island im Norden. Ein Versuch,
die Ereignisse auf den Galapagosinseln zu rekonstruieren, führt zu dem Modell,
daß auf die ursprüngliche Finkeninvasion auf einer der Inseln die Kolonisation
anderer Inseln folgte. Die Adaptation nahm auf den unterschiedlichen Inseln
unterschiedliche Wege, und die Populationen auf den verschiedenen Inseln entwickelten so große Unterschiede, daß die frisch adaptierten Ausprägungen, als
sie auf die ursprüngliche Insel zurückkehrten, so andersartig waren, daß
Hybride nicht sehr fit waren. Aus Rassen waren Spezies geworden. Auf Cocos
Island konnte das so nicht ablaufen, weil es dort keine Barrieren gab, die eine
lokale Adaptation möglich gemacht hätten. Die Speziesbildung auf den Galapagos fand statt, weil es schwierig war, von einer der Inseln zur anderen zu fliegen (das war also eine Barriere) und deshalb die Populationen jede für sich isoliert waren (Wiener, 1994).

Die Geschichte von den Galapagosfinken ist ein klassisches Beispiel dafür
geworden, wie wichtig geographische Barrieren in der Evolution sind. Sie half
Darwin, evolutionäre Prozesse zu verstehen, obwohl die Bedeutung der Isolation für die Adaptation der Finken erst durch die Studien von David Lack in den

dreißiger Jahren deutlich wurde. Darwin selbst fand seine Vorstellungen von der Bedeutung geographischer Isolation bekräftigt in den Beschreibungen seines Freundes Joseph Hooker (1817 bis 1911, siehe Williamson, 1984) über verbreitete Endemität in der Flora der Inseln. Aber die Ehre, die Bedeutung von Inseln für die Evolution zuerst beschrieben zu haben, gebührt dem deutschen Geologen Leopold von Buch (1774 bis 1853), der in einem Text über die Insekten der Kanarischen Inseln schrieb:

> *The individuals of a genus strike out over continents, move to far-distant places, form varieties (on account of the differences of the localities, of the food, and the soil), which owing to their segregation cannot interbreed with other varieties and thus be returned to the original main type. Finally these varieties become constant and turn into separate species.* (von Buch, 1825, zitiert nach Mayr) (Die Individuen einer Art verbreiten sich über Kontinente, bis hin zu weit entfernten Orten, bilden Varietäten [wegen der Unterschiede der örtlichen Bedingungen, der Nahrung und des Bodens], die sich wegen ihrer Isolation nicht mit anderen Varietäten kreuzen und dadurch zum originalen Haupttyp zurückbilden können. Schließlich verfestigen sich die Varietäten und werden zu eigenen Spezies.)

Mechanismen der Isolation

Wie geht das vor sich, daß, um mit von Buchs Worten zu sprechen, „Varietäten sich verfestigen und zu eigenen Spezies werden"? Die Antwort ist: Wenn zwei Ausprägungen sich genetisch unterscheiden, zeigen Kreuzungen zwischen ihnen häufig hybride Lebenskraft, da neue Eigenschaften und erhöhte Heterozygosität eingeführt werden. Es kommt jedoch der Punkt, an dem die elterlichen Formen so stark voneinander abweichen, daß die Gene für die Steuerung der Entwicklungspfade und komplexer Eigenschaften in den Nachkommen von Kreuzungen nicht mehr vorhanden sind; aus hybrider Lebenskraft wird ein Verlust an Fitneß. Dies ist der kritische Punkt der Speziesbildung. Wie wir gesehen haben, kann sie sympatrisch sein oder parapatrisch, aber in den meisten Fällen, wenn die Eltern getrennt gewesen sind, ist sie allopatrisch. Wenn die Hybride weniger fit als die Eltern sind, tritt die natürliche Selektion auf den Plan, eliminiert die Hybride und verstärkt so die Isolation der Eltern und bekräftigt ihre Unterschiedlichkeit.

Die Selektion kann nach der Reifung und der Ausbildung der Fruchtbarkeit einsetzen, indem schwache oder sterile hybride Nachkommen entstehen, aber größere Vorzüge (und damit einen stärkeren Selektionseffekt) haben alle Mechanismen, die eine Reifung verhindern oder unwahrscheinlich machen, da sie Investitionen von Zeit und/oder Energie in Reifung, Produktion und Aufzucht von Jungen usw. verringern.

Das bedeutet, daß Isolation prä- oder postzygotisch sein kann. Präzygotische Isolation kann physisch (oder geographisch) sein, ökologisch, temporär, sie kann im Verhalten liegen oder mechanisch sein. Verschiedene experimentelle Studien haben gezeigt, daß Selektion Isolation zwischen Gruppen sogar dann erzeugen kann, wenn sie in physischem Kontakt sind. Mit anderen Worten: Selektion kann zur Bildung sich getrennt vermehrender Gruppen führen, also zu per Definition unterschiedlichen Spezies. Der Fluß von genetischen Informationen zwischen den Gruppen verlangsamt die Separation, verhindert sie aber nicht, wenn die separierenden Kräfte stark genug sind; hierbei handelt es sich um eine wirksame parapatrische Speziesbildung (Maynard Smith, 1966). Eine geographische Barriere zieht nicht notwendigerweise eine Speziesbildung nach sich. Dies geschieht nur dann, wenn die Ausdifferenzierung der voneinander getrennten Ausprägungen so weit fortgeschritten ist, daß nur noch Hybride mit verringerter Fitneß entstehen, wenn die beiden in Kontakt kommen. Isolation führt nicht zwangsläufig zu Differentiation. Falls sie aber eintritt, kann dies durch Zufall oder durch Adaptation geschehen.

Komplexe Systeme
Lebende Organismen sind mehr als eine Hülle, die Gene enthält. Sie sind komplexe, integrierte Funktionssysteme. Evolution ist viel mehr als eine Veränderung der Genfrequenz; zu ihr gehört auch die Entwicklung und Anpassung von genetisch basierten Systemen, die die Fortentwicklung aufrechterhalten, die sogenannte Koadaptation. Diese Notwendigkeit bestimmt die Rolle und Bedeutung von Barrieren in der Evolution genauer. Ernst Mayr schrieb einmal:

> *Geographische Isolation ist ein rein extrinsischer und vollständig reversibler Faktor, der nicht von sich aus zur Entstehung von Spezies führt. Seine Rolle besteht lediglich darin, eine ungestörte genetische Rekonstruktion von Populationen zu erlauben, was die Voraussetzung dafür ist, daß sich isolierende Mechanismen aufbauen können.*

Welchen Einfluß die Koadaptation hat, illustriert das verbreitete Vorkommen von verwandten Spezies, die sich treffen und Nachkommen miteinander zeugen und dabei eine Hybridzone mit fruchtbaren Hybriden ausbilden, die sich untereinander und mit beiden elterlichen Ausprägungen paaren können, aber dennoch taxonomisch und geographisch unterscheidbar bleiben. Wohlbekannte Beispiele sind der zirkumpolare Ring von Silbermöwen und ihren Verwandten, Rabenkrähen und Nebelkrähen in West- bzw. Osteuropa sowie dunkle und hellbäuchige Hausmäuse mit einem ähnlichen Vorkommen wie die Krähenspezies. Man nimmt an, daß in allen Fällen die Spezies sich während des Pleistozän in der Isolation auseinanderentwickelt haben und erst in ziemlich junger Zeit wieder zusammenkamen. Ich erwähne sie, um zu betonen, daß sie nicht zu einer einzigen, zusammengesetzten Spezies verschmelzen, sondern getrennte, „gute" Spezies bleiben, trotz der Möglichkeit, Gene von einer Spezies zur anderen zu transferieren.

Die genetische Basis der Koadaptation ist sowohl vom experimentellen wie vom theoretischen Standpunkt aus gut erforscht (Mather, 1973). Unterschiedliche Entwicklungssysteme und physiologische Systeme (wie etwa Pigmentierungsmuster oder Blutgerinnung) hängen davon ab, daß Gruppen von Genen zusammenarbeiten, oft in Kaskadenform. Manchmal sind sie auf demselben Chromosom verbunden und bilden „Supergene", aber häufiger sind sie über das Genom verteilt und stellen ein integriertes Steuerungsgleichgewicht sicher. Gen-Interaktion zu erforschen ist weitaus schwieriger, als die Aktionen und die Populationsdynamik einzelner Gene zu beschreiben, weshalb der Komplexität der Koadaptation tendenziell entweder mit Ignoranz oder mit reinen Lippenbekenntnissen begegnet wird. Mayr (1954) hat die Reorganisation des Genoms, die die Folge der Isolation sein kann, als „genetische Revolution" bezeichnet. Nicht viele sind ihm darin gefolgt, aber es wäre töricht, die Auswirkungen zu ignorieren.

Makroevolution und Evolutionsraten
Evolution ist opportunistisch, und Überleben ist pragmatisch. Adaptation führt nicht zu Perfektion oder auf ein Ziel hin, sondern ist mit Überleben und erfolgreicher Reproduktion verknüpft. Es gibt keine Notwendigkeit für evolutionäre Veränderung, und man sollte sie auch nicht zwingend erwarten. *Coelacanths* sind Millionen Jahre lang unverändert geblieben; *horseshoe crabs (Limulus polyphemus)* tragen mehr als genug genetische Variation für Veränderungen in sich, aber die Spezies ist heute noch ihren frühesten Fossilien aus dem tiefsten Trias vor 200 Millionen Jahren sehr ähnlich. Auf der anderen Seite kann evolutionäre Veränderung extrem schnell vor sich gehen, wenn etwa eine Ausprägung einen Lebensraum kolonisiert, in dem es keine Konkurrenten gibt. Die verblüffende Vielfalt sehr früher Lebensformen in einigen Felsformationen aus dem Präkambrium ist vermutlich ein Zeichen dafür, wie schnell die Entwicklung ablaufen konnte, als die Vielzeller sich gerade erst entwickelten und die Welt für sich allein hatten (Gould, 1989). In den fossilen Archiven gibt es zahlreiche Ausstrahlungen der Adaptation mit einem weiten Spektrum neuer Organismen, die von neuen Möglichkeiten profitierten. Dazu gehören zum Beispiel die Familien der Plazenta-Säugetiere *(eutheria)*, die in den fossilen Lagerstätten innerhalb einer sehr kurzen Zeit auftauchen. Die Speziesbildung unter den Galapagosfinken ist vermutlich ein Fall von Opportunismus eines kleinen Vogels, dem plötzlich Möglichkeiten zur Verfügung standen, die ihm in seinem ursprünglichen Lebensraum durch Konkurrenten verwehrt worden waren. Anders ausgedrückt: Evolutionäre Innovation blüht, wenn der Kampf ums Leben weniger intensiv

ist; wenn die entstandenen Varianten aber langfristig überleben sollen, ist dazu Adaptation nötig (und differenziertes Überleben, also Selektion).

Genauso, wie evolutionäre Veränderung über lange Zeiträume hinweg so gut wie nicht vorhanden sein kann (man spricht von *stasis*), kann sie auch so schnell vor sich gehen, daß eine offensichtlich neue Ausprägung urplötzlich auftaucht und zu dem führt, was man eine *punctuation* nennt. Es gibt keinen Grund anzunehmen, daß das Phänomen des stufenförmigen Gleichgewichts *(punctuated equilibrium)*, das Paläontologen beschrieben haben, mehr ist als ein Artefakt des grobkörnigen Prozesses der Fossilbildung.

Ein Beispiel für sehr schnelle evolutionäre Veränderung ist die Hausmaus der Färöerinseln. Es ist extrem unwahrscheinlich, daß Mäuse die Färöerinseln – auf 62 Grad nördlicher Breite mitten im Atlantik – vor den frühen Expeditionen der Wikinger erreicht haben können, um das achte Jahrhundert herum. Doch man stuft die Populationen auf mindestens zwei der Inseln als separate Spezies (oder zumindest Unterspezies) ein. Julian Huxley (1942) kam deshalb zu der Annahme, daß die Evolution gelegentlich wesentlich schneller ablaufen könne, als es der Norm entspreche. Diese Norm besteht nach seinen Berechnungen darin, daß eine Unterspezies 5000 Jahre für ihre Entwicklung braucht, während eine Spezies sich in 100 000 bis 1 000 000 Jahren herausbilden kann. Seit Huxley dies schrieb, ist eine weitere Inselrasse auf den Färöern aufgetaucht, auf einer Insel, auf der es zuvor keine Mäuse gab. Die neue Rasse zeigt genauso viele abweichende Merkmale wie die zuvor beschriebenen, und doch haben Mäuse diese Insel erst in den vierziger Jahren dieses Jahrhunderts kolonisiert. Der oben beschriebene Gründereffekt bedeutet, daß eine kolonisierende Gruppe sich als Folge ihrer Allelomorphie und der Häufigkeiten ihres Auftretens vollkommen von der Elternpopulation unterscheiden kann. Das kann ein kräftiger Anstoß zu weiteren Veränderungen sein. Es ist vielleicht ganz hilfreich, zu unterscheiden zwischen Gründer-*Ereignissen* und der nachfolgenden Gründer-*Selektion* (was Mayrs genetische Revolution einschließt) (Berry, 1996).

Wir wissen nicht, ob zu größeren evolutionären Ereignissen (makroevolutionären Ereignissen) neue Mechanismen nötig sind oder ob sie lediglich eine Akkumulation mikroevolutionärer Ereignisse auf der Basis der beschriebenen Mechanismen sind. Es ist durchaus möglich, daß in seltenen Fällen ein „hoffnungsvolles Monster" es geschafft hat, am richtigen Ort zu überleben und damit eine Palette neuer Möglichkeiten zu eröffnen. Aber man kann getrost behaupten, daß das in der Geschichte des Lebens ziemlich untypisch gewesen sein muß. Der größte Teil der Evolution geht auf Veränderungen der Genfrequenz zurück, manchmal vorangetrieben durch Isolation, insbesondere nach Gründerereignissen, oft verlangsamt durch Koadaptation und Genaustausch.

Auseinandersetzungen über die Evolution und Evolutionismus
Seit Darwins Zeiten kann man vier Hauptperioden der Auseinandersetzung über die Evolution unterscheiden. Allen gemeinsam sind Meinungsverschiedenheiten über Mechanismen der Evolution, nicht dagegen über die Tatsache der evolutionären Veränderung selbst (Berry, 1982; Mayr, 1991).

1. In den sechziger Jahren des vergangenen Jahrhunderts, nach der Veröffentlichung von *The Origin of Species,* kamen Fragen auf nach „missing links", komplexen Organen (wie den Augen der Vertebraten), dem Ursprung von Neuerungen und anderem. Darwin war auf nahezu alle diese Einwände schon in seinem Buch eingegangen. Die große Linie seiner These war am Ende der siebziger Jahre im allgemeinen akzeptiert.
2. Um die Jahrhundertwende gab es eine Spaltung zwischen den Biometrikern, die die Evolution in der Natur untersuchten, und den frühen Genetikern, die herausgefunden hatten, daß Variation (Mutation) im Labor dazu neigt, groß und im Effekt schädlich zu sein. Als die Belege für den Mendelismus und seine physische Basis sich häuften, kam der Eindruck auf, die kleinen Variationen, die Darwin beschrieben hatte, taugten nicht als Rohmaterial für die Evolution, und das Interesse am Konzept der natürlichen Selektion ließ allgemein nach.
3. Die Kluft zwischen Genetikern und Paläontologen verbreitete sich im Verlauf der zwanziger und dreißiger Jahre dieses Jahrhunderts, als letztere langanhaltende, offenbar progressive Trends in den Fossilfunden beschrieben und daraus die Annahme ableiteten, die Evolution sei durch irgendeine interne Triebkraft oder einen Vitalismus angetrieben. Dieser Disput wurde durch eine bessere Beschreibung des Ursprungs und der Dauerhaftigkeit von Variationen aufgelöst, insbesondere durch R. A. Fischer in England, mit dem Ergebnis der bereits erwähnten neodarwinistischen Synthese vieler Disziplinen der Biologie.
4. Die Untersuchung von Stichproben von Tier- und Pflanzenpopulationen mit molekularen Techniken seit 1966 brachte den enormen Umfang vererbter Variabilität in nahezu allen Individuen zutage. Dies widersprach der damaligen Theorie über genetische Fracht *(genetic load)* und den Preis der Selektion, die Herman Muller (1890 bis 1967) und J. B. S. Haldane (1892 bis 1964) entwickelt hatten, und der darauf aufbauenden Theorie von Biochemikern und Theoretikern (allen voran Moto Kimura, geb. 1924), daß ein großer Teil der Variationen keinerlei Auswirkungen zeige und daher für die Adaptation weder nutzbringend noch überhaupt verfügbar sei. Der Begriff von der „nicht-darwinschen" Evolution machte die Runde. Aber Forschungen auf der molekularen und der Populationsebene zeigten, daß die traditionellen „Darwinschen" Mechanismen weiterhin gültig waren. Die Debatte war auf-

gekommen, weil die Theorie sich von der Realität entfernt hatte; sie löste sich auf, als Ökologie und Genetik enger zusammenrückten.

Alle wissenschaftlichen Debatten über die Darwinsche Evolution hatten ihren Ursprung in mangelhafter Berücksichtigung der Gesamtheit der relevanten Beweise oder, umgekehrt, in der Konzentration auf die Konsequenzen einzelner Daten auf Kosten anderer. Jede Debatte löste sich auf, sobald die Beteiligten zur Kenntnis nahmen, daß zum Verständnis der Evolution eine Synthese der unterschiedlichen Denkweisen und Methoden unterschiedlicher Disziplinen nötig ist. Einzelne Interpretationen mußten zwar als Ergebnis der Auseinandersetzungen aufgegeben werden, aber alles in allem führte der Fortschritt über immer engere Bindungen zwischen den Disziplinen und nicht über den Nachweis, daß eine Gruppe der Protagonisten falsch lag. Die Geschichte des evolutionären Denkens ist in zweifacher Hinsicht erhellend. Sie zeigt zum einen, wie Wissenschaft voranschreitet, aber sie zeigt auch, wie oft längst vergangene Themen wieder auftauchen, ohne daß die Advokaten realisieren, daß ihre Lieblingsentdeckung in der Vergangenheit bereits ausführlich debattiert worden ist. In mancher Hinsicht war die Debatte der siebziger Jahre über das *punctuated equilibrium* eine Neuauflage von De Vries' Saltationismus um die Jahrhundertwende, und in der Debatte über den *genetic load* klangen Einwände gegen die Selektion mit, die T. H. Morgan um 1910 vorgebracht hat.

Ein Problem aber gibt es mit der Evolution, die nichts zu tun hat mit Wissenschaft und nichts mit Darwin. Wir können es als Evolutionismus bezeichnen. Es handelt sich um die illegitime Extrapolation von Konzepten der Evolution auf die Soziologie, Philosophie und Politik. Der Evolutionismus ist insbesondere verknüpft mit dem Namen von Darwins Zeitgenossen Herbert Spencer (1820–1903).

Spencer war Eisenbahningenieur und liebte weitschweifige Spekulationen über metaphysische Ideen. Er erfand die Redewendung „survival of the fittest", die Generationen von Ökonomen übernommen und Generationen von Philosophen mißinterpretiert haben. Sein gefährlichstes und einflußreichstes Argument war, der biologische Darwinismus lasse sich erweitern zum „Sozialdarwinismus". Dies hat seitdem immer wieder als Argumentationsgrundlage für Rassismus, Ungerechtigkeit und Habgier gedient. Natürlich stützt sich die Gesellschaft unter anderem auch auf biologische Ideen; die Arbeiten von W. D. Hamilton und E. O. Wilson sowie der Aufschwung der Soziobiologie haben wichtige Einblicke in die Evolutionsgeschichte geliefert. Aber Spencers Annahme, die Analogien zwischen Darwinschen Prozessen und solchen in Ökonomie und Ethik erstreckten sich auch auf die hinter der Evolution wirkenden Mechanismen, ist komplett falsch. Spencer war ein Träumer des neunzehnten Jahrhunderts; sein bis heute andauernder Einfluß ist nahezu ausschließlich unheilvoll gewesen. Analogien sind nützlich als Ausgangspunkte für Hypothesen, aber sie sollten als Analogien betrachtet werden, und nicht mehr. Hypothesen aber müssen geprüft werden, bevor sie akzeptiert werden können. Sozialdarwinismus gründet sich auf Schlußfolgerungen und auf Polemik, nicht auf Wissenschaft.

Zusammenfassung

1. Grenzen waren historisch wichtige Einfluß- und Antriebsfaktoren für evolutionäre Veränderungen, aber
2. sie sind nicht selbst die Ursache für genetische Veränderungen,
3. sie sind nicht unverzichtbar für die Speziesbildung, und
4. sie sind irrelevant für die Adaptation.

Darwins Leben und Werk waren stark beeinflußt von seinen Erfahrungen auf der *Beagle*, wo er Veränderungen an Organismen mit der Zeit (in ausgegrabenen Fossilien), mit der geographischen Breite (als die *Beagle* nach Süden und dann um die Küste Südamerikas herum nach Norden segelte) und auf Inseln sah (den Kanaren, Feuerland und Molokai ebenso wie Galapagos). Sein Genie verknüpfte präzise Beobachtungen, statt extensiv zu theoretisieren. Er schrieb über sich selbst in seiner Autobiographie:

> *Ich habe keine schnelle Auffassungsgabe und keinen raschen Verstand, wie er so bemerkenswert an einigen klugen Männern wie zum Beispiel Huxley ist. Ich bin deshalb ein armseliger Kritiker. Ein Artikel oder ein Buch hat nach dem ersten Lesen normalerweise meine volle Bewunderung, und erst nach ausgiebigem Nachdenken entdecke ich die Schwachpunkte. Ich bin nur sehr begrenzt in der Lage, einer langen und rein abstrakten Gedankenkette zu folgen, weshalb ich niemals Erfolg in Metaphysik oder Mathematik haben konnte. Mein Gedächtnis speichert viel, aber auf eine verschwommene Weise. Es reicht aus, mich vorsichtig zu machen, indem es mir vage mitteilt, daß ich irgend etwas beobachtet oder gelesen habe, das der Schlußfolgerung widerspricht, die ich gerade ziehen will, oder das sie stützt; und nach einer gewissen Zeit kann ich dann im allgemeinen rekonstruieren, wo ich nach meiner Quelle zu suchen habe. Mein Gedächtnis ist in gewissem Sinne so schlecht, daß ich niemals in der Lage gewesen bin, mir mehr als einige wenige Tage lang auch nur eine Zeile eines Gedichts zu merken.*
> *Auf der anderen Seite bin ich, glaube ich, besser als die breite Masse darin, Dinge wahrzunehmen, die der Aufmerksamkeit leicht entgehen, und sie sorgfältig zu beobachten. Wo es um das Beobachten und Sammeln von Fakten ging, hätte mein Fleiß nicht größer sein können. Wichtiger aber noch ist: Meine Liebe zur Naturwissenschaft war beständig und ernsthaft.*

Darin liegt das Geheimnis wirklich großer Wissenschaft.

R. J. Berry

Literatur

Berry, R. J. (1982): Neo-Darwinism. London: Edward Arnold

Berry, R. J. (1990): Industrial melanism and peppered moths (Biston betularia (L.)). Biol. J. Linn. Soc. 39: 301-322

Berry, R. J. (1996): Small mammal differentiation on islands. Phil. Trans. R. Soc. Lond. B. 351: 753-764

Gould, S. J. (1989): Wonderful Life. London: Hutchinson

Huxley, J. S. (1942): Evolution, the Modern Synthesis. London: George Allen & Unwin

Mather, K. (1973): Genetical Structure of Populations. London: Chapman & Hall

Maynard Smith, J. (1966): Sympatric speciation. Amer. Nat. 100: 637-650

Mayr, E. (1954): Change in genetic environment and evolution. In: Evolutiion as a Process: 157-180. Huxley, J., Hardy, A. C. & Ford, E. B. (eds). London: George Allen & Unwin

Mayr, E. (1963): Animal Species and Evolution. Cambridge, Mass: Harvard University Press

Mayr, E. (1982): The Growth of Biological Thought. Cambridge, Mass: Harvard University Press

Mayr, E. (1991): One Long Argument. Charles Darwin and the Genesis of Modern Evolutionary Thought. London: Allen Lane

von Buch, L. (1825): Physicalische Beschreibung der Canarischen Inseln. Berlin: Kgl. Akad. Wiss.

Weiner, J. (1994): The Beak of the Finch. Evolution in Real Time. London: Jonathan Cape

Williamson, M. H. (1984): Sir Joseph Hooker's lecture on Insular Floras. Biol. J. Linn. Soc. 22: 55-77

Ausgewählte Beiträge aus der Diskussion

Karl-Heinz Pehe, Gymnasium Stadtpark Krefeld: Bei Frederic Vester habe ich gelesen, daß Lebewesen wesentlich mehr genetisches Material und damit wesentlich mehr Möglichkeiten der Variation zur Verfügung haben, als unter normalen Bedingungen zur Ausprägung kommt. Angesichts dieser Tatsache und vor dem Hintergrund, daß die Makroschritte in der Evolution bis heute noch ziemlich im dunkeln liegen, die Frage an Sie: Gibt es neue Hinweise zur Erklärung dieser Makroschritte in der Evolution?

Robert J. Berry: Man muß keine neue Art von Mechanismus postulieren, um die Makroevolution zu erklären. Als ich über die unterschiedlichen Evolutionsraten gesprochen habe, habe ich darauf hingewiesen, daß es sich bei diesen Vorgängen in der Tat um Ereignisse der Makroevolution handeln kann. Man kann sich natürlich Ereignisse vorstellen, die so selten sind, daß wir niemals eine Chance haben werden, sie zu beobachten. Beispielsweise ist die komplette Embryologie der Wirbeltiere das gerade Gegenteil von dem, wie es bei vielen wirbellosen Tieren aussieht. Das legt den Gedanken nahe, daß es in der Entwicklung eine größere Störung gegeben hat.

Ich habe von den „hoffnungsvollen Monstern" gesprochen. In 99,99 Prozent aller Fälle verschwinden diese „hoffnungsvollen Monster", weil sie in Wahrheit hoffnungslos sind. Aber die Möglichkeit ist vorhanden, daß ein neuer Typ plötzlich abhebt und eine neue Ausprägung wird. Wir brauchen das nicht zu postulieren; es ist nur manchmal ganz interessant, den Gedanken durchzuspielen.

Dr. Georg Riegel, Daimler-Benz AG, Berlin: Mich interessiert, ob Sie der Meinung sind, daß durch die Globalisierung, durch das Abschaffen von Grenzen und als Folge davon den Austausch nicht nur von Waren, sondern auch von biologischen Organismen, die Vielfalt der biologischen Arten zurückgeht.

Robert J. Berry: Ja und nein. Die Vielfalt kann in dem Sinne zurückgehen, daß Arten vermischt werden. Aber es können auch neue Formen entstehen, wenn eine Art an einem Platz heimisch wird, wo sie vorher nicht war, wie die Mäuse auf den Färöerinseln oder die Finken auf Galapagos. Neuseeland ist ein Paradies für Evolutionisten, weil dort viele unterschiedliche Spezies importiert worden sind, absichtlich oder unabsichtlich. Zahlreiche Hybride und neue Formen sind im Entstehen, und natürlich wird auch vieles ausgelöscht.

Aus der Sicht eines Naturschützers – weniger aus der Sicht eines Evolutionisten – kann man nicht mehr tun, als genau hinzusehen, was man wohin verbreitet. Was die Artenvielfalt angeht, braucht man nicht allzu pessimistisch zu sein, es sei denn, man läßt sich die falschen Dinge ausbreiten. Ein Beispiel dafür sind Ratten im Pazifikraum. Ratten und Ziegen sind ein einziges Unglück gewesen.

Dr. Jürgen Kuhn, Krupp Entwicklungszentrum, Essen: Es hat in der Erdgeschichte mehrere große Wellen der Auslöschung von Arten gegeben. Welche Erklärung für die Ursachen dieser Extinktionen ist heute in der Wissenschaft am ehesten akzeptiert?

Robert J. Berry: Die größte Episode war die sogenannte KT-Extinktion am Ende der Kreidezeit. So wie ich sehe, freundet man sich allmählich mit der Vorstellung an, daß die Ursache dafür ein Meteorit war, der die Erde traf. Er produzierte dichte Wolken rund um die Erde, wodurch sich die Erdatmosphäre für einen Zeitraum von zwei oder drei Jahrhunderten veränderte. Viele Arten konnten das nicht überleben. Wir beobachten ähnliches heute regional nach Vulkanausbrüchen, doch damals betraf es die gesamte Erde.

Den überzeugendsten Nachweis für ein Ereignis dieser Art findet man am Ende des Tertiärs. An vielen Stellen auf der Erde hat man in Ablagerungen aus dieser Zeit eine dünne Schicht Iridium gefunden. Das Iridium ist mit hoher Wahrscheinlichkeit beim Aufprall eines Meteoriten abgelagert worden. Dennoch sind das natürlich Vermutungen. Die Zeiträume, die man überblicken muß, sind enorm. Ein Problem, das wir heute haben, ist, daß wir mitten in der größten Auslöschungswelle stehen, die die Erde jemals erlebt hat.

Gudrun Henne, FU Berlin: Sie haben gesagt, daß Barrieren kein Anlaß zur Speziesbildung seien. Verschiedene Arten von Lebewesen vermehren sich in der Natur grundsätzlich nicht über Artgrenzen hinaus. Nun gibt es aber die Möglichkeiten der Gentechnik, genetisches Material über Artgrenzen hinweg zu transferieren. Man spricht spöttisch vom „genetischen Rührei", das dabei entstehe. Wie bewerten Sie als Evolutionstheoretiker diese Techniken?

Robert J. Berry: Wir haben 90,6 Prozent unseres Genmaterials mit den Schimpansen gemeinsam. 90,6 Prozent des Genmaterials könnte zwischen Menschen und Schimpansen transferiert werden, ohne daß es eine Veränderung bewirken würde, denn die DNS ist exakt die gleiche. Der Unterschied liegt nur im kleinen Rest. Ich glaube nicht, daß irgend jemand, der bei Verstand ist, ausgerechnet mit den Genen herumspielen wird, die der Schlüssel zur Speziescharakteristik sind.

Die praktische Anwendung der Gentechnik ist, Gene, die nicht richtig funktionieren, zu reparieren. Es war auf diesem Kongreß zum Beispiel schon von Zystischer Fibrose die Rede. Wenn es gelingt, das entsprechende Gen durch ein richtig funktionierendes zu ersetzen, wird der Welt viel Leid erspart. An diesem Punkt scheint mir die Gentechnik ein positiver Schritt nach vorne zu sein.

Die menschliche Kultur hat immer schon Genmaterial vermischt, etwa in der Landwirtschaft, und niemand hat sich darüber groß Gedanken gemacht. Wenn aber jemand hergeht und Genmaterial aus reinem Selbstzweck künstlich vermengt, insbesondere, wenn es sich dabei um Tiere handelt, dann haben wir doch ein weitaus schlechteres Gefühl dabei. Wir haben es im Gespür, daß da etwas falsch dran ist.

Prof. Dr. Ernst Pöppel, Mitglied des Forschungszentrums Jülich GmbH: Zwei Fragen oder Anmerkungen. Sie betonen in erster Linie die besonderen Begrenzungen für die Evolution. Ich meine, man sollte auch etwas zu temporären Begrenzungen sagen. Nehmen Sie beispielsweise den Tagesrhythmus, den zirkadianen Rhythmus, der in irgendeiner Form genetisch unterschiedliche zeitliche Fenster definiert, damit wir Zeitabschnitte unterscheiden können. Und die andere Frage: Viele Menschen fragen sich – und ich gehöre zu ihnen –, woher bei Kreaturen, die seit 600 Millionen Jahren Gehirne haben, diese unglaubliche Geschwindigkeit der Evolution herkommt.

Robert J. Berry: Wenn Sie im Februar an einem Ort sind, und jemand anderes ist im April dort, dann können Sie sich mit diesem anderen Menschen natürlich nicht paaren. Es gibt also Zeitbarrieren.

Was die menschliche Evolution angeht: Wir sind sexuell unreife Affen. Unsere sexuelle Entwicklung hat sich unglaublich verlangsamt. Es dauert sehr lange, bis wir sexuell reif werden. Andererseits werden wir in einem wesentlich früheren Stadium geboren als die großen Affen. Unser Gehirn hat bei der Geburt noch viel Platz im Schädel und kann viel mehr wachsen als bei den großen Affen. Das gab uns andere Startbedingungen, die es uns erlaubt haben, in neue Umwelten vorzudringen und neue Möglichkeiten zu nutzen. Wir haben eine Barriere überwunden, die darin bestand, daß das Gehirn zu eng im Schädel saß. Das war in der Evolution stets ein Problem. Der Schädel eines Säugetiers mußte klein genug sein, damit er durch den Geburtskanal der Mutter paßte.

Die Entwicklung einerseits zu beschleunigen und andererseits zu verlangsamen, ist ein Trick, der geholfen hat, daß wir „hoffnungsvolle Monster" wurden und überlebt haben.

Prof. Dr. Ernst Ulrich von Weizsäcker, Präsident des Wuppertal Instituts für Klima, Umwelt, Energie GmbH: Ich war Ihnen sehr dankbar, daß Sie in Ihrem Vortrag Herbert Spencer aus unserem Konzept der Evolution gestrichen haben.

Ich möchte aber Gudrun Hennes Frage zur Gentechnik noch einnmal bekräftigen. Die Sorge ist doch wohl, daß die Geningenieure robuste Getreidesorten herstellen und daß diese robusten Gene, wenn man sie im Freiland entläßt, auf

92

Wildkräuter überspringen. Das ist gemeint mit dem Phänomen des „genetischen Rühreis".

Robert J. Berry: Die Sorge gibt es in der Tat, und es ist auf diesem Gebiet ja auch schon sehr viel geforscht worden. Es ist bekannt, daß die meisten der künstlichen Gene, die in die Natur entlassen werden, tatsächlich überleben – was nicht automatisch heißen muß, daß ein Gen, das überlebt, Probleme verursacht. Aber hier liegt das Problem des „genetischen Rühreis", mit dem wir uns möglicherweise auf lange Sicht auseinandersetzen werden müssen.

Auf der anderen Seite steht die Frage, wie man es schaffen soll, auf der gleichen verfügbaren landwirtschaftlichen Fläche wie heute mehr Nahrungsmittel zu produzieren. Produktivere Nutzpflanzen werden verlangt, und die Gentechnik ist ein Weg, dieses Ziel zu erreichen. Es geht hier nicht um Schwarz oder Weiß.

Freda Meissner-Blau, Wien: Eine weitere Frage zu den Nebeneffekten des internationalen Warenverkehrs. Offensichtlich werden doch durch den Warenverkehr, durch Flugzeuge und Menschen, die überall hin auf der Erde reisen, Spezies transferiert, die dort, wohin sie gebracht werden, nichts zu suchen haben. Ein Beispiel ist ein australischer Plattwurm, der dort ein harmloses Lebewesen ist. Er kam mit Frachtschiffen auf die Orkney-Inseln. Dort scheint er aber zerstörerische Auswirkungen zu haben. Er hat enorme Aggressivität entwickelt. Die Würmer zerstören die dünne Humusschicht auf den Orkneys.

War das eine von der Umwelt ausgelöste Mutation? War es eine zufällige Mutation, oder gar keine Mutation? War es Evolution oder einfach nur Veränderung? War es im genetischen Erbe angelegt?

Robert J. Berry: Mit großer Wahrscheinlichkeit das letztere. Es ist der Opportunismus eines Lebewesens, das in eine Umgebung kommt, wo es nicht in Schranken gewiesen wird, wie in seiner Heimat. In dem speziellen Beispiel frißt der Plattwurm die Erdwürmer, und der Mangel an Erdwürmern wirkt sich schädlich auf die Qualität des Bodens aus. Der Plattwurm hat sich mit großer Geschwindigkeit über Schottland ausgebreitet, aber die Verbreitungsgeschwindigkeit verlangsamt sich mittlerweile deutlich, ist vielleicht sogar schon zum Stillstand gekommen. Möglicherweise setzen also natürliche Mechanismen seinem schädlichen Tun eine Grenze.

Schauen Sie sich zum Vergleich die vielen epidemischen Pflanzenkrankheiten an, insbesondere Baumkrankheiten. Mit ihnen haben wir jahrhundertelange Erfahrungen machen müssen. Ein anderes Beispiel, das Ihrem entspricht, sind die Kaninchen in Australien. Sie stießen dort nicht auf natürliche Feinde und konnten deshalb zu einer Plage werden.

Was mir ein Greuel ist, ist diese ganze Vorstellung von einem ökologischen Gleichgewicht. So etwas gibt es schlicht nicht. Die Natur liegt im permanenten Krieg mit sich selbst, es gibt Verlierer, aber es gibt letztlich keinen Sieger. Von einem theologischen Standpunkt aus haben wir die Aufgabe, auf die Natur achtzugeben. Aber das ist eine vollkommen andere Frage.

Martin Hopp, Münster: Es gibt, wie Sie gesagt haben, Spezies, die ihre Eigenschaften der Anpassung verdanken, und solche, die sie der Isolation verdanken. Könnte es nicht sein, daß eine Spezies, die in der Isolation von anderen lebt, eines fernen Tages, wenn sich die ökologischen Bedingungen auf der Erde verändern, exakt die richtige Antwort auf diese Veränderungen hat? Würde dies nicht bedeuten, daß der Abbau von Grenzen und damit die Verringerung der biologischen Vielfalt die Fähigkeit der Ökosphäre als ganzer verringert, sich an veränderte Bedingungen anzupassen, falls dies eines Tages nötig sein sollte?

Robert J. Berry: Zunächst einmal: Wenn eine Population sich in zwei spaltet, ist dies nicht von sich aus schon der Anlaß zur Diversifizierung. Lediglich wenn die Populationen unterschiedliche Umweltbedingungen antreffen, beginnt die Adaptation.

Eine der wichtigen Tatsachen, die die Evolutionsbiologie zu verstehen und zu schätzen gelernt hat, ist das enorme Potential an Variation, das jede Spezies in sich trägt. Dieses Potential wird die Natur vermutlich auch in Zukunft in die Lage versetzen, auf neue Herausforderungen zu reagieren.

Man sieht etwas von dieser Variabilität am Beispiel von Fliegen, die mit neuen Insektiziden besprüht werden. Wenn man beispielsweise Moskitos mit DDT besprüht – dies ist ein gut dokumentiertes Beispiel –, und wenn diese Moskitos noch nie mit DDT in Berührung gekommen sind, sterben mehr als 99 Prozent von ihnen. Nur ein Prozent überlebt. Diese Lebewesen tragen nun eine kleine Variation in sich, die ein Potential zur Resistenz gegen DDT enthält, selbst wenn sie niemals mit DDT in Berührung gekommen sind. Aber sobald man sie unter Streß setzt, überleben diejenigen, die diese Variation in sich tragen, und man bekommt bald eine resistente Population. Es gibt viele andere Beispiele dieser Art. Möglicherweise erleben wir ähnliches beim AIDS. Es gibt offenbar Gruppen, die auf das HIV-Virus nicht so schnell und so zerstörerisch reagieren wie andere.

Ernst Pöppel

Systemzustände
und Hirnprozesse

Als Hirnforscher beantworte ich die Titelfrage dieses Kongresses – „Grenzenlos?" – mit „Nein". Wir benötigen Grenzen, die wir uns selbst setzen oder die uns von der Natur gesetzt werden und wurden, um überhaupt im Chaos der Informationsflut zurechtzufinden. Ich möchte dies an verschiedenen Problemen verdeutlichen.

Zu Beginn möchte ich ein prinzipielles Problem der Hirnforschung ansprechen. Ich nehme an, Sie sehen einen Gesprächspartner, mit dem Sie sich gerade unterhalten, als eine Einheit. Sie hören diesen Gesprächspartner, Sie sehen ihn als Person, die vor Ihnen sitzt oder steht und Ihnen etwas zeigt oder erklärt. Hier zeigt sich bereits ein zentrales Problem der Hirnforschung. Wie kommt optische und akustische Information so in das Gehirn hinein, daß wir einen anderen oder ein Objekt als etwas Einheitliches erkennen und erleben?

Warum ist dies ein Problem? Das Gehirn nimmt Information durch zwei Sinneskanäle auf; nennen wir sie Kanäle S1, das sei der optische Kanal, und S2, das sei der akustische Kanal. Die Zeit für die Umwandlung der Information aus der Umwelt dauert bei günstigsten Bedingungen im optischen Kanal etwa 20 Millisekunden, im akustischen Kanal weniger als eine Millisekunde. Das heißt, daß die Ankunftszeit des aus akustischen und optischen Informationen zusammengesetzten, einheitlichen Bildes des Wahrgenommenen im Gehirn verschieden ist. Optische und akustische „Welt" treffen zu unterschiedlichen Zeiten im Gehirn ein.

Bei diesen Überlegungen muß man zusätzlich die Laufzeit des Schalls berücksichtigen. Man kann ausrechnen, daß bei einer Distanz von etwa zwölf Metern die optische und die akustische Information über ein Objekt gleichzeitig im Gehirn eintreffen. Dann entspricht die Schall-Laufzeit gerade etwa der Umwandlungszeit für die optische Information in der Netzhaut. Bei zehn, zwölf Metern liegt also der Horizont der Gleichzeitigkeit für die beiden Sinneskanäle. Ein Mensch, den Sie mit einem Händedruck begrüßen, ist akustisch früher in Ihrem Gehirn als optisch, ein anderer, mit dem Sie sich über die Straße hinweg grüßen, kommt optisch früher an. Aber ich gehe einmal davon aus, daß Sie dies nicht so empfinden, daß Sie jeweils beide Menschen als eine Einheit wahrnehmen.

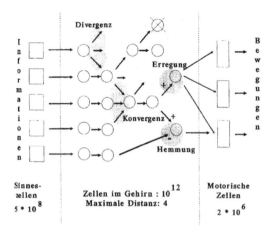

Abb. 1: Prinzipielle Struktur und Funktion von Gehirnen

Wie löst das Gehirn dieses logistische Problem, das Biophysik und Physik ihm auferlegen? Es gibt keine Etiketten, die für uns definieren, wann Ereignisse der Welt auftreten. Der Lösungsvorschlag ist, daß das Gehirn sich selbst atemporale, zeitlose Systemzustände schafft, sich selbst Grenzen definiert, so daß Informationen in den beiden Kanälen S1 und S2 als gleichzeitig, als co-temporal behandelt werden. Dies werde ich an einigen Beispielen erläutern.

Hier liegt übrigens ein Fundamentalproblem bei der Entwicklung von autonomen Robotern, die auf Signale reagieren müssen, auf die auch wir reagieren. Wenn wir einen autonomen Roboter bauen, der sich in den Welten bewegt, in denen auch wir uns bewegen, muß er die gleichen Informationen aufnehmen, die wir berücksichtigen. Das ist für die Robotik ein nichttriviales Problem, das meines Wissens bisher nicht gelöst wurde; vielleicht ist dies eine Anregung für Robotiker, zur Informationsintegration längere zeit-tote Zonen zu schaffen.

Ich möchte Sie noch ein Stück weiter in die Gehirnforschung hineinlocken (Abb. 1): Jedes Gehirn, nicht nur das unsrige, ist gekennzeichnet durch drei Typen von Nervenzellen. Typ 1, die Sinneszellen auf der linken Seite, sind die Antennen, die in die Welt hineinragen, die Zellen im akustischen, optischen, gustatorischen, olfaktorischen und taktilen System. Überspringen wir den mittleren Bereich vorerst. Auf der rechten Seite sind jene Nervenzellen angegeben, die Motorik ermöglichen, also die Muskeln sich bewegen lassen, die inneren Organe regulieren. Beim Menschen gibt es von diesem dritten Typ Nervenzellen etwa nur zwei Millionen. Von dem ersten Typ, von den Sinneszellen, gibt es größenordnungsmäßig 500 Millionen.

Das Thema dieses Kongresses sind Grenzen. Die verschiedenen Sinnesbereiche sind Ergebnis von Adaptationen im Laufe der Evolution. Nehmen wir nur den Sinnesbereich der visuellen Wahrnehmung: Wir sind sensibel für elektromagnetische Wellen im Bereich von etwa 400 bis 700 Nanometer. Wir sind blind für andere Bereiche des elektromagnetischen Spektrums. Wir hören in einem engen Bereich von Schallwellen. Wir riechen nur bestimmte Moleküle. Das heißt, wir sind von vornherein aufgrund evolutionärer Adaptationsprozesse begrenzt in der Wahrnehmung der Welt. Der Reichtum der Welt um uns herum ist viel, viel größer als es die unmittelbare Wahrnehmung vermuten läßt. Es ist das Geschäft der Wissenschaft, mit Hilfe von Teleskopen, Mikroskopen und anderen Werkzeugen die Grenzen unserer Wahrnehmungswelt zu überschreiten.

Werfen wir nun einen Blick auf den zentralen Bereich der Abbildung, den zweiten Bereich der Nervenzellen, den manche in der Anatomie auch als das große intermediäre Netz bezeichnen. In der Frühphase der Evolution mehrzelliger Organismen, also vor vielleicht 500 Millionen Jahren, gab es Lebewesen, die nur die Typen 1 und 3 hatten, also Sensoren und motorische Nervenzellen. Es gibt solche Lebewesen immer noch. Die Evolution der Gehirne bestand im wesentlichen darin, diesen mittleren Bereich auszubauen. Man vermutet, daß wir Menschen in diesem Bereich 10^{12}, also eine Billion Nervenzellen haben.

Drei Dinge sollten wir wissen, wenn wir über Informationsverarbeitung im Gehirn auf einem hohen Abstraktionsniveau nachdenken.

Erstens: Es ist ein Strukturprinzip im menschlichen und tierischen Gehirn, daß jede Nervenzelle ihre Information zu größenordnungsmäßig etwa 10 000 anderen projiziert. Das ist das Prinzip der Divergenz. Information von einer Stelle wird sofort sehr weit verteilt. Wenn es das Prinzip der Divergenz gibt, gibt es auch das Prinzip der Konvergenz: Jede Nervenzelle erhält Input von ungefähr 10 000 anderen.

Zweitens: Die Interaktion zwischen Nervenzellen erfolgt mit Hilfe von chemischen Übertragungsstoffen; sie kann entweder erregend oder hemmend sein. (In der Abbildung ist dies mit Plus- oder Minuszeichen verdeutlicht.) Wenn in bestimmten Modulen ein Gleichgewicht zwischen Erregung und Hemmung besteht, vermittelt durch Transmitter wie Glutamat, dann befinden wir uns im Normalzustand. Kleinste Veränderungen in der Balance, in der homöostatischen Regulation dieser erregenden und hemmenden Botenstoffe, führen zu Entgrenzungen im Erleben. Die Epilepsie beispielsweise ist eine Erkrankung, bei der dieses Gleichgewicht nicht mehr reguliert ist. Durch zu viel Erregung oder zu wenig Hemmung kommt es zu elektrischen Entladungen. Depression, Schizophrenie oder, in ähnlicher Weise, Morbus Parkinson sind ebenfalls Erkrankungen, bei denen das Gleichgewicht von Exzitation und Inhibition gestört ist. Es sind bestimmte lokale Areale im Gehirn, bei denen dieses Ungleichgewicht zu den Entgrenzungen des Erlebens und Verhaltens führt.

Kommen wir *drittens* zu einem Strukturmerkmal, das selbst vielen Neurowissenschaftlern nicht bekannt zu sein scheint. Wie groß ist eigentlich die Distanz, die überwunden werden muß, um von irgendeiner Nervenzelle zu irgendeiner anderen Aktivität im Gehirn zu übertragen? Über wie viele Zwischenstufen laufen die Informationen? Wenn man aus der Computerwissenschaft kommt, wird man die Zahl dieser Zwischenstufen vielleicht auf Millionen oder zehntausend oder tausend schätzen. Die richtige Antwort ist: Es sind nur vier Zwischenschritte notwendig, um von einer Nervenzelle, die aktiv ist, zu irgendeiner anderen Nervenzelle im Gehirn zu kommen.

Das heißt: Alles ist unerhört nahe miteinander verbunden. Um das zum Vergleich in einen sozialen Kontext zu stellen: Fragen wir uns einmal, wie groß die soziale Distanz zwischen Menschen auf diesem Globus ist. Sie hören meinen Vortrag und lernen dadurch den Referenten kennen. Dadurch kennen Sie jetzt über mich alle Menschen, die ich kennet, und ich kenne alle Menschen, die Sie kennen. Das heißt, durch diese zwei Zwischenschritte – Sie und ich – ist schon ein relativ großer Bekanntenkreis geschlossen worden. Man kann nun ausrechnen, daß die sechs Milliarden Menschen auf dieser Erde ebenfalls offenbar nur über vier Zwischenschritte miteinander bekannt sind. Angesichts dieser unglaublichen sozialen Nähe fragt man sich, warum wir uns dann so entfernt sind, warum solche Grenzen zwischen uns liegen. Oder sind diese Grenzen aus anderen Gründen notwendig?

Für das Gehirn hat diese enge Vermaschung eine weitreichende Bedeutung: Es gibt keine Aktivität, die nur für sich ist. Es gibt nicht den reinen Wahrnehmungsakt, den reinen Denkakt, nur das Gefühl oder nur die Erinnerung. Die vier Domänen, die das psychische Repertoire ausmachen – Wahrnehmen, Erinnern, emotional Bewerten, Handeln – sind engstens miteinander verflochten. Jeder Wahrnehmungsakt ist immer auch ein Bewerten, ein Sich-Erinnern, ein Handeln.

Für die Hirnforscher heißt dies, daß die große Herausforderung darin besteht, die Mechanismen für das Binden und Entbinden von Aktivitäten zu verstehen. Die Bindungsproblematik habe ich bereits angesprochen: Wenn Sie andere Menschen als Einheit erleben, dann muß es irgendeinen Algorithmus geben, irgendeine Logistik, die das ermöglicht. Ich möchte nun auf eine andere Abstraktionsebene gehen, um dieses noch einmal zu verdeutlichen.

Ich habe gerade gesagt, es gebe vier Bereiche (A, B, C, D), die das Repertoire des Psychischen ausmachen: Das Wahrnehmen, Erinnern, emotional Bewerten und der Handlungsbereich. Die Abbildung 2 zeigt, daß diese vier Bereiche modular im Gehirn repräsentiert sind, daß einzelne Areale im Gehirn – Module, wie wir sie nennen – jeweils elementare Leistungen ermöglichen. Diese Module sind nicht einzelne Nervenzellen, sondern zum Beispiel hunderttausend oder eine Million Elemente mit gleicher Potentialität, die elementare Leistungen bereitstellen.

Nun weiß man aus der modernen systemisch orientierten Hirnforschung durch den Einsatz der Magnetenzephalographie, der Positronenemissions-

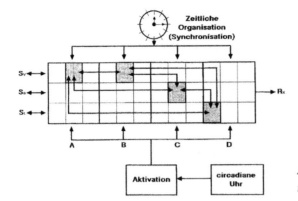

Abb. 2: Zeitliche Organisation

tomographie und auch der Kernspintomographie, daß jeder mentale Akt, jede Leistung, jedes Denken und Handeln gekennzeichnet ist durch die *gleichzeitige* Aktivität in verschiedenen Arealen des Gehirns. Dies ist im Bild gekennzeichnet durch die schraffierten Module. Diese Tatsache bedeutet, daß wir eine Logistik brauchen, irgendeine Maschinerie, die es ermöglicht, die verschiedenen Aktivitäten aufeinander zu beziehen.

In dem Bild ist oben eine Uhr gezeigt. Sie symbolisiert, daß das Gehirn sich selbst Systemzustände definiert, die atemporaler Natur sind, und daß alles, was in einem solchen Systemzustand, in einem Zeitfenster, geschieht, als cotemporal und somit als atemporal behandelt wird. Diese zeitlichen Bezüge sind durch Pfeile zwischen den hervorgehobenen Modulen gekennzeichnet. Hierzu möchte ich Ihnen einige Beispiele geben.

Es gibt ein bekanntes Experiment eines amerikanischen Psychophysikers, der die zeitliche Ordnungsschwelle untersucht hat. Das Experiment gibt Antwort auf die Frage, wie groß das kleinste Zeitintervall ist, das mir erlaubt, zu zwei Wahrnehmungen „erste" und „zweite" zu sagen. Man gibt dazu einem Probanden oder Patienten über Kopfhörer Klickreize, zum Beispiel von einer Millisekunde Dauer. Zunächst bekommt er die beiden Klickreize auf beide Ohren physikalisch gleichzeitig; sie fusionieren dann zu einem Ton mitten im Kopf. Dann zieht man die beiden Töne auseinander. Beispielsweise bei fünf Millisekunden Distanz hört der Proband beide Töne in beiden Ohren sehr gut, aber es ist ihm nicht möglich, „erster" und „zweiter" zu sagen. Das Zeitintervall muß auf etwa 30 bis 40 Millisekunden verlängert werden, bis er die Reihenfolge angeben kann. Das Interessante ist nun, daß diese zeitliche Ordnungsschwelle die gleiche ist, ob man nun die Kanäle der Körperoberfläche, also der Somatosensorik, untersucht, das Hören oder das Sehen. Wir haben begründete Vermutungen dafür, daß bestimmte neuronale Prozesse so implementiert sind, daß sie diese zeitliche Ordnungsschwelle herstellen, und daß diese Prozesse identisch sind im visuellen Kortex, im auditiven Kortex, im somatosensorischen Kortex und in vorgeschalteten Thalamuskernen.

Für die Medizin außerordentlich interessant ist, daß bei bestimmten Hirnschädigungen, zum Beispiel nach einem Schlaganfall, diese zeitliche Ordnungsschwelle sich auf 100, 150 und bis zu 200 Millisekunden verlängern kann. Das heißt, daß sehr viel mehr Zeit vergehen muß, bis der Patient „erster – zweiter" sagen kann. Alles, was kürzer aufeinander folgt, wird als gleichzeitig behandelt.

Die akustische Information, die einen Konsonanten definiert, dauert etwa 20 bis 30 Millisekunden. Wenn in der Sprache mehrere Konsonanten aufeinander folgen, die akustische Ordnungsschwelle bei einem Patienten aber zum Beispiel 150 Millisekunden beträgt, dann kann er die zeitliche Folge von Konsonanten nicht mehr decodieren. Als Folge kann eine Aphasie auftreten, eine Sprachstörung. Zugleich bedeutet dies, daß wir eine wunderbare Entsprechung in der Sprache und der zeitlichen Dynamik in unserem Gehirn haben.

Dieses Beispiel von der zeitlichen Ordnungsschwelle macht deutlich, daß es offenbar so etwas wie einen Mechanismus gibt, der es uns ermöglicht, ankommende Informationen zu bündeln und innerhalb eines Systemzustandes, eines Zeitfensters, als co-temporal oder atemporal zu behandeln. Das ist die Pointe: Weil zusammengehörende Informationen zu unterschiedlichen Zeitpunkten ankommen können, werden sie gebündelt. Wir befreien uns gleichsam von der Zeit.

An dieser Stelle ist ein Kommentar gegenüber der Physik notwendig. Wir orientieren uns – ich weiß nicht, warum das so ist, aber das tun wir wohl alle – in unserer Erfahrungswelt an der klassischen Physik. Am Eingang der „Philosophiae naturalis principia mathematica" schreibt Newton: „Absolute true and mathematical time of itself and from its own nature flows equably without relation to anything external." Hier wird gesagt, daß es einen kontinuierlichen Zeitfluß gibt. Man könnte nun vermuten, daß die Anschauung, die wir von der Kontinuität der Zeit haben, eine direkte Abbildung dieser in der klassischen Physik beschriebenen Zeit ist.

Was ich gerade gesagt habe, bedeutet aber, daß aufgrund des Datenflusses, mit dem wir fertig werden müssen, das Gehirn sich selbst Systemzustände schafft, die uns von der Kontinuität der Zeit befreien, aber gleichzeitig ermöglichen, in der Welt zurechtzufinden. Wenn wir solche Systemzustände nicht hätten, wären wir der Ungeordnetheit von Geschehnissen in der Zeit ausgeliefert. Systemzustände – und das heißt eben auch: Begrenzungen – einzuführen ist der Trick des Gehirns, zeitlose Zonen zu schaffen. Sich vom kontinuierlichem Zeitfluß zu befreien, ist notwendig, um überhaupt die Welt der Sinneseindrücke bewältigen zu können.

Unsere Erfahrung hat noch andere Grenzen. Was in unserem Bewußtsein repräsentiert ist, ist nicht eindeutig bestimmt durch das, was wir aufnehmen,

sondern wird zum großen Teil in uns selbst
generiert. Wir selbst geben Begrenzungen
in die Welt hinein. Dazu ein kleines Experiment.

In der Figur 3 werden Sie wahrscheinlich
entweder einen Mann mit Glatze oder ein
Nagetier sehen. Sie können nun willentlich
die Figur hin- und herkippen, also entweder einen Mann oder eine Maus sehen. Pro-
bieren Sie es aus, indem Sie auch versuchen,
das Bild möglichst schnell hin- und her-

Abb.3: Glatzköpfiger/Maus

zukippen. Wenn es funktioniert, haben Sie sich zunächst einmal bewiesen, daß
die Reize, die wir aufnehmen, nicht eindeutig bestimmen, was im Zentrum des
Bewußtseins ist. Bei jeder sensorischen Erfahrung findet diese Interpretation
von innen nach außen statt, gleichgültig, ob wir hören, sehen oder auf andere
Weise wahrnehmen.

Jetzt schauen Sie bitte auf die Figur in der Absicht, nur noch die Maus zu
sehen. Wenn man diesen Versuch ordentlich als Experiment durchführt,
kommt erfahrungsgemäß heraus, daß niemand, der bei diesen doppeldeutigen
Figuren beide Perspektiven sehen kann, in der Lage ist, willentlich nur noch eine
im Bewußtsein festzuhalten. Jeweils nach ungefähr drei Sekunden kippt der
Wahrnehmungsinhalt automatisch in einen neuen Systemzustand, der etwa
wieder zwei bis drei Sekunden dauert.

Was es jeweils ist, das in das Zentrum des Bewußtseins gelangt, und dort für
wenige Sekunden festgehalten wird, das wird entscheidend mitbestimmt durch
vorherige Erfahrung oder die unmittelbar zuvor abgelaufene Informationsverarbeitung. In dieser Abhängigkeit des mentalen Geschehens von „Augenblick zu
Augenblick" spiegelt sich die Effizienz der neuronalen Informationsverarbeitung wider. Und wir sind bei einem ganz wesentlichen Phänomen der *cognitive
neuroscience* angekommen. In ihm drückt sich das Ökonomiegesetz des Wahrnehmens und Denkens aus. Das Gehirn nutzt selbstverständlich alle möglichen
Hystereseeffekte aus, die in der Natur vorkommen. Es bleibt ja im Grunde
immer alles so, wie es ist; das heißt, das Neue ist relativ selten.

Wir benutzen in jedem Augenblick ein mentales Bezugssystem. Wir brauchen Vorurteile und Hypothesen, mit denen wir an Sachverhalte herangehen.
Was wir als soziales Vorurteil bezeichnen, ist im Kern genau dies: ein Ausdruck
des Ökonomieprinzips des Wahrnehmens und Denkens. Wir leben ständig in
diesen inhaltlich besetzten Bezugssystemen. Wir können gar nicht anders. Wir
können nicht frei sein von Vorurteilen. Ich erinnere noch einmal daran, was ich
über die Organisation des Gehirns gesagt habe: Wahrnehmen, Erinnern und
emotional Bewerten sind nicht voneinander getrennt, wie es die kartesische Tra-

dition nahelegt. Denkprozesse sind nicht isolierte Dinge. Sie sind immer auch eingebettet in die emotionale Bewertung, in diese Bezugssysteme.

Zurück zu den Systemzuständen von ungefähr 30 oder 40 Millisekunden Dauer, die ich Ihnen vorgestellt habe. Man kann diese Systemzustände, die ich als atemporal definiert habe, auch sichtbar machen. Man nimmt dazu sogenannte elektrophysiologische Verfahren zur Hilfe, beispielsweise die Messung akustisch evozierter Potentiale. Technisch geht das so vor sich: Man gibt über Kopfhörer einem Patienten oder Probanden eine Serie von Tönen und mißt, zeitlich bezogen auf den Reiz, die elektrische Aktivität des Hirns,

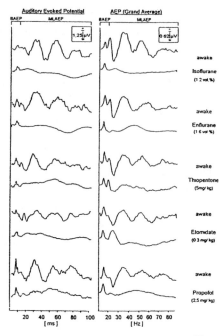

Abb. 4

zum Beispiel über dem auditiven Kortex. Dabei beobachtet man das Folgende:

In einem ersten Zeitraum von 10 oder 15 Millisekunden nach dem Reiz treten sogenannte Hirnstammpotentiale auf.

Sie sind das Zeichen dafür, daß die Information tatsächlich über das Ohr ins Gehirn hineingelaufen ist, daß die Hirnstammmechanismen funktionieren. Die Information ist also angekommen. In einem anschließenden Mittellatenzbereich bis etwa 100 Millisekunden nach dem Reizauftritt beobachtet man Oszillationen mit einer Periode von ungefähr bei 30 bis 40 Millisekunden Dauer. Wir sind der Meinung, daß diese Oszillationen ein direkter Ausdruck jener Systemzustände sind, daß also eine Periode dieser Oszillationen gleichsam jenes Sammelintervall ist, in dem das Gehirn Informationen in sich „hineinsaugt". Wir nehmen dies an, weil viele Experimente im anästhesiologischen Bereich diesen Schluß nahelegen. Erhält ein Patient vor einer Operation zum Beispiel Propofol oder Isoflorane für die Vollnarkose, dann sind zwar die Hirnstammpotentiale noch vorhanden, aber die Oszillation verschwindet. Was macht das Narkosemittel? Es entbindet die einzelnen Zellen voneinander. Die Zellen im visuellen und akustischen Kortex können nicht mehr miteinander kommunizieren. Die Signale laufen also chaotisch, gleichsam „grenzen-los", in das Gehirn. Aber indem sie das tun, kann keine Information mehr aufgebaut werden. Es gibt keine Systemzustände mehr, die es beispielsweise ermöglichen, die

Informationen aus den verschiedenen Kanälen zu bündeln. Wir sind jetzt so weit, daß wir mit diesem Verfahren sogar die Narkosetiefe messen können.

In der Narkose tritt eine sehr interessante subjektive Erscheinung auf, die vielleicht der eine oder andere schon erlebt hat. Viele Menschen fragen, wenn sie aus der Vollnarkose erwachen, als erstes: Wann beginnt eigentlich die Ope-

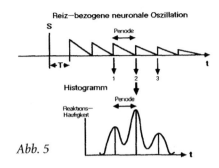

Abb. 5

ration? Das heißt, typisch für diesen physiologischen Zustand ist, daß, anders als im Schlaf, überhaupt keine Zeit vorübergeht. Es herrscht absolute Atemporalität. Wir sind deshalb der Meinung, daß diese 30 bis 40 Millisekunden langen Systemzustände die notwendige Bedingung sind für den Aufbau von Elementarereignissen und für die Temporalität überhaupt.

Wenn ich von Oszillationen spreche, meine ich im technischen Sinne Relaxationsschwingungen. Der Stimulus tritt auf, und dadurch wird ein oszillierendes System initiiert. Ein relaxationsoszillatorisches System hat den Vorteil, sofort nach einem Reiz mit den Schwingungen zu beginnen. Eine Periode, also der Abstand zwischen zwei gleichen Phasen, definiert in diesem Modell einen Systemzustand. Alles, was innerhalb dieser 30 bis 40 Millisekunden passiert, wird als gleichzeitig behandelt. Daher sind multimodale Reaktionen möglich. Gleichzeitig haben wir einen Mechanismus gefunden, der primordiale Ereignisse, Urelemente oder Urereignisse definiert. Der Mensch hat damit eine Maschinerie, die es ihm ermöglicht, mit dem Chaos der Informationsflut fertig zu werden.

Was geschieht nun eigentlich mit dieser in uns hineingelaufenen Information? Ich habe versucht, das in der Abbildung 5 zu verdeutlichen. Aufgereiht sind dort einzelne mentale Ereignisse mit einem zeitlichen Abstand von etwa 30 Millisekunden. Wie werden diese aufeinanderfolgenden Ereignisse integriert? Inhaltlich oder präsemantisch?

Antwort: Die Integration erfolgt präsemantisch. Das Experiment dazu haben Sie vorhin schon gemacht, als Sie Mann und Maus gesehen haben. Wenn man auf eine doppelt deutbare Figur schaut, wechseln sich die zwei Perspektiven spontan ab. Untersuchungen zeigen nun, daß bei allen Menschen die Frequenz dieses spontanen Wechsels – die spontaneous reversal rate – ungefähr bei drei Sekunden liegt. Nach jeweils etwa drei Sekunden kippt der Würfel in die andere Perspektive. Das funktioniert auch mit akustischen Informationen, etwa mit der Tonfolge „so ma so ma". Die akustische „Perspektive" dieser Klangfolge kippt automatisch alle paar Sekunden in entweder „soma" oder „maso".

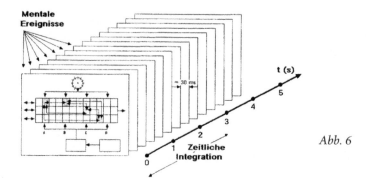

Abb. 6

Ich habe ihnen ein einfaches Beispiel genannt. Es gibt interessante und beliebig komplizierte wissenschaftliche Experimente, in denen man deutlich machen kann, daß das menschliche Gehirn alle zwei bis drei Sekunden gleichsam einen Kanal aufmacht und nach außen fragt: Was gibt es Neues? Das heißt, wir sind der Reizflut nicht ausgeliefert, sondern mit diesem Integrationsmechanismus gestalten wir die Reizflut selbst aktiv. Dazu paßt eine Beobachtung aus der Anatomie: Der Input in jene Bereiche des Gehirns, in denen primär das Sehen und Hören repräsentiert ist, stammt vermutlich zu weniger als zehn Prozent von äußeren Reizen. Mehr als neunzig Prozent der Signale in die primären sensorischen Areale kommen aus anderen Teilen des Gehirns. Anders ausgedrückt: Das Gehirn befaßt sich den größeren Teil der Zeit mit sich selbst. Nur alle paar Sekunden macht es die Augen und die Ohren auf und fragt: Was ist eigentlich draußen los?

Das spiegelt sich wider in Wahrnehmung und Motorik. Dazu ein recht anschauliches Experiment: Man gibt eine Tonsequenz mit einem Reizabstand zum Beispiel von 600 Millisekunden und bittet den Probanden, regelmäßig mit einem Knopfdruck den Ton zu synchronisieren. Mit einer kleinen Antizipation des Ereignisses gelingt das jedem Menschen mit einer sehr geringen Streuung. Variiert man den Takt, dann stellt sich heraus: Unsere Motorik ist so ausgestattet, daß wir nur einen Zeitbereich von zwei bis drei Sekunden antizipieren können. Für einen Sportler zum Beispiel ist das eine wichtige Information.

Eine Bestätigung aus einem ganz anderen Bereich liefern Studien einer Gruppe von Max-Planck-Forschern, die die Dauer intentionaler Bewegungen in verschiedenen Kulturen untersucht haben. Eine intentionale Bewegung ist zum Beispiel, sich die Hand zu reichen oder sich zu kratzen. Die Wissenschaftlerkollegen haben festgestellt, daß bei Kalahari-Buschleuten, Yanomami-Indianern, Bewohnern der Trobriand-Inseln und Europäern (Franzosen) die höchste Dichte der intentionalen Bewegungen immer ungefähr bei zwei bis drei Sekunden liegt.

Dadurch angeregt, hat eine Arbeitsgruppe amerikanischer Wissenschaftler in San Diego in einer hochinteressanten Studie untersucht, wie groß die Dauer der intentionalen Bewegungen bei verschiedenen Säugetieren unterschiedlicher Körpergröße ist, vom Waschbären bis zur Giraffe. Das Ergebnis war, daß die Kontrolle der intentionalen Bewegungen bei allen diesen Lebewesen ebenfalls ungefähr in Zwei- bis Fünf-Sekunden-Segmenten geschieht; im Durchschnitt sind es drei Sekunden. Die Kollegen gehen so weit zu sagen, es handele sich hier um einen für höhere Säugetiere grundlegenden zeitlichen Integrationsmechanismus, der präsemantisch einen zeitlichen Rahmen für Motorik und Sensorik bereitstelle.

Es gibt in meinen Augen einen wunderbaren Beleg für diese zeitliche Integration, der mit sogenannter Naturwissenschaft überhaupt nichts zu tun hat: die Dichtkunst. Mir ist aufgefallen, daß in allen Sprachen, bei denen ich das prüfen konnte, die gesprochene Dauer einer Verszeile ungefähr zwei bis drei Sekunden beträgt. Das korreliert mit der spontanen Rhythmisierung der Sprache. Sätze der gesprochenen Sprache unterteilen sich rhythmisch in Äußerungseinheiten – die Linguisten sprechen von Phrasen – von zwei bis drei Sekunden Dauer. Im Anschluß an solche Phrasen folgen dann paralinguistische Äußerungen wie „Äh"; dies sind Planungspausen für die nächste linguistische Einheit. Und so schreitet die Sprache – die Spontansprache, nicht die gelesene – rhythmisch voran, immer in Zeitsegmenten, die zwei bis drei Sekunden dauern, gefolgt von Planungspausen, die vermutlich einige hundert Millisekunden dauern.

Dem entspricht die gesprochene Dauer einer Verszeile von Gedichten. Ein Beispiel aus einem Sonett von Shakespeare:

Shall I compare thee to a summer's day?
Thou art more lovely and more temperate:
Rough winds do shake the darling buds of May,
And summer's lease hath all too short a date:

Nun mag jemand einwenden, ein Hexameter oder Alexandriner sei wesentlich länger. Aber sprechen Sie sich folgende Passage aus „Nänie" von Schiller einmal vor:

Auch das Schöne muß sterben!
    Das Menschen und Götter bezwinget.
Nicht die eherne Brust
        rührt es des stygischen Zeus.

In jeder Zeile ist eine Zäsur (hier graphisch durch die Aufteilung der Zeile hervorgehoben), und damit ist das Problem auch gelöst.

Dieses Phänomen finde ich in allen Sprachen, unabhängig von Tradition, von Syntax usw. Nicht nur ich, sondern auch andere haben sich mit diesem Phäno-

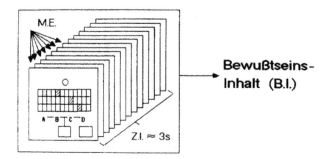

Abb. 7

men befaßt und sind zu ähnlichen Ergebnissen gekommen, vor allem der US-amerikanische Dichter Fred Turner.

Alles dieses veranlaßt mich, diesen präsemantischen Integrationsmechanismus, der Informationen bis zu etwa drei Sekunden automatisch zusammenbindet (M.E. – Mentale Ereignisse), als formale Struktur zu definieren, die einen Zustand des Bewußtseins repräsentiert. Die Zusammenfassung der Elementarereignisse zu einer Drei-Sekunden-Insel, begleitet vom Gefühl der Gegenwärtigkeit – das ist für mich der jeweilige Zustand „Bewußt".

Um auf Newton zurückzukommen und die Frage: Wie kommt es zum Eindruck der Kontinuität der Zeit? Die Antwort liegt hier: In verschiedenen, aufeinander folgenden Drei-Sekunden-Segmenten ist jeweils eine Art Einheit repräsentiert. Diese einzelnen Einheiten – Wahrnehmungen, Erinnerungen, Bewußtseinsinhalte – sind voneinander als Systemzustände getrennt, aber es gibt einen inhaltlichen Bezug zwischen diesen Gegenwartsinseln, einen semantischen Nexus. Diese semantische Vernetzung ist die Ursache für die Illusion, unsere Zeit fließe kontinuierlich.

Diese Beobachtungen mögen deutlich machen, daß der anschauliche Fluß der Zeit, oder die Fähigkeit, Ereignisse zu definieren und diese in eine zeitliche Ordnung zu bringen, oder für lange Zeitstrecken das Gefühl der Gegenwärtigkeit zu haben, nur möglich ist, weil das Gehirn im Laufe der Evolution mit Begrenzungen versehen wurde; ohne diese gäbe es nur ein informatorisches Chaos, also keine Information und somit auch kein Wissen. Das Wissen dieser Grenzen erlaubt eine neue Sichtweise für die Grenzen des Wissens.

Ausgewählte Beiträge aus der Diskussion

Karl-Heinz Pehe, Gymnasium Stadtpark Krefeld: Sie haben davon gesprochen, daß in der Narkose das Zeiterleben brachliegt und daß die Bedingung für das Zeiterleben eine Kommunikation zwischen den verschiedenen Sinnesbereichen ist. Dazu eine Beobachtung von mir.

Mancher kennt vielleicht den Effekt: Wenn man in einer kreativen Stimmung ist, kommt es vor, daß man abends zu Bett geht und nach zwei Stunden schon wieder mit dem Gefühl wach wird, die ganze Nacht sei um. Ich beobachte bei mir in interessanten, kreativen Phasen ein verkürztes Zeiterleben. Ich führe das nach Ihrer Erklärung darauf zurück, daß in solchen Phasen eine besonders intensive Kommunikation stattfindet, die auch die Kreativität erklärt. Ich danke Ihnen für diese Anstöße.

Ernst Pöppel: Vielen Dank für den Kommentar.

Ulrike Hund, Schulamtsdirektorin in Neuß, Schulamt Düsseldorf: Gibt es Erkenntnisse darüber, ob diese Intervalle von Anfang an beim Kind, vielleicht beim Säugling, vorhanden sind, oder ob sie erlernt werden, ob sie sich also auf irgendeine Art und Weise herausbilden?

Ernst Pöppel: Das ist eine sehr wichtige Frage. Ich selbst habe dazu in meiner Arbeitsgruppe keine Untersuchung gemacht. Aber es gibt Untersuchungen von Kollegen in Edinburgh, die gerade an kleinsten Kindern, an Säuglingen, Studien begonnen haben. Das Interesse an diesem Gebiet erwacht gerade erst. Probleme der Zeitforschung sind leider fünfzig Jahre lang nicht interessant gewesen. Die bisherigen Beobachtungen sprechen dafür, daß zeitliche Segmentierung genetisch vorgegeben ist.

Es gibt einen für mich sehr überzeugenden Beleg für die Sprachsegmentierung bei Kindern in einer Studie, für die die Spontansprache aufgezeichnet wurde. Das vierjährige Kind spricht zwar deutlich langsamer als der Erwachsene, man hat aber festgestellt, daß die zeitliche Segmentierung exakt die gleiche wie bei Erwachsenen ist, obwohl die Syntax weniger ausgeformt ist. Eine linguistische Theorie, die sich gerade erst entfaltet, geht sogar so weit zu sagen, daß zur Kommunikation eine interindividuelle Synchronisation dieser Zeitsegmentierungen notwendig ist, so daß Mutter und Kind in „derselben Zeit" miteinander sprechen können.

Den Grund für die rhythmische Gliederung der Sprache kann man sich leicht vorstellen. Wenn es wahr ist, was ich sage, dann spricht ein Gesprächspartner, der etwas zu Ihnen sagt, in solchen Segmenten. Das führt dazu, daß er oft ganze

Sätze eigentlich gar nicht auszusprechen bräuchte. Sie können antizipieren, was er sagen will. Diese Antizipation entlastet Ihr Wahrnehmungssystem. Mit anderen Worten: Die Zeitsegmentierung ist ungeheuer ökonomisch.

Daß es diesen Positiveffekt gibt, merkt man, wenn er nicht mehr gegeben ist. Es ist schwierig, sich mit einem Patienten zu unterhalten, der zum Beispiel an einer Hirnschädigung leidet, oder mit einem schizophrenen Patienten, bei dem diese Integration nicht mehr funktioniert. Mancher Hirngeschädigte mit Frontalhirnschädigung beispielsweise integriert plötzlich in einem ganz anderen Zeitbereich. Man wird unruhig, wenn man solchen Patienten zuhört; man kann mit ihnen nicht mehr wie üblich sprechen. Bei manchen Schizophrenen ist es ähnlich: sie operieren in anderen Zeiträumen.

Da dieses Gebiet relativ neu ist, bin ich bisher hauptsächlich dabei zu „botanisieren". Wir sind erst auf dem Wege, die Grundlagenfragen zu erarbeiten. Bisher gibt es relativ wenige Informationen über die mit solchen Vorgängen verbundenen neurophysiologischen Grundlagen. Deshalb kann ich viele Fragen noch nicht beantworten.

Prof. Dr. Eugen-Georg Woschni, Sächsische Akademie der Wissenschaften, Leipzig, Dresden: Bei 30 Millisekunden kommen Sie auf die bekannten 15 Bit pro Sekunde Kanalkapazität für die bewußte Wahrnehmung. Wir selbst haben Messungen bei der Ablesung von Instrumenten gemacht. Kupfmüller hat das gemacht, Feldkeller hat das gemacht. Auf die 15 Bit kommen Sie aber nur dann, wenn Sie nur ein Bit Information gewinnen, das heißt, wenn Sie nur die Aussage treffen: „Der war eher da." Wenn Sie auch den Konsonanten noch erkennen, kann das nicht funktionieren. Dann kämen Sie auf die zehnfache Kanalkapazität.

Ernst Pöppel: Ich weiß nur, daß die Experimente so sind, wie ich sie beschrieben habe, daß also die Entscheidung „erster – zweiter" getroffen wurde. Aber angeregt durch Ihre Bemerkung möchte ich einen Schritt weitergehen. „Erster – zweiter" sagen zu können ist nicht hinreichend, um eine zeitliche Ordnung im Ordinalzahlenbereich zu definieren. Ich muß den virtuell Dritten immer mitgedacht haben.

Eugen-Georg Woschni: Aber beim Dritten haben Sie natürlich noch mal 30 Millisekunden.

Ernst Pöppel: Ich sollte es vielleicht noch etwas anreichern. Diese 30 Millisekunden können nicht unterschritten werden. Es ist leicht vorstellbar, daß zwei oder drei Segmente zusammen inhaltstragend sind, wie bei einer Silbe zum Beispiel. Dann kommt aber ein anderer Algorithmus zum Tragen.

Dr. Jürgen Kuhn, Krupp Entwicklungszentrum Essen: Ich frage mich, wo letztlich die Ursachen für diese Mechanismen liegen, worin also der evolutionsbiologische Vorteil liegt. Wenn ich eine Fliege zu fangen versuche, stelle ich fest, daß sie schneller weg ist, als ich mit der Hand reagieren kann. Sie sagten, alle Vertebraten hätten etwa den gleichen Zeitrhythmus. Es müßte doch ein Vorteil sein, einen schnelleren Rhythmus zu haben – solche Vertebraten entkämen immer ihren Jägern, oder sie würden als Jäger immer ihre Beute fangen. In der Evolution müßten sich doch eigentlich solche Dinge ausdifferenzieren.

Ernst Pöppel: Ich habe über zwei unterschiedliche Systemzustände gesprochen. Der eine liegt ungefähr im 30-Millisekunden-Bereich und ist notwendig, um mit der Datenflut fertig zu werden. Es ist bekannt, daß das zwar für uns gilt, und vielleicht auch für Makaken, also uns eher nahestehende Affen. Aber etwa bei einem Spitzhörnchen oder anderen Lebewesen können die Werte durchaus abweichen. Dieser Zeitbereich ist auch durch die Laufzeit innerhalb eines Gehirnes definiert. Die maximalen Schaltzeiten zwischen den Neuronen im menschlichen Gehirn, im Gehirn höherer Primaten oder auch höherer Säugetiere liegen ungefähr in gleichem Zeitbereich. Wir haben es also mit einer Anpassung an die Morphologie des Gehirns selbst zu tun.

Ein nach meiner Meinung völlig anderer und davon unabhängiger Prozeß ist der andere, den ich erwähnt hatte, die Segmentierung in Zeitabschnitte von zwei bis drei Sekunden. Dies ist, wie die neuen Untersuchungen nahelegen, eine Konstante, die uns vermutlich mitgegeben ist.

Eine Anmerkung dazu in Parenthese. Ich habe lange in Seewiesen gearbeitet, wo früher Konrad Lorenz tätig war, der die Verhaltensforschung wesentlich geprägt hat. Von ihm wurde manchmal die Frage gestellt, wie eigentlich die „Du-Präsenz" von anderen Lebewesen zustande kommt. Mein Verdacht ist, daß die emotionale Nähe zu anderen Lebewesen dadurch hergestellt wird, daß wir im selben Zeitbereich operieren. Wenn das Verhalten eines Hundes oder einer Katze ähnlich zeitlich segmentiert ist wie meines, im Zwei- bis Drei-Sekunden-Bereich, dann kann ich zu diesem Tier leichter, ohne bewußte Anstrengung, eine „Du-Präsenz" herstellen als zu Lebewesen, die in ganz anderen Zeitbereichen operieren.

Dr. Wilhelm Knabe, Bürgermeister, Mülheim: Sie haben die Kinder angesprochen – wie ist das mit den alten Menschen? Ältere Menschen hören oft schlechter. Es heißt immer, das liege daran, daß sie die Obertöne nicht mehr richtig aufnähmen und deshalb verschiedene Geräusche nicht genau unterscheiden könnten. Liegt es vielleicht aber auch daran, daß sich das Zeitintervall der Wahrnehmung ändert, daß alte Menschen jemanden, der schnell spricht, nicht mehr verstehen können?

Ernst Pöppel: In Laboratorien arbeitet man üblicherweise mit Studenten, die zwischen zwanzig und dreißig Jahren alt sind. Wir haben eher zufällig entdeckt, weil wir auch ältere, gesunde Probanden untersuchen, daß diese Werte von 30, 40 Millisekunden sich bei älteren Menschen zu 40 bis 50 Millisekunden oder mehr hin verschieben. Soviel ich weiß, ist der Grund dafür bisher nicht bekannt. Eine Vermutung ist, daß die Verlangsamung mit dem spontanen Verlust von Nervenzellen beim Altern zusammenhängt. Eine Theorie dieses Vorgangs haben wir noch nicht.

Seminar B
Grenzenlose Technologie

Leitung:
Prof. Dr. Klaus Meyer-Abich

Hans Günter Danielmeyer

Zur Entwicklung der
Industriegesellschaft
und der Beschäftigung

Zusammenfassung

Es wird gezeigt, daß die Wirtschaftsentwicklung der führenden Industrieländer, die Entwicklung ihres Bruttoinlandsprodukts (BIP), des Kapitalstocks und der Beschäftigung von 1850 bis heute alles andere als zufällig war. Ihre Trajektorien folgten dem Prinzip minimaler Aufholverluste gegenüber einer gemeinsamen Obergrenze, die sich mit dem technisch-organsiatorischen Stand der gesamten Industriegesellschaft seit 1750 sehr langsam, aber extrem stetig weiterentwickelt.

Der optimale Aufholprozeß ist so stabil, daß der Zweite Weltkrieg selbst den Verlierern nur eine Verschiebung in die nächste (schnellere) Trajektorie brachte. Die Wachstumsraten sind analytische Funktionen der Zeit über den gesamten Aufholprozeß. Damit wird er im Unterschied zur langsamen Entwicklung der Obergrenze planbar und voraussehbar. Die Obergrenze spielt weltwirtschaftlich aber nur eine kleine Rolle, denn das große Volumen wird nicht mehr in den G7, sondern für zwei Generationen in den großen, jungen Wachstumsländern Asiens erzeugt. Das zeigt ein quantitativer Vergleich der Trajektorien bis ins Jahr 2040. Auswirkungen auf Investition, Innovation, durchhaltbare Sozialversicherung, Bildung und Forschung werden berührt.

Da die Trajektorien den Gesamtprozeß analytisch erfassen, kristallisieren sich diejenigen Grundparameter der Industriegesellschaft heraus, die langfristig relevant sind. Erstmals bekommt man einen geschlossenen, quantitativen Ausdruck für das notwendige Konsolidierungsvolumen der Industriekapazitäten und der dynamischen Arbeitslosigkeit in reifenden Industriegesellschaften. Beide nehmen mit der Dynamik des Aufholprozesses unweigerlich zu. Die Stabilität der Industriegesellschaft wird davon früher und härter betroffen als vom Ressourcenproblem. Zum Glück nimmt auch der Wohlstand zu, so daß eine gesellschaftliche Lösung des Stabilitätsproblems möglich bleibt.

I. Ergebnisse und Überblick

Einleitung

Die halbe Weltbevölkerung lebt in der Region Ostasien-Pazifik mit den größten Wachstumsraten der Wirtschaftsgeschichte. Die Industriegesellschaft zieht dorthin um. Was bleibt zurück in den G7? Wieviel wird diese Generation dort investieren, und hier nicht mehr? Wie groß werden unsere Beschäftigungsprobleme? Was begrenzt das Wachstum?

Zur Beantwortung solcher Fragen braucht man ein belastbares Modell. Es muß konzeptionell stimmen und die bisherige Entwicklung der Industriegesellschaft quantitativ wiedergeben, um auch in Zukunft gültig zu sein. Es setzt die Existenz eines Grundprozesses voraus, der so gesetzmäßig abläuft, daß Störprozesse und sogar Katastrophen isolierbar sind.

Nun sucht die Ökonomie stets nach Gesetzmäßigkeiten, wenn sie nicht rein beschreibend arbeitet. Dabei wird laufend die Exponentialfunktion benutzt, obwohl sie grenzenlose Räume und Ressourcen voraussetzt. Da aber auch die Wirtschaft stets an Grenzen lebt, die sie nur mühsam erweitern kann, müssen Modellparameter, insbesondere Wachstumsraten, immer wieder geändert werden, um „zu stimmen". Auf diese Weise läßt sich ein Grundprozeß prinzipiell nicht entdecken; seine Spuren werden durch die verwendete Methode verwischt. Ein Grundprozeß muß die Wachstumsraten analytisch als Funktion der Zeit und mit ganz wenigen, langfristig stabilen Grundparametern hergeben. Dazu reicht die Exponentialfunktion nicht mehr.

In diesem Beitrag wird gezeigt, daß es einen solchen Grundprozeß zwar für das Wachstum an der Obergrenze der Industriegesellschaft nicht gibt; Innovation ist nicht programmierbar, die Entwicklung bleibt nach oben offen. Doch seit 1880 steckt das Wirtschaftsvolumen im Aufholen junger Industriegesellschaften gegenüber dem führenden technischen und organisatorischen Stand der Obergrenze. Dafür gibt es sehr wohl einen Grundprozeß. Er wird sich aus dem minimalen Aufwand, der Vermeidung von überflüssigen oder zweitklassigen Investitionen, ergeben.

Die Obergrenze der Industriegesellschaft

Trägt man das Bruttoinlandsprodukt (BIP) pro Einwohner nach heutigem Wert für die führenden Industrieländer von 1850 bis heute auf (Abb. 1), so findet man als Einhüllende eine fast reine Exponentialfunktion mit (nur) 1,4 Prozent Wachstum pro Jahr. Das kann auch in Zukunft als Obergrenze des Wachstums wohlhabender Länder gelten, denn ein Überschreiten dieser Grenze erfordert Innovationen von bisher nicht dagewesener Durchschlagskraft – technische wie organisatorische. Insofern ist die Obergrenze nach oben offen, das heißt, auch nicht planbar. Für solche Fälle reicht die Exponentialfunktion als Arbeitsmittel.

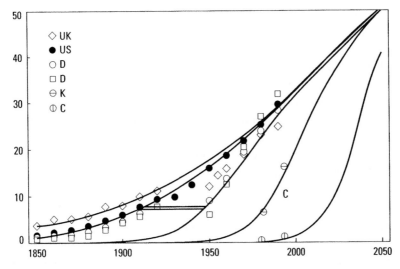

Abb. 1: Das Bruttoinlandsprodukt (BIP) pro Einwohner des UK, der USA, Deutschlands, Japans, Koreas und Chinas in 1000 Dollar. Die Obergrenze ist die Einhüllende des BIP aller Länder, die einmal den technisch-organisatorischen Stand der Industriegesellschaft als Ganzes bestimmt haben. Sie wuchs exponentiell mit nur 1,4 Prozent pro Jahr.

Der Aufholprozeß

Seit 1880 wird das Wirtschaftsvolumen aber vom Aufholen jüngerer Industrieländer gegenüber dieser Obergrenze geprägt. Dabei weichen die Aufhol- und Nachkriegstrajektorien der USA, Deutschlands, Japans und Koreas immer mehr von exponentiellem Verhalten ab. Sie bekommen einen zunehmend deterministischen Charakter, weil die Zielsicherheit von Investitionen mit fortschreitendem technischem und organisatorischem Stand (der Einhüllenden) zunimmt. Damit ist der Aufholprozeß planbar und vorhersagbar.

Bei jedem Aufholprozeß muß von endogenem Wachstum ausgegangen werden. Das bedeutet, daß die zum Aufbau der Infrastruktur (des Kapitalstocks) erforderlichen Mittel aus dem eigenen BIP kommen müssen. Das erfordert überzeugende Führung, große Sparbereitschaft der Bevölkerung und eine möglichst lange Friedensperiode. Die anfänglichen Wachstumsraten (USA 5 Prozent, China 10 Prozent pro Jahr) nehmen mit dem aufzuholenden BIP-Abstand zur Einhüllenden zu. Darin liegt der einzige anzupassende Parameter der Theorie. Nun wird zusätzlich gefordert, daß der Aufholprozeß ohne Überschwinger und BIP-Oszillation, also ohne Fehler gegenüber dem sich weiterentwickelnden technisch-organisatorischen Stand (der Einhüllenden) erfolgt. Damit ist der Aufholprozeß schon restlos bestimmt. Es ergeben sich geschlossene Wachstumstrajektorien mit gesetzmäßig ablaufenden Wachstumsraten. Jedes Land kann schlechter fahren, aber nicht besser, ohne es später bereuen zu müssen. Damit haben wir einen Optimalprozeß, mit dem das tatsächliche Wachstum verglichen und in der richtigen Weise korrigiert werden kann.

Es zeigt sich, daß über weite Strecken die Wirtschaftsentwicklung der USA, Deutschlands und Japans dem Optimalprozeß folgte. Die beiden Weltkriege haben lediglich eine Verschiebung in eine modernere Trajektorie bewirkt, aber keine Änderung des Grundprozesses. Setzt man das so etablierte Muster für China und ebenso überzeugte Länder fort, ergibt sich für die nächsten 40 Jahre ein recht zuverlässiges Bild der Wirtschaftsentwicklung.

Vergleich zwischen China, Asien und den G7
China wird in 40 Jahren das heutige BIP der G7 von rund 30 000 Dollar pro Einwohner erreichen und bis dahin einen Kapitalstock von 73 000 Dollar pro Einwohner aufbauen (Abb. 1). Demgegenüber werden die G7 ihr BIP nur noch um rund 10 000 Dollar erhöhen. Die Erhaltung des vorhandenen Kapitalstocks (Netzwerke für Strom, Kommunikation, Verkehr, Fabriken, Ausrüstung etc.) wird die G7 in den nächsten 40 Jahren 220 000 Dollar pro Einwohner kosten, die Chinesen bereits 32 000 Dollar. Mit 1,4 Milliarden Einwohnern gegenüber 0,7 ist das Industriepotential Chinas über die nächsten 40 Jahre folglich schon so groß wie das der G7, doch das ist erst Chinas erste Halbzeit.

Die Gesamtregion hat zwar insgesamt noch kleinere Wachstumsraten, aber mehr als doppelt so viele Einwohner. Damit ist klar, daß die Industriegesellschaft dieser Generation dorthin auswandert und daß Einstellungen dort vom Aufbau geprägt werden, in den G7 hingegen von der Erhaltung. Die G7 müssen schon deshalb am Aufbau mitwirken, vor allem aber, um Wettbewerbsverzerrungen möglichst schnell auszugleichen, die in den G7 Arbeitsplätze und Steuereinnahmen vermindern.

Die freie, lebendige Industriegesellschaft duldet keine großen Unterschiede, das werden wir ihr einmal zugute halten. Denn nach 2040 stellt sich die Frage nach ihrem Fortbestand. Diese Welt bietet keine vergleichbare Aufholregion mehr. Es fragt sich auch, ob selbst eine so geringe Erweiterung unserer Obergrenze mit den 1,4 Prozent pro Jahr pro Einwohner noch tragbar ist, wenn zwei Drittel der Weltbevölkerung mitmachen..

Das heißt, Adam Smith' Trennung von Kapital und Arbeit, das Tao der Industriegesellschaft, hat noch zwei große Generationen vor sich. Es hielt immerhin fast 300 Jahre.

Weitere Anwendungen
Da die optimalen BIP-, Konsum- und Kapitalstocktrajektorien erstmals einen Gesamtprozeß darstellen, analytisch-geschlossen formuliert, eröffnen sich neue

volkswirtschaftliche Einsichten und Anwendungen. Kursabweichungen sollten in Zukunft nicht absolut oder relativ zu anderen Ländern, sondern relativ zur eigenen (optimalen) Trajektorie bewertet und kontrolliert werden. Durchhaltbare Steuer-, Renten- und Sozialsysteme können aufgebaut werden. Investoren können in Asien ergebnissicherer anlegen. Auch die produktivitäts- und wettbewerbsbedingte Arbeitslosigkeit läßt sich im Prozeßzusammenhang viel leichter fassen als in Aneinanderreihung von Zeitabschnitten.

Derzeit am wichtigsten ist jedoch die quantitative Erklärung der unerwartet hohen Arbeitslosigkeit und der überraschenden Steuerausfälle in Wohlstandsländern wie Deutschland. Es geht dabei nicht um die bekannten produktivitäts- und wettbewerbsbedingten Beschäftigungsprobleme, die sich mehr oder weniger gleichmäßig über die gesamte Aufbauzeit einer Industriegesellschaft verteilen und daher leicht lösbar sind. Es geht auch nicht um die Folgen übertriebener Arbeitsteilung. Um deutlich zu machen, daß es um ein ganz anderes Phänomen geht, wird als Bezeichnung „dynamische Arbeitslosigkeit" oder „dynamischer Bedarfsrückgang" vorgeschlagen, denn die Ursache liegt in der inneren Dynamik des Aufholprozesses.

Die dynamische Arbeitslosigkeit

Ihr grundsätzlich anderer Charakter ergibt sich schon daraus, daß ihr ein eindeutiger Zahlenwert zukommt. Es ist das Produkt aus der Anfangswachstumsrate des Aufholprozesses (für China 10 Prozent pro Jahr), der mittleren Lebensdauer des Kapitalstocks (für alle Industrieländer rund 15 Jahre) und dem BIP-Anteil, der zur Erhaltung des Kapitalstocks aufgebracht werden muß (für alle Länder rund 16 Prozent). Die beiden letzten gehören neben der Obergrenze zu den vier langfristig stabilen Grundparametern der Industriegesellschaft. (Die anderen beiden werden in II.2 erwähnt.)

Inhaltlich entspricht die dynamische Arbeitslosigkeit dem BIP-Anteil, der anfänglich allein in die Aufbauleistung des Kapitalstocks gesteckt werden muß. Für die USA betrug er etwa 12 Prozent, für Deutschland rund 19 Prozent, für China beträgt er 24 Prozent. Ab Mitte des Aufholprozesses gehen die zugehörigen Aufträge und Arbeitsplätze aber stärker zurück, als der Erhaltungsaufwand und das BIP noch zunehmen (Abb. 2). Es bleibt nur noch der magere Aufbau an der Obergrenze, falls das Land sich an diesem teuersten Platz der Weltwirtschaft überhaupt aufhalten will. Großbritannien hat sich offensichtlich dagegen entschieden; das Land hütet sein restliches Wachstumspotential.

Für rein exponentielles Wachstum gibt es keine dynamische Arbeitslosigkeit. Sie kann auch nicht entdeckt werden, solange man die Exponentialfunktion benutzt, weil deren Ableitung immer dieselbe Kurve ergibt. Sie kommt erst heraus, wenn sich der kumulierte Kapitalstock und sein jährlicher Zuwachs (seine Ableitung, daher dynamisch) in der Kurvenform unterscheiden. Dieser Unter-

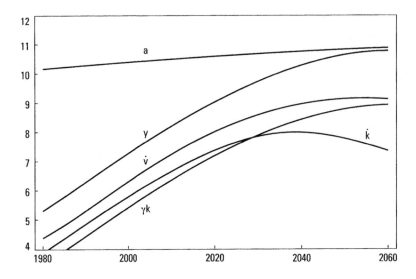

Abb. 2: Natürlicher Logarithmus der BIP- und Kapitalstockentwicklung pro Einwohner für die VR China nach dem Grundprozeß. Links von oben nach unten: Die Obergrenze (wie in Abb. 1), das BIP (wie in Abb. 1), die Gesamtinvestition pro Jahr in den Kapitalstock (das wird etwa die Hälfte des gesamten Industriepotentials Chinas), die Summe aus den jährlichen Erhaltungs- und Aufbauinvestitonen für den Kapitalstock, seine Aufbauinvestition und seine Erhaltungsinvestition (siehe Gleichung 4 bis 5).

schied war für die USA noch sehr klein. Er macht sich sehr deutlich in der Beschäftigungslage in Deutschland und Japan bemerkbar. Für China und seine Nachbarn im Süden wird er am größten. Für die Stabilität der Industriegesellschaft wird das die große Prüfung. Sie wird die Welt früher und härter treffen als das Ressourcenproblem. Ein Vergleich Deutschland – China (Abb. 3) zeigt, daß ein internationaler Ausgleich kaum möglich ist.

Echte und scheinbare Alternativen zum Beschäftigungsproblem
Da ein echter Bedarfsrückgang vorliegt, war die Konsolidierung traditioneller Industriekapazitäten der G7 unausweichlich. Man bedenke, daß ein wegfallender Kapitalstock vom BIP einen viel höheren Anteil für die Industrie allein bedeutet. Für die USA war der Aufbauanteil kleiner als der Erhaltungsanteil (0,12 zu 0,16). Der Rückgang stand im Verhältnis 0,12 zu 0,28 (43 Prozent), verteilte sich auf zwei Generationen und wurde vor allem durch einen hohen Militäranteil abgeschwächt. Für Deutschland beträgt der Rückgang 54 Prozent, Abschwächung bringt fast nur der Konsum. Für China wird der Rückgang rech-

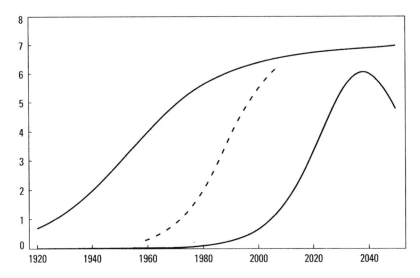

Abb. 3: Oben: Die dynamische Arbeitslosigkeit in Deutschland in Millionen, berechnet aus dem Grundprozeß (Gleichung 7 im Teil II) ohne Kenntnis irgendwelcher Daten über die Beschäftigungslage. Gestrichelt: Verzögerung durch den Wiederaufbau der Nachkriegszeit. Unten: Zehn Prozent der zum Aufbau (nicht zur Erhaltung) des Kapitalstocks von China benötigten Arbeitskräfte (ebenfalls in Millionen) bei internationalen Preisen und Einkommen.

nerisch einmal 60 Prozent betragen und sich nur auf eine Generation verteilen können. Das wird nicht gutgehen. China muß diesen Bedarfsrückgang abfedern, und das geht nur im voraus durch bewußte Zurückhaltung im Aufbau einheimischer Industrie.

Die Verkürzung der Produktzyklen für den Konsum war hochwirksam, weil die Lebensdauer der Industrieprodukte ja einer der drei Grundparameter ist, die die dynamische Arbeitslosigkeit quantitativ bestimmen. Sie ist aber ein Verstoß gegen das Sparsamkeitsprinzip und kann nur einmal richtig gemacht werden.

Der zweite Grundparameter, der BIP-Anteil zur Erhaltung des Kapitalstocks, kann nicht verringert werden, ohne daß gleichzeitig die mittlere Lebensdauer des Kapitalstocks, also seine Qualität, entsprechend erhöht wird. Diese Alternative wird selbstkompensiert. (Der Grundprozeß ist sehr robust, deshalb überlebt er ja selbst Weltkriege.) Jedoch folgt sie dem Prinzip der Sparsamkeit, allerdings mit der Konsequenz, daß Aufträge zur Erhaltung des Kapitalstocks entsprechend zurückgehen, so daß dort Arbeit wegfällt.

Die dynamische Arbeitslosigkeit ist folglich nur durch bewußtes Ausbremsen des Wachstums zu verringern.

Investitionsprogramme und normale Innovationsprogramme helfen auch nicht. Denn erstens hat es keinen Sinn, den Kapitalstock über das Volumen hinaus aufzubauen, das der optimale Prozeß vorschreibt. Die Obergrenze (die Einhüllende) liegt ja fest, so daß jede Überinvestition zu einer späteren Unterinvestition führen muß. Der Staat verschiebt das Problem nicht nur auf später, wenn es noch schwerer wiegt, sondern handelt sich auch noch Erhaltungskosten für weniger benötigte (luxuriöse) Infrastruktur ein. Für zu weit ausgebaute Sozialsysteme gilt das in verschärfter Weise, weil sie nicht einmal zeitweise Arbeit bringen. Zweitens können, wie schon festgestellt, nur solche Innovationen die Obergrenze erweitern, deren Durchschlagskraft (Innovationshöhe wie Schnelligkeit) alle bisherigen in den Schatten stellen.

Jede erfolgsorientierte Förderung von Forschung und Entwicklung muß deshalb immer wieder die etablierte Kundschaft ausdünnen und Originalität und Effektivität gleichzeitig forcieren.

Hierbei sind gesellschaftliche Innovationen besonders gefragt. Die hierfür zuständigen Disziplinen standen 300 Jahre im Kreativitätsschatten der harten Wissenschaften. Doch die Alternativen der Industrie und ihre Innovationen werden das Arbeitsvolumen nicht vergrößern, sondern weiter verringern. Zum Glück kommt die dynamische Arbeitslosigkeit als Partner des Wohlstands. Der Grundprozeß sagt sogar, die beiden sind für die Industriegesellschaft deckungsgleich. (Adam Smith hatte für Dienstleistungen nicht viel übrig, weil ihre Produkte sofort eins zu eins verbraucht würden und Arbeitsteilung, Kapitalstock und Wertschöpfungskette nicht vergleichbar seien.) In der Summe gibt es kein materielles Problem. Es ist ganz eindeutig: Helfen können hier nur gesellschaftliche Innovationen.

Zu den Teilen II und III
Im Folgenden wird nur das Notwendigste an Mathematik wiedergegeben, so daß die Schritte zu den Ergebnissen nachvollziehbar sind. Es ist auch möglich, den Text, die Parameter und die Graphiken allein zu verstehen und die Formeln zu übergehen.

II. Theorie des Wirtschaftswachstums

Die Obergrenze des BIP a(t)
Abb. 1 zeigt das BIP pro Einwohner wichtiger Länder. Die Führung wechselte von Großbritannien über die USA zu Japan. Ihre gemeinsame Spitzenkurve, die einhüllende Obergrenze des BIP, kann innerhalb der Streubreite der Daten sowohl von der reinen Exponentialfunktion Exp (0,014(t-1750)) als auch von der S-Kurve

$$a = \frac{\Delta a}{1 + e^{-\alpha(t-T)}} \quad (1)$$

dargestellt werden. Sehr langfristig ist die reine Exponentialfunktion zu optimistisch, die S-Funktion vielleicht etwas zu pessimistisch. Für den Aufbau Asiens ist der Unterschied bis 2040 vernachlässigbar. Im folgenden wird (1) bevorzugt. Die Parameter sind

α = 0,018 pro Jahr (anfängliche Wachstumsrate)

Δa = 80 000 Dollar (Grenz-BIP pro Einwohner)

T = 2020 (Halbzeit des Grenz-BIPs)

Die Aufholtrajektorien y(t)

Damit der Aufholprozeß ohne Schwankungen des BIP, also ohne Verluste, erfolgt, ist zu fordern, daß die Wachstumsrate von ihrem anfänglichen Wert β allmählich in den niedrigeren Wert $\frac{\dot{a}}{a}$ der Obergrenze übergeht. Das leistet die Differentialgleichung

$$\frac{\dot{y}}{y} = \beta[1 - (1 - \frac{\dot{a}}{\beta a})\frac{y}{a}] \quad (2)$$

wie man sich durch Einsetzen von y = a und y Æ 0 überzeugt. (2) zeigt, daß die Exponentialfunktion als Lösung nur für unendlich große a, also nur für grenzenloses Wachstum herauskommt. Mit (1) sieht man, daß

$$y = \frac{\Delta a}{1 + e^{-\alpha(t-T)} + e^{-\beta(t-\tau)}} \quad (3)$$

die Lösung von (2) ist. τ ist annähernd die Halbzeit des Aufholprozesses. Ihre Werte und die der anfänglichen Wachstumsrate sind:

Land	USA	D/Japan	Korea	China
β (pro Jahr)	0,05	0,08	0,09	0,10
τ	1930	1970	2005	2040

Diese Werte sind nicht einfach an die Daten der Abb. 1 angepaßt worden, obwohl dies angesichts der guten Übereinstimmung der Trajektorien so aussieht. Denn β und τ sind nicht unabhängig voneinander. Beide nehmen mit der BIP-Differenz zu, die bis zur Obergrenze zum Zeitpunkt der Entscheidung aufzuholen ist. Zeitpunkt der Entscheidung ist fast immer ein traumatisches Erlebnis, das Volk und Regierung zu einer konstruktiven Aufbauhaltung zwingt und für lange Zeit große Kräfte freisetzt: Der Civil War in den USA, der Zweite Weltkrieg für Deutschland und Japan (deshalb wurden beide zusammengefaßt, obwohl sie nicht ganz dieselben Startbedingungen und Trajektorien hatten), Korea nach dem Koreakrieg und China nach der Kulturrevolution. Je größer die

Differenz, um so treffsicherer und lohnender die Investitionen, um so größer die anfängliche Wachstumsrate. Bringt man das in mathematische Form, so erhält man transzendente Gleichungen für den Gesamtzusammenhang, dessen Lösungen die Parameter der Tabelle sind. Dabei gibt es neben dem jeweiligen Entscheidungszeitpunkt nur noch zwei Parameter: die maximal durchhaltbare Wachstumsrate von 0,16 pro Jahr und eine Proportionalitätskonstante, die damit zusammenhängt, daß der technisch-organisatorische Fortschritt nur zum Teil ins BIP geht. Auf die Wiedergabe dieses Theorieteils muß hier verzichtet werden.

Die Trajektorien von Deutschland, Japan und Korea müssen etwas vordatiert werden, weil die Kriege deren Infrastruktur nur zum Teil zerstörten und das Ausbildungsniveau qualitativ fast erhalten blieb. Hinzu kam schon damals fast freier Technologietransfer, weil die USA starke Länder um den Ostblock herum wollten. Damit ist das Geheimnis der „goldenen Nachkriegsjahre" (Ref. 1) mit ihrem nicht-exponentiellen Wachstum (hoher, fast gleicher Zuwachs in gleicher Zeit) quantitativ gelüftet.

Der Kapitalstock
Hierfür werden die Ergebnisse aus Ref. 2 übernommen. Danach ist die Wachstumsrate aller Industrieländer proportional zu dem BIP-Anteil, der pro Jahr in die Erweiterung des Kapitalstocks reinvestiert wird. Die Proportionalitätskonstante setzt sich aus zwei Grundparametern zusammen:

- dem zur BIP-Erhaltung erforderlichen BIP-Anteil $\mu = 0,16$ und
- der mittleren Zerfallsrate des Kapitalstocks $\gamma = 0,066$ pro Jahr.

Kehrwert der letzteren ist die mittlere Lebensdauer des Kapitalstocks von 15 Jahren. Diese vor allem wegen der Strom- und Verkehrsnetze recht lange Lebensdauer ist ein stabilisierendes Element des Wachstums der Volkswirtschaft. Ihre Ansammlung von Kapitalstock, Wohlstand und träger Masse ist ein und dasselbe. Im Reifezustand kann sie sich kaum noch bewegen. Analog gilt das auch für ihre Subsysteme, die Unternehmen und Verwaltungen. Sie hat ein langes Gedächtnis, ganz zu schweigen von den Bildungsinhalten. Auch deshalb ist der Grundprozeß, der Trajektoriensatz, zum Glück oder Unglück sehr robust gegenüber äußeren Einwirkungen (z.B. konjunkturelle Maßnahmen).

Mit den beiden Grundparametern wird die jährliche Erweiterung des Kapitalstocks

$$\dot{k} = (\mu/\gamma)\dot{y} \quad (4)$$

Integration liefert für den Kapitalstock

$$k = (\mu/\gamma)y \quad (5)$$

wobei Integrationskonstanten, die Niveaus vor der Industrialisierung (Agrar-
niveau), hier vernachlässigt werden können. Nach (4) treiben Erweiterungs-
investitionen des Kapitalstocks die Produktivität und damit das Wachstum, aber
(2) bestimmt das sinnvolle Maß. Es wird mit Annäherung an die Grenzent-
wicklung (1) immer kleiner. (Anmerkung: Wenn eine der vier Größen in (4)
und (5) eine reine Exponentialfunktion wäre, hätten alle dieselbe Zeitabhängigkeit, wären also nicht unterscheidbar. Mit (3) werden die Zeitabhängigkei-
ten ganz verschieden.)

Die volkswirtschaftliche Gesamtbilanz (ein Erhaltungssatz) ist gegeben durch

$$\dot{v} = \dot{k} + \gamma k = y\text{-}c \quad (6)$$

Hier ist $\dot{v}$ die jährliche Gesamtinvestition pro Einwohner in den Kapitalstock,
die sich aus seinem jährlichen Zuwachs und seinem Erhaltungsaufwand ergibt.
Andererseits kann bei endogenem Wachstum nur investiert werden, was vom
BIP nach dem Konsum c noch übrig bleibt. Wachstum heißt eben Konsumver-
zicht. Mit (3) bis (6) ist der gesamte Aufholprozeß formuliert, alle Größen und
Parameter sind festgelegt. Mit mehr Parametern gewinnt man wenig, mit einem
weniger ginge gar nichts: Die Systemeffizienz ist sehr gut.

Anwendungsbeispiel China
Abb. 2 zeigt alle Wachstumsgrößen für China im Vergleich zum Verlauf der
Obergrenze pro Einwohner. Bis zur Halbzeit 2040 wird sich die Einwohnerzahl
auf gut 1,4 Milliarden erhöhen (etwa das Doppelte der G7). Chinas Gesamt-BIP
wird das der G7 deshalb im Jahr 2025 einholen, aber immer noch mit einer
Wachstumsrate von fünf Prozent pro Jahr, im Vergleich zu einem Prozent in
den G7. Die unterschiedliche Zeitabhängigkeit der Kapitalstockerhaltung und
des Kapitalstockzuwachses ist deutlich. Die Abnahme des Zuwachses verursacht
die dynamische Arbeitslosigkeit.

III. Der dynamische Beschäftigungsrückgang

Herleitung
Alle Einzelposten in (6) bedeuten auch Arbeitsplätze, genauer gesagt Arbeits-
anteile im Verhältnis zum BIP. Abb. 2 zeigt, daß alle stetig zunehmen, mit Ausnahme der Erweiterung des Kapitalstocks. Diese geht ab Halbzeit nach dem Auf-
baumaximum auf Null zurück. Das bedeutet einen irreversiblen Auftragsrück-
gang mit zugehöriger Arbeitslosigkeit. Dieser Verlauf ist eine logische
Konsequenz jedes Aufholprozesses, da die Erweiterung des Kapitalstocks immer
gleich der zeitlichen Ableitung des angesammelten Kapitalstocks ist. Sie muß

(nichtlogarithmisch aufgetragen) glockenförmig verlaufen, wenn der Kapital-stock nach (5) und (3) S-kurvenförmig verläuft. Wegen dieses Zusammenhangs wird die Bezeichnung „dynamischer Beschäftigungsrückgang" vorgeschlagen. Er wird zur dominierenden Ursache der Arbeitslosigkeit und hat nichts mit pro-duktivitäts- oder wettbewerbsbedingten Beschäftigungsproblemen zu tun.

Der Anstieg von $\dot{k}$ verläuft wie $\mu(\beta/\gamma)y$ für $t \rightarrow -\infty$. Die Differenz zwischen beiden, geteilt durch y, ist der dynamische Arbeitslosenanteil (bei gleichem mittleren Einkommen für Kapitalstock wie Gesamtwirtschaft). Multipliziert mit der Gesamtzahl L der Beschäftigten des jeweiligen Landes (Deutschland, zur Zeit 39 Millionen) ergibt sich daher eine dynamische Arbeitslosenzahl von

$$u = \mu \frac{\beta}{y} L \frac{1+(1-a/\beta)e^{-\alpha(t-T)}}{1+e^{-\alpha(t-T)}+e^{-\beta(t-\tau)}} \quad (7)$$

Für Deutschland ist (7) in Abb. 3 aufgetragen. Die relativ gute Übereinstim-mung mit der tatsächlichen Arbeitslosenzahl ist nicht so wichtig wie der Ver-lauf. Daran sieht man, daß sie nicht mehr viel weiterwachsen wird. Nimmt man an, daß der produktivitäts- und wettbewerbsbedingte Beschäftigungsrückgang in der Industrie zum guten Teil durch den Dienstleistungsbereich aufgefangen wurde, so wäre die gute Übereinstimmung allerdings nicht verwunderlich. Dann kann man auch daran denken, Korrekturen für die Vollbeschäftigung der Nachkriegszeit anzubringen (gestrichelte Linie). Dadurch wird noch deutli-cher, wie berechtigt die Bezeichnung dynamisch ist.

Schließlich sei noch die Frage behandelt, inwieweit der Aufbau Asiens das Beschäftigungsproblem der G7 erleichtern kann. Dazu ist in Abb. 3 für China ein Zehntel der Erweiterung des Kapitalstocks (4) eingetragen, multipliziert mit der Einwohnerzahl und dividiert durch das mittlere Jahreseinkommen von 60 000 Dollar. Das ergibt bei internationalem Einkommensniveau zehn Prozent der benötigten Beschäftigten. Man sieht, daß das nichts bringt, denn Deutsch-land könnte kaum zehn Prozent aller Kapitalstockinvestitionen für China bekommen, und die Aufholprozesse liegen zu weit auseinander. Es wäre am günstigsten für die internationale Entwicklung, wenn Aufholprozesse sich leicht überlappen würden.

Literatur

Economic Growth in Europe Since 1945, N. Crafts and Gianni Toniolo Eds, Cambridge University Press 1996, ISBN 0521 49964 X

H.G. Danielmeyer and T. Martinetz, Best Practice Code of the Industrial Society – The Forum Engelberg Model, 7th Forum Engelberg Report March 1006, and Research Conference on Dyna-mics, Economic Growth and International Trade, Helsingor, August 1996

Orio Giarini

Von der globalen Fabrik zur regionalen Dienstleistungswirtschaft – eine Strategie zur Risikobeherrschung

Zur Frage der Grenzen und Begrenzungen

Lukrez hat vor 2000 Jahren in einem eindrucksvollen Gedicht die wagemutige, bis an die Grenzen gehende Wesensart des Menschen beschrieben. Doch 2000 Jahre nach Lukrez muß man wohl sagen, daß das Problem nicht darin besteht, irgendeine definitive Grenze zu erreichen. Hat man eine Grenze erst einmal erobert und verstanden, dann ist sie ganz einfach der Ausgangspunkt für den nächsten Sprung ins Unbekannte auf der Suche nach neuem Wissen.

Wenn wir uns jemals das Ende von Grenzen, von Begrenzungen oder Beschränkungen vorstellen könnten, dann würde das bedeuten, daß der Mensch Gott selbst geworden oder daß er vollständig verschwunden wäre. Menschliche Existenz, wie wir sie leben, ist grundsätzlich an das Entdecken, Verstehen und Überwinden von Grenzen in einem dynamischen Prozeß gebunden, und niemand würde es heute wagen, in diesem Prozeß einen Endpunkt zu definieren.

Grenzen zu identifizieren, insbesondere wenn sie als Randbedingungen betrachtet werden, ist eine normale Methode der Wissenschaft; es kann aber auch zur Falle werden. Ein anderer Dichter, dieses Mal aus unserem Jahrhundert, nämlich Piet Hein aus Dänemark, schrieb einmal:

> … *our simple problems often grew to mysteries we fumbled over because of lines we nimbly drew and later neatly stumbled over.* (Unsere einfachen Probleme wuchsen oft / zu Mysterien, die wir verpfuschten, / weil wir flink Linien zogen / und dann gekonnt darüber stolperten.)

Dieses Gedicht ist eine perfekte Einleitung zu einem Gedanken von Alfred Marshall aus seinen *Principles of Economics:*

> … *if the subject-matter of a science passes through different stages of development, the laws which apply to one stage will seldom apply without modifications to others.* (Wenn der Untersuchungsgegenstand einer Wissenschaft mehrere Entwicklungsstadien durchläuft, gelten die Gesetze, die in einem Stadium richtig sind, selten unverändert auch für andere.)

125

Mit den Gedichten und Zitaten möchte ich daran erinnern, daß im Altertum ebenso wie heute, in der Physik ebenso wie in der Ökonomie die Frage nach den Grenzen und Begrenzungen zu den fundamentalen Themen gehört. Es gibt Augenblicke der Geschichte, in denen Grenzen und Begrenzungen relativ klar definiert und weit weg zu sein scheinen, und es gibt andere Zeiten, in denen Grenzen und Begrenzungen erreicht und sozusagen bis zu einem Punkt erobert worden sind, an dem eine neue Vision gebraucht wird, die den Blick auf neue Grenzen lenkt, oder, wie es ein Philosoph formuliert hat, die neue Paradigmen vorschlägt und entdeckt.

Ich behaupte heute, daß wir in einer Zeit fundamentaler Veränderungen leben, angesichts eines Phänomens, das vor ungefähr zwei Jahrhunderten begonnen hat und sich mittlerweile definitiv über die ganze Welt ausbreitet. Ich meine die Industrielle Revolution. Dieses Phänomen war möglicherweise das wichtigste soziale Ereignis moderner Zeit. Es hat wissenschaftlichen Fortschritt mit technischen Verbesserungen vereint und demokratische Regierungssysteme auf dem Planeten ausgebreitet, und dies alles in einem Prozeß zunehmender Komplexität und Interdependenz aller Menschen überall auf dem Raumschiff Erde.

Als sie begann, führte die Industrielle Revolution einen Großangriff gegen einen fundamentalen Aspekt der Grenzen auf der Erde: das Problem der Armut. Das Ziel der Industriellen Revolution war, den Wohlstand der Nationen zu fördern, und obwohl dieser Prozeß längst nicht abgeschlossen ist, hat er die menschliche Gesellschaft überall auf der Erde grundlegend verändert.

Das neue Paradigma der Ökonomie scheint mir heute zu sein: Welche neuen Bedingungen müssen erfüllt sein, damit Wohlstand der Nationen sich in einer Situation entfalten kann, in der der Weg zu diesem Ziel, den die Ökonomie in verschiedenen Stadien der Entwicklung gewählt hat, grundlegend überdacht und modifiziert werden muß? Tatsache ist, daß wir im wesentlichen nicht und nirgends mehr in einem ökonomischen System leben, das von der industriellen Güterproduktion dominiert wird. Sie ist natürlich weiterhin wichtig, aber sie ist auf den zweiten Rang gerückt hinter die vielen anderen ökonomischen Funktionen des Dienstleistungssektors. Der Begriff des „Werts" an sich in seiner klassischen und neoklassischen Bedeutung ist zu einer dieser Linien geworden, die irgendwann einmal gezogen worden sind und über die wir nun „neatly stumble over", um es mit den Worten von Piet Hein zu sagen.

Im nächsten Abschnitt möchte ich einige Vorschläge machen, welches die Schlüsselelemente sein könnten, die es uns erlauben sollten, die Begrenzungen der Ökonomie und der sozialen Entwicklung in der Zukunft neu zu definieren.

Elemente eines neuartigen Wohlstandsstrebens in der Dienstleistungsökonomie
In der Industriellen Revolution sind alle Anstrengungen auf die Güterproduktion konzentriert worden, weil man glaubte, dies sei das wichtigste im Kampf

gegen die Armut und zur Mehrung des Wohlstands. Mehr Sicherheit, mehr Nahrungsmittel, mehr Energie – das alles war natürlich wichtig und ist es immer noch in vielen Teilen der Welt, damit Menschen besser leben können. Vergessen wir nicht, daß der Begründer der Ökonomie, Adam Smith, diese Disziplin aus *moralischen* Gründen für wichtig hielt.

Vor zwanzig oder dreißig Jahren begann diese grundlegende Annahme der Industriellen Revolution sich merklich zu verändern. Die Umwälzung spielte sich innerhalb der produzierenden Industrie selbst ab. Es war der Zeitpunkt, als Dienstleistungen wichtiger wurden als die traditionelle Güterproduktion.

Von der Industriellen Revolution zur Dienstleistungswirtschaft

Schaut man sich heute die ökonomischen Aktivitäten in sämtlichen Branchen an, dann sieht man schnell, daß Dienstleistungen aller Art der entscheidende Zweig im gesamten System der Produktion und Nutzung von Gütern und Dienstleistungen sind. Eine erste, grundlegende Tatsache, die wir uns bewußt machen müssen, ist, daß die reinen Produktions- oder Herstellungskosten der Produkte, die wir kaufen – sei es ein Auto oder ein Teppich –, selten mehr als zwanzig Prozent des Endpreises ausmachen. Mehr als siebzig oder achtzig Prozent dienen dazu, das komplexe Dienstleistungs- und Auslieferungssystem zu unterhalten. Aus diesem Grund sind Dienstleistungsfunktionen auch in sehr traditionellen Industrieunternehmen ins Zentrum der Aufmerksamkeit und der Investitionstätigkeit gerückt. Es sollte daher klar sein, daß die Dienstleistungsökonomie nicht im Gegensatz zur industriellen Ökonomie steht, sondern Ausdruck eines weiter fortgeschrittenen Stadiums der Wirtschaftsgeschichte ist.

Auch die landwirtschaftliche Produktion verschwand ja nicht mit dem Beginn der Industriellen Revolution, sondern blieb im Gegenteil eine der grundlegenden ökonomischen Tätigkeiten. Aber durch die Industrialisierung, ob nun direkt oder indirekt, wurde sie effizienter. Heute sind sowohl Landwirtschaft wie die produzierenden Industrien immer mehr darauf angewiesen, Dienstleistungsangebote zu entwickeln, wenn sie ihre wirtschaftliche Leistungsfähigkeit in Produktion, Vertrieb und Gebrauch verbessern wollen.

Einer aktuellen Untersuchung über die ökonomischen Konsequenzen neuer Technologien (veröffentlicht in Business Week, 20. Februar 1995) kann man entnehmen, daß die Gesamtkosten eines Personalcomputers, summiert über fünf Jahre Nutzung in einem US-amerikanischen Industrieunternehmen, nur zu zehn Prozent aus den Anschaffungskosten bestehen. Neunzig Prozent der Kosten entstehen durch Dienstleistungen unterschiedlicher Art, die mit der Nutzung des Computers in diesem Zeitraum zusammenhängen.

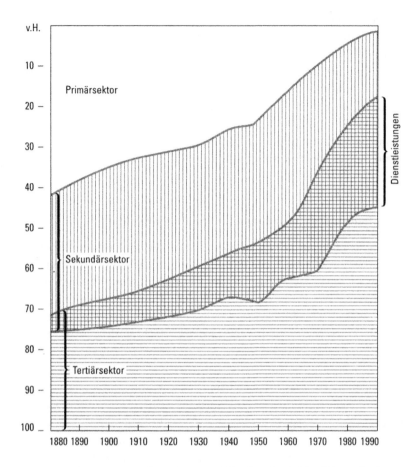

Wachstum des tertiären Sektors in Deutschland und sein Vordringen in den sekundären Sektor seit 1880

Eine weitere Veranschaulichung ist die obige Abbildung. Sie zeigt am Beispiel Deutschlands nicht nur, wie stark der tertiäre Sektor seit 1880 gewachsen ist, sondern darüber hinaus, wie dominant Dienstleistungsfunktionen bereits innerhalb des sekundären Sektors geworden sind.

Zwei Anmerkungen zu dieser Abbildung:
1. Man sollte ergänzen, daß auch ein entsprechender Teil der Produktion des Primärsektors mit Dienstleistungen verbunden ist.
2. Auf der anderen Seite hat auch ein Teil des sogenannten tertiären Sektors für manche Fälle Prozeduren und Prozesse übernommen, die man als „produktionsähnlich" bezeichnen könnte.

Die zentralen Punkte sind daher:

- Wir sollten uns mit dem Gedanken vertraut machen, daß Dienstleistungen in alle Sektoren vorgedrungen sind und deshalb das traditionelle ökonomische Modell der drei Sektoren in gewissem Maße überholt ist.
- Es ist eine Tatsache, daß fortschrittliche produzierende Industrie sich im wesentlichen dadurch auszeichnet, daß sie die meisten und die am besten funktionierenden Dienstleistungen entwickelt hat. Man sollte daher die alte Vorstellung aufgeben, Dienstleistungen seien eine Art zweitrangiger oder sogar rückständiger Teil der Wirtschaft.
- Wir sollten vermeiden, die vorindustriellen Dienstleistungen – die die Geringschätzung der Ökonomen der Industriellen Revolution durchaus verdient hatten – und die Dienstleistungen einer reifen Industriegesellschaft, die von neuen und hocheffizienten Techniken profitieren konnten, in einen Topf zu werfen.
- Dienstleistungsfunktionen, die in den meisten „produzierenden" Unternehmen normalerweise für siebzig bis achtzig Prozent der „Produktions"-Kosten stehen, kann man fünf Kategorien zuordnen:
  - Vor der Produktion (Forschung, Finanzierung)
  - Während der Produktion (Finanzierung, Qualitätskontrolle, Sicherheit und anderes)
  - Verkauf (Logistik, Vertriebsnetze und anderes)
  - Während der Nutzung von Produkten und Systemen (Wartung, Leasing und anderes)
  - Nach der Nutzung von Produkten und Systemen (Abfallmanagement, Recycling und anderes)
- Der Konsument ist keineswegs eine Figur, die mit der Produktion nichts zu tun hat, sondern er ist stets in dieses globale Produktionssystem involviert, besonders auf der Ebene des Vertriebs und vor allem bei der Nutzung und schließlich dem Recycling. Alvin Toffler hat ihn deshalb den „Prosumenten" *(prosumer)* genannt.

Das Schlüsselthema „Verletzlichkeit"

Das Denken in Systemen wird in einer Dienstleistungswirtschaft essentiell. Systeme produzieren positive Resultate oder ökonomische Werte, wenn sie richtig funktionieren.

Wenn man davon sprechen will, daß ein System arbeitet (oder funktioniert), muß man reale Zeitabläufe und die Dynamik des realen Lebens betrachten. Und wo immer man reale Zeitabläufe betrachten will, wird die Frage nach dem Ausmaß der Unsicherheit und Wahrscheinlichkeit, die jedes menschliche Handeln bestimmen, zum zentralen Thema.

Im Kontrast dazu könnte sich die Ökonomie der Industriellen Revolution auch auf die Fiktion einer perfekten Gleichgewichtstheorie stützen, abgehoben von realer Zeit und Dauer, gegründet auf die Annahme, es gebe so etwas wie Gewißheit. Im größten Teil der ökonomischen Geschichte der Industriellen Revolution sind Risiko und Ungewißheit nur ein Thema für Historiker und Soziologen gewesen, nicht für Ökonomen. Den ersten systematischen Versuch, Risiken und Ungewißheiten in die Betrachtung einzubeziehen, machte, damals noch sehr schüchtern, Frank Knight in den zwanziger Jahren dieses Jahrhunderts.

Jedes System, das arbeitet, um in der Zukunft Ergebnisse zu erzielen, befindet sich per definitionem in einer Situation der Ungewißheit, auch wenn unterschiedliche Situationen sich durch einen unterschiedlichen Grad an Risiko, Ungewißheit oder sogar Unbestimmtheit unterscheiden. Aber Risiko und Ungewißheit kann man sich nicht aussuchen. Sie sind einfach Teil des Lebens.

Rational zu handeln bedeutet deshalb weniger, Risiken zu vermeiden und Ungewißheiten auszuschließen, als vielmehr, Risiken in den Griff zu bekommen und Ungewißheit und Unbestimmtheit auf ein in der jeweiligen Situation akzeptables Niveau zu reduzieren.

Darüber hinaus verlangen gerade die systemische Natur moderner ökonomischer Systeme und die wachsende Komplexität technischer Entwicklungen ein immer tieferes ökonomisches Verständnis und die Kontrolle über die wachsende Verletzlichkeit und Komplexität dieser Systeme.

Leider wird der Begriff „Verletzlichkeit" im allgemeinen mißverstanden. Es klingt paradox, wenn ich sage, die Verletzlichkeit nehme durch die zunehmende Qualität und Leistungsfähigkeit moderner Technik zu. Tatsächlich aber ist das höhere Leistungsniveau der meisten fortschrittlichen Techniken untrennbar mit einer geringeren Fehlertoleranz des Systems verbunden. Die Schwelle zum Versagen liegt tiefer.

Unfälle und Managementfehler gibt es nach wie vor, und selbst wenn sie seltener sein mögen, haben sie nun teurere systemische Konsequenzen. Wenn sich die Tür eines Autos während der Fahrt öffnet, führt das nicht unbedingt zu einer Katastrophe; tut sie es bei einem modernen Flugzeug, ist die Katastrophe da.

Das zeigt, daß das Funktionieren eines Systems und die Kontrolle über seine Verletzlichkeit zu einer ökonomischen Schlüsselfunktion wird, unter der das Wissen und Können von zum Beispiel Ökonomen und Ingenieuren zusammengeführt werden muß. Entsprechend muß bei Problemen der Sozialversicherung und der Altersrücklagen des einzelnen ein Management der Verletzlichkeit einbezogen werden.

Der Risikobegriff und das Management von Verletzlichkeit und Ungewißheit werden daher zu zentralen Konnotationen einer Dienstleistungsökonomie.

Versicherbarkeit – ein neues, wichtiges Thema der Ökonomie
Kommen wir zum Konzept der Versicherbarkeit. Es kommt zwar in kaum einem Ökonomiekurs vor, aber es ist entscheidend für die Interpretation und das Management der ökonomischen Schlüsselprobleme unserer Zeit.

In den vergangenen zwanzig Jahren hat das Versicherungswesen wenn nicht eine Neugeburt, so doch zumindest eine fundamentale Revolution erlebt. Es ist zur tragenden Säule aller wichtigen Strategien der Wirtschaftspolitik und ein Hauptelement der Entwicklungsthematik und ihrer Probleme geworden.

Welches unternehmerische Risiko jemand eingeht, wird in zunehmendem Maße und in allen Bereichen von einem angemessenen Verständnis von Risiken und der Kontrolle über diese Risiken bestimmt, angefangen beim Umgang mit finanziellen Risiken bis zu den systemischen Risiken. Alles scheint auf einen zentralen Punkt hinauszulaufen: die Identifizierung der Versicherbarkeitsschwelle, unterhalb derer das private System operieren kann. Oberhalb dieser Versicherbarkeitsschwelle müssen öffentliche Behörden oder die Gesellschaft als ganze einspringen, unabhängig von der Ideologie des politischen Systems.

Aber es ist klar, daß in dem Maße, wie man versucht, die (finanzielle, ökonomische und soziale) Verletzlichkeit von Regierungen und Gesellschaft so klein wie möglich zu halten, *das Konzept der Versicherbarkeit künftig Schritt um Schritt in den Mittelpunkt wirtschaftspolitischen Handelns rückt.* Immer mehr Regierungen werden mit der Zeit einsehen, daß es in ihrem eigenen Interesse ist, ein effizientes privates Versicherungssystem auf allen Ebenen zu fördern, damit sie eine angemessene Wirtschaftspolitik betreiben können. In der heutigen Welt sind die meisten Regierungen gezwungen, viele Aktivitäten zu privatisieren, um sie effizienter zu machen und Defizite abzubauen. Dabei sind wiederum Schlüsselbereiche der Politik betroffen, wie die Sozialversicherung, Naturkatastrophen, Industrie- und Umweltrisiken und ihre Folgen (mit all den damit verbundenen Konsequenzen für die Haftung), Krankenversicherung, Verbrechens- und Terrorismusprävention (einschließlich der Aspekte des Betrugs und moralischer Risiken). All dies kann privaten Einrichtungen in dem Maße übertragen werden, als es unter der Schwelle der Versicherbarkeit bleibt.

Während in alten Zeiten Versicherungswirtschaft und Risikomanagementorganisationen im Hintergrund des ökonomischen Geschehens bleiben konnten, ist heute entscheidend, ob es dieser Branche gelingt, den Politikern (und den Wirtschaftsexperten, -wissenschaftlern und -institutionen) nahezubringen, daß ein angemessenes Wissen über die Entwicklung des privaten Versicherungssektors und eine effiziente Politik für ihn der Schlüssel zum Erfolg *ihrer* Politik in den betroffenen Bereichen ist.

Natürlich gehören zu jeder Analyse der Versicherbarkeit spezifische Aspekte wie etwa: Markt und regulatorische Bedingungen für den Aufbau angemessener Kapazitäten, professionelle Risikoselektion (verbesserte Einstufungsverfahren), Regelungen für Solvenz und finanzpolitische Bedingungen, die Kontrolle über in der Vergangenheit übernommene Verpflichtungen und ihren Effekt für die zukünftige Solvenz von Versicherungsunternehmen und -institutionen, sowie Rücklagenvorschriften für Fälle mit extremen Ungewißheiten. Zu solch einer Analyse gehören aber auch als Angelegenheit der allgemeinen Wirtschaftspolitik ökonomische Anreize, die die ökonomische Entwicklung fördern, indem sie eine Kontrolle über Verletzlichkeiten möglich machen. Ökonomisch ausgedrückt bedeutet das, daß jeder Optimierungsprozeß einerseits die Kosten der Dienstleistungen von der Forschung bis hin zum Abfallmanagement und andererseits die möglichen Gefahren und die damit verbundenen Risikomanagementprozeduren berücksichtigen muß.

Versicherbarkeit ist schließlich auch eine Scheidelinie, an der entlang sich eine neue Arbeitsteilung zwischen privater Versicherungswirtschaft und allgemein der privaten Industrie auf der einen Seite und dem öffentlichen Sektor auf der anderen Seite herausbildet.

Preisgestaltung in ungewissem Umfeld: die Erfahrungen der Versicherungswirtschaft als Schlüsselwissen für die neue Dienstleistungswirtschaft
Einen Personalcomputer zu verkaufen bedeutet, wie oben erwähnt, daß neunzig Prozent des Geschäftes, das damit gemacht wird, auf einer Schätzung der Kosten und Preise in einer Nutzungszeit beruhen, die in der Zukunft liegt. Das klassische ökonomische Gleichgewicht zwischen Angebot und Nachfrage ist zu einer Art unsicherem System geworden, in dem Wahrscheinlichkeiten zukünftiger Kosten das Utopia einer perfekten Preissicherheit zerstören. Ungewißheit ist der Name des neuen, „postindustriellen" Spiels.

In der klassischen Industrieökonomie werden Preise normalerweise anhand der Produktionskosten festgelegt, die entstehen, wenn ein Bedarf befriedigt wird.

Im Gegensatz dazu ist die Erfahrung der Versicherungswirtschaft stets die eines „umgekehrten Zyklus" gewesen: ein Preis muß auf der Basis eines ungewissen Ereignisses in der Zukunft festgelegt werden. (Es sei hier darauf hingewiesen, daß der Begriff „Versicherungswirtschaft" in sehr weitem Sinne zu verstehen ist und jede Art von Risikomanagement im Zusammenhang mit reinen Risiken wie auch verschiedene Formen der persönlichen Versicherung einschließt; das heißt, die Prämien, die Industrieunternehmen in den USA einbehalten, sind fast die gleichen wie die Prämien, die in der Versicherungsindustrie außerhalb des Lebensversicherungsbereichs bezahlt werden.)

Heute ähneln in zunehmendem Maße Preissysteme in allen ökonomischen Sektoren denen in der Versicherungswirtschaft und entfernen sich vom traditionellen, einfachen, „industriellen" Preisfindungsmodell. In der Tat verlangen ja auch die Kosten, die bei der Benutzung eines Systems entstehen können, einschließlich der Abfallbeseitigung, im Moment des Verkaufs eine Kalkulation, die dem ziemlich nahe kommt, wie ein Versicherungsgeber denkt und handelt: Zukünftige Ereignisse, die lediglich wahrscheinlich sind, beeinflussen die Kosten jeder ökonomischen Leistung. Das ist besonders offensichtlich beim Leasing. Der Anstieg der Haftungskosten hat zum Beispiel dazu geführt, daß die künftige „Qualität" der Leistungen vieler Produkte oder Systeme als Faktor in die Kalkulation der „Produktionskosten" aufgenommen wurde.

Während die klassische Industrieökonomie das Ziel eines „perfekten Gleichgewichts" der Preise für erreichbar halten konnte, wenn nur die entsprechenden Informationen verfügbar waren, ist in der Dienstleistungsökonomie das Konzept der Ungewißheit ein integraler Bestandteil von Praxis und Theorie. Preise berücksichtigen in zunehmendem Maße eine probabilistische Beurteilung zukünftiger Nutzungskosten. Unter solchen Bedingungen kann keine „wissenschaftliche" Information jemals etwas hervorbringen, das man als „perfekte" Information bezeichnen könnte. Die Ökonomie muß sich näher anschauen, wie Preissysteme in der Versicherungswirtschaft funktionieren. Verletzlichkeit hat die Logik der Produktion in ein Problem des Umgangs mit Ungewißheiten transformiert.

Es gibt eine Reihe weiterer Schlüsselfragen, die darauf hinweisen, daß sich ökonomische Paradigmen fundamental ändern. Zu ihnen gehört eine Neubewertung der Konzepte des Angebots und der Angebotselastizität, die Notwendigkeit, Wohlstandswachstum in Bestandsgrößen zu messen (statt einfach den Umsatz eines Produktionssystems über die Arbeitskosten und den Kapitalinput zu messen), und schließlich die neue Bedeutung von Tätigkeiten, die zwar ökonomisch relevant sind, für die aber entweder kein Lohn gezahlt wird oder die auf keinem Markt gehandelt werden können, da es sich um Eigenproduktion handelt. Wir haben dies an anderer Stelle berücksichtigt[1].

Zur Anpassung der Wirtschaftspolitik an die neuen Chancen in der Dienstleistungsökonomie

In diesem Kapitel soll es – sehr kurz – um drei höchst aktuelle Hauptthemen gehen: die globale De-Lokalisation als zentrale Begleiterscheinung der zunehmenden Verflechtung der Weltwirtschaft, die Probleme der Arbeitslosigkeit und der Schaffung neuer Produktionskapazitäten sowie drittens die veränderte Aufgabenteilung zwischen privaten und öffentlichen Initiativen. Die volle Diskussion findet sich in dem soeben erschienenen neuen Bericht an den Club of Rome über das Beschäftigungsdilemma und die Zukunft der Arbeit[2].

*Globale De-Lokalisation als Folge der zunehmenden Dienstleistungsorientierung
der modernen Ökonomie*

Wenn immer mehr Geschäfte (Umsatz oder Abschlüsse) nicht dort abgewickelt
werden, wo produziert wird, sondern dort, wo die Produkte und Systeme
genutzt und am Ende ausgesondert werden, dann bedeutet das, daß ein großer
Teil des „Produktionssystems" dorthin verlagert worden ist, wo die Kunden
sind. Was für die Versicherungswirtschaft immer schon im großen und ganzen
galt, gilt nun um so mehr für sämtliche ökonomischen Tätigkeiten: Der Verkauf
von Komponenten oder auch ganzen Autos produziert dort Kosten, Umsatz
oder Abschlüsse, wo die Produkte, Systeme und Dienstleistungen vertrieben,
genutzt und schließlich verschrottet werden.

Nach dieser Logik ist es keine Überraschung, daß die Internationalisierung
vieler Wirtschaftsbereiche zum Beispiel in Europa, aber auch in der ganzen Welt
Übernahmen und Investitionen in beträchtlichem Umfang möglich gemacht
hat. Die Vertriebskompetenz der Unternehmen wurde gestärkt, und dabei wurden die Unterschiede zwischen den verschiedenen Märkten und der Art der Produkte, die dort verkauft oder angeboten werden konnten, einkalkuliert. Der
transnationale Verkauf von Produkten direkt aus einer Basis im Ausland ist in
diesem Kontext am Ende von zweitrangiger Bedeutung, auch wenn er wichtig
bleibt und sich auf eine leistungsfähige Kommunikationstechnik stützen kann.

Eine globale Unternehmensstrategie, gleichgültig in welcher Branche, tendiert deshalb aus Gründen der Logik der Dienstleistungsgesellschaft dazu, Investitionen mit dem Vertrieb zu *kombinieren* – durch Übernahmen und anderes
– und dadurch *lokales* Humankapital und *lokale* Ressourcen aufzubauen. Dies
ist ein entscheidender Punkt, den man verstehen muß und der direkten Einfluß
auf unsere Vorstellungen von globaler Wirtschaftspolitik hat. Diese Welt wird
grenzenlos, und zwar in einem viel tieferen Sinne, als zum Ausdruck kommt,
wenn man nur auf die Zunahme des internationalen Warenverkehrs blickt;
denn die Investitionsseite bringt die Situation viel deutlicher zum Ausdruck und
schafft viel engere Bindungen.

Vom Standpunkt der Weltwirtschaft ist also die entscheidende Differenz
zwischen der klassischen Industriellen Revolution und der gegenwärtigen
Dienstleistungswirtschaft, daß früher Investitionen in einem anderen Land eine
Alternative zum Export waren, während in der Dienstleistungsgesellschaft
Exporte eng mit Investitionen verbunden sind, weil Investitionen mit der Nutzung zusammenhängen und weil, umgekehrt, die Nutzung mit dem Vorhandensein von Konsumenten und ihrer aktiven Partizipation zusammenhängt.

In dieser Entwicklung steckt eine großartige Hoffnungsbotschaft, die weit
mehr Gewicht hat als die Theorie vom komparativen Vorteil (die manchmal in
der klassischen Industrieökonomie zum Tragen kam). Es liegt nun im eigenen
Interesse der Produzenten überall auf der Welt, effiziente Nutzungssysteme vor

Ort zu etablieren, weil dort eher sichergestellt ist, daß ihre Investitionen auch Gewinne abwerfen. Wir entdecken also auch von der ökonomischen Seite her ein großes, allgemeines Interesse wieder, an dem alle teilhaben können: es ist das Interesse daran, daß die Armen reicher werden, weil sie das Feld bilden, auf dem neue Märkte wachsen können, vorausgesetzt, sie haben die Fähigkeit, sich als Prosument zu verhalten und die verfügbaren Systeme richtig einzusetzen.

Dies wird vielleicht schon bald grundlegende Auswirkungen auf die Aktivitäten internationaler Organisationen wie der Welthandelsorganisation WTO haben. GATT, der Vorläufer der WTO, hatte bereits begonnen, sich mit den Dienstleistungen zu beschäftigen, nämlich zur Zeit der Tokio-Runde in der Diskussion über nichttarifäre Handelshemmnisse. Bei all diesen Schranken handelte es sich in Wahrheit um Systemvoraussetzungen für die Produktnutzung. Damit war ein erster Schritt getan, auch wenn das Konzept der Dienstleistungswirtschaft noch nicht ausdrücklich definiert war. Der ursprüngliche Gedanke der Uruguay-Runde war, daß eine Förderung des internationalen Handels keine größeren Probleme aufwerfen würde, wenn es gelänge, Dienstleistungen einfach als eine eigene Art von Gütern zu definieren. Im Verlauf der Diskussion entwickelten sich die Dinge dann aber ganz anders, und die Unterhändler der Uruguay-Runde waren schließlich, angespornt durch die ökonomischen Realitäten, in der Lage, solche Prinzipien wie das Niederlassungsrecht und das Recht auf nationale Verträge zu formulieren – Grundlagen jeder Investitionspolitik, die diesen Namen im Umfeld einer Dienstleistungsökonomie verdient.

Wenn eines Tages Ökonomen und Wirtschaftsführer sich der Realitäten und der Möglichkeiten der Dienstleistungsökonomie mehr als heute bewußt sein werden, werden sich neue Wege zu viel optimistischeren und produktiveren Strategien für die Weiterentwicklung der Weltwirtschaft eröffnen. In diesem Prozeß könnte sich die WTO als erstrangige Triebkraft für einen neuen Versuch mit dem „Wohlstand der Nationen" erweisen. Der Schlüssel zu einer Welt-Wirtschaft ist die Dienstleistungswirtschaft.

Arbeit, Arbeitsplätze und die Formen produktiver Tätigkeit
Im Verlauf der Industriellen Revolution wurde der Arbeitsplatz oder die entlohnte Arbeit zur absoluten Priorität für die ökonomische Entwicklung. Wir nennen das monetarisierte Tätigkeit.

Vor der Industriellen Revolution waren Eigenproduktion und Eigenkonsum die vorherrschenden Methoden, mit denen die Menschen ökonomischen Wohlstand oder zumindest sicheres ökonomisches Überleben zu erreichen versuchten. Dies nennen wir nichtmonetarisierte Tätigkeiten.

Seit Urzeiten haben sich nach und nach Spezialisierung und Warenproduktion herausgebildet und die Grundlage dafür geschaffen, daß Handel und

Gewerbe gedeihen konnten. Anfangs gründeten sich Handel und Gewerbe auf den Tauschhandel oder ähnliche Verfahren, bei denen eine Verrechnungs- oder Bezugseinheit entweder an ein bestimmtes Produkt gebunden oder implizit festgelegt war; dies nennen wir monetarisierte, aber nichtmonetisierte Tätigkeit. Die Zunahme derartiger sozialer und ökonomischer Beziehungen bereitete der Industriellen Revolution den Boden. Im Übergang von dieser klassischen Revolution zur derzeitigen Dienstleistungswirtschaft beobachten wir, daß in zunehmendem Maße die Produktionskosten in Güterproduktion und Dienstleistungssektor auf den Konsumenten übertragen werden, indem er daran beteiligt wird, Produkte und Dienstleistungen überhaupt erst nutzbar zu machen. Selbstbedienung breitet sich überall aus, und die Informationstechnik gibt dieser Tendenz neue Impulse. Diese Kostenübertragung ist der Hauptgrund dafür, daß in allen Bereichen der Wirtschaft die Produktionskosten gesenkt werden konnten. (Nichtmonetarisierte) Tätigkeiten im Bereich der Eigenproduktion kehren offensichtlich wieder zurück.

Außerdem nehmen sogenannte nichtmarktförmige Tätigkeiten zu. Darunter versteht man Arbeiten, die ohne Bezahlung ausgeführt werden, aber trotzdem mit einem wenn auch nichtmonetisierten Austausch verbunden sind. Millionen von Menschen leisten etliche Wochenstunden gemeinnützig, ohne Entgelt.

Während in der Industriellen Revolution der Arbeitsplatz (monetarisierte, bezahlte Arbeit) der Schlüssel und praktisch der einzige Maßstab für ökonomische Entwicklung war, müssen wir in der Dienstleistungswirtschaft offenkundig die gegenseitigen Wechselwirkungen zwischen allen drei Formen produktiver Tätigkeit einkalkulieren. Soziale und ökonomische Effizienz hängt in wachsendem Maße davon ab, wie diese drei Formen sich verbinden, zusammenspielen.

Das Thema Arbeitsplätze rückt auch aus moralischen Gründen wieder ins Zentrum: Arbeit und im Grunde jede produktive Tätigkeit ist die offenkundigste und grundlegendste Art und Weise, unsere Persönlichkeit und unsere Freiheit zum Ausdruck zu bringen. Wir sind zuerst und vor allem, was wir tun. Es kommt also schon aus anthropologischen Gründen wesentlich auf die „Angebotsseite", eben die Arbeit an. Das soll nicht heißen, daß die Nachfrageseite nicht in die Betrachtung einbezogen werden muß. Aber diese Seite muß als Selektionsmechanismus genutzt werden, um auszuwählen, was das Angebot zu bieten hat, und davon Gebrauch zu machen. Erfindungsreichtum, Initiative und Unternehmergeist sollten sich auf der Angebotsseite finden. Ohne Nachfrage aber kann das Angebot wie ein Krebsgeschwür in die falsche Richtung wachsen.

Ein weiteres Schlüsselthema ist die Neuaufteilung der Rollen zwischen privaten und öffentlichen Initiativen und Aktivitäten. In der gesamten Zeit der Industriellen Revolution war es Aufgabe der ökonomischen Theorie zu definieren, was als öffentliche Aufgabe einzustufen sei, für die die Regierung allein verantwortlich war. Je nach Kultur und politischem System eines Landes gab es deshalb eine vertikale Aufteilung der Produktionstätigkeiten in den einzelnen Branchen zwischen Staat und privaten Einrichtungen.

In der Dienstleistungsgesellschaft könnte an die Stelle dieser vertikalen, branchenabhängigen Aufteilung eine horizontale treten:

- Der Staat könnte international, national und lokal auf unterschiedlichen Ebenen und auf unterschiedliche Arten intervenieren, um das Äquivalent einer Grundbeschäftigung für alle sicherzustellen; das könnten etwa zwanzig Wochenstunden sein, auf unterschiedliche Weise und für unterschiedliche Zeiträume organisiert. Dies sollte nicht eine bloße Teilzeitbeschäftigung sein, sondern die Grundeinheit garantierter, geregelter Arbeit.
- Diese Grundbeschäftigung sollte zu einem Mindestsatz entlohnt werden.

Jenseits dieser ersten Ebene bezahlter Arbeit sollten Staat und Regierung sich mit Interventionen strikt zurückhalten, damit diese garantierte erste Ebene in der Praxis auf der einen Seite ein Minimum zur Verfügung stellt und als soziales Netz fungiert und auf der anderen Seite maximale Entfaltung privater Initiative sicherstellt.

Jenseits der Grundeinheit kommt die individuelle Persönlichkeit stärker zur Geltung. Ein Mensch würde daher seine berufliche und persönliche Identität nicht unbedingt durch die Arbeit in der ersten Ebene finden, sondern eher durch seine unternehmerische Tätigkeit in der zweiten Ebene.

Die Grundeinheit der Arbeit würde einer Teilzeitarbeit entsprechen, zu einem Minimalsatz entlohnt werden und für Menschen im Alter zwischen 18 und 75 Jahren gelten. Die drei großen Bevölkerungsgruppen der Jungen, der Alten und der Frauen, die zu den tendenziell von der Industriellen Revolution ausgeschlossenen Gruppen gehören, könnten auf höchst produktive Weise in den sozialen Zusammenhang wiederaufgenommen werden.

Ältere Menschen in den Sechzigern könnten schrittweise in den Ruhestand gehen und sich trotzdem weiter von Nutzen für die Gesellschaft fühlen. Vor allem aber könnten sie sich die Möglichkeit bewahren, sich als reife Persönlichkeiten auf der Basis ihrer Erfahrungen und lebenslangen Lernens für neue, produktive Tätigkeiten im monetarisierten und im nichtmonetarisierten System vorzubereiten.

Letzteres würde helfen, Menschen in den Sechzigern, die schließlich immer noch eine Lebenserwartung von zwanzig Jahren vor sich haben, mehr Sicherheit und soziale Integration zu bieten. Die Chance oder sogar die Garantie auf eine Teilzeitarbeit (ganz oder teilweise bezahlt oder, bei einer nichtbezahlten Tätigkeit, gefördert) wäre unter solchen Umständen eine entscheidende Ergänzung der drei Säulen des Systems der Sozialversicherung, der staatlichen Rente, der Betriebsrente und privater Ersparnisse aller Art. Verringert würde auch die Belastung der jüngeren Generation durch die Unterstützung einer wachsenden Zahl alter Menschen; beide, Junge wie Alte, wären ökonomisch und kulturell in einer wesentlich besseren Ausgangsposition für ihre Aktivitäten.

Neue Kriterien für eine bessere Aufteilung öffentlicher und privater Tätigkeiten
Im Verlauf der klassischen Industriellen Revolution gab es eine heftige Debatte, die ökonomisch, aber im Kern ideologisch motiviert war, über die Frage, welche Tätigkeiten der Staat übernehmen sollte und welche der privaten Initiative überlassen bleiben sollten. Die Aufteilung hat sich mit der Zeit geändert; sie war von ideologischen Vorurteilen heftig beeinflußt.

Heute ist klar, daß viele sogenannte öffentliche Tätigkeiten nicht immer unbedingt den Wohlstand der Nationen im Interesse aller gefördert haben, sondern daß vielmehr dem Gemeinwohl oft besser mit Hilfe von Marktmechanismen gedient ist.

Im Zusammenhang mit dem Konzept der Dienstleistungsgesellschaft können wir auf einfache Weise einen völlig anderen Zugang zu dem Problem finden, ein besseres Gleichgewicht zwischen privaten und öffentlichen Tätigkeiten zu finden.

Wenn wir mit der Feststellung beginnen, daß der ökonomische Wert einer beliebigen Tätigkeit mit ihren Leistungen über die Zeit hinweg zu tun hat, dann müssen wir auch solche Dinge wie die Verletzlichkeit in die Betrachtung einschließen, sowie jene Kosten, die entstehen, wenn die Leistungsfähigkeit auf dem bestmöglichen Niveau aufrechterhalten werden soll. An dieser Stelle müssen wir wieder einmal auf die Versicherungswirtschaft zurückgreifen, die gezwungen ist, die Probleme des Managements von reinen Risiken in privater Logik zu lösen.

Wir kommen dann sehr schnell zu dem Punkt, daß Verletzlichkeit und Risiken aller Art nicht immer durch eine einfache Neuaufteilung der Kosten abgedeckt werden können. Größe oder Ausmaß von Risiken, ihre Häufigkeit oder auch nur ihre Varianz (die Oszillation um einen Mittelwert) sind manchmal so groß, daß ein privates System damit jenseits einer bestimmten Schwelle nicht zurechtkommen kann. Wir stehen vor dem Problem, die Schwellen und die Grenzen der Versicherbarkeit zu definieren.

Unabhängig von ideologischen Voraussetzungen müssen Staat oder öffentliche Einrichtungen unvermeidlich immer dann die Kosten tragen, wenn mit Risiken und Gefahren umgegangen wird, die oberhalb der Schwelle der Versicherbarkeit liegen. Entweder geschieht das nach einem bewußt aufgestellten und organisierten Plan oder nach dem einfachen Verfahren, die Allgemeinheit negative Resultate schlucken zu lassen, wie sie kommen.

Daher ist es nötig zu definieren, wie weit Versicherungen oder versicherungsähnliche Einrichtungen gehen können, wenn sie Risiken eingehen oder handhaben, also zu verstehen, wo für sie die Grenze der Versicherbarkeit liegt, und auf der anderen Seite den Punkt zu finden, an dem die Intervention von Staat oder Gesellschaft unvermeidlich ist.

Dies bedeutet, daß in der Dienstleistungsgesellschaft die Aufgabenverteilung zwischen Privaten und der Allgemeinheit nicht länger eine Angelegenheit spezifischer Arten von Tätigkeiten ist – wie man zum Beispiel in einigen Fällen bei der Nationalisierung der Stromindustrie vorgegangen ist –, sondern daß eine horizontale Aufteilung stattfinden muß zwischen dem, was auf privater Ebene versicherbar und handhabbar ist, und dem, was der Staat unabhängig von ideologischen Vorurteilen auf jeden Fall übernehmen muß. Tatsächlich kann man heute beobachten, daß Regierungen sehr intensiv und auf allen möglichen Wegen versuchen, ihre Verpflichtungen zurückzufahren. Die Konsequenz ist, daß sie direkt oder indirekt eine Politik betreiben, deren Ziel es ist, den Umgang mit Risiken soweit wie möglich in private Hände zu legen, seien es nun Umwelt-, Industrie- oder soziale Risiken. Damit eröffnet sich ein produktiver und möglicherweise effizienterer Weg, mit dem Problem der Aufteilung zwischen privaten und öffentlichen Tätigkeiten umzugehen.

Eine weitere Methode, die Schwelle der Versicherbarkeit im Auge zu behalten, ist die Regionalisierung. Ein typisches Beispiel für die neue, dienstleistungsbasierte ökonomische Realität ist die Modernisierung der Eisen- und Stahlindustrie in den vergangenen zehn Jahren[3].

Bis in die siebziger Jahre hinein ging der Trend zu immer höheren Produktionskapazitäten. Seit den Ölschocks und aufgrund sehr unterschiedlicher treibender Kräfte – dem Markt, den Inputs (Rohstoffen), dem Output (Umwelt), dem Management (Produktivität, Flexibilität) sowie der Kapitalabnutzung – entwickelte sich eine gegenläufige Tendenz zu kleineren Kapazitäten.

Ein Merkmal des sichtbaren und prognostizierten Trends zu kleineren Kapazitäten ist die absolute Verbesserung der Versicherbarkeit dank niedrigerer Kapitalkosten pro Einheit und pro Gesamtkapazität, verbunden mit geringerem Personalbedarf und geringeren Umweltrisiken.

Anmerkungen

1 Siehe zum Beispiel: The Limits to Certainty, von O. Giarini und W. R. Stahel, Kluwer Academic Publisher, Dordrecht, 1993. Diese Themen sind weiterentwickelt worden im neuesten Bericht für den Club of Rome über The Employment Dilemma and the Future of Work, von Orio Giarini und Patrick Liedtke.

2 Orio Giarini und Patrick Liedtke: The Employment Dilemma and the Future of Work. 1997

3 Transtec S.A.: Fallstudie über die Stahlindustrie und ihre Versicherbarkeit. Im Auftrag der Geneva Association, Genf, 1995

Ausgewählte Beiträge aus der Diskussion

Klaus Meyer-Abich: Vielen Dank, Herr Giarini. Ich frage zunächst, ob es nach den beiden Referaten Fragen auf dem Podium gibt. Herr Guggenberger, Herr Danielmeyer, Herr Giarini, Fragen zu den beiden vorangegangenen Referaten?

Mit einer Frage möchte ich aber selbst anfangen. Herr Danielmeyer, die Entwicklungen, die Sie uns als so einheitlich in ganz unterschiedlichen Ländern beschrieben haben, gehen ja alle auf Kosten anderer. Alle diese Industrieentwicklungen verlaufen zu Lasten der natürlichen Mitwelt oder der Natur, sie verlaufen zu Lasten der Nachwelt, sie verlaufen zu Lasten anderer Länder. Die Industrieländer leben zu Lasten der Länder der Dritten Welt. Nun können zwar immer einige zu Lasten anderer leben, aber es können nicht alle zu Lasten anderer leben. Meine Frage an Sie ist: Wo taucht dieses Leben zu Lasten von Natur, Dritter Welt, Nachwelt in Ihren so erstaunlich einheitlichen Kurven auf? Kommt es vielleicht darin zum Ausdruck, daß die Glockenkurven immer spitzer werden?

Hans Günter Danielmeyer: Für die Obergrenze 1750 bis 1995 habe ich nicht die (grenzenlose) Exponentialfunktion genommen (das Modell ist auch damit geschlossen durchziehbar), sondern diejenige (beschränkte) S-Kurve, die bei der Datenstreuung noch zulässig ist. Erst nach 2040 ergeben sich für die beiden deutliche Unterschiede in den Trajektorien. Die Verteilungskämpfe verschieben sich dann an die Obergrenze und werden dadurch immer härter. Die S-Kurve greift übrigens nicht nur materiell, sondern auch im Fall einer begrenzten Zahl nutzbarer Naturgeheimnisse.

Daß wir unser Beschäftigungsproblem mit traditionellen Mitteln nicht beheben können, folgt dann (auch für mich überraschend) ohne weitere Annahmen. Damit ist keine Gesellschaftskritik verbunden. Ich beschreibe mit dieser Arbeit nur, was war und sein wird. Nach den nächsten zwei Aufbaugenerationen in Asien wird die Industriegesellschaft zur Ruhe kommen, weil Afrika und Südamerika schon vom Volumen her keine vergleichbare Plattform bieten. Die Bundesbank erklärte in ihrem Monatsbericht August 1996, daß wir Deutschen über unsere Verhältnisse lebten. Statt zweimal im Jahr nach Mallorca zu fliegen, sollten wir unser Geld lieber in Asien anlegen und damit den Aufbau stützen. Denn lange können wir das Mißverhältnis zwischen den niedrigen Löhnen dort und unserem hohen Preisniveau nicht mehr durchstehen.

Letztlich werden wir alle materiell bescheidener leben. Geistig können wir voneinander leben, in den Dienstleistungen tun wir das auch. Aber ohne Industrie wird es trotzdem nicht gehen. Wir brauchen mindestens die Erhaltung effizienter Landwirtschaft und Infrastruktur. Zu ergänzen ist dabei, daß das Wasserversorgungsproblem wohl das erste Ressourcenproblem ist, das den Wohlstand schwer behindert.

Gab es jemals eine Zeit, in der die Menschen jahrhundertelang bescheiden gelebt haben, ohne zu wachsen und ohne die Natur zu überfordern? Das antike Griechenland kommt uns in den Sinn. Doch diese Gesellschaft hatte ein Regulativ, sie konnte die Grenze zwischen Reich und Arm, zwischen Freien und Sklaven auch der Versorgungslage anpassen. In einigen Industrieländern wird die Kluft zwischen Reich und Arm schon wieder größer. Einer kürzlich erschienenen Pressemeldung zufolge meinen sogar die Reichen des UK, daß die Kluft zu groß sei. Ich bleibe dabei: Wir brauchen jetzt gesellschaftliche Kreativität. Das Warten auf weitere technische Fortschritte ist Flucht vor der Verantwortung. Wie Adam Smith voraussagte: Die Industrie schafft Wohlstand. Beschäftigung im Reichtum ist eine ganz andere Aufgabe.

Prof. Dr. Bernd Guggenberger, Freie Universität Berlin: Herr Danielmeyer, die alten Griechen sind eigentlich ein schlechtes Beispiel für Nachhaltigkeit, denn die Sklavenhaltergesellschaft hat noch ein viel krasseres Ungleichgewicht hervorgebracht, als Sie es eben gesagt haben. Nicht zwei waren nötig, um einen durchzufüttern, sondern deren vier. Das heißt also, vier Sklaven, Halbfreie, Metöken, Frauen mußten den Rücken krumm machen, damit ein freier Bürger auf der Agora sich selbst verwirklichen konnte. Das ist kaum ein Vorbild, von dem wir uns allzuviel versprechen können.

Ich hatte mir im Anschluß an Ihren Vortrag zwei Fragen notiert. Die eine hat mein Vorredner schon gestellt: Auf wessen Kosten wird das Ganze eigentlich funktionieren? Wer sind die Dummen, die Fußkranken dieser Entwicklung – dazu haben Sie ja eben schon etwas gesagt.

Die andere Frage ist: Woher wissen Sie das eigentlich alles? Ich habe mir angewöhnt, wenn jemand so virtuos mit Diagrammen und Kurven hantiert, wie Sie das getan haben, zunächst einmal verblüffungsfest zu bleiben und ganz ruhig zu fragen: Wieso weiß der so viel mehr als ich? Zum Beispiel so etwas Schlichtes wie der Energiebedarf – das ist doch um Himmels willen keine objektive Größe! Die Frage, welchen Energiebedarf wir im Jahr 2030 haben, hängt doch mit der von Ihnen überhaupt nie ins Blickfeld gerückten Frage zusammen, wie wir dann leben wollen, mit wieviel Verschwendungsbereitschaft, mit wieviel Bereitschaft zum Sparen und so weiter und so fort.

Klaus Meyer-Abich: Ich denke, wir sollten jetzt das Wort ans Plenum weitergeben und ein paar Fragen sammeln.

Prof. Dr. Ernst Helmstädter, Institut Arbeit und Technik, Gelsenkirchen, und Universität Münster: Mich würde interessieren, wie Herr Danielmeyer die Verbindungen zwischen dem, was er vorgetragen hat, und der Volkswirtschaftslehre sieht. Er fing an mit Adam Smith und zitierte eine ganze Reihe von Literaturangaben, was zu der Vermutung verleiten könnte, sein Vortrag hätte irgend etwas mit Volkswirtschaftslehre zu tun. Das ist aber nicht der Fall. Es gibt dort ganz erhebliche Zweifel, daß sich Volkswirtschaften völlig unterschiedlicher Prägung an eine vorgegebene State-of-the-art-S-Kurve oder logistische Kurve anpassen, und zwar diejenigen, die zuletzt kommen, am schnellsten. Sie machen rein mechanistische oder sogar fast technokratische Vorgaben, die Sie nicht eigentlich belegen. Die paar Punkte, die Sie in Ihren Kurven zeigen, besagen überhaupt nichts.

Warum hat sich beispielsweise Indien eigentlich nicht längst an diese State-of-the-art-Kurve angepaßt? Es war nicht daran gehindert. Dafür gibt es Gründe. Man kann nicht alles über einen Kamm scheren. Die Katastrophe, die Sie in vierzig Jahren voraussehen, ist einfach eine Schlußfolgerung aus einer falschen Hypothese. Mich würde interessieren, ob Sie das, was Sie vorgetragen haben, als ökonomische Berechnung verstanden haben, oder ob Sie sich dessen bewußt sind, daß das eine reine Konstruktion ist, die mit ökonomischen Gesetzmäßigkeiten nichts zu tun hat, außer vielleicht der, daß Infrastrukturen nötig sind.

Ich habe noch keine Volkswirtschaft über mehrere Jahre mit 16 Prozent wachsen sehen. Das entspricht einer Verdoppelung in weniger als fünf Jahren. Das hat es noch nicht gegeben. Wenn es einen solchen Fall geben könnte, dann wäre das die ehemalige DDR, aber auch da werden wir es nicht erleben. Wir werden nie über fünf bis sechs Prozent pro Kopf Produktwachstum hinauskommen, das sind Erfahrungswerte. Die längerfristige Wachstumsrate des Pro-Kopf-Produkts in den USA, Großbritannien oder Deutschland, gerechnet über fünfzig oder achtzig Jahre, beträgt zwei Prozent.

Klaus Meyer-Abich: Vielen Dank, Herr Helmstädter. Sie wollen aber sicherlich auch nicht sagen, daß etwas, das mit Volkswirtschaftslehre nichts zu tun hat, nicht richtig sein kann.

Ernst Helmstädter: Es ist nicht die einzige Wissenschaft von unserer Gesellschaft.

Klaus Meyer-Abich: Hier sprach ein Physiker, und das fand ich gerade auch für die Wirtschaft mal sehr interessant.

Dr. Jürgen Heinrichs, Sozialwissenschaftler, Starnberg: Ich habe eine Anmerkung zum Vortrag von Prof. Giarini; es handelt sich nur um eine Marginalie. Was ich ein bißchen vermißt habe, ist das Verschwinden einer sehr wichtigen Grenze, der Grenze zwischen Produktion und Dienstleistungen. Das ist sehr wichtig für die Statistik und für andere Einzelheiten. Man kann heute zum Beispiel von einer Sportindustrie, einer Tourismusindustrie oder einer Medienindustrie sprechen. Wenn Sie ein Beispiel haben wollen: Ganz hier in der Nähe von Wuppertal gibt es ein großes, internationales Unternehmen, das jahrhundertelang ein Stahlunternehmen war und inzwischen nicht nur umgestiegen ist, sondern einen völlig neuen Zweig hinzugenommen hat, nämlich die Telekommunikation. Ich spreche von Mannesmann. Es gibt viele andere derartige Beispiele. Ich frage mich, wie Sie das in Ihren Theorien unterbringen.

Dr. Hans Günter Brauch, Politologe, AG Friedensforschung und Europäische Sicherheitspolitik (AFES-PRESS), Mosbach: Herr Danielmeyer, Ihr Vortrag hat mich an ein Buch von Wilhelm Fuchs mit dem Titel „Formeln zur Macht" (Stuttgart, 1965) erinnert, das, als ich Schüler war, intensiv diskutiert worden ist. Fuchs war damals Professor für Physik an der TU Aachen. Was in Ihren Ausführungen völlig fehlte: Es gibt keine Politik, es gibt keine Gesellschaft. Die Einwirkungen gesellschaftlicher Entwicklungen auf wirtschaftliche Entwicklungsmodelle spielen keine Rolle.

Kann man wirklich das amerikanische Modell, das deutsch-wilhelminische, das deutsche nach 1945 und das japanische so vergleichen, wie Sie es getan haben? War nicht das eine ein Handelsstaat, und waren nicht die anderen sehr stark durchs Militär geprägt? Sind nicht nach 1945 hier in Deutschland die Karten neu gemischt worden? Was mir ebenfalls völlig fehlt: Innergesellschaftliche Konflikte spielen in dieser Formel keinerlei Rolle. Ist nicht möglicherweise damit zu rechnen, daß zum Beispiel in China, nachdem eine Generation abgetreten ist, innenpolitische Instabilität entsteht und Sie danach viele dieser Formeln ad acta legen können? Kann man wirklich wirtschaftliche und gesellschaftliche Entwicklungen auf nur einen Indikator reduzieren?

Außerdem fehlen völlig die Auswirkungen dessen, was Sie bis 2030, 2035 prognostiziert haben. Was werden die Auswirkungen auf das Erdklima sein? Was sind die Kettenwirkungen, was sind die Rückwirkungen? Sie haben es eben in Ihrer Antwort ein bißchen angedeutet: Wasserknappheit und vieles andere. Denken Sie an die Folgekosten von Klimaveränderungen in China, zum Beispiel für den Fall, daß die Wüstenbildung zunimmt. Was sind die Rückwirkungen auf die gesellschaftliche Entwicklung?

Ich finde, all diese Faktoren sollte man zumindest in Ansätzen versuchen einzubeziehen.

Dietrich Weder, Hessischer Rundfunk: Eine Frage an Herrn Professor Giarini. Mir ging manches zu schnell. Sie haben mehr oder weniger zuerst gesagt: „Technology is heaven", und nachher: „Technology is hell". Sie sagen, wenn man viel für die Technologie tut, bleibt nichts für die Beschäftigung übrig. Die Beweisführung war mir aber nicht ganz klar. Könnten Sie das noch einmal deutlicher machen?

Günther Holtmeyer, Deutsche Babcock AG, Oberhausen: Noch eine Frage an Herrn Danielmeyer. Sie haben mit großer Selbstverständlichkeit die Welt in unser westliches Industriemodell einbezogen und im Grunde ein apokalyptisches Bild gezeichnet. Sie haben gesagt, in dreißig oder vierzig Jahren erhöhe sich der Ressourcenverbrauch auf das Achtfache. Das ist ja wohl die ökologische Katastrophe. Sie haben von der strukturellen Arbeitslosigkeit in China gesprochen, die gigantische Ausmaße annehmen wird. Wenn die ganze Welt einbezogen ist, dann wird es aber keine weiteren Kontinente mehr geben, die noch zu entwickeln sind und wohin man ausweichen kann. Es ist also wirklich ein apokalyptisches Bild. Sie haben hinzugefügt, wir müßten uns etwas einfallen lassen. Mich würde sehr interessieren, welche Ideen Sie dazu beizusteuern haben.

An diesem Punkt komme ich auf das zurück, was Herr Guggenberger gesagt und indirekt auch Herr Helmstädter angedeutet hat. Herr Helmstädter sagte, es gibt Gesellschaften, die sich bisher diesem industriellen Modell gewissermaßen verweigert haben, wie Indien. Ich möchte Ihnen dazu ein Stichwort geben. In der Wuppertaler Studie „Zukunftsfähiges Deutschland", die Sie sicherlich sehr gut kennen, gibt es einen sehr eindrucksvollen Satz, nämlich eine Definition von Entwicklung. Sie lautet: „Entwicklung ist ein Lernprozeß, um die Lebensfähigkeit einer Gesellschaft zu sichern," Dazu hätte ich gern ihr Votum.

Ralf Fücks, Vorstand der Heinrich-Böll-Stiftung, Köln: Ich möchte mich gerne an diese letzte Frage anhängen. Mich beschäftigt nicht so sehr, ob Herr Danielmeyer vielleicht unrecht hat, sondern vielmehr die Frage, was daraus folgt, wenn er recht hat. Es spricht doch einiges für seine These, wenn ich sie richtig verstanden habe, nämlich daß wir es mit, bezogen auf unser Modell von Industriegesellschaft, einer säkularen Tendenz zu tun haben: mit wachsender Kapitalintensität, steigender Produktivität, wachsenden Erwerbspotentialen bei gleichzeitig tendenziell sinkenden Wachstumsraten. Dies alles war völlig unabhängig von der ökologischen Wachstumsschranke formuliert; Herr Danielmeyer hat immanent ökonomisch argumentiert. Er sagt, der Versuch, diese sinkenden Wachstumsraten noch einmal aufzufangen, müsse mit überproportional steigenden öffentlichen Ausgaben und tendenziell steigenden Staatsschulden bezahlt werden, und zog daraus die Schlußfolgerung, daß die Industriegesellschaft sozusagen ihre immanente Krise, die in die strukturelle Massenarbeitslosigkeit mündet, nicht mehr exportieren kann.

Mich interessiert, welche Schlußfolgerung er daraus zieht, auch für unser eigenes Entwicklungs- und Gesellschaftsmodell. Dies interessiert mich noch vor

144

einer Antwort auf die Frage, die Bernd Guggenberger aufgeworfen hat, ob wir uns nicht auch aus ökologischen Gründen von diesen traditionellen Wachstumsvorstellungen verabschieden und zu Entwicklungsmodellen von mehr Bescheidenheit kommen müssen.

Dr. Manfred Linz, Wuppertal Institut, Wuppertal: Ich habe Herrn Danielmeyer so verstanden, daß er uns darauf hinweisen wollte, was passiert, wenn wir so weitermachen wie bisher und nach dem Prinzip „business as usual" auf neue Technologien und neue Erfindungen hoffen. Ich möchte die Kritiker fragen: Sind Sie nicht der Meinung, daß diese Gefahren so drohend sind? Denken Sie, unser System ist sehr viel weniger gefährdet? Herr Danielmeyer hat doch keine Erfolgsprognose gestellt, sondern eine, die darauf hinwies, daß wir uns grundlegend umbesinnen müssen. War diese Prognose nicht so nötig, wie Herr Danielmeyer es dargestellt hat?

Orio Giarini: Es scheint mir, daß heute den Verantwortlichen in den meisten Industriebetrieben bewußt ist, daß sie sich in einer Dienstleistungsgesellschaft befinden, daß sie Dienstleistungen verkaufen müssen und daß das viele Konsequenzen hat.

Erstens: Wir sollten die alte ökonomische Theorie aufgeben, daß die Wirtschaft sich aufteilt in Landwirtschaft, Industrie und Dienstleistung. Dienstleistungen sind ein Teil der meisten ökonomischen Aktivität. Einige kleine Beispiele. Welches ist die drittgrößte Bank in den USA? General Motors. Welches ist die erste Leasing-Company in den USA? General Electric. Was sagen die Mitarbeiter von IBM von sich selbst, oder die des Aufzugherstellers Schindler? Wir sind Dienstleistungsunternehmen. Was sie verkaufen, sind *performances*, Leistungen. Das führt zu all den Konsequenzen, die ich erwähnt habe.

Im übrigen ist die alte ökonomische Theorie ohnehin unbrauchbar. Es gab nie Dienstleistungen auf der einen Seite und auf der anderen Seite die Herstellung von Produkten. Es gibt kein Produkt ohne Dienstleistungen, und es gibt keine Dienstleistung ohne Produkt. Wenn ich telefonieren will, brauche ich ein Produkt, nämlich das Telefon, aber wenn ich dann ein Gespräch führe, bezahle ich nicht mehr für das Telefon, sondern für das Gespräch. Das Telefongespräch ist eine Dienstleistung, das Telefon ist ein Produkt.

Geändert hat sich in den letzten zwanzig Jahren, daß bis vor 1970 in den entwickelten Ländern die Produktionskosten in der Industrie fünfzig oder mehr Prozent der Gesamtkosten ausgemacht haben. Heute gehen achtzig Prozent in Dienstleistungsaktivitäten. Das ist die eine Seite. Es hört sich sehr einfach an, vielleicht sogar banal. Aber neue Ideen sind immer einfach und banal.

Zweitens hat dies nun Konsequenzen für das Arbeitsleben. Man hört oft, durch die Technik verschwänden zwar einige Arbeitsplätze, aber es entstünden auch wieder neue an anderer Stelle. Das gehört auch zur alten Theorie. Aber schauen Sie sich die Realität hat. Heute hat fast jeder eine Karte in der Tasche, mit der er Geld abheben kann. In der Bank gibt es weniger Schalter und weniger Personal. Der technische Fortschritt verlagert viele Dienstleistungen auf den Konsumenten selbst. In immer mehr Fällen entstehen eben keine neuen Arbeitsplätze, sondern ihre Zahl wird geringer. Arbeit bedeutet in der Dienstleistungsgesellschaft auch, etwas selbst und unbezahlt zu machen. Es verschwinden nicht die Tätigkeiten, sondern wir tun sie für uns selbst oder unbezahlt für andere.

Nehmen Sie das Problem der Krankenversicherung. Die Kosten der Krankenhäuser steigen und steigen. Was tut man? Man schickt die Patienten nach Hause, damit ein alternatives System, die Familie, die Kosten trägt. Das ist die Dienstleistungsgesellschaft. Womit wird dann am Ende der Lebensunterhalt finanziert? Die traditionellen Arbeiten erledigen weiterhin Menschen, die einen Lohn dafür bekommen; aber neben ihnen gibt es Menschen, die Arbeiten für sich selbst erledigen, ohne Lohn, und solche, die für ihre Arbeit zwar keinen Lohn bekommen, aber dennoch auf irgendeine andere Art dafür bezahlt werden, wie ich es angedeutet habe.

In der Literatur ist das Thema längst behandelt worden: Es gibt weniger Arbeitsplätze in einer Gesellschaft, in der mehr und mehr Arbeit zu tun ist.

Als Adam Smith sein Buch über den „Wealth of Nations" schrieb, war das Problem, wie man den Menschen mehr Wohlstand bringen könnte. Heute ist klar, daß sich der Wohlstand nicht mehr allein über das Bruttoinlandsprodukt messen läßt. Wir brauchen andere Maßstäbe. Der Mehrwert bleibt eine wichtige Größe, aber die Mehrwertproduktion ist ein Subsystem, ist nicht mehr das System. Eine neue Ökonomie muß neue Grenzen bestimmen und innerhalb des Modells die Teilmodelle identifizieren, damit wir etwas besser berechnen können, ob wir reicher werden oder nicht.

Natürlich braucht man zum Messen des Wohlstands Indikatoren. In der Praxis hat die Suche nach neuen Indikatoren schon begonnen. Wir haben im Club of Rome das Problem der Indikatoren schon vor zwanzig Jahren diskutiert, aber in der Praxis hat erst jetzt die Weltbank die ersten kleinen Schritte getan. Es genügt nicht, die Kaufkraft zu messen. Das ist ein kleiner Schritt in die richtige Richtung, aber es ist noch nicht alles.

Hans Günter Danielmeyer: Herr Fücks und Herr Dr. Linz haben mich richtig interpretiert. Ursprünglich wollte ich meinem Haus mit dem Modell nur eine bessere Entscheidungsgrundlage für die hohen Investitionen in Südostasien geben. Die Volkswirtschaftslehre konnte diesen Bedarf leider noch nicht befriedigen.

Stimmte es, daß die Weltbankdaten über GDPs und GFCFs (Kapitalstockinvestitionen) nichts sagen oder daß es für einen Kongreß unseres Themas (aber auch allgemein) irrelevant ist, wenn es eine Obergrenze des GDPs der jeweils besten Industrieländer mit nur 1,4 Prozent Wachstum pro Bürger über 200 Jahre hinweg gibt (eine grundlegende Feststellung des Modells), dann brauchten wir nicht Heerscharen von Spezialisten zu beschäftigen und könnten jede Wirtschaftssteuerung aufgeben. Ich war zunächst einmal froh, eine harte Modellgrundlage zu haben. Lösungen für Lebensfragen dauern etwas länger. Es gibt keine Patentrezepte. Zum Verständnis des Modells kann ich noch folgendes ergänzen:

Nachdem wir auf unser Wissen und die Informationsgesellschaft zu Recht etwas stolz sind, erschien es mir natürlich, einen informationstheoretischen Ansatz zu suchen und daraus die Entwicklungsdynamik abzuleiten. Auch die Verwandtschaft zum Zweiten Hauptsatz der Thermodynamik – der wie kein anderer Ordnungszustände und Systemverhalten zu beschreiben erlaubt – ist zumindest für einen Physiker (und MBA) doch vertrauensbildend im Vergleich zur Notwendigkeit, dauernd Exponentialparameter anpassen zu müssen, um auch nur Teilstücke der Industrieentwicklung zu erklären. Durch die Generationenfolge (25 Jahre) nach oben und die Lebensdauer des Kapitalstocks (15 Jahre) nach unten begrenzt, bekommt eine Volkswirtschaft dann ihre eigene, optimale Entwicklungstrajektorie, aber stets innerhalb der Obergrenze, des Standes der Kunst, der normativen Kräfte der Industriegesellschaft. Deshalb wunderte es mich nicht, daß so verschiedene Länder demselben Entwicklungsprinzip folgten. Nachdem wir sogar fast dieselben (zehn) Gebote (weil dieselben Sünden) haben, hätte mich ein anderes Ergebnis eher überrascht. Natürlich kann jedes Land beliebig schlecht wirtschaften, aber eben nicht besser. Die Frage ist: Wird China in die Reihe UK, USA, Deutschland/Japan, Korea eintreten oder weit darunter landen? Nachdem China seinen Einstieg mit den richtigen zehn Prozent pro Jahr seit zehn Jahren stabilisiert hat (im Gegensatz zu Indien zum Beispiel), meine ich: ja. Die Wachstumsrate nun modellgerecht allmählich auf die 1,4 Prozent der Obergrenze sinken zu lassen, dürfte das geringere Problem sein, beugt sogar der späteren Arbeitslosigkeit vor.

Das Modell zeigt auch (als eins der unerwarteten Nebenergebnisse), daß Wohlstand und Arbeitslosigkeit nicht nur zusammen entstehen, sondern bis aufs Vorzeichen in erster Ordnung wertgleich sind. Wir haben also kein materielles, sondern ein gesellschaftliches Problem. Zur Lösung brauchen wir deshalb gesellschaftliche Innovationen mit zugehöriger Kreativität. Hierin sehe ich übrigens die größte Chance für die Universität, wieder eine führende Rolle in unserer Gesellschaft einzunehmen.

Bernd Guggenberger

Grenzenlose Technik –
Wiederaneignung des Raums

Als ich vor ungefähr fünf Jahren durch Indonesien reiste, traf ich einen berühmten Kollegen der Djakarta University, der versuchte, mir die Sprachsituation seines Landes näherzubringen. Indonesien ist ein Land mit ungefähr elftausend Inseln, die gegeneinander über viele Jahrhunderte abgeschottet waren, mit ungefähr elfhundert verschiedenen Sprachen – nicht nur Dialekten, sondern richtigen Sprachen mit eigener Grammatik, einer eigenen logischen Struktur, vielleicht sogar einer eigenen zugrundeliegenden Philosophie. Dieser Kollege sagte mir, in der jetzigen Generation würden in seinem Land noch dreißig dieser Sprachen gesprochen, die meisten übrigens nur auf der Basis der mündlichen Tradition, also ohne Schrift. In der nächsten Generation schon, so meinte er, sollen es noch ganze drei sein: das Englische, das Niederländische – also die Sprachen der Kolonisatoren von gestern – und die Bahasa Indonesia, die gereinigte indonesische Hochsprache.

Hier haben Sie praktisch wie in einer Nußschale Glanz und Elend der grenzen-losen Welt. Und Sie sehen, umgekehrt, zugleich, welche „Segnungen" uns Grenzen immer wieder auch bescheren können.

Nun zu meinem Thema. Eines der großen Manifeste – man kann es fast als einen Pflichttext unserer Zeit bezeichnen – ist das berühmte Dokument zum Cyberspace, „A Magna Charta for the Knowledge Age" von 1994. Mitautoren sind George Childer, George Keyworth, Alwin Toffler und andere. Dieses weitverbreitete und oftzitierte Dokument hebt mit dem Satz an: „The central event of the twentieth century is the overthrow of matter." Das zentrale Ereignis am Ende dieses Jahrhunderts ist der Sturz der Materie. Mit diesem Satz ist eigentlich alles umschrieben, was im großen tatsächlich vorgeht: Es ist wirklich der große Abschied von den Realitäten des Ortes, des Lebens, oder vielleicht sollte ich besser sagen: des Lebendigen, aber auch schon – so wetterleuchtet es zumindest in vielen Ansätzen, und dieses Dokument spricht es schonungslos aus – der Materie selbst.

Die geographische wird von der chronographischen Ordnung verdrängt: Das große Thema unserer Zeit ist – die Zeit; der Abschied von den handgreiflichen Realitäten des Raumes und das Eintauchen in die Metarealität der medialen Äquidistanzen. Nach dem fast unblutigen Ende einer bis an die Zähne bewaffneten Weltanschauung, nach dem Fall von Mauer und Stacheldrahtverhauen in der Mitte Europas, aber auch nach der Weltpolizeiaktion am Golf und dem Weltsozialeinsatz in Somalia haben wir unwiderruflich unseren Platz in Ted Turners globalem „Theater der Realzeit" (Paul Virilio) eingenommen; virtuelle Zeit-Surfer allesamt auf einem Ozean planetarischer Gleich-Zeit.

Für die Kinder von Apple und DOS schließt nicht mehr die Zugehörigkeit zu einer territorialen Raumgemeinschaft definitiv ein oder aus, sondern fehlende oder vorhandene modische und Zeitgeistkompetenz, Jargonvirtuosität, Vertrautheit mit den Themen und Stoffen des kosmopolitischen Saisonaldiskurses.

Bei einem Kneipenabend in San Franzisko, Berlin oder Zürich ist es ziemlich gleichgültig, ob jemand aus Tokio stammt oder aus Toronto, aus Aachen oder Alabama, sofern er nur hinreichend des Englischen mächtig ist und Woody Allens jüngsten Film kennt, mit Rapmusik und Chaostheorie etwas anzufangen weiß und mit dem Computer umgehen kann.

Allen irrlichternden Neo-Nationalismen zum Trotz ist die schlichte Wahrheit dies: daß nicht mehr der Raum die Ordnung umschreibt und vorgibt, sondern die Zeit. Nicht ob jemandes Wiege in Lateinamerika stand oder in Mitteleuropa, ist in letzter Instanz entscheidend, sondern wache, gesteigerte Zeitteilhabe.

Der „Zeitgenosse" hat alles Bodenständige abgelegt. Seßhaftigkeit und Trägheit sind ihm ein Greuel. Er führt eine strikt ortsunabhängige Existenz; seine herausragende Charaktereigenschaft ist seine unermüdliche Mobilität, seine innere und äußere Ungebundenheit; seine Fähigkeit, es (fast) allen recht zu machen – doch nichts zu sehr und ausschließlich zu wollen; überall gleichzeitig zu sein, doch nirgendwo ganz und für immer. Deutschlands unvergessener Außenminister Hans Dietrich Genscher („Genschman") schaffte es einmal, dank aeromaner Virtuosität in der Nutzung der Zeitdifferenz, seine Landsleute daheim in einer einziges „Tagesschau" von drei verschiedenen Erdteilen zu grüßen!

Der Mensch an der Schwelle zum neuen Jahrtausend – das ist vor allem das aus seiner Raum-Dimension gefallene Wesen, das jenseits eigener Anschauung und eigenen Begreifens siedelt. Augentiere, die wir noch immer sind, haben wir im Ergründen des Kleinsten wie des Entferntesten längst die eigene, durch Augenmaß bestimmte Dimension verlassen. Uns ist eine Welt jenseits des optisch Sichtbaren erwachsen, mit Gewißheiten, Gesetzlichkeiten und Gefahren, die unser Auge nie erblickt, mit Wirkungen, Tatsachen und Folgewirkungen aus Tiefen und Weiten einer Dimension, bei der die Hand im schicksalsträchtigen Akt des „Begreifens" ihre Rolle längst verspielt hat: Das Aids-Virus paßt dreimillionenmal auf den Querschnitt eines Haares; und jede Fünfundzwanzigstelsekunde erzeugen 300 000 Bits ein neues Fernsehbild.

Werfen wir einen kurzen Blick auf einige bereits heute gebräuchliche Avant-gardetechnologien: Jaques Attali nennt die Konsumgüter der Zukunft kurz und treffend „objets nomades", „nomadische Gegenstände", Geräte, die man am Körper trägt, gleich wo man sich bewegt. Zu den traditionellen „Geräten" wie Waffen, Kleidung, Schmuck und Behältnissen treten Uhr, Walkman, tragbares Telefon, Kreditkarte und neuerdings Fax, Laptop und Herzschrittmacher, und künftig wohl das „subkutane Interface" (z.B. mit Gesundheitsdatensatz), Neu-rotechnologien, Retinaimplantate, Chips zur Identifizierung, Überwachung und Persönlichkeitskennzeichnung, intelligente Enzyme u.a.m. Wir stehen – wie Paul Virilio dies kürzlich ausgedrückt hat – vor dem Eintritt in die „Ära der Transplantationen".

Diese neue Kombination von Technischem und Lebendigem, *von Info- und von Biosphäre* bestätigt den hier benannten Großbefund einer Auflösung der alten Raumbindung. Technik als menschliches *Körperimplantat* kappt den alten Raumbezug in doppelter Weise – die Raumfixierung der Technik wie die Raum-fixierung ihres Benutzers: Das technische Artefakt verliert seinen Standort auf der Erdoberfläche, und es macht seinen Benutzer-Träger unabhängig von bestimmten Orten, an welchen er herkömmlicherweise an speziellen Funktio-nen und Dienstleistungen (Bank, Klinik, Bibliothek etc.) partizipieren konnte.

Eine Gemeinsamkeit der sich abzeichnenden „Revolution" der neuen Tech-nologien scheint zu sein, daß sie, ganz allgemein gesprochen, die Ortsbindung aufheben und Teilhabe ohne Anwesenheit ermöglichen. Dialog und Teilhabe sind im Kommunikationszeitalter nicht mehr raumgebunden. Konferenzteil-nehmer müssen sich nicht mehr zur selben Zeit am selben Ort einfinden. Wir hätten uns auch, jeder an einem x-beliebigen Ort fern von Wuppertal, die „vir-tuelle Tagungshand" reichen können.

Heutige Nomaden sind gerade durch eine Kombination von physischer Seßhaftigkeit und kultureller Nicht-Seßhaftigkeit charakterisiert: Sie sitzen – an selbstgewählten Orten – vor einem Terminal und bewegen sich elektronisch durch die Universen der Kommunikation und Medialität. Sie können maximale kulturelle und geographische Unveränderlichkeit miteinander verbinden.

Wie schwer sie aber ist, diese Existenz ohne den hegenden Raum, und wie schwer lebbar jenes von Stuyvesant und den United Colours of Benetton into-nierte weltumspannend-völkerverbindende „Come-together", zeigt ein belie-biger Blick in die Tagesschau: Von Hoyerswerda über Mostar und Vukovar bis nach Tschetschenien und Zaire erleben wir die „Wiederkehr der Stämme", das Scheitern des „heterogenen Nationalstaats" und der „offenen Gesellschaft", jener sozial so anspruchsvollen und vielversprechenden Konzepte der politi-schen Moderne.

Die multikulturelle Weltgesellschaft als folkloristisch-buntes Partygemisch, wie es uns die Medien vorführen, ist ein Trugbild. Aller polyglotten Folklore zum Trotz: Die Medien liefern gar nicht den wirklichen Anderen, der anders aussieht, anders riecht, anders betet, trinkt, feiert, liebt und lacht, sie liefern nur die leicht zu entziffernden Abziehbilder von uns selber, nur geklonte Verlängerungen der eigenen Lebens- und Erfahrungswelt.

Die „physische Globalisierung" (Thomas Ross) der Welt, die im freien Fließen der Bilder und Worte, der Menschen und Kulturen Fremdes, Heterogenes abstandslos nebeneinanderreiht, sie birgt einen bisher noch kaum erkannten Explosivstoff, von dem der dumpfe, aggressive Fremdenhaß bereits mehr als eine Vorahnung liefert.

Die neue, aggressiv vorgetragene Raumideologie von rechts ist reduktionistisch, nicht expansiv im Sinne der alten „Volk-ohne-Raum"-Parolen. Ihr Pathos gilt dem Kampf um den Ort, der ein- und ausschließt.

Die rechten Gewalttäter sind eine Art desperater Rekonquista der alten Raumordnung. Auf die Kernforderung der neuen Zeitordnung: Universalismus und globale Verantwortlichkeit, antworten sie mit der Wiederaufrichtung von Grenzen und Tabus. Die rechte Modernisierungsverweigerung ist eine verquere Überforderungsreaktion.

Doch täuschen wir uns nicht: Was bis jetzt wenige Überforderte in Aggression und blinde Gewalt treibt, überfordert uns zunehmend alle. Die elektronischen Medien sind dabei, die Gesamtheit der überkommenen sozialen Strukturen aufzulösen. Sie kreieren ein neues Sozialuniversum in Gestalt einer großen offenen Bühne der Gleichzeitigkeit, doch ohne die Rückzugschance des „anderen" Ortes. Heimat ist nur noch eine sentimentale Worthülse, der keine wesentliche soziale Erfahrung mehr entspricht; das traditionelle Band zwischen unseren physischen Orten und den sozialen und psychologischen Erlebniswelten ist zerschlissen. Wir leben nicht mehr in einer Region, sondern in einem Kommunikationssystem; wir hausen nicht mehr in Dörfern und Städten, sondern in Programmsegmenten.

Im Zeichen der beliebigen *elektronischen Simulierbarkeit* und Reproduzierbarkeit sozialer Situationen sind nicht mehr physische Orte samt ihren Akteuren und ihrer unverwechselbaren Atmosphäre für Stimmungen und Gefühle verantwortlich, sondern Massenprogramme. Die neue Medienumwelt, in der wir uns bewegen, prägt viele von uns längst stärker als der reale Stadtteil, die Flußlandschaft und der historische Charakter der Region, in der wir leben. Und wir „leben" nicht selten engagierter in der Fernsehfamilie als in der eigenen.

Jedes Menschen Welt wird das virtuelle Weltganze. Die Bilder, Zeichen und Bedeutungen, die uns streifen, anrühren und formen, sind nicht mehr „Entnahmen" der sozialen Nahwelt.

Die Herrschaft der globalen Gleich-Zeit pulverisiert die Besonderheiten des regionalen Realraumes und bringt seine geschichtlich gewachsenen Eigenheiten zum Erlöschen. *Die Kultur- und Sozialschneise,* welche die Datenautobahn in die

Landschaften der kulturellen Vielfalt, der unverwechselbaren regionalen und lokalen Besonderheiten wie der sozialen Netze und Nächstweltbindungen schlägt, ist breiter und bei weitem bedrohlicher als jene, welche die achtspurigen Asphaltbahnen durch unsere Wälder und Wiesen legen. Wie diese geographische „Widerstände" beiseite räumt, so jene soziale und kulturelle. Unfreiwillig offenbart das Bild von der „Autobahn" der Daten und Informationen, worum es in Wahrheit geht: um die Planierung aller topographischen Unebenheiten, um die Schaffung eines durchgängigen, einheitlichen Niveaus ohne große Höhenunterschiede.

Und auch das Heim ist nicht mehr, was es war. Die „eigenen vier Wände" bedeuten längst nicht mehr Wall und Graben um die eigene und wider die Welt „draußen". Das Heim erweitert sich nach Belieben zu Kneipe, Kaufhaus, Bank, Oper oder Fußballstadion. Je mehr sich die Ereignisse ins Gebäudeinnere verlagern, je weniger wir unsere Häuser verlassen müssen, um so mehr wird uns zuteil von dem, was außen vorgeht oder dort erhältlich ist.

Wohin für jene, die nur zu Hause bleiben – und einschalten! –, die Reise geht und gehen soll, entnehmen wir am eindrucksvollsten den virtuellen Wunschphantasien jener, die ihre Produkte – Kleidung und Waschautomaten, Autos und PCs – an Frau und Mann bringen wollen: Niemand braucht sich mehr zur Anprobe von Abendkleid und Sakko vom heimischen Herd zu bewegen; man gibt seinen körperbezogenen Datensatz ein, und schon führt man sich als sein eigenes Modell am Bildschirm selbst die neue Abendgarderobe vor.

Wir brauchten unsere zum Erlebnismobil umfrisierten Wohnmonaden nie mehr zu verlassen und dürften uns doch überall dabei wissen. Ist dies unsere Zukunft: der bildschirmnomadische Höhlenbewohner, der aus seinem dämmrigen Bau kaum noch hervorkriecht und für den die Welt draußen – wie für die „Gefangenen" in Platons berühmtem Höhlengleichnis – nur in Form der bewegten Schattenbilder existiert, die in grotesker Verzerrung an der Höhlenwand auf und ab tanzen?

Schon vor einigen Jahren stieß ich in einem der ersten Wiener Hotels auf die neben aufwendigem Video-Equipment prangende Aufforderung: „Erleben Sie Wien vom Bett aus! Um die Unwägbarkeiten (Wetter, Verkehr etc.) einer anstrengenden Stadtrundfahrt zu vermeiden, brauchen Sie nur die beiliegende Kassette einzulegen. Wir bringen Sie hautnah ans Geschehen! Nirgends ist Wien farbiger als bei uns! Eindrucksvoller kann auch die Wirklichkeit nicht sein! Also: bleiben Sie im Bett und erobern Sie Wien vom Bett aus!"

Die Wirklichkeit weicht vor uns zurück, entzieht sich uns in geradezu unvorstellbarem Maße. Je mehr Personen und Dinge uns beeinflussen, um so flüchtiger und unwirklicher werden sie für uns. Das allermeiste, mit dem wir uns wohlvertraut wähnen – die UNO-Vollversammlung und die Lawinengefahr, der Nobelpreisträger und das Modehaus Dior, der Papst und die CIA –, werden wir für immer nur vom Hörensagen kennen oder – aus der „Tagesschau". Die „Tagesschau" fungiert – wie das Fernsehen insgesamt – als „Realitätspräservativ" in dem doppelten Sinn, daß sie einerseits die „risikofreie" Kontaktaufnahme mit der Wirklichkeit ermöglicht, daß sie aber andererseits den – unter Umständen folgenreichen – Kontakt mit dem Risiko von „Lebenszwischenfällen" geradezu unterbindet.

Der polnische Satiriker Stanislaw Jerzy Lec kommentiert in einem seiner unnachahmlichen Zynismen das Phänomen der entschwindenden Realität so: „Die Technik ist dabei, eine solche Perfektion zu erreichen, daß der Mensch ohne sich selber auskommt."

Anachronismus Mensch. Wahrscheinlich ist es nur konsequent, daß wir lernen, ohne uns selber auszukommen.

Mobilität „erobert" den Raum, unterwirft und besiegt ihn, läßt ihn – als Folge gesteigerter Geschwindigkeit – bis zur schieren Unerheblichkeit und Gleichgültigkeit schrumpfen. Übrig bleiben der Highway und die Wohnmonaden entlang seiner Ränder. Städte werden zu *Orten auf der Durchreise,* fungiblen Meeting points einer mobilitätskranken Gesellschaft, gleichermaßen im Stillstand wie im Transport.

Das soziologische Muster, welches uns in diesen Phänomenen der Realitätsentfremdung begegnet, ist stets das gleiche: die *Depotenzierung des Raumes,* die *Trennung von physischem Ort und sozialem Erfahrungsterrain.*

Der Ort, an dem wir leben und arbeiten, einkaufen und spazierengehen, ist meist nicht mehr mit dem Ort identisch, an welchem die prägenden, beispielhaften sozialen Erfahrungen vermittelt werden. Für viele ist heute schon der Bildschirm der wichtigste soziale Ort, weil er die überzeugenderen emotionalen Identifikationsangebote bereitstellt.

Wo wird im tristen Schwarzweiß des wirklichen Lebens so leidenschaftlich geliebt und umworben, wo so heroisch gestorben und entsagt, wo sind wir so vertraut mit Kabalen und Charakteren der Handlung wie in den Colourserien der Soap-Operas, deren Personal uns manchmal eine längere Wegstrecke durchs Leben begleitet als Freund oder Freundin, Mann oder Frau in der Echtzeit des Lebens.

Mit der medialen Vernetzung und der sozialen „Gleichschaltung" großer Räume verlieren wir eine Vielzahl von Orten, an denen wir einst belangvolle Erfahrungen machten. Und mit den alten Kraftfeldern überschaubarer Orte – Dorf, Stadtteil, Familie, Schule, Kneipe, Verein – schwinden die sozialen Verdichtungsmöglichkeiten. Wir werden zu *Neonomaden mit sentimentalen Bildschirmbindungen:* eine Träne im Knopfloch für die Crew von Raumschiff Enterprise …

Eine der schwer bestimmbaren Gefahren der neuen Zeitordnung ist die *Nicht-Begrenzbarkeit, Nicht-Isolierbarkeit von Effekten.* So schrecklich Katastrophen in der Vergangenheit auch immer waren, zu ihrer Physiognomie gehörte die *Lokalität* des Ereignisses und die *Kompartmentierbarkeit* seiner Wirkungen.

Enträumlichung und Verzeitlichung sind zwei Seiten derselben Medaille. Wer die harte Schale des hegenden Raumes verliert, wird unwiderruflich zum *schutzlosen Jetztzeitwesen* ohne Besonderungslizenz; ein *Zeitgenosse ohne Rückzugschance.*

(Fast) alles ist jederzeit überall verfügbar. Menschen, Tiere, Sensationen – sie haben ihren unverwechselbaren Ort verloren und wurden dem kurzlebigen Fundus der weltweiten Inszenierung der Gleichzeitigkeit einverleibt. Weil unsere Orientierungsnöte so groß und unsere Gewißheitsverluste so schmerzlich sind, deshalb wird die ästhetische Inszenierung, der „schöne Schein", so wichtig!

Vergleichzeitigung bedeutet auch, daß Zukunft und Vergangenheit sich im Medium des umstandslosen Jetzt auflösen. Die Tendenzen der Vergleichzeitigung überwinden nicht nur die hemmenden Barrieren des Raumes, sie überbrücken auch den Abgrund der Zeit. Wenn wir mit Hilfe der Computeranimation und der Cybertechnologie der Geschichte und Vorgeschichte auf den Leib rücken, bis wir das Weiße im Auge des Tyrannosaurus Rex erblicken oder die virtuelle Türklinke einer Backstube im Paris des Revolutionsjahres 1789 drücken, eignen wir uns Geschichte nicht an, sondern schaffen sie ab. Wer sich im Weichfeld der Jahrtausendwende den Teenagerwunsch erfüllt und im virtuellen Gretna Green mit einem alterslosen James Dean das Ja-Wort tauscht oder im Dallas des Jahres 1963 das Kennedyattentat verhindert, der demystifiziert und depotenziert das Gewesene zu einem beliebig umzuschreibenden Hollywood-Script.

Längst verweisen die Zeichen der Zeit auf den Siegeszug des Immateriellen: der Virtual Reality im digitalen „Cyberspace", jener vom Computer erzeugten Parallelwelt der imaginären, aber täuschend echten Telepräsenz via „Cyber-Helm" und „Data-Glove".

Die neuen Technologien sind nicht nur dabei, unsere reale Umwelt von Grund auf umzugestalten, sondern längst auch unser Selbstbild und unsere Phantasie, unsere Vorstellungen von Raum und Zeit, von Fiktion und Realität neu zu organisieren. Alles, fast alles, ist überall, fast überall, verfügbar. Die Welt der grenzenlos vielen Orte implodiert zur *ubiquitären Einweltwelt des millionenfach gleichen Ortes,* der gleichen Einkaufsstraßen, der gleichen Sprache, der gleichen Musik, Mode, Eßkultur, Freizeitindustrie, der gleichen Warenangebote, der gleichen fiktiven Paradiese, Attrappenwelten, Erlebniscenter und Cyber-Parks. Virtual Reality – das bedeutet ja nicht zuletzt „wundersame Raumvermehrung".

Wir überschätzen die Zeit. Sie wird uns so ungeheuer wichtig, weil wir sie uns, im wörtlichen Sinne, mit so vielen Orten und so vielen einst ortsgebundenen

Erlebnissurrogaten zu füllen vermögen. Die ungeheuere Verdichtung des Ereigniskonsums in der „Erlebnisgesellschaft" (G. Schulze), die fast beliebige Kombinierbarkeit und Kumulierbarkeit reizvoller „Events" läßt die Zeit zur knappen Ressource werden. Sie ist die eigentliche Schranke eines prinzipiell unendlichen Erlebnis- und Erfahrungsverbrauchs. Nur einer Gesellschaft, die gelernt hat, Räume und Erlebniswelten immer schneller zu durcheilen, kann eine *Zeitökonomie* des Ausmaßes, wie wir uns ihr verschrieben haben, plausibel erscheinen. Nur wer ständig auf der Jagd nach Sensationen ist, nur wem Raumangebote scheinbar im Übermaß zuhanden sind, wird, wie wir das tun, geradezu verbissen danach trachten, Zeit zu sparen.

Die Menschen der kommenden Jahrzehnte könnten vor allem mit einem Problem an der „inneren Front" befaßt sein, welches bislang noch kaum richtig identifiziert ist: mit der universalen Gleichgültigkeit oder, anders gewendet, dem Verlust der Verbindlichkeit. Wenn nichts mehr „zwingt", wird ein Zwang allerdings gerade unabweisbar, der Zwang, das Willkürliche in unserem Tun und Lassen vor uns und anderen zu verbergen. Eine solche Situation schafft „zwangsläufig" Marktchancen für Botschaften und Dienstleistungen neuer Art: für Verdrängungshelfer und Verbindlichkeitssimulanten, die uns kompensatorisch mit Bewußtsein und Beweglichkeit, mit Motiven und Moral ausstaffieren.

Längst ist die Reize-Phalanx einer neuen Signalkultur in die Leerstelle einst richtunggebender Pflichten und Verpflichtungen aus Herkunft eingerückt: Außensuggestionen und Wegwerfreize zum Einmalgebrauch, die uns unablässig mit ihrem Kauf-mich und Nimm-mich traktieren. In Beschleunigungsgesellschaften ist kein Platz für überdauernde Überzeugung und zeitlose Wahrheit.

Seit wir uns in diesem Prozeß befinden, wird uns die Welt zu groß. Es geschieht zuviel gleichzeitig, die Bilder und Szenen, welche unsere Aufmerksamkeit absorbieren, wechseln zu schnell, als daß das einzelne Ereignis, die einzelne Nachricht ihre Gültigkeit in Form der Herstellung von Betroffenheit zu bewahren vermöchten. Zerstreuung und Unterhaltung, Sensation und Nervenkitzel sind allem beigemischt. Jeder ist dabei, und doch ist keiner wirklich beteiligt. Je mehr uns begegnet, um so weniger berührt uns. Analog zu ihrer Extensität verliert die Wirklichkeit gleichsam an „spezifischem Gewicht". Die Reizüberflutung als Folge erhöhter Geschwindigkeit raubt uns die intensive Zeitpräsenz: Wir sind ortlos, immer im Transport, Zeitreisende, die es in der eigenen Gegenwart nicht hält.

Doch vielleicht erwachsen uns ja bereits neuartige Grenzen und Verpflichtungen mitten in dieser Gesellschaft, an ganz eigenen Plätzen und Orten, wo wir sie nie vermutet hätten. Nehmen Sie beispielsweise Mode und Design: Mode und Design geben der Welt – und uns – ein Weniges der einstigen Schwere zurück. Sie setzen kurzzeitig die Kräfte der sozialen Gravitation wieder ins

Recht, wo wir reizökonomisch allzu rücksichtslos „über die Verhältnisse leben"; sie reduzieren und verlangsamen, wo wir mit den selbstinszenierten Welt- und Umweltveränderungen nicht mehr Schritt halten können, die uns vor allem als Beschleunigungs- und Vervielfachungseffekte begegnen.

Mode und Design sind die Kompasse der Beschleunigungsgesellschaft, einer Gesellschaft, deren Pole in Bewegung geraten sind und deren Magnetnadeln sich nach immer neuen Feldpunkten ausrichten. Sie geben uns die zeitlich begrenzte Gewißheit, richtig gewählt zu haben und dazuzugehören. Doch Modeadventures sind wie eine virtuelle Nordpolexpedition: mit Schneetreiben, Wolfsgeheul und wahlweiser Mitternachtssonne – aber ohne erfrorene Zehen! Die Profilierungschance eben zum Risikonulltarif. Mode und Design sind der manchmal fast verzweifelte Versuch, der Beliebigkeit Grenzen zu setzen, inmitten der Haltlosigkeit „Halt!" zu rufen; Versuche kompensatorischer Wiederverräumlichung auf Zeit; nichts ist geschrieben, dekretiert, verfügt, in Vorschriften und Paragraphen gefaßt – und doch sind die Regeln sozialer Kontrolle und Sanktion nirgends schneidender als hier, wird auf Exklusivität nirgends strenger geachtet, werden die Vernachlässigungen feinster Besonderheiten unnachsichtiger geahndet. Es ist alles andere als zufällig, daß uns die Hegemonie des Ästhetischen, der Moden und des Designs gerade in einer Zeit der großen Relativierungen und des Urteilsverfalls so stark beschäftigt. Sie bietet die Möglichkeit zweifelsfreier Zuordnung und bewahrt uns ein Stück unabdingbarer Orientierungsgewißheit auch in unübersichtlicher Zeit. Der milde Paternalismus der Mode ist uns alles andere als willkommen. Jeder baumelt an der Nabelschnur seiner Mode; jeder Zeitgenosse ist ein Stück weit modehörig und -tributpflichtig. Von „Modezwängen" und „Modediktaten" spricht nur, wer gegen die andere Mode (als die Mode der anderen!) polemisiert.

Soziologisch gesehen leistet die Mode etwas, was keineswegs selbstverständlich ist, so daß es auch ganz von alleine, ohne zusätzliche Anstrengung, zustande käme: die Rückbindung des einzelnen an die Gesellschaft. Viele Zeugnisse der Geschichte lehren uns, welch prekäres Unterfangen diese Rückbindung stets war. Die so viel milderen, oft geradezu verspielten Formen, in denen uns die Mode heute auf die Einhaltung des Sozialkontrakts verpflichten will, sollten uns nicht täuschen: die Sache, um die es geht, ist todernst.

Die Moden sind die „Verzehrverbote" der modernen, anonymisierten Großgesellschaften. Bei vielen frühgeschichtlichen Jägerstämmen treffen wir auf diese Merkwürdigkeit: der Jäger darf – oft um den Preis des eigenen Hungertodes – das selbsterlegte Beutetier nicht essen. Erst solche rigorosen Verhaltenstabus binden den einzelnen unauflöslich an die soziale Gemeinschaft und ihre Regeln zurück. Offensichtlich kommen wir lediglich als sozialfähige Wesen auf die Welt. Um aber soziale und gar sozialvirtuose Wesen zu werden, müssen wir viel üben!

Man hat immer wieder die immer schnellere Abfolge der Moden für die „immer schneller werdende Kultur" (Douglas Coupland) verantwortlich gemacht. Dabei ist sie eher Symptom denn Ursache der allgemeinen Beschleunigung. Was wir nämlich häufig übersehen: Beschleunigungsgesellschaften treiben vor allem einen rasch anwachsenden Bedarf an Entschleunigung hervor. Nimmt man alle Gegenstände, die der Mensch ersonnen hat – vom Faustkeil und Handschaber bis zum Walkman und Weltraumsatellliten –, dann stammen 80 Prozent aller seiner technischen Artefakte aus den letzten vier Jahrzehnten. Eine dramatischere Steigerung der Innovationsrate (der Zahl der Neuerungen pro Zeiteinheit) ist kaum vorstellbar. Eine Gesellschaft, die in diesem atemlosen Sturmlauf der technischen Akzeleration mithalten will, muß, periodisch wiederkehrend, in Entschleunigung und Wiederverräumlichung investieren. Das tut sie unter anderem mit ihren Moden.

Eine solche Sicht mag verwundern. Die Modefolgen signalisieren uns gemeinhin das Gegenteil: Beschleunigung, Tempo, verwirrende Vielfalt. Und doch sind sie, der Sache wie der Wirkung nach, ein Phänomen kompensatorischer Entschleunigung.

Zunächst bedeuten die anerkannten Gültigkeitsregeln der Mode ja nichts anderes, als daß eine Gesellschaft über appellable Kriterien der Zugehörigkeit bzw. der Ausschließung verfügt. Was die Mode vollbringt, ist vor allem eine gigantische Reduktionsleistung: Sie zeigt Grenzlinien sozialer Geltung auf und schneidet die unermeßliche Komplexität des Möglichen auf handhabbare Größen zurück.

Sie macht den Wandel faßbar, gibt ihm eine Form, nimmt ihm das Monströse; denn monströs ist stets das Grenzenlose, das Alles und Jederzeit. Mit einer Welt des permanenten Wandels und der unterschiedslosen Gleichgültigkeit könnten wir nicht leben. Sie würde uns in sozialer ebenso wie in psychologischer Hinsicht überfordern.

Sehen wir von der kleinen Minderheit der wandlungskreativen Modeabenteurer und Trendpioniere einmal ab, dann interessiert die Mehrheit an den Moden nicht der Wandel, sondern die Tatsache, daß etwas bleibt und Gültigkeit beansprucht – und sei es auch für noch so kurze Zeit. Die große Mehrzahl der Modekonsumenten erfährt die Mode als eine Auszeit vom Zersetzungswerk des Wandels; sie begrüßt sie als Statthalterin des Bleibenden und Verpflichtenden, als Insel im Mare magnum der unablässigen Gezeitenwechsel. Für sie ist die Mode ein Halt auf Zeit, mit dem sie sich der Destruktion des Wandels entgegenstemmt. Wie ein erfahrener Pilot im tobenden Hurrikan das ruhige Auge des Sturms zu gewinnen sucht, so streben wir nach dem Wartesaal der Mode. Und wie der Pilot weiß, daß er, um die Turbulenzen zu vermeiden, mit dem Toben mitziehen muß, in exakt derselben Geschwindigkeit, so „weiß" auch der Modebewußte, daß es kein wirkliches Ausruhen gibt, daß er wie in einer der

„Spiegelwelten" in Lewis Carrolls „Alice in Wonderland" schnell laufen muß, um an seinem Platz zu bleiben, weil alles um ihn Bewegung ist und er „keinen festen Boden unter den Füßen hat".

Dieses Bild zeigt, weshalb die Mode vor allem eine Angelegenheit der Jungen ist: Sie sind die besseren Läufer. Das bedeutet: Sie sind physisch mobiler, aber nach den ersten Enttäuschungen noch illusionsfest und verstörungsimmun, noch glaubens- und bekenntnisbereit. Wer im Lauf seines Erdenwandelns den Minirock zum dritten Mal kommen und wieder gehen sah, den wird auch die Frage aller Hosenfragen – mit oder ohne Schlag? – nicht mehr in allzu fiebrige Erregung versetzen. Auch die Illusionsbereitschaft ist eben eine knappe Ressource.

Das System der Mode, auch in seiner aktuellen, hochgradig professionalisierten Erscheinungsform, ist keineswegs nur die kalte Brachialmaschinerie der permanenten Innovation, sondern auch ein intelligenter und effektiver Abwehrmechanismus wider die überfordernden Zudringlichkeiten der „Zuvielisation". Die Mode errichtet eine Art Puffer- und Knautschzone um die menschliche Psyche, baut ihr einen „Zeitkokon", in den wir uns zurückziehen, um uns vor dem Anprall der großen Info-Fluten zu schützen. Ihre größte Leistung ist die Selektivität. Mode ist vor allem Informationsverweigerung: Sie schottet ab, errichtet Dämme der Wahrnehmung, macht uns auf Zeit wieder „unerreichbar" – wie der Walkman über den Ohren, der uns vor dem Sprachbabylon der Umwelt „bewahrt".

Überall finden sich szenetypische Anzeichen und Hinweise neuartiger Temporärfundamentalismen. Wer sich ganz und gar einer Sache hingibt und einer einzigen Wahrnehmung verschreibt, muß sich zwangsläufig allen anderen verweigern. Die Selektivität der Mode, ihre Fähigkeit, inmitten der grenzenlosen Offenheit Zeitinseln zu schaffen, korrespondiert auf höchst bezeichnende Weise mit oft beschriebenen (und geforderten) Psychoeigenschaften der Postmoderne – allen voran denen der „positiven Ignoranz". Positive Ignoranz bedeutet vor allem zu wissen, was wir nicht zu wissen brauchen, was wir daher guten Gewissens aussparen können, ohne „Informationsangst" (Heiko Ernst) zu bekommen. Wie die Mode beschreiben auch die Psychotechniken der „closed mindedness" Überlebensstrategien gegen die Informationsüberflutung.

Design und Moden fungieren als Liturgie im Zeichen des neuen „proteischen Gottes". Er, der grenzenlos plastische Amöbengott Proteus, liefert das inspirierende Vorbild der Stunde: gestaltfähig, aber an keine bestimmte Gestalt dauerhaft gebunden. An vielen Orten gleichzeitig wird das neue Leitbild des nachgeschichtlichen Menschen modelliert, einer „multiphrenen" Persönlichkeit, die sich aus einem lockeren Verbund von Subpersönlichkeiten aufbaut. Diesem „wesenhaft nomadischen Menschen", den schon Friedrich Nietzsche heraufziehen sieht, ist alle „Schollenkleberei" fern, zunehmend eben auch jene Formen der psychologischen Seßhaftigkeit, welche sich aus dem Konzept der „autonomen Persönlichkeit" ableiten. Die Frage, die ihn antreibt, lautet nicht mehr: „Wer bin ich?", sondern „Wer bin ich für wen?" (Vilem Flusser).

Unter den Bedingungen einer außer Rand und Band geratenen Reizökonomie einigermaßen verläßlich einzuschätzen, „wer ich für wen bin", ist ohne die Identifikationshilfen der diversen Umfeld- und Persönlichkeitsdesigner und ihrer fashionablen Erkenntnisdienste fast aussichtslos. Die Moden sind uns ein Stück demokratisierten, entmystifizierten Weltwissens, welches uns hilft, mit der Anforderung der dauernden Rollenwechesl zurechtzukommen, ohne krank zu werden.

Lassen Sie mich nach dieser feuilletonistischen Tour d'horizon zum Ende kommen. Es gibt keine simplen Lösungsformeln für die Probleme, vor die eine „grenzenlos" gewordene Globalwelt uns stellt. So lasse ich Sie denn auch eher mit nötigenden Fragen denn mit frohgestimmten Antworten zurück.

Gerhard Scherhorn

Wird der fordistische Gesellschaftsvertrag aufgekündigt?

Die Einsicht des Henry Ford, „Ich zahle meinen Arbeitern gute Löhne, damit sie meine Autos kaufen können", hat ein stillschweigendes Einverständnis zwischen Arbeitgebern und Arbeitnehmern auf den Punkt gebracht, das die letzten hundert Jahre lang gegolten hat. Es sieht so aus, als ginge diese Einsicht in den heutigen Unternehmen verloren. Immer mehr von ihnen scheinen entschlossen, das bisherige Einvernehmen aufzukündigen. Wenn es tatsächlich aufgekündigt wird, so kann man wohl fragen, ob damit auch das Zeitalter des Massenwohlstands zu Ende geht. Denn der Massenwohlstand war auf den fordistischen Gesellschaftsvertrag gegründet.

Diesen Vertrag beschreiben zwei englische Autoren (Gabriel & Lang, 1995, 18) als *die ungeschriebene Übereinkunft, steigender Lebensstandard und dauernde Beschäftigung sei der Lohn für die Bereitschaft, entfremdende Arbeitsbedingungen ohne übermäßiges Widerstreben hinzunehmen* ("the unwritten understanding that ever-increasing living standards and continuing employment would be the reward for accepting alienating work without excessive dissent").

Eine Vorstellung dieser Art liegt der Einstellung der Arbeitnehmer und Konsumenten zur Industriegesellschaft ohne Zweifel zugrunde. Sie ist im allgemeinen Bewußtsein, jeder kann das nachprüfen. Die Berufsarbeit wird von der Mehrheit der Arbeitnehmer nicht aus Freude an der Tätigkeit, nicht aus Interesse an der Sache geschätzt. In einer neueren Umfrage des BAT-Freizeitforschungsinstituts sagten nur 28 Prozent der Erwerbstätigen, ihre Arbeit mache ihnen auch Freude. Gut die Hälfte – bei den Beamten sogar 63 Prozent, bei den leitenden Angestellten immerhin 48 Prozent – sagten, sie könnten ihre Ideen nur außerhalb des Berufs realisieren.

Die Berufsarbeit ist offenbar auch heute noch so organisiert, daß eine Mehrheit der Arbeitenden den Ansporn zu ihrer Tätigkeit nicht in der gesellschaftlichen Bedeutung ihrer Arbeit, in den täglichen Herausforderungen oder im selbstbestimmten und verantwortlichen Mitarbeiten sehen kann. Sie sieht ihn statt dessen in der Erzielung von Einkommen, in der Finanzierung eines immer komfortableren und aufwendigeren Freizeitlebens. *Keine befriedigende Arbeit, aber dafür immer mehr Konsum:* So bildet sich der fordistische Gesellschaftsvertrag im allgemeinen Bewußtsein ab. Und zumindest im Unterbewußtsein gehört zu diesem Bild auch, daß der Massenkonsum und seine fortgesetzte Steigerung zu einem nicht geringen Teil mit dem Raubbau an der natürlichen Mitwelt und der Zerstörung unserer eigenen Lebensgrundlagen erkauft wird.

Die andere Seite dieses Vertrages ist, daß konsumiert werden *muß*, damit die Arbeitsplätze erhalten bleiben. In den letzten Jahrzehnten hatte sich denn auch, wie ich aus meinen eigenen Untersuchungen weiß, die stillschweigende Überzeugung herausgebildet, immer mehr zu konsumieren sei nicht nur ein wohlerworbenes Recht, sondern auch eine gesellschaftliche Pflicht; die Arbeitsplätze seien gefährdet, wenn die Konsumenten nur so viele Güter kauften, wie sie wirklich brauchten. Die Vorstellung von der „Pflicht zum Konsum" (Baudrillard, 1988) war möglicherweise die letzte Zuspitzung des fordistischen Gesellschaftsvertrages.

Denn neuerdings kommen Zweifel auf, ob der Vertrag noch gilt. Für solche Zweifel gibt es Anlässe genug. Sie stehen fast täglich in der Zeitung. Wie soll man auch darüber hinwegsehen, daß nun schon seit gut 20 Jahren die Konjunkturaufschwünge nicht mehr so viele neue Arbeitsplätze schaffen, wie im vorangegangenen Abschwung freigesetzt worden sind? Wie soll man damit fertigwerden, daß selbst die Gewerkschaften nur noch eine Halbierung der Arbeitslosenzahl fordern, während im Unternehmerlager bereits die Halbierung der Beschäftigtenzahl vorausgesagt wird? Wie soll man auf die Dauer das Gefühl beiseite schieben, daß das Sozialprodukt in beträchtlichem Maße (inzwischen schon zu mehr als der Hälfte, vgl. Scherhorn et al., 1996) durch die Schäden an Natur, Gesundheit und Nachwelt entwertet wird, die sie verursacht, und daß der Nettowohlstand in Wahrheit gar nicht mehr zunimmt? Wie kann weiteres Wachstum des Sozialprodukts noch gerechtfertigt sein, wenn es immer weniger Menschen zugute kommt, und auch für diese mehr Schaden anrichtet als Nutzen schafft? Und warum sollte man sich andererseits vor dem Ende eines Wachstums fürchten, das – richtig gerechnet – den Wohlstand gar nicht mehr erhöht?

Diese Entwicklung war im fordistischen Gesellschaftsvertrag von vornherein angelegt. Aber erst heute erkennen wir handgreiflich, warum das so war – weil er auf einer Verzerrung der Relationen zwischen den Produktionsfaktoren beruhte:

- Der Produktionsfaktor NATUR ist in Relation zu ARBEIT *zu billig*. Für den Verbrauch naturgegebener Ressourcen – für die Verringerung der Erdölvorräte, die Zerstörung des Bodens, die Verschmutzung von Luft und Wasser – muß nichts oder nur sehr wenig gezahlt werden. Das verbilligt die in der Produktion eingesetzten Sachanlagen, also den Produktionsfaktor KAPITAL. Der Einsatz von ARBEIT dagegen wird mit Lohnsteuern und Sozialabgaben belastet. So wird der technische Fortschritt auf die Substitution des teureren Produktionsfaktors durch den billigeren gelenkt, auf den Ersatz von ARBEIT durch KAPITAL. Dadurch wurde die Produktivität der Arbeit zunächst in so bescheidenem Maße gefördert, daß die Zunahme der Nachfrage mit ihr Schritt halten konnte. Inzwischen ist die Produktivität der Nachfrage weit voraus. So geht der technische Fortschritt heute nicht mehr nur auf Kosten der natürlichen Mitwelt, sondern auch auf Kosten der Arbeitsplätze – *Arbeitsplatzvernichtung und Naturzerstörung haben die gleiche Ursache.*

- Die Globalisierungstendenz der letzten Jahre hat die Verzerrung der Relationen noch bedeutend verschärft. Kapital wird nun auch zu mobil in Relation zu Arbeit und Natur. Es kann sich ungehindert die Standorte mit den jeweils billigsten Arbeitskräften und schwächsten Umweltschutzvorschriften suchen. Dadurch wird jedoch die Grundlage des Freihandels aufgehoben, das berühmte „Gesetz der komparativen Kostenvorteile". Es hat bisher dafür gesorgt, daß der internationale Handel, jedenfalls bei annähernd gleichem Entwicklungsstand, für alle beteiligten Länder vorteilhaft war. Für jedes Land war es lohnend, sich im Export auf Produkte zu konzentrieren, die es relativ günstig herstellen konnte, und Güter einzuführen, die im Ausland zu vergleichsweise geringeren Kosten produziert wurden. Doch das gilt nur, wenn alle drei Produktionsfaktoren im Lande bleiben. Bei internationaler Mobilität des KAPITALS muß man damit rechnen, daß einzelne Länder oder Regionen alle Kostenvorteile auf sich vereinigen (Daly, 1993), so daß die nationalen – und innerhalb der Nationen die regionalen – Wohlstandsunterschiede größer statt kleiner werden. Das ist nicht der einzige Nachteil der unbegrenzten Kapitalmobilität. Der zweite besteht in der zunehmenden Ungleichheit der „funktionalen" Verteilung der Erträge auf die Produktionsfaktoren: Die Kapitaleinkommen steigen schneller, für die Arbeitseinkommen bleibt immer weniger übrig. Der dritte Nachteil liegt in dem zunehmenden Überschuß der weltweit umlaufenden Geldmenge über die reale Produktion, der zu einer bedrohlichen Instabilität auf den Geld- und Kapitalmärkten führt.

Beide Ungleichgewichte zusammengenommen – daß Kapital relativ zu billig und zu mobil ist – stehen hinter der Tendenz in den Unternehmen, Arbeitsplätze zu streichen und Löhne zu verringern. Das geschieht derzeit in großem Maßstab, und nicht nur vorübergehend. Es geschieht zwar im allgemeinen nicht mutwillig, sondern unter dem Druck des internationalen Wettbewerbs, der infolge der anarchischen Mobilität des Kapitals immer heftiger wird, und der dadurch verstärkten funktionalen Ungleichverteilung, die dazu zwingt, den Anteil der Arbeitseinkommen am Produktionsergebnis fortlaufend zu verringern.

Dennoch erscheint es als ein unverantwortliches Vorgehen, weil es keine Rücksicht auf die gesellschaftlichen Zusammenhänge nimmt, auf die die

Marktwirtschaft letztlich gegründet ist. Sie beruht darauf, daß die Gesellschaft auch solche sozial notwendigen Motivationen, Fähigkeiten, Regeln und Aktionen beisteuert, die der Markt nicht hervorbringen kann. Auf eine einfache Formel gebracht: Der Markt stellt nur private Güter zur Verfügung; nötig sind aber auch die öffentlichen Güter, die der Staat finanziert, wenn die Bürger ihm die Mittel dafür geben, und die Gemeinschaftsgüter, die die Bürger in „kollektiven Aktionen" selbst herstellen bzw. erhalten. Gemeinschaftsgüter sind die Luft, das Wasser, die Rohstoffe, die natürliche Mitwelt, aber auch die Solidarität und die Kooperation zwischen den Menschen, z.B. in Arbeitsgruppen, in Nachbarschaften, Vereinen, Parteien. *Es ist vor allem die Mitarbeit an Gemeinschaftsgütern, die von Unternehmen derzeit aufgekündigt wird.*

So steht der bisherige Konsens zwischen Arbeitgebern und Arbeitnehmern in Frage, wenn einem Teil der Arbeitnehmer das Anrecht auf Lohnfortzahlung im Krankheitsfall entzogen werden soll. Die Verantwortung für die natürliche Mitwelt wird geleugnet, wenn Unternehmen sich international den Standort mit den schwächsten Umweltschutzvorschriften suchen. Und auch die staatsbürgerliche Solidarität nimmt Schaden, wenn sie im Inland weiter ihre Produkte absetzen, ihm aber die Einkommen entziehen, mit denen die Produkte gekauft werden könnten, und die Steuereinnahmen, aus denen die Infrastruktur finanziert werden müßte.

Mit einem Wort: Den fordistischen Gesellschaftsvertrag einseitig und bedenkenlos aufzukündigen, dürfte zu unberechenbaren Reaktionen führen. Andererseits kann er auch nicht unverändert beibehalten werden; denn die Umwelt- und Arbeitsplatzvernichtung würde weitergehen. Abhilfe ist nur von einem neuen Gesellschaftsvertrag zu erwarten – von einer Änderung der Rahmenbedingungen, die die heutige Situation herbeigeführt haben:

- Eine ökologische Steuerreform, wenn sie außenwirtschaftlich abgesichert wird, kann nicht nur die Umweltzerstörung beenden, sondern auch wieder mehr Arbeitsplätze schaffen. Sie würde die Preisrelationen der Produktionsfaktoren entzerren: NATUR und damit KAPITAL würden teurer, ARBEIT billiger, wenn die Lohnnebenkosten und (zumindest ein Teil der) Lohnsteuern durch die Besteuerung von Energie- und Stoffströmen ersetzt würden. Das wäre kein Verstoß gegen marktwirtschaftliche Prinzipien. Die grundlegenden Relationen zwischen den Preisen der Produktionsfaktoren bilden sich in keinem Wirtschaftssystem der Welt auf dem Markt; sie werden vom Staat festgelegt, ob das nun planvoll oder ungewollt geschieht. Er hat sich bisher dafür entschieden, nicht die Inanspruchnahme von Natur – zum Beispiel die Verringerung der Rohstoffvorräte – mit Abgaben zu belasten, sondern die Inanspruchnahme von Arbeit. Das muß jetzt korrigiert werden; zumindest die Lohnnebenkosten, möglichst aber auch Teile der Lohnsteuer müssen aus dem Aufkommen von Steuern finanziert werden, die den Verbrauch an fossiler Energie und möglichst auch den Verbrauch an nicht nachwachsenden Rohstoffen, an Düngemitteln und Umweltgiften belasten. Solange die Korrektur nicht von allen Regierungen durchgeführt wird, muß sie in den vorpreschenden Ländern durch Umweltklauseln (Ausgleichsabgaben auf Importe aus Ländern mit niedrigeren Umweltstandards) gegen Wettbewerbsverzerrungen abgesichert werden.

• Vollbeschäftigung mit Vollzeitarbeit ist freilich auch mit einer ökologischen Steuerreform nicht wieder erreichbar; denn diese kann nur die Verzerrung der Faktorpreisrelationen beseitigen. Dadurch wird zwar die Inanspruchnahme von Arbeitskräften im eigenen Land billiger, so daß die Beschäftigungschancen hier zunehmen; aber international wird nur das „Ökodumping" beseitigt, nicht auch das „Sozialdumping". Selbst wenn dem internationalen Handel Sozialklauseln (Ausgleichsabgaben auf Importe aus Niedriglohnländern) auferlegt werden, so kann es dabei nur um eine Verhinderung extremer Wettbewerbsverzerrungen gehen; im Prinzip werden und sollen die Unternehmen nicht daran gehindert werden, Standorte mit geringeren Lohnkosten zu suchen. Denn das kann, wenn es nicht zu abrupt geschieht, ein wirksames Instrument für die internationale Angleichung der Lebensbedingungen sein.

• Vollbeschäftigung kann daher nur von einer Lösung bewirkt werden, die die Angleichung akzeptiert. Sie muß, wohlgemerkt, nicht an die Stelle der Steuerreform treten, sondern neben sie: Vollbeschäftigung erreichen wir nur durch Arbeitszeitverkürzung in großem Stil, also Verzicht auf das „Normalarbeitsverhältnis" (die Vollzeitbeschäftigung). Es hat eine kurze Zeitspanne lang – hundert Jahre? – die Wirtschaftsgeschichte bestimmt. Daß es jetzt abgelöst wird, muß man nicht als Nachteil betrachten; denn es hat den allgemeinen Wohlstand nicht nur gefördert, es hat ihn in bestimmter Hinsicht auch gefährdet, weil es die Möglichkeiten der Selbstversorgung fast auf Null reduziert hat. Die Wirtschaftsgeschichte zeigt, daß der Markt der Gesellschaft besser dient, wenn die Menschen nicht vollständig von ihm abhängig sind (Polanyi, 1941). Sie sind nicht vollständig vom Markt abhängig, wenn es einen gewissen Schutz der regionalen vor der internationalen Wirtschaft gibt und wenn ein nennenswerter Teil der benötigten Güter im informellen Sektor produziert wird.

Die erste Bedingung – Schutz der regionalen Wirtschaft – würde schon durch die ökologische Steuerreform weitgehend hergestellt, die ja den Energieverbrauch und damit den Transport verteuert. Die zweite Bedingung – mehr informelle Produktion – würde dadurch erreicht, daß möglichst viele Erwerbstätige weniger Zeit auf den Beruf und mehr Zeit auf die nichtberuflichen Tätigkeiten verwenden, also durch *intra*personale Arbeitsteilung zwischen dem formellen Sektor (dem Sektor der Berufsarbeit) und dem informellen Sektor (dem Sektor der nichtberuflichen Tätigkeiten, von der Hausarbeit über die Kindererziehung und die Nachbarschaftshilfe bis hin zur Mitarbeit an kollektiven Aktionen etwa in Vereinen und Bürgerinitiativen, im kommunalen Klimaschutz oder in Umweltverbänden). Das würde den Grad an Selbstversorgung ein wenig erhöhen; denn natürlich bleiben wir auf den Markt angewiesen, und wollen es auch. Aber das Wenige an informell erzeugten privaten Gütern und Gemeinschaftsgütern hätte eine große Wirkung: Es würde die Lebensqualität steigern und den gesellschaftlichen Zusammenhalt stärken.

Dazu müßten die Regierungen die bisherige Diskriminierung des informellen Sektors beenden. Noch herrscht die Vorstellung, das („formelle") Herstellen, Transportieren und Verkaufen von Waren sei *Produktion* und diene der Befriedigung der Bedürfnisse, das („informelle") Zubereiten von Mahlzeiten, Aufziehen von Kindern, Nähen von Kleidern usw. aber sei *Reproduktion* und diene der Aufrechterhaltung der Produktion. Diese Vorstellung begründet staatliche Eingriffe in die *Infrastruktur*, die die Kosten der formellen Produktion senken und ihr Hindernisse aus dem Weg räumen. Das stärkt die Durchsetzungsmacht des formellen Sektors, der mehr und mehr die Bedürfnisse des informellen, für die er produziert, selbst definiert. Es waren und sind die staatlichen Regelungen, die die Entwicklung der Bedürfnisse lenken: für den Bau von Autostraßen und damit gegen den Bahn-, Fahrrad- und Fußverkehr, für das Monopol der Stromkonzerne und damit gegen die dezentrale Eigenproduktion von Energie, für industriell produzierte Nahrungsmittel und damit gegen dezentrale Eigenproduktion von Nahrung usw. Um diese Diskriminierung abzubauen, ist die Korrektur der Faktorpreisrelationen durch ökologische Steuerreform eine notwendige, aber noch keine ausreichende Bedingung.

Was hinzukommen muß, sind Arbeitszeitverkürzung und intrapersonale Arbeitsteilung. Bisher war die *inter*personale Arbeitsteilung die gesellschaftliche Norm: Männer arbeiteten im Beruf, Frauen besorgten die informellen Tätigkeiten. Eine allgemeine Arbeitszeitverkürzung könnte dazu führen, daß beide sowohl formelle als auch informelle Arbeit leisten, also sich *intra*personal in die Aufgaben der beiden Sektoren teilen. Dazu bieten sich viele Möglichkeiten an, die alle nebeneinander praktiziert werden können, von der täglichen Teilzeitarbeit bis zum Sabbatjahr. Daß es realisierbare Möglichkeiten sind, beweisen die Niederlande: Dort arbeiten inzwischen bereits 35 Prozent aller Erwerbstätigen in Teilzeit, mit steigender Tendenz, die Arbeitslosenquote ist deutlich niedriger als in Deutschland, und in der gewonnenen Zeit wird viel von dem entgangenen Einkommen durch Eigenarbeit ausgeglichen.

Damit die Teilzeitarbeit *realisiert* wird, muß sie zum einen in den Unternehmen und Behörden gefördert werden, in deren Führungsetagen sich viele noch vehement gegen die Arbeitszeitverkürzung stellen, teils, weil sie ihre eigene Unteilbarkeit und Unentbehrlichkeit in Frage gestellt sehen – das wäre durch Information und Vorbild überwindbar –, teils auch, weil mit der Teilzeitarbeit eine leichte Erhöhung der Personalkosten verbunden sein kann – das kann durch politische und organisatorische Änderungen vermieden werden.

Zum anderen muß die Arbeitszeitverkürzung mit einer planvollen Stärkung der informellen Produktion verbunden sein. Das aber wird überhaupt erst denkbar, wenn die ökologische Steuerreform den Weg geebnet hat. Denn dann ist es kein Dogma mehr, daß nur die berufliche Arbeit Werte schafft. Die Sozialabgaben werden nicht mehr auf das Arbeitseinkommen erhoben, also kann man auch freier über den Erwerb von Realeinkommen denken, der in der berufsfreien Zeit stattfindet. Er besteht darin, daß Konsumenten den Kauf eines Marktgutes einsparen, beispielsweise indem sie es eintauschen gegen eigene Leistungen, sei es in eigener Initiative oder im Rahmen eines Tauschrings; indem sie es *mieten, leihen* oder auch mit anderen *teilen*; indem sie eine eigene Variante des Produkts *selbst herstellen*; indem sie das Produkt zwar auf dem Markt erwerben, aber durch *bedachtsames Kaufen* – nach sorgfältiger Information und Abwägung – unter Umständen viel Geld dabei sparen; oder indem sie sich als Ergebnis dieser Art von Eigenarbeit die Freiheit nehmen, auf den Bedarf ganz zu *verzichten*, das Gut also als entbehrlich oder gar als unerwünscht zu betrachten.

Zur *Eigenarbeit* kann man alle in der Aufzählung genannten Tätigkeiten zählen, nicht nur das Selbermachen. Auch das Beschaffen von Informationen, die abwägende Entscheidung ist Arbeit.

„Eigenarbeit heißt nicht nur Eigenproduktion; dieser Begriff existiert, er braucht kein Synonym. Was gebraucht wird, ist eine Bezeichnung für eine Bedarfsdeckung, die man selbständig und selbstbestimmt besorgt. Das ist mit Eigenarbeit gemeint. Es schließt neben den genannten Tätigkeiten auch die *Hilfeleistung* etwa in der Form der Nachbarschaftshilfe ein. Und nicht zuletzt gehört auch die Beteiligung an Gemeinschaftsaufgaben dazu: das *kollektive Handeln* in Bürgerinitiativen, politischen Parteien, Wahlversammlungen, Demonstrationen, Boykottaktionen, gemeinsamer Umweltschonung usw. Nicht zur Eigenarbeit gehört demnach das fraglose, fremdbestimmte Befolgen der von der Produktion ausgehenden Signale. Wenn die Produktion alle Bedürfnisse definiert, zerstört sie den Erfahrungsraum, der die Voraussetzungen dafür schafft, daß der Markt seine Funktion erfüllen kann. In der Eigenarbeit sorgt man mit anderen zusammen für die Erledigung von Gemeinschaftsaufgaben; erzieht seine Kinder so, daß der Generationenvertrag weitergegeben werden kann; kümmert sich um andere Menschen; sorgt sich um die natürliche Mitwelt; übernimmt politische Verantwortung; kommt für sich selbst auf – und das alles, ohne dafür entlohnt zu werden. Eigenarbeit hat keinen Preis; wer im informellen Sektor tätig ist, wird vielleicht alimentiert (erhält einen Unterhaltszuschuß), aber nicht entlohnt wie im formellen Sektor. Also ist es das selbstbestimmte, nicht entfremdete und meist auch sozial verpflichtete Tun, das das Wesen der Eigenarbeit ausmacht." (Scherhorn, 1996).

In dieser Perspektive liegen große Chancen, nicht nur für die Beschäftigung, auch für die Subsistenz. Wird zur Arbeit im informellen Sektor ermutigt, so können die informellen Tätigkeiten einen namhaften Beitrag zur Subsistenz leisten, also wird die Abhängigkeit von der formellen Produktion verringert. Sie wird nur ein weniges verringert, aber gerade darauf kommt es an. Die privaten Haushalte kommen dann mit weniger Erwerbseinkommen aus, teils, weil sie nicht mehr so viel entfremdete Berufsarbeit kompensieren müssen, und teils, weil sie sich in etwas höherem Maße als bisher mit Sachgütern und Diensten selbst versorgen. Auch die Eigenständigkeit der Regionen ist dann besser zu verteidigen, weil die größere Kapazität für Eigenarbeit den lokalen und regionalen Zusammenhalt stärkt.

Das zusätzliche Realeinkommen und die vermehrte Lebensqualität, die von der Eigenarbeit ausgehen, können die mit einer maßvollen Arbeitszeitverkürzung einhergehende Einkommenseinbuße ausgleichen; damit dieser Ausgleich zustande kommt, müssen auf lokaler, kommunaler Ebene die Chancen für Eigenarbeit vermehrt werden. Eigenarbeit setzt voraus, daß es in Nachbarschaftswerkstätten oder „Häusern der Eigenarbeit" (Redler & Horz, 1994) genügend Möglichkeiten der Eigenproduktion gibt; daß man Güter tauschen, teilen, leihen und mieten kann, daß für bedachtsames Kaufen genügend Information zur Verfügung steht. Dafür zu sorgen, heißt keineswegs, der formellen Produktion Absatzchancen zu nehmen; denn was die Arbeitszeitverkürzung den einen an Erwerbseinkommen nimmt, das gibt sie den anderen, die dadurch Arbeit finden, den Gemeinden, die vor der Überforderung durch die Lasten der Sozialhilfe bewahrt werden, und der Allgemeinheit, die riesige Summen an Arbeitslosenunterstützung spart.

Vor allem aber liegt hier eine – bei fortschreitender Globalisierung sicher die einzige – Möglichkeit, den gesellschaftlichen Frieden zu wahren und die sozialen Beziehungen zu stärken. Es ist auf Dauer weder finanzierbar noch menschengemäß, das zunehmende Beschäftigungsrisiko auf die Arbeitslosen abzuwälzen und deren Deprivation mit Geldzuwendungen auszugleichen. Das mag vertretbar gewesen sein, solange man Arbeitslosigkeit für eine vorübergehende, konjunkturelle Erscheinung halten konnte. Doch heute haben wir es mit einer strukturellen Freisetzung von Arbeitskräften zu tun, die im Kern unabwendbar ist und weitergehen wird. In dieser Situation müssen wir uns darauf besinnen, daß Menschen nicht nur Konsum brauchen, sondern auch Arbeit; und wenn auch manche in informellen Tätigkeiten zufrieden aufgehen mögen, so brauchen doch die meisten die Herausforderungen und die soziale Geborgenheit der Berufsarbeit. Manchmal wird mir entgegengehalten, bei immer weiterer Steigerung der Produktivität könnten wir die Güterproduktion doch den Robotern überlassen und die entstehenden Einkommen so verteilen, daß jeder genug zum Leben hat. Diese Vorstellung geht nicht nur an der Tatsache vorbei, daß die Einkommen dann ausschließlich den Kapitaleignern zufließen würden. Sie verkennt auch das elementare Bedürfnis, in sinnvoller und gesellschaftlich geschätzter Berufsarbeit Auskommen und Befriedigung zu finden.

Und sie übersieht eine ungeheure Chance für die Weiterentwicklung der formellen Tätigkeiten, die in der Ausdehnung der informellen liegt. Wird die Arbeit im informellen Sektor – auch von Männern – ernstgenommen und länger ausgeübt, so wird sich ihr selbstbestimmter, verpflichteter, nicht entfremdeter Charakter auf den formellen Sektor übertragen, der übrigens auch von sich aus eine Tendenz zeigt, die Produktion zu dezentralisieren und Arbeitsgruppen selbständiger entscheiden zu lassen. Auf diese Weise kann sich nach und nach der Charakter der Berufsarbeit ändern. Es muß nicht so bleiben, daß die Erwerbstätigkeit als notwendiges Übel, als fremdbestimmt und frustrierend betrachtet wird und man ihre einzige Rechtfertigung in dem Einkommen sieht, das sie verschafft.

Es ist möglich, auch die Berufsarbeit so zu gestalten, daß sie die dreifache Funktion erfüllen kann, die E.F. Schumacher (1965) beschrieben hat: „Die Arbeit gibt dem Menschen die Chance, seine Fähigkeiten auszuüben und zu entfalten. Sie vereinigt ihn mit anderen Menschen zu einer gemeinsamen Aufgabe. Sie verschafft ihm die Mittel für ein menschenwürdiges Dasein." Erst wenn das erreicht ist, wird der fordistische Gesellschaftsvertrag endgültig überholt sein.

Das ökonomische Problem des 21. Jahrhunderts ist nicht mehr die Produktion, sondern die *Verteilung* – die funktionale Verteilung zwischen den Produktionsfaktoren und damit auch zwischen Mensch und Umwelt, die personale Verteilung zwischen den Arbeitskräften wie auch zwischen dem formellen und dem informellen Sektor, und nicht zuletzt die regionale Verteilung zwischen strukturstarken und strukturschwachen Gebieten. Wir haben noch zu entdecken, daß diese Aufgaben mit Ansätzen wie den hier skizzierten bewältigt werden können. Aber sie müssen planvoll angegangen werden, nicht anarchisch, wie es zur Zeit den Anschein hat. Versagen wir vor ihnen, so ist politische Instabilität, wenn nicht Chaos, die absehbare Folge. Denn die Aufkündigung des fordistischen Gesellschaftsvertrags kann nur dann zu einem neuen Gleichgewicht führen, wenn eine sozial, ökologisch und ökonomisch tragfähige Konzeption dahintersteht.

Diese Konzeption kann nicht allein umweltorientiert sein, und sie kann nicht allein beschäftigungsorientiert sein. Sie muß aus der Erkenntnis erwachsen, daß

Umweltzerstörung und Arbeitsplatzvernichtung die gleichen Ursachen haben und daher *mit den gleichen Ansätzen zu behandeln sind.* Das ist die Herausforderung, vor der wir heute stehen. Wir werden ihr nicht gerecht, wenn wir undifferenziert im Umweltschutz den Jobkiller und in der Globalisierung die große Hoffnung sehen, wie es heute vielfach geschieht. Die Früchte des Globalisierungsprozesses werden wir nur ernten, wenn wir den Prozeß durch ökologische Steuerreform, Arbeitszeitverkürzung, Förderung der informellen Wirtschaftstätigkeiten – und, was ich hier nicht behandelt habe, Eindämmung der explosiven Entwicklung auf den Geld- und Kapitalmärkten etwa durch Reduktion der staatlichen Kreditnachfrage, Einführung einer globalen Börsenaufsicht, Besteuerung des Devisenhandels u.a. – in geregelte Bahnen lenken. Überlassen wir ihn sich selbst, so werden Umweltzerstörung und Arbeitsplatzvernichtung weitergehen wie bisher.

Literaturhinweise

Baudrillard, Jean (1988). Consumer society. In: M. Poster (Ed.), Jean Baudrillard: Selected writings, S. 26-55. Oxford: Basil Blackwell.

Daly, Herman E. (1993). The perils of free trade. Scientific American, November 1993, 51-57. Deutsche Version: Daly, Herman E. (1994). Die Gefahren des freien Handels. Spektrum der Wissenschaft, Januar 1994, 40-46.

Gabriel, Yiannis & Lang, Tim (1995). The unmanageable consumer. Contemporary consumption and its fragmentations. London: Sage Publications.

Polanyi, Karl (1941). The great transformation. New York: Farrar. Deutsche Taschenbuchausgabe (1978): Die große Transformation. Politische und ökonomische Ursprünge von Gesellschaften und Wirtschaftssystemen. Frankfurt: Suhrkamp.

Redler, Elisabeth & Horz, Kurt (1994). Langer Atem für die Eigenarbeit. Bilanz eines Forschungsprojekts. München: anstiftung, Daiserstr. 15.

Scherhorn, Gerhard (1996). Christine v. Weizsäcker: Gedanken zur Eigenarbeit. Notizen im Anschluß an ein Gespräch mit CvW am 4. Juli 1996. Unveröffentlichtes Manuskript.

Scherhorn, Gerhard; Haas, Hendrik; Hellenthal, Frank & Seibold, Sabine (1996). Informationen über Wohlstandskosten. Stuttgart: Universität Hohenheim, Lehrstuhl für Konsumtheorie und Verbraucherpolitik, Arbeitspapier 66, Zweite überarbeitete Auflage. Wird 1997 in einer erweiterten Fassung im Druck erscheinen.

Schumacher, Ernst F. (1965). Buddhist economics. In: G. Wint (Ed.), Asia. A Handbook, pp. 695-701. London.

Ausgewählte Beiträge aus der Diskussion

Prof. Dr. Klaus Meyer-Abich, Universität Essen: Vielen Dank, Herr Scherhorn, für diesen gleichermaßen konzisen und doch auch hoffnungsvollen Schluß, mit dem Sie uns wieder in die Ökonomie zurückgeführt haben. Es wäre nun naheliegend, in dem Bogen von Herrn Danielmeyer über Herrn Giarini bis zu Herrn Scherhorn die Frage zu verfolgen, ob die Grenzen der bisherigen Entwicklung, die Herr Danielmeyer am Anfang sichtbar gemacht hat, und die, die Herr Scherhorn unter dem Stichwort vom Ende des fordistischen Gesellschaftsvertrags gezeichnet hat, nicht eigentlich dieselben Grenzen sind, und ob nicht die hoffnungsvollen Perspektiven Herrn Scherhorns von der Gemeinschaftsarbeit über die immateriellen Güter bis hin zur völligen Neubewertung des informellen Sektors nicht doch wieder etwas mehr Zukunft zeigen, als zum Schluß bei Herrn Danielmeyer sichtbar war.

Hans Günter Danielmeyer: Herrn Scherhorns Vortrag kann als die natürliche Fortsetzung des meinen gesehen werden. Adam Smith hatte mit seinen Thesen über die Entwicklung der Industriegesellschaft sicher den größten Erfolg aller Autoren der Disziplin. Nun geht seine Zeit zu Ende. Wir haben es nicht nur im Gefühl, daß wir eine neue Vorlage brauchen. Wir sehen es schon am Schrumpfen des Industrieanteils in Europa und den USA. Dieses kommt nicht von Ressourcenverknappung oder Umweltverteuerung, sondern daher, daß die Industriegesellschaft bei uns schon im wesentlichen erreicht hat, was sie sollte und konnte. Das ist auch eine der Botschaften meines Beitrags. Wie die neue Vorgabe aussehen wird, weiß ich nicht. Wir brauchen, wie gesagt, gesellschaftliche Innovationen vom Kaliber der bisherigen technisch-organisatorischen, und die Industrie hat uns den dazu notwendigen Wohlstand gebracht. Nur wenn wir diese Innovationen nicht schaffen, besteht Grund zum Pessimismus.

Dr. Ruprecht Paqué, Düsseldorf: Eine Anmerkung zu dem Vortrag von Herrn Guggenberger, zu dem, was er das „Entschwinden der Wirklichkeit" genannt hat. Ich halte dies für eines der wichtigsten Ereignisse, das die Neuzeit geprägt hat. Das Problem ist auch schon früher erkannt worden. Goethe hat es kritisiert, man kann es ins Spätmittelalter zurückverfolgen und von dort zurück bis zu den Wurzeln in der spätgriechischen Philosophie. Deswegen ist es auch sehr schwer, das Denken, das zu dieser Entfremdung geführt hat, zu überwinden.

Karl Friedrich von Weizsäcker hat das Problem einmal in meiner Gegenwart sehr schön verbildlicht. Er hat einen Kristall in die Hand genommen – ich glaube, es war ein Amethyst – und hat gefragt: Was sagt die Naturwissenschaft von diesem Kristall? Sie sagt: Er hat ein Gewicht, eine Farbe, eine Ausdehnung, ein Volumen, eine bestimmte elektrische Leitfähigkeit und dergleichen Dinge mehr; auch seine chemischen Eigenschaften beschreibt sie detailliert. Aber das wichtigste für ihn, von Weizsäcker, an diesem Kristall war, daß sein Onkel ihn ihm zum Abitur geschenkt hatte.

Auf diese Weise kann das isolierte, objektivierte Einzelding der Naturwissenschaft wieder zu einem Teil werden, in dem sich Welt versammelt. Ich habe dann auch für mich Bezüge zwischen Alltagsgegenständen und meinem Leben gesucht. Wenn ich dann nachgedacht habe, in welchem Sinnzusammenhang mit meinem Leben der Gegenstand stand, hat sich die verlorene Zeit wieder so erschlossen, daß in der jetzigen Gegenwart nicht mehr die Raserei zählt, wie Goethe so schön kritisierte: „Nichts verharret, alles flieht, und schon verschwunden, das man sieht."

Wie den Kristall kann man auch andere Dinge zurückbringen aus der herausgestellten, entseelten, entsprachlichten Objektivität der Naturwissenschaft in eine andere Welt.

Uwe Möller, Haus Rissen, Hamburg, Mitglied des Club of Rome: Ich würde der Vision von Professor Scherhorn gerne glauben. Allerdings sind der Mensch und die Welt bei weitem noch nicht soweit. Die Frage ist: Wie kommen wir zu den Steuerungsinstrumenten? Es klang immer wieder an, die Globalisierung, das seien das Kapital und die großen Konzerne. Wir sollten eines nicht vergessen: Das auslösende Moment der Globalisierung ist im Informations- und Kommunikationszeitalter die Nachfrage. Der Konsument hat einen Einfluß wie nie zuvor. Er hat einen Überblick über das gesamte Angebot, das es auf dieser Welt gibt, und der Zugriffsmöglichkeiten darauf. Und er nutzt sie. Die Anbieter sind gezwungen, „global" zu handeln. Sie stehen unter einem erheblichen Druck.

Immer wenn ich mit Leuten diskutiere, die sich darüber beschweren, daß all jene großen Kaufhauskonzerne sich vordrängen, frage ich sie: Wo kauft ihr denn ein? Es stellt sich dann heraus, daß sie alle mit dabei sind auf der grünen Wiese. Das ist schlicht der Trend. Es hat ja bei uns die informelle Arbeit gegeben. Aber der gemeinwirtschaftliche Sektor hat sich leider nicht erhalten, durch eigene Fehler, und weil der Markt es nicht mehr hergab. Wir erleben im Moment, daß solche Angebote wegbrechen, weil, wo kein Geld ist, keine Leistung ist.

Deswegen die Frage: Wie kommen wir dorthin? Das Problem sind nicht diejenigen, die im Beruf stehen. Ich bin nicht der Ansicht, daß man berufliche Arbeit immer gleichsetzen kann mit entfremdeter Arbeit. Das Problem sind die Arbeitslosen, die mit Recht verlangen, arbeiten zu dürfen. Ich sehe einen Widerspruch darin, auf der einen Seite zu verlangen, daß soziale Elemente verstärkt werden, und auf der anderen Seite das Bild zu erzeugen, als sei die berufliche Arbeit im wesentlichen Entfremdung.

Ist es wirklich der richtige Ansatz, zu einer freiwilligen Umverteilung der Arbeit zu kommen, bei der die einen sich aus Solidarität zurückziehen, damit die anderen Arbeit haben? Damit komme ich nicht klar. Ich gehe nicht davon aus, daß Arbeit knapp ist. Ich bin der Meinung, wir haben ungemein viel zu tun. Es liegt eine Fülle von Dingen brach; wir organisieren sie nur nicht. Wenn niemand bereit ist, dort einen Markt zu schaffen, wo die Nachfrage ist, dann gibt es dort auch keinen Anbieter. Das wäre ein Punkt, über den wir reden müßten. Ich würde gern Ihrer Vision folgen. Ich fürchte nur, wir sind weit davon entfernt.

Dr. Horst Nutzhorn, Nutzhorn-Managementtraining, Delmenhorst: Ich habe eine Frage an Herrn Scherhorn. Ein Kernpunkt Ihres Konzeptes – ich würde sagen, es ist ein Konzept und nicht nur eine Vision – ist die Neubewertung dessen, was Sie informelle Arbeit nennen. Sie sagen, diese Arbeit dürfe man nur alimentieren und nicht entlohnen, damit sie ihren Charakter behält, wenn ich es richtig verstanden habe. Heute ist im Laufe des Tages mehrfach der Begriff „Bürgergeld" oder „Negativsteuer" aufgetaucht. Mich interessiert, wieweit solche Dinge in Ihr Konzept passen. Wären sie nicht möglicherweise ein Bestandteil davon?

Prof. Dr. Ernst Helmstädter, Institut Arbeit und Technik, Gelsenkirchen. und Universität Münster: Mich würde doch sehr interessieren, wie die beiden Menschenbilder der beiden Vorträge von Herrn Guggenberger und Herrn Scherhorn zusammenpassen. Ich kann mir nicht vorstellen, wie man sie zusammenbinden soll. Vielleicht kann Herr Guggenberger sagen, ob das Menschenbild, das er skizziert hat, gesellschaftsprägend ist oder alsbald überwindbar, und wie das auf einen Nenner zu bringen ist mit dieser wunderbaren Arbeitsutopie von Herrn Scherhorn?

Thomas Lehmann, Studenten Initiative Club of Rome e.V., Mannheim: Zwei konkrete Fragen an Herrn Scherhorn: Glauben Sie, daß dieser Umbau in dem Rahmen des Wirtschaftssystems überhaupt möglich ist? Ich brauche doch das Geld aus meinem Arbeitseinkommen nicht nur für nutzlosen oder spielerischen Konsum, sondern in erster Linie, um meine Alterssicherung, meine Miete und sonstige Kapitalforderungen an mich zu begleichen. Die zweite Frage: Läßt sich so ein Umbau eigentlich in einer Demokratie überhaupt bewerkstelligen? Schließlich wird der Arbeitslose, wenn man ihm auch noch den Opel Manta wegnimmt, am lautesten schreien.

Karl Schulte, Zukunftsforscher, Frankfurt: Ich fand das Bild Herrn Guggenbergers vom Präservativ sehr schön. Die Tagesschau als Präservativ, allerdings ohne Geschmack und Leuchtkraft. Aber zum Punkt: Wie können wir alle

lernen, sozusagen den richtigen Augenblick zu finden in der Politik, im Rech
und in der Kultur? Was sind die optimalen Bedingungen? Ein Rezept gibt es
nicht.

Ich finde es von Ihnen, Herr Scherhorn, sehr gut, daß Sie das Wort „Verbrechen" benutzt haben. Ich finde in der Tat, wir müssen die Dinge beim Namen
nennen. Wer jahrelang Menschen, die keine Arbeit haben, ausgrenzt, die Arbeit
nicht neu verteilt, ja sich die Taschen füllt durch Korruption, die Wahlen manipuliert – es gibt da ein Wahlprüfungsverfahren in Karlsruhe – wer dies alles
macht, ist kriminell zu nennen. Makrokriminalität – da geht es dann auch um
Sicherheits- und Friedensfragen und die Verantwortung von Regierungen, die
eben kein Gefühl haben für die Fernmoral, die nur ans Heute denken und nicht
ans Morgen. Ich bin dafür, daß man einerseits dies brandmarkt, andererseits
aber auch immer wieder Lernprozesse ermöglicht. Dies beides brauchen wir,
nicht nur das eine, denn wir haben nicht mehr viel Zeit.

Wir brauchen eine Mehrfachstrategie, eine Art offenes Szenario. Im
Umweltbundesamt wird an etwas Ähnlichem gearbeitet. Die Maßnahmen
müssen kurz-, mittel-, und langfristig aufeinander abgestimmt werden. Ich
denke erstens an ein ökologisches, soziales, verfassungsgemäßes Geldsystem
und zweitens an die Förderung von ökologischen Gemeinschaftsprojekten
und -siedlungen, an Anschubfinanzierung und daran, daß man in diesem
Bereich Arbeitsmöglichkeiten außerhalb des Industriesystems schafft. Wir
dürfen uns nicht nur auf das Industriesystem fixieren. Und als letzter Punkt
dieser Mehrfachstrategie: Dazu gehören natürlich auch die andere Verteilung
von Arbeit und sicherlich noch ein paar weitere Elemente.

Karin Robinet, Bundestagsfraktion Bündnis 90/Die Grünen, Bonn: Herr Scherhorn, ich finde es natürlich ganz toll, in Ihrem Beitrag im Prinzip das eigene wirtschaftspolitische Konzept widergespiegelt zu finden. Ich frage mich: a) warum
haben wir noch nicht 50 Prozent Zustimmung für ein solches Konzept, und b)
welche Interessen stehen diesen Konzepten eigentlich entgegen? Das knüpft im
Prinzip an Fragen an, die auch schon gestellt worden sind, über die wir uns aber
verständigen müssen.

Bernd Guggenberger: Ein paar Stichwort zu einzelnen Beiträgen. Das schöne
Beispiel vom Kristall: Ich will es mit einem Vers ergänzen; zu beantworten gibt
es da ja nichts: *Als ich in einem wissenschaftstheoretischen Werk Carnaps den
sinnlosen Satz las: „Dieser Stein denkt jetzt an Wien", mußte auch ich an Wien
denken.*

Es gibt keine sinnlosen Sätze. Es gibt auch keine sinnlosen Gegenstände. Es
gibt auch keine Gegenstände, die wir aus der Augenperspektive einer Wissenschaft in ihrem Wert für Menschen voll erschöpfen, ausschöpfen, erkennen

könnten. Es ist eine ungeheure Arroganz, die Welt, wie Carnap und andere das getan haben, in sinnlose und sinnvolle Sätze einzuteilen – der *Kontext* bestimmt den Wert der Dinge für uns und kann von Mensch zu Mensch recht unterschiedlich sein.

Uwe Möller sagte, es gebe ja so viel zu tun in dieser Gesellschaft, und trotzdem hätten wir Arbeitslosigkeit. Ich glaube in der Tat, wir müssen diese beiden Dinge *lösungspraktisch* zusammendenken. Ich greife schon auf den dritten Punkt vor, den ich beantworten sollte, die Frage von Ernst Helmstädter nach der Vereinbarkeit der beiden Menschenbilder. Ich glaube, die sind überhaupt nicht unvereinbar, die sind dicht bei dicht. Nur der Grad an Hoffnung, den wir beide haben, der differiert möglicherweise.

Ich habe vor zehn Jahren ein Buch mit dem Titel geschrieben: „Wenn uns die Arbeit ausgeht". Ich würde heute den Titel so nicht mehr wählen, denn die Arbeit geht uns gar nicht aus. Es gibt fürchterlich viel zu tun in dieser Gesellschaft. Diese Gesellschaft schafft nur eines nicht: die Arbeit, die da ist, wirklich auch mit Kaufkraft zu versehen. Es gibt Menschen, die nicht gepflegt werden, es gibt Schüler, die nicht genug Bildung verabreicht bekommen, es gibt Probleme in der Umwelt. Diese Gesellschaft schafft es nicht, die Arbeit, die getan werden muß und die *bald* getan werden sollte, wenn sie nicht unbezahlbar teuer werden soll, zusammenzubekommen mit den Menschen, die Arbeit suchen: Hier sind Menschen, die arbeiten wollen, da ist Arbeit, die ungetan liegen bleibt. Diese beiden Probleme müssen zusammengebracht werden.

Das Problem ist, daß der Schlüssel nicht in jedem Fall ins Loch paßt, sprich: daß das, was der einzelne Arbeitsuchende an Qualifikation, an Können und Wollen mitbringt, nicht unbedingt zu den gesellschaftlichen Bedürfnissen paßt. Da ist halt ein bißchen mehr soziale Phantasie gefragt. Es gibt auf der lokalen Ebene Beispiele in Hülle und Fülle, daß das geht. Sie, Herr Scherhorn, haben sich für den Weg stark gemacht, der mir absolut plausibel war und über den ich seit zehn Jahren auch selber öffentlich hörbar und lesbar nachdenke, nämlich daß wir einen größeren Teil unserer Tätigkeiten wieder in den informellen Sektor verlegen, daß wir eine neue Lebensbalance brauchen zwischen der in Geld verrechneten, formellen Erwerbsarbeit auf der einen Seite und dem, was wir in Eigenregie tun, andererseits.

Ich glaube, die beiden Menschenbilder sind sehr gut vereinbar; denn die Gesellschaft, die Herr Scherhorn gezeichnet hat, wäre eine sozial dichte Gesellschaft, in der die Orte, die Plätze, die Regionen, die Nachbarschaften eine große Rolle spielen.

Gerhard Scherhorn: Die Globalisierung verschafft den Nachfragern eine Chance. Das ist völlig unbestritten. Ich hoffe nicht, daß ich so verstanden wurde, als wäre dieses ein Plädoyer gegen die Globalisierung. Das würde ohnehin nichts nützen.

Mir geht es darum zu zeigen, daß sie in geregelte Bahnen gelenkt werden muß, weiter nichts.

Die gemeinwirtschaftlichen Unternehmen sind verschwunden, sie haben sich im Markt nicht bewährt. Das ist überhaupt kein Gegenbeispiel, denn es geht mir ja doch um etwas ganz anderes. Wenn das Wort „gemeinschaftlich" fiel, dann ging es um kollektive Aktionen, und die finden gerade nicht am Markt statt, sondern neben dem Markt. Es ist einer der großen Fortschritte der ökonomischen Forschung, daß wir das jetzt endlich erkennen. Wir sehen heute, daß es in großem Umfang kollektive Aktionen gibt. Die Menschen sind tatsächlich bereit – das wird auch experimentell untersucht –, sich gemeinschaftsverträglich zu verhalten, unter Umständen auch entgegen ökonomischer Rationalität. Sie sind bereit, gemeinsam die Umwelt zu schonen, etwas von ihrem Einkommen abzugeben, spontan Hilfsbereitschaft zu üben und dergleichen mehr. Darum geht es mir, wenn ich von „Gemeinschaftsgütern" spreche.

Weiter: Wie kommen wir zu den Regelungen, die ich angesprochen habe? Diese Frage ist mehrfach gestellt worden. Welche Interessen stehen dem entgegen? Was dem entgegensteht, ist Angst – Angst der Arbeitsplatzbesitzer, daß sie mit ihrem Geld dann nicht mehr auskommen könnten. Das hat Thomas Lehmann explizit formuliert: Wie soll es mir denn überhaupt möglich sein zu verzichten? Es ist die Angst von Unternehmen, von Handwerkern zum Beispiel, vor Schwarzarbeit, und vieles andere. Es ist die Angst vor der Zukunft, weil man sich nicht vorstellen kann, daß es anders gehen könnte, als es jetzt geht, auch wenn das jetzige schlecht ist.

Mir wird oft die Frage gestellt: Werden wir in Zukunft schlechter leben? Ich antworte darauf: Ja, seht ihr denn nicht, daß wir jetzt schlecht leben, daß es in der Zukunft nur besser werden kann? Der Witz ist, daß man das erst einmal sehen muß. Wenn man es noch nicht sieht, muß man wohl warten, bis es noch deutlicher erkennbar wird. Wir können zweifellos warten, bis das Arbeitslosengeld und die Arbeitslosenhilfe nach der gegenwärtigen Regelung den ganzen Staatshaushalt verschlingen. Aber ich bin sicher, daß wir es nicht tun werden. Ich bin sicher, daß die Politik gezwungen sein wird, etwas zu tun, was in irgendeiner Weise in die von mir skizzierten Richtungen geht, gleichgültig, ob dann schon eine Konzeption dahintersteht oder nicht.

Berufsarbeit ist nicht identisch mit entfremdeter Arbeit. Es gibt viele Menschen, die nicht entfremdet arbeiten; viele davon sitzen hier. Diejenigen, die entfremdete Arbeit erleiden, sitzen nicht hier, deshalb übersieht man sie auch leicht. Dennoch: Obwohl ihre Arbeit entfremdet ist, wird die Arbeit gebraucht. Sie wird sogar geliebt, weil man seine Identität aus ihr bezieht, nicht nur sein Einkommen. Aber es ist doch gar keine Frage, und es ist auch empirisch jederzeit nachzuvollziehen, daß Arbeiter die Arbeit in einer teilautonomen Arbeitsgruppe, wo sie selber mitentscheiden können, ganz unvergleichlich viel stärker genießen als das, was sie jetzt tun. Das ist vielfach belegt.

Die Arbeit im allerweitesten Sinne ist nicht knapp. Wie können wir sie organisieren? Dazu hat Herr Guggenberger eben schon etwas gesagt.

Wieweit paßt das Bürgergeld in das Konzept einer Neubewertung der informellen Arbeit? Wenn wir durch ökologische Steuerreform und solidarische Arbeitszeitverkürzung wieder Vollbeschäftigung erreichen, ist Bürgergeld nicht nötig. Wenn es beim derzeitigen System bleibt und immer weniger Menschen Arbeit haben, wird es nicht ohne das Bürgergeld gehen. Aber auch im anderen Fall kann es flankierend nötig sein für diejenigen, die ausschließlich im informellen Sektor tätig sind. Es müssen nicht unbedingt zwei entgegengesetzte Konzepte sein.

Wie passen die beiden Menschenbilder zusammen? Herr Guggenberger hat eben schon dazu Stellung genommen. Man muß hier einen Unterschied machen zwischen dem, was Herr Guggenberger selbst als sein eigenes Menschenbild zu erkennen gegeben hat, und dem, was er als das Bild der Menschen vor der Glotze gezeichnet hat, also derer, die der Informationsgesellschaft ausgeliefert sind. Es gibt eben alles nebeneinander. Es gibt diejenigen, die auch heute schon bereit sind, weniger Zeit zu arbeiten, mehr Zeit für sich und weniger Einkommen zu haben. Das sind bereits sehr viele. Und es gibt die anderen, die ganz strikt dagegen sind. Es ist eine spannende Frage, was sich davon durchsetzt – wenn sich etwas durchsetzen muß.

In einer Demokratie ist ökologische Steuerreform zu realisieren und ist allgemeine Arbeitszeitverkürzung zu realisieren. Der Druck nur muß stark genug werden.

Festvortrag

Wolfram Huncke

Einführung

Es ist mir eine Ehre und Freude zugleich, Ihnen den Festredner des Jahreskongresses „Grenzen-los?", Professor Dr. Rainer Silbereisen, vorstellen zu dürfen. Ich habe sein wissenschaftliches Wirken über einige Jahre wissenschaftsjournalistisch begleiten dürfen. Rainer Silbereisen ist Entwicklungspsychologe, Forscher und Lehrer. Lehrer vor allem.

Von ihm habe ich gelernt, daß für Jugendliche die Selbstwirksamkeit das wichtigste Ziel ist und daß Jugendlichen, die durch die Pubertät in Nöte geraten sind, vor allem eines helfen kann, nämlich Mentoren. Ich habe weiter gelernt, daß Drogen kein Laster im bürgerlichen Sinne sind, sondern manchmal eine unausweichliche Begleiterscheinung in der Entwicklung Jugendlicher.

Rainer Silbereisen hat die Fachwelt und die kritischen Wissenschaftspublizisten schon vor Jahren durch eine Longitudinalstudie über die Entwicklung von Jugendlichen über die Lebensspanne im Kulturvergleich in Warschau und Berlin ebenso aufmerksam gemacht wie heute durch ein denkwürdiges Arbeitsprogramm mit Doktoranden und jungen Wissenschaftlern aus der Dritten Welt und den ehemaligen Ostblockländern, das von einer Schweizer Stiftung gefördert wird.

Seit 1992 ist er Professor an der Pennsylvania State University, einer altehrwürdigen Alma mater mit 120 000 Studenten. Er hat das Glück, was nur wenigen Akademikern in Deutschland zuteil wird, zugleich an einer deutschen Hochschule forschen und lehren zu können: als Lehrstuhlinhaber für Entwicklungspsychologie an der Friedrich-Schiller-Universität in Jena.

Er ist Mitglied der Europäischen Akademie der Wissenschaften, der Academia Europaea in London, und was vielleicht am meisten zählt bei denen, die die wissenschaftliche Strenge der Evaluierung durch Gleiche kennen und fürchten: er ist Fachgutachter der Deutschen Forschungsgemeinschaft. Fünfzig Prozent der Anträge, so möchte ich ein wenig despektierlich sagen, gehen durch seine Hände. Fachgutachter bei der DFG – das bedeutet Ehre, Einfluß, aber auch Macht und Verantwortung; und all dies steht zugleich für die Autonomie, um die uns viele Wissenschaftler in aller Welt beneiden.

Rainer K. Silbereisen

Das veränderungsoffene und grenzenbewußte Ich – seine Entwicklung über die Lebensspanne

Ich fürchte, daß der Titel meines Vortrags zu viel verspricht. Das Folgende versteht sich lediglich als Versuch zu verdeutlichen, welche grundsätzlichen persönlichen Voraussetzungen gegeben sein müssen, unabhängig vom Inhalt der Herausforderungen unserer Zeit, um uns eine Entwicklung zu ermöglichen, die potentiell veränderungsoffen und grenzenbewußt ist.

Wenn Psychologen von Entwicklung sprechen, so meinen sie die Tatsache, daß unser Verhalten und Erleben sowie deren biologische Grundlagen über die gesamte Lebensspanne nachhaltige Veränderungen erfahren.

Nehmen Sie die Pubertät als Beispiel. Was in Monaten oder wenigen Jahren an körperlichen Veränderungen beobachtet wird, ist komplexen Veränderungen des endokrinologischen Systems zu verdanken, in welche das Zentralnervensystem, der Hypothalamus, die Hypophyse sowie die Gonaden eingeschlossen sind. Während der Pubertät verliert der Hypothalamus an Sensitivität gegenüber den Gonaden-Hormonen und regt so, weil es nun höherer Spiegel zur Hemmung der Hypophyse durch das Gehirn bedarf, die vermehrte Produktion von Östrogenen und Androgenen an. Bei der umfassenden Betroffenheit des Gesamtsystems ist es nicht verwunderlich zu erfahren, daß auch verschiedenste psychosoziale Verhaltensbereiche betroffen sind, einschließlich des Denkens. Das Gehirn selbst verändert seine Struktur und Funktion auch während des zweiten Lebensjahrzehnts, und zwischen Verhalten der Jugendlichen, Reaktionen der Umwelt sowie endokrinologischem System bestehen vielfältige, nur ungenügend erforschte Wechselwirkungen mit teilweise nachhaltigen Folgen für die weitere Entwicklung von Persönlichkeit und Verhalten.

Diese Beschreibung macht erstens deutlich, daß es sich bei Veränderungen, die man als Entwicklung bezeichnet, um solche handelt, die bleibende Wirkungen im Verhalten und teils auch in zugrunde liegenden Organisationsprinzipien zeigen, jedenfalls nicht von selbst reversibel sind. Wir sind als Ergebnis der Veränderungen andere geworden, mit neuen Lebensoptionen und Verhaltensrepertoirs, und doch dabei ein Stück weit wir selbst geblieben.

Ein zweites Moment, welches das Beispiel zeigt, ist die kulturelle und historische Einbettung von Entwicklung. Noch vor hundert Jahren kamen die Menschen in Europa um zwei oder mehr Jahre später in die Pubertät, was zur Folge hatte, daß man damals eine geringere zeitliche Kluft zwischen dem Eintreten der körperlichen Reife und der Übernahme sozialer Rollen und Verantwortungen als Erwachsener hatte. Heute hingegen liegen körperliche Reife und soziale Autonomie um Jahre auseinander, vor allem wegen der verlängerten Bildungsgänge, womit zahlreiche Problemverhaltensweisen zusammenhängen, die selbst ansonsten unauffällige junge Leute aus Statusunsicherheit wenigstens vorübergehend zeigen (Moffitt, 1993).

Das biopsychosoziale Geschehen menschlicher Entwicklung ist also auf vielfältige Weise sozialem Wandel ausgesetzt. Dies gilt für andere Themen und Lebensabschnitte nicht minder, und wir stehen womöglich vor neuen Anforderungen an eine den gewandelten Imperativen unserer Umwelt entsprechende Entwicklung der Persönlichkeit. In den Ländern Europas jedenfalls werden es nicht Probleme der Ernährungsqualität und Gesundheitsversorgung sein, deren Überwindung zur Änderung des Tempos von Pubertät und Jugend führte. Aber der heute anstehende soziale Wandel wird nicht minder Handlungsmöglichkeiten und soziale Verantwortung betreffen, welche die Ausweitung der Jugendphase zur Folge hatte (Silbereisen & Todt, 1994).

Im weiteren Gang des Vortrags möchte ich zunächst auf einige der Veränderungen unserer Gesellschaft kommen, welche die Persönlichkeitsentwicklung vor neue Anforderungen stellen. Ich werde ausführen, daß der soziale Wandel insgesamt die Herausbildung der Identität erschwert. Danach frage ich zunächst, ob menschliche Entwicklung überhaupt über die Plastizität verfügt, welche neue Anpassungen ermöglichen. Die Antwort wird Ja sein, und zwar gerade für solche Bereiche der Entwicklung, die eigenem Handeln unterliegen und deren Verlauf und Ergebnis durch kulturelle Evolution beeinflußt wird. Danach werde ich recht ausführlich die Systeme und Regulationsmechanismen der Entwicklung über die Lebensspanne darstellen. Als besonders bedeutsames Entwicklungsregulativ für die flexible Anpassung an neue Herausforderungen wird sich die entwicklungsbezogene Selbstwirksamkeitsüberzeugung herausstellen. Überlegungen zu ihrer Förderung und personaler Entwicklungskontrolle fügen sich an. Ich werde zum Schluß auf die Frage kommen, wie sich durch ethisch und moralisch bewußte Erfahrungen verhindern läßt, daß über die Förderung der Selbstwirksamkeit die Sorge für andere und die Gemeinschaft verlorengehen.

Aspekte sozialen Wandels

Beginnen möchte ich mit einem knappen Überblick über das, was an sozialem und technologischem Wandel für die Persönlichkeitsentwicklung bedeutsam zu sein scheint. Ich werde mich dabei vor allem auf Jugendliche als Zielgruppe orientieren, denn sie sind es schließlich, die den geänderten Bedingungen an der Schwelle zur Selbstverantwortlichkeit gerecht werden müssen. Selbstverständlich ist die folgende Aufstellung letztlich subjektiv und unvollständig, denn allein über das nicht weiter behandelte Entfallen des weltweiten Ost-West-Gegensatzes könnte man lange Ausführungen machen.

Zuvorderst ist wohl an die beispiellosen Veränderungen des Altersaufbaus der Bevölkerung in allen industrialisierten Ländern zu denken. In Deutschland lag der Anteil über sechzigjähriger Menschen 1900 unter 10 Prozent, mit geringen Geschlechtsunterschieden. Im Jahr 1993 waren es bereits 22 Prozent bei Frauen und 15 Prozent bei Männern. Zugleich hat sich der Anteil der bis Zwanzigjährigen erheblich verringert. Kamen im alten Bundesgebiet 1950 noch 59 junge Leute auf 100 21- bis 59jährige, so waren es 1991 nur noch 39. Weltweit werden die Zahlen 2030 wie folgt aussehen: In Japan 35 Prozent über Sechzigjährige gegenüber 17 Prozent 1990, in Europa 28 Prozent gegenüber 18 Prozent, recht ähnliche Verhältnisse in Nordamerika und Australien; Asien und Lateinamerika 16 Prozent gegenüber 7 Prozent, und schließlich Afrika 7 Prozent im Jahr 2030 gegenüber 5 Prozent 1990 (Roloff, 1996).

Mit etwas Phantasie und teilweise gestützt auf Forschungen zur Rolle des „Baby Boom" im Nachkriegsamerika kann man davon ausgehen, daß solche raschen Populationsveränderungen beträchtliche Folgen haben werden (Easterlin, 1987). Die damals wachsenden Jugendkohorten gingen einerseits mit einer Überforderung aller Systeme der Betreuung und Beaufsichtigung Jugendlicher einher. Die Schulen beispielsweise konnten schon die Zahlen nicht bewältigen, und das Unterangebot an Ausbildungsmöglichkeiten hat viele in Delinquenz getrieben. Das Wissen, womöglich unter den Ansprüchen der eigenen Elterngeneration leben zu müssen, hat unter anderem zu einer Verzögerung von Lebensübergängen geführt, etwa der Gründung einer eigenen Familie. Letztere wiederum stärkte Kontakte unter Gleichaltrigen, was seinerseits weiteren Druck auf die überforderten Institutionen ausübte.

Eines ist jedenfalls sicher: Der rasche Wandel der Anteile von Alt und Jung wird das Verhältnis der Generationen zueinander beeinflussen. Ich spreche jetzt nicht über die Folgen für das Rentensystem oder die Lebensarbeitszeit, sondern über die sich schon abzeichnende und weiter zunehmende Segregation der Generationen. Wir müssen uns ernsthaft überlegen, wie der Transfer von psychologischem Kapital von Alt zu Jung gesichert werden kann, beispielsweise in Gestalt von Mentoren-Programmen für gefährdete Jugendliche.

Die zweite Veränderung, die ich herausstellen möchte, betrifft den Wandel von Inhalt, Bedeutung und Formen der Erwerbstätigkeit. Wie die Veränderung der Wirtschaft auf dem Gebiet der ehemaligen DDR beispielhaft gezeigt hat, nimmt der Bereich der Dienstleistungen immer mehr zu. Lediglich zwanzig Prozent der Transferleistungen seit der Wiedervereinigung gingen in Produktion im klassischen Sinn. Dies bedeutet die Notwendigkeit zur Ausbildung anderer Qualifikationen als bisher üblich, vor allem hinsichtlich der sozialen Urteilsbildung und der Kommunikationsfertigkeiten. Auch die Sicherheit des Arbeitsplatzes hängt in solchen Bereichen sehr viel mehr von saisonalen Bedingungen und der international geformten Geschmackskultur ab.

In der Vergangenheit galt die im Prinzip unbefristete sowie arbeits- und sozialrechtlich abgesicherte Vollzeitbeschäftigung als Norm. Solche Normarbeitsverhältnisse machten 1970 in der alten Bundesrepublik mehr als 80 Prozent aller Arbeitsverhältnisse aus. Bis 1995 ist der Anteil auf knapp 70 Prozent gefallen, und zwar nahezu kontinuierlich. Ein weiterer Rückgang zu Gunsten von befristeten Beschäftigungen, Teilzeitbeschäftigungen, Kurzarbeit, Leiharbeit, abhängig Selbständigen usf. ist mit Sicherheit zu erwarten. Die in Deutschland vergleichsweise niedrige Jugendarbeitslosigkeit haben wir schon heute mit Arbeitsverhältnissen für ältere Arbeitnehmer erkauft, die weitab von jener Norm liegen, welche ihre frühere Biographie prägten. Sieht man von den bekannten Einbrüchen Anfang der neunziger Jahre in Ostdeutschland ab, sind die Verhältnisse und Prognosen für Deutschland insgesamt gleich (Kommission für Zukunftsfragen der Freistaaten Bayern und Sachsen, 1996).

Als drittes Moment der Veränderungen von Leben und Gesellschaft möchte ich die Globalisierung von Wirtschaftstätigkeit und politischem Handeln nennen, dabei aber den Kontrapunkt der Stärkung regionaler Identitäten nicht vergessen. Getrieben von den Fortschritten der Informationstechnologie, sind Unternehmen weniger besorgt um die Qualität von Bildung und Erziehung vor Ort, wenn es beispielsweise problemlos ist, sich die erforderlichen Programmierarbeiten von hochqualifizierten Kräften in Indien via Internet und zudem kostengünstiger zu verschaffen.

An diesem Beispiel kommen die geänderten Arbeitsverhältnisse mit den demographischen Verschiebungen zusammen. Der ohnehin durch Alterssegregation geschwächte Zusammenhang zwischen den Generationen wird noch weiter dadurch bedroht, daß die Jugend des eigenen Lebenskreises als Ressource des Wohlergehens an Bedeutung verliert. Der Nexus zwischen den Generationen, auch innerhalb biologischer Verwandtschaftsverhältnisse, hat sich ohnehin in Europa und Nordamerika durch schon länger anhaltende Trends gelockert, wie zunehmende Erwerbstätigkeit von Müttern mit Kindern jeden Alters, steigende Scheidungszahlen oder wachsende Anteile Alleinerziehender.

An dieser Stelle komme ich auf die Entwicklung im Jugendalter zurück. Über all den einzelnen Veränderungen des Erlebens und Verhaltens steht als Leitthematik das, was die Psychologie und andere Disziplinen als Suche nach Identität bezeichnet. Darunter ist, sehr verkürzt ausgedrückt, die Antwort auf die

Frage zu verstehen: „Wer bin ich?" Sich selbst in Vergangenheit und Zukunft zwischen Tradition und Moderne zu verorten, ist angesichts der geschilderten Verhältnisse eine große Herausforderung und Leistung, die womöglich für breite Schichten der jungen Generation schwerer ist als je zuvor.

Sollte diese Einschätzung zutreffen, sind die wahrscheinlichen Folgen an den Funktionen ablesbar, welche einer gelungenen Identitätsentwicklung in der Psychologie zugeschrieben wird. Hierzu zählt beispielsweise die Schaffung eines Zusammenhalts der verschiedenen Persönlichkeitsaspekte, seien es Stärken oder Schwächen. Ohne Identität vermögen wir keine Stabilität in den vielfältigen Änderungen wahrzunehmen, die ein Leben charakterisieren. Zu wissen, wer man ist, schafft Sinn und gibt dem eigenen Streben Richtung für die Zukunft. Identität verhilft zur Einordnung in die Gemeinschaft ebenso wie zur Markierung unserer Besonderheit und Abgrenzung von anderen.

In den klassischen Ansätzen zur Beschreibung der Herausbildung einer Identität während des Jugend- und frühen Erwachsenenalters stand stets der Beruf als Anker des Selbstbildes im Mittelpunkt. Hier zu scheitern galt als der entscheidende Risikofaktor für unter Umständen lebenslange Fehlanpassungen. Dies ist für eine Zeit großer, weithin geteilter Unsicherheit wahrscheinlich von geringerer Tragweite. Dennoch muß man sehen, daß nicht nur dramatische Belastungen, wie lang anhaltende Arbeitslosigkeit oder vergebliche Versuche, eine Lehrstelle zu bekommen, die Identitätsentwicklung bedrohen. Schon die vergleichsweise harmlosen Veränderungen der gewohnten Norm-Arbeitsverhältnisse stellen einen paradigmatischen Prozeß der Entwicklung im Jugendalter auf die Probe.

Jugendlichen heute wird abverlangt, auf einen Nenner zu bringen, was die Elterngeneration selbst nicht geleistet hat. Ungeahnte Fortschritte der Technik sollen in ihrer Bedeutung für die persönliche Lebensplanung aus einer Unmenge von Informationen ausgefiltert werden, und zwar weitgehend in persönlicher Verantwortung, ohne die Sicherheiten der Vergangenheit, wie soziale Herkunft oder Religion. Allein schon die Komplexität der beteiligten Informationsverarbeitungs- und Entscheidungsprozesse könnte das übersteigen, was man gemeinhin von Jugendlichen erwartet.

Bevor ich die weiterführende Frage nach der Natur solcher Entwicklungsprozesse stelle, soll aber ein Exkurs abschätzen helfen, wo die Grenzen unserer Leistungsfähigkeit liegen, über welche Plastizität Entwicklung verfügt.

Exkurs: Plastizität der Entwicklung
Der soziale Wandel der jüngeren Zeit und seine Folgen für biopsychosoziale Entwicklungssysteme ist sicher bescheiden, verglichen zu dem, was erst noch kommt. Und umgekehrt wird zu Recht die Frage gestellt, ob unsere Verhaltensausstattung, gedacht für ein in der Savanne lebendes Wesen, das sich seine

Nahrung in Konkurrenz zu anderen Aasfressern verschaffte, tatsächlich geeignet ist, den Anforderungen unserer komplexen Welt zu genügen.

Die Entwicklungspsychologie der letzten Jahre hat zu diesem Problem der Plastizität der Verhaltensentwicklung Antworten gegeben. Lassen Sie mich mit dem allgemeinen Hinweis beginnen, daß die jüngere Forschung mit der Vorstellung eines festgelegten Fahrplans der Verhaltensentwicklung aufgeräumt hat. Genetisch angelegt sind Verhaltensmöglichkeiten, die aber abhängig sind von Anregungen seitens der Umwelt. Wenn dieses Wechselspiel insbesondere bis zur Jugend häufig zu Mustern von Verhaltensänderungen führt – denken Sie nur an die eingangs genannte Pubertät –, die wenig Varianz zwischen Individuen zeigen, so ist dies so zu sehen, daß die Evolution genug Zeit hatte, für Stabilisierung zu sorgen.

Selbst zu Anfang des Lebens, vorgeburtlich, können wir keineswegs davon ausgehen, daß einfach ein genetisch programmierter Reifeprozeß abläuft, der nicht seinerseits von Umweltanregungen beeinflußt wäre. In einer Serie beeindruckender Untersuchungen an Rattenföten haben Smotherman und Robinson (1996) beispielsweise gezeigt, daß sich der Zeitpunkt des ersten Auftretens bestimmter Verhaltensweisen und ihre Koordination mit der Entwicklung anderer Verhaltensweisen durch Veränderungen der vom Uterus ausgehenden Stimulation und Stützung, also durch Manipulation der Umwelt, beeinflussen läßt. Solche Untersuchungen haben beträchtliche Relevanz für die Frage der optimalen Versorgung von extrem früh Geborenen, die mit weniger als 750 Gramm nach rund 26 Wochen zur Welt kommen.

Über die Lebensspanne und insbesondere im hohen Alter gewinnen interindividuelle Unterschiede im Entwicklungsverlauf an Bedeutung. Da eine hohe Lebenserwartung für breite Bevölkerungsschichten ein neues Phänomen ist, haben analoge Optimierungen und Stabilisierungen wie in Kindheit und Jugend noch nicht stattgefunden. Folglich kann man sich fragen, wie groß die typischerweise noch nicht erkannten Reserven sind. Bekannte Beispiele kommen aus dem Leistungssport. Die Steigerung von Weltrekorden oder die Angleichung der Bestleistungen von Männern und Frauen ist der Kombination von systematischer Talentsuche und optimiertem Training, einschließlich psychologischer Methoden zur Steigerung der Willenskraft, zu verdanken.

Baltes und seine Mitarbeiter (Baltes & Kliegel, 1992) haben in zahlreichen Untersuchungen den Nachweis erbracht, daß die tatsächlichen Grenzen der Leistungsfähigkeit im hohen Alter, Gesundheit unterstellt, weit jenseits der alltagsüblich gezeigten liegen, es also große Entwicklungsreserven gibt. Sich 30, 40 oder gar mehr Begriffe zu merken, die schnell nacheinander vorgesprochen werden, scheint schwer möglich. Mit raffinierten Trainingsmethoden ist dies dennoch möglich, wenn es auch viel Mühe kostet, und zwar selbst im hohen Alter, das doch zumindest dem Stereotyp nach gerade durch Gedächtnisprobleme gekennzeichnet ist. Dieses Mehr, das in uns steckt, ist allerdings im Alter weiter erschöpft, die wahren Grenzen sind bereits in Sicht.

Altern bedeutet also die Erschöpfung von Reserven an Plastizität, die sich dann auch nicht mehr durch noch so raffinierte Maßnahmen vermehren oder weiter ausschöpfen lassen. Die weithin unterschätzten Reserven aber zu aktualisieren ist die Aufgabe einer insgesamt erst noch am Anfang stehenden Alterskultur.

Nachdem nun deutlich ist, daß bisher nicht gekannte Komplexitäten von Anforderungen unsere Entwicklungssysteme wohl nicht grundsätzlich überfordern dürften, kann ich mich jetzt einer systematischeren Darstellung der Bedingungen zuwenden, die auf die Entwicklung Einfluß nehmen.

Entwicklungssysteme und Entwicklungsregulative
Bisher habe ich vor allem ein Entwicklungssystem im Auge gehabt, nämlich solche Veränderungen, die mit dem Lebensalter eine systematische Beziehung aufweisen. Ob es um die körperlichen Veränderungen und deren psychische Folgen während der Pubertät geht oder ob es sich um das Stiften eines Zusammenhangs im eigenen Leben handelt, gemeinsam ist solchen Veränderungen die Wirksamkeit von Entwicklungsmechanismen, deren Ausprägung und Ergebnis eine statistische (keine ursächliche!) Bindung an das Alter aufweisen. Hierzu gehören biologisch-genetische Entwicklungsmechanismen, die ihrerseits von Umweltbedingungen abhängig sind. Weiterhin fallen hierunter die Entwicklungsregulative wie die Identitätsfindung, die lebenszyklisch typische Herausforderungen und kulturelle Entwicklungsanreize betreffen. Schließlich darf auch nicht vergessen werden, daß bestimmte Lebensereignisse ebenfalls eine Bindung an das Alter oder wenigstens größere Lebensabschnitte haben, wie beispielsweise Scheidung, Arbeitsplatzverlust oder Tod des Partners. Sie können sogar besonders einschneidende Folgen für die Entwicklung haben, weil sie erreichte Anpassungen auf den Kopf stellen und der Entwicklung eine neue Richtung geben können („Turning Points", Rutter, 1996).

Über alterskorrelierte Entwicklungssysteme hinaus ist zu bedenken, daß die Entwicklung stets in einen gesellschaftlichen und kulturellen Kontext eingebettet ist. Wie schon das Beispiel der säkularen Akzeleration der Pubertät belegte, sind selbst von ontogenetischen Reifungsprozessen regulierte Ausschnitte der Entwicklung von der historisch-kulturell einzigartigen Konstellation der Kontextbedingungen abhängig. Die Aufgabe der Identitätsbildung in einer Zeit raschen sozialen Wandels ist schon deshalb schwieriger als gewohnt, weil übernommene Entwicklungsregulative, vor allem die gesellschaftlich vermittelten, nicht länger gelten. Wer sich beispielsweise als Frau in der ehemaligen DDR über Jahrzehnte darauf verlassen konnte, daß die Betreuung von Kindern unabhängig von Ausbildungs- oder Berufstätigkeit gesichert ist, hat die frühe

Mutterschaft, auch ohne feste Bindung, als selbstverständliche Option wahrgenommen.

Für die Entwicklung über die Lebensspanne wichtig ist zu verstehen, auf welche Weise die Veränderung historisch-kultureller Gegebenheiten mit der Persönlichkeitsentwicklung verknüpft sind. Nach Forschungen von Elder kommt hier den Primärgruppen, vor allem der Familie, eine wichtige Brückenfunktion zu. Veränderungen des gesellschaftlichen Umfelds bedeuten vor allem ein Mißverhältnis zwischen gewohnten Verhaltensweisen und neuen Anforderungen.

Das besonders aktuelle Beispiel ökonomischer Belastungen wirkt sich auf die Entwicklung Jugendlicher vor allem dadurch aus, daß das Familiensystem auf die Bedrohung ihrer Funktion als Wirtschaftszentrum und Garant sozialer Sicherung mit Anpassungsstrategien reagiert, wie Reduktion von Ausgaben durch vermehrte Selbsthilfe oder Aufrichten einer sozialen Fassade zwecks Gesichtswahrung, welche ihrerseits psychische Kosten haben. Hierzu zählen Auseinandersetzungen zwischen den Familienmitgliedern, insbesondere auch Spannungen unter den Eltern, und nachlassende Erziehungsintensität und Aufsicht über die jugendlichen Kinder.

Denkt man an die Situation in Deutschland, so ist die stärkere Familienorientierung der Ostdeutschen, die es gewohnt waren, eine strikte Trennung zwischen öffentlichem Verhalten und privater Orientierung durchzuhalten, geradewegs als Schutzfaktor gegen die Wucht der unzähligen Veränderungen zu sehen. Wie mit Belastungen umzugehen ist, hat häufig Familientradition.

Den genannten Entwicklungsregulativen, wie etwa der Identitätsfindung, ist gemeinsam, daß sie das eigene Handeln der sich entwickelnden Person als „Motor" zulassen. Entwicklungsergebnisse sind häufig nicht als kausale Zwangsläufigkeiten aufzufassen, sondern die Folge mehr oder weniger bewußten Handelns. Da Entwicklung aus der Wechselwirkung von Person und Umwelt gespeist wird, stellt sich dieses Handeln häufig als Auswahl oder Gestaltung von „Nischen" mit besonderem Anregungspotential dar. Handeln ist hierbei übrigens nur ein Sonderfall eines allgemeineren Prinzips der Genotyp-Umwelt Korrelation. Getrennt aufgewachsene eineiige Zwillinge sind in ihrem Verhalten während Jugend und Erwachsenenalter ähnlicher als noch während der Kindheit. Der Grund liegt in der mit dem Alter kulturtypisch größeren Freiheit in der Wahl von Umwelten entsprechend dem Genotyp, wobei freilich Wahlmöglichkeiten vorausgesetzt werden müssen (Scarr, 1993).

Wie erfolgt personale Entwicklungskontrolle? Lassen Sie mich hierzu als erstes ein Beispiel aus der Forschung meiner eigenen Gruppe angeben. In einer umfangreichen Beobachtungsstudie konnte beispielsweise Noack (1990) zeigen, daß Jugendliche die Entwicklung gegengeschlechtlicher Beziehungen durch eine mehr oder weniger bewußte Auswahl von Freizeitorten bestimmen. So begnügen sich Jungen und Mädchen nicht mehr mit häuslichen Freizeitorten in der Gemeinschaft Erwachsener, wenn sie entweder einen Partner suchen oder bereits gefunden haben. Sie gehen statt dessen an Orte wie Diskotheken, deren Programm ihnen bietet, was für das Kennenlernen oder Ausüben einer Beziehung wichtig ist, wie Geselligkeit, Musik, sowie die Möglichkeit, sich gegenüber Gleichaltrigen Wettbewerbsvorteile bei der Partnersuche zu verschaffen. Sie wissen über solche Absichten und erhofften Wirkungen Bescheid, können also darüber Auskunft geben, und unsere Studien zeigten auch, daß sie am Ende tatsächlich erfolgreich waren. Hört man unerkannt ihren Gesprächen zu und verfolgt ihre Verhaltensweisen systematisch, dann ist es beeindruckend zu sehen, wie sie die verschiedenen Gelegenheiten nutzen, um sich über andere zu informieren, soziale Vergleiche anzustellen und sich darüber auszutauschen. Schon als die ersten Warenhäuser in den zwanziger Jahren aufkamen, bewährten sich die Verkehrswege, Auslagen, Verkaufsstände usf. als Ort für mehr oder weniger provokante Versuche Jugendlicher, sich die Welt der Erwachsenen und deren Rollenverhalten spielerisch anzueignen (Muchow & Muchow, 1935). Dies ist heute nicht anders, wenn eine Gruppe von Jungen eine Fahrtreppe im Einkaufspalast gegen den Strom benutzt und dabei bewundernde Blicke der Mädchen von der Galerie einfängt.

Brandtstädter (1990) hat eine Zahl von auf das eigene Handeln bezogenen Entwicklungsregulativen genauer unterschieden. Das Ausmaß, in dem wir auf die Bilanz von Gewinnen und Verlusten unserer Entwicklung Einfluß nehmen, hängt unter anderem ab von naiven Entwicklungstheorien, persönlichen Entwicklungszielen sowie entwicklungsbezogenen Kontrollüberzeugungen. Ich gebe hierzu einige Erläuterungen.

Wir alle teilen Annahmen über die Bedingungen und Verläufe von Entwicklung, insbesondere auch hinsichtlich ihrer Veränderbarkeit. Solche naiven Entwicklungstheorien, die natürlich ihrerseits nicht vom Himmel fallen, sondern von Wissenschaft und Medien beeinflußt sind, dienen der Erklärung gegenwärtiger und der Vorhersage künftiger Entwicklungen. Sie können, aber müssen keineswegs realistisch sein. Naive Entwicklungstheorien bilden, wie die Bezeichnung schon andeuten soll, ein mehr oder weniger kohärentes Geflecht von Annahmen und Querverweisen, in welche die unterschiedlichsten Informationsquellen wie kulturelle Vorgaben und eigene Erfahrungen eingehen. Nicht zuletzt haben natürlich Eltern Vorstellungen über Entwicklungsmechanismen und deren Ansprechbarkeit (Goodnow, 1988). Naive Entwicklungstheorien sind sozusagen im Hintergrund wirksam, werden aber dann besonders aktiviert, wenn Herausforderungen gemeistert werden müssen, die ohnehin zu gesteigerter Aufmerksamkeit gegenüber dem Ist der eigenen Entwicklung führen.

Weiterhin haben wir alle, erst recht ab etwa dem frühen Jugendalter, eigene Ziele und diesen übergeordnete und integrierende Wertorientierungen als Leitlinien für unsere Entwicklung. Hier liegen die Maßstäbe, welche bestimmte Entwicklungsergebnisse als Gewinn, andere als Verlust erscheinen lassen. Die Entwicklungspsychologie hat verschiedene, auch fast schon in den Alltagssprachgebrauch übergegangene Konzepte zur Beschreibung solcher Orientierungen aufgebracht. Beispielsweise spricht man, wenn es um die großen Linien der Lebensperspektive geht, von Daseinsthemen oder Identitätsprojekten. Sie stiften den Sinn und Zusammenhalt für umschriebenere Zielentwürfe, die man als personal projects oder life tasks bezeichnet (Cantor, 1994). Auch hier gilt, daß die Zielorientierungen nicht ständig bewußt sind, sondern dann aktualisiert werden, wenn man an Grenzen stößt oder Schwierigkeiten erfährt.

Ein der Zugänglichkeit des Untersuchungsfeldes wegen gut untersuchter Fall sind die Suche nach höherer geistiger Unabhängigkeit und tieferen emotionalen Bindungen, welche den Beginn eines Studiums und damit entsprechende Altersgruppen charakterisieren. Wie junge Leute allerdings diese gesellschaftlich und sozial angelegten Herausforderungen für sich als Lösung eines erst noch genauer zu erkennenden Problems umsetzen, zeigt eine große Spielbreite. Nicht jede Herangehensweise ist gleichermaßen kurz- und erst recht langfristig erfolgreich. Harlow und Cantor (1994) konnten beispielsweise zeigen, daß manche bei den fast unvermeidlichen Rückschlägen im Studium forciert Situationen aufsuchen, die an sich der Geselligkeit dienen. Jetzt werden sie aber umzufunktionieren versucht in Gelegenheiten zur Bekräftigung des angeschlagenen Selbstbewußtseins. Dies ist zwar oft erfolgreich, hat aber einen hohen Preis, denn manche Freunde fühlten sich unfair um ihre eigentlichen Ziele gebracht.

Ziele sind das eine, ihre Umsetzung ist das andere. Wie das Beispiel der jugendlichen Diskothekenbesucher zeigte, nutzen sie die „Props" der Umwelt in geschickter Weise, um sich in Szene zu setzen. Wie im Paarungsverhalten überhaupt, geht es bekanntlich für Jungen vor allem um die Vorführung ihrer Ressourcen, also Kraft, Ausdauer, Überlegenheit. Wir nannten dies „Nutzen gegen den Strich" (Silbereisen, Noack & Wissler, 1991) und haben damit herausstellen wollen, daß es ein besonders unter Jugendlichen verbreiteter Trick ist, die eigene Attraktivität durch das Erobern und Sichunterwerfen fremden Terrains vorzuführen.

Wie die Umsetzung der eigenen Entwicklungsziele im einzelnen geschieht, ist viel zu wenig untersucht. Die Forschung hat zwar einige Verfahren entwickelt, um den Umfang der Exploration von Optionen sowie die daraus erwachsenden Überzeugungen festzuhalten, doch eigentlich geht es um eine differenzierte Erfassung der verschiedenen Strategien, mit denen junge Leute Identitätsprojekte und life tasks bewältigen. Bei diesen Strategien ist auch zu bedenken, daß es Unterschiede zwischen Personen und Lebenslagen darin gibt, welche Strategien genutzt werden.

Schließlich gibt es noch eine weitere wichtige Komponente von Entwicklungskontrolle, die als Kontrollüberzeugungen bezeichnet werden. Hier handelt es sich um Annahmen der Person darüber, inwiefern sie im Prinzip über Mittel verfügt, die tatsächlich geeignet sind, Entwicklung im Sinne der eigenen Ziele und Wertorientierungen zu verändern. Einerseits geht es hier um konkrete Vorstellungen zur Beeinflußbarkeit spezifischer Merkmale von Entwicklung, andererseits um das, was Bandura (1995) als Selbstwirksamkeitsüberzeugungen bezeichnete.

Den auf die eigene Entwicklung bezogenen Selbstwirksamkeitsüberzeugungen kommt eine überragende Bedeutung zu. Sie werden genauer bestimmt als Überzeugungen hinsichtlich der eigenen Befähigung, Handlungen so organisieren und ausführen zu können, daß sie künftige Herausforderungen zu bewältigen erlauben. Selbstwirksamkeitsüberzeugungen dürfen und sollen einen Schuß von Überoptimismus enthalten, weil dies es ist, was uns ungeachtet unvermeidlicher Widerstände an Zielen festhalten läßt. Ohne ein Stück solcher Illusion gäbe es keine Erfinder.

Selbstwirksamkeitsüberzeugungen beeinflussen unser Handeln auf verschiedenen Wegen (Bandura, 1995). Nur wer von den eigenen Fähigkeiten zur Kontrolle überzeugt ist, wird sich gedanklich Szenarien künftiger Aktivitäten und Erfolge ausmalen, die dann zur Leitschnur eigenen Handelns werden. Neben diese kognitive Funktion tritt die motivationale. Szenarien antizipierter Entwicklungsergebnisse energetisieren uns und halten Anstrengungen oftmals über lange Zeit aufrecht. Die erwarteten Folgen unseres Handelns sind es, die antreiben. Solche Voraussicht bleibt aber blaß, wenn es an Selbstwirksamkeitsüberzeugungen mangelt.

Eigene Entwicklungsbemühungen werden immer wieder vor schwierigen, vielleicht sogar bedrohlichen Herausforderungen stehen. Wer sich geängstigt sieht, vermag dem nicht die besten Bemühungen entgegenzusetzen. Selbstwirksamkeitsüberzeugungen mindern solche beeinträchtigenden affektiven Zustände, weil sie als überkommbar und vorübergehend wahrgenommen werden.

Schließlich kommt Selbstwirksamkeitsüberzeugungen noch eine weitere entscheidende Rolle zu. Wer von der Wirksamkeit des eigenen Handelns überzeugt ist, wird aktiv Umwelten aufsuchen, die ihrerseits das Potential von Entwicklungsanregung in sich tragen. Den eigenen Radius an möglichen Erfahrungen zu vergrößern, ist unabdingbare Voraussetzung von Entwicklung. Wer sich aus Zweifel an der Selbstwirksamkeit nicht traut, hat Nachteile, die sich über die Zeit verstärken.

Was ich nur mit Beispielen benennen konnte, zieht sich natürlich durch alle Entwicklungsanforderungen und Lebensbereiche. Um auf die berufliche Orientierung und Identitätsfindung erneut anzuspielen, lassen Sie mich einfach die

Selbstverständlichkeit festhalten, daß Entscheidungen über die Ausbildung und Berufskarriere einen prägenden Einfluß auf das gesamte Leben haben. Nur wer eine optimistische Selbstwirksamkeitsüberzeugung hat, wird tatsächlich eine große Spielbreite von Optionen explorieren, gerade auch die für andere womöglich ängstigenden.

Selbstwirksamkeitsüberzeugungen kommt also eine Schlüsselrolle zu. Sie sind eine allgemein die Entwicklung beeinflussende Größe, nicht auf einzelne Themen oder Kontexte festgelegt. Von der eigenen Wirksamkeit überzeugt zu sein, heißt nicht, sich selbst auf Kosten anderer verwirklichen zu wollen. Selbstwirksamkeitsüberzeugungen sind deshalb in einer auf persönliche Durchsetzung orientierten Gesellschaft gleichermaßen bedeutsam wie in einer auf den Dienst an der Gruppe ausgerichteten.

Gibt es weitere Aspekte der Persönlichkeit, denen eine ähnliche Bedeutung für die Gestaltung der eigenen Entwicklung zukommt? Sicherlich wären zahlreiche zu nennen, doch auf der gleichen Skala von Wichtigkeit sind vor allem Konstruktionskompetenzen zu nennen. Darunter sind all jene kognitiven Prozesse zu verstehen, die uns das Erkennen von Strukturen, die Akkumulation von Wissen sowie deren Nutzung ermöglichen, also beispielsweise die unterschiedlichen Formen der Intelligenz und der am Lösen komplexer Probleme beteiligten Wahrnehmungen, Verarbeitungs- und Entscheidungsprozesse.

Förderung der Veränderungsoffenheit

Nachdem jetzt klar geworden ist, daß Entwicklung über die Lebensspanne ein Geschehen ist, an dem mehrere Entwicklungssysteme und Entwicklungsregulative beteiligt sind, die auf komplexe Weise in Wechselwirkung stehen, ist es an der Zeit, auf die Ausgangsfragestellung zurückzukommen: Welche Aspekte der Persönlichkeitsentwicklung sind entscheidend, um den Herausforderungen des sozialen Wandels zu entsprechen, und durch welche Bedingungen wird ihre Entwicklung befördert? Aus dem bisher Gesagten lassen sich einige Eingrenzungen treffen.

Alle heutigen Herausforderungen des technischen und sozialen Wandels sind zwar teils neu nach ihrem Inhalt, vor allem aber hinsichtlich des Tempos der Veränderungen und bezüglich der weltumspannenden Interdependenzen. Mit vorbildlosen Herausforderungen umzugehen ist uns mitgegeben, und die erforderliche Plastizität darf als vorhanden unterstellt werden.

Alle Änderungen von Umwelt und Gesellschaft sind von Menschen gemacht und damit Kulturprodukt. Diesen Herausforderungen zu genügen und ihnen gegebenenfalls auch Paroli zu bieten, ist nicht die Frage einer Änderung der genetischen Steuerung von Verhaltenspotentialen, sondern eine Anforderung an die kulturelle Regulation von Entwicklung. Als Psychologe sehe ich natürlich das Individuum selbst im Mittelpunkt und betone die Bedeutung personaler Entwicklungskontrolle. Geht es um diese, so stehen nach den vorangegangenen Ausführungen insbesondere drei Komponenten im Mittelpunkt, nämlich auf Entwicklung bezogene naive Theorien, persönliche Entwicklungsziele sowie entwicklungsbezogene Selbstwirksamkeitsüberzeugungen.

Hier möchte ich ansetzen und jeweils fragen, ob wir ohne weiteres von einer den geänderten Umständen angemessenen Ausprägung und Förderung ausgehen können. Sie werden verstehen, daß ich mich auf eine exemplarische Darstellung beschränken muß, wobei ich mit einem Bezug zur aktuellen Situation in Deutschland beginne.

Zwischen den Landesteilen bestehen auch heute noch Unterschiede in Überzeugungen hinsichtlich der Rolle des Staates, die sich teils auch in naiven Entwicklungstheorien wiederfinden und längerfristig als regionales Sonderbewußtsein halten können. Wie Zapf (1996) berichtet, ist die Bilanz der Ostdeutschen hinsichtlich der Lebensbedingungen nach der Wiedervereinigung überwiegend positiv. Rund 50 Prozent glaubten 1993, daß es ihnen persönlich besser gehe und sie die Zukunft optimistisch einschätzen. Gleiches gilt auch für das wirtschaftliche System, nicht aber für das politische der neuen Bundesrepublik. Dies ist der Fall ungeachtet aller Aufbauleistungen und einer wachsenden Akzeptanz der neuen Institutionen – wieso? Rund 60% der Ostdeutschen gegenüber nur 30% der Westdeutschen sehen den Staat, nicht die einzelnen, in der Verantwortung für die Sicherung der Existenz. Dies ist ein Unterschied in der politischen Kultur, der sich, mehrfach vermittelt und gebrochen, auch in den Vorstellungen über die persönliche Entwicklung niederschlagen dürfte. Beispielsweise darf man erwarten, daß beim Scheitern von Entwicklungshoffnungen hinsichtlich der Existenzgestaltung das Ich schützende Mechanismen ins Spiel kommen. Um nicht mißverstanden zu werden: all dies ist natürlich vor dem Hintergrund grundsätzlich sehr ähnlicher Werthaltungen in Ost und West zu sehen (Reitzle & Silbereisen, 1996).

Das Beispiel regionaler Unterschiede in Alltagsüberzeugungen zum Träger von Verantwortlichkeit hat den Vorteil, einen Eindruck von den Schwierigkeiten zu vermitteln, die überwunden werden müßten, um eine Änderung zu erreichen. Hier wird deutlich, daß naive Entwicklungstheorien tief in kulturellen und gesellschaftlichen Grundüberzeugungen und Werten verankert sind. Mit Begriffen wie „Individualisierungsschub" werden nicht nur Bestrebungen zu mehr Selbstverwirklichung bezeichnet, sondern auch die Stärkung der individuellen Verantwortung für die Gestaltung der eigenen Entwicklung.

Hier gibt es in Deutschland natürlich nicht nur politisch-regionale Unterschiede, sondern auch solche in Abhängigkeit vom kulturellen Hintergrund im weiterem Sinne. Die Rolle der Person bei der eigenen Entwicklung wird in individualistischen Gesellschaften anders gesehen als in kollektivistischen. Dies muß nicht heißen, daß nur eine auf die Leistungen der Person abhebende naive Entwicklungstheorie den Anforderungen des sozialen und technologischen Wandels entspräche. Wer allerdings Handlungssicherheit durch loyale Unterordnung zu erreichen gewohnt ist, wird dem Wandel wenig entsprechen können (Smith, Dugan & Trompenaars, 1996).

Traditionelle Unterschiede in den Rollenzuweisungen an Frauen und Männer spiegeln sich auch in naiven Entwicklungstheorien. Untersuchungen zu Karrierehindernissen bei Frauen haben gezeigt, daß ihnen Vorstellungen über die Rolle von persönlichen Netzwerken in der beruflichen Entwicklung weniger vertraut sind (Eccles et al., 1993). Selbst in der Psychologie ist das Verhältnis von Studentinnen zu Hochschullehrerinnen ähnlich ungünstig wie in allen anderen Fächern.

Neben möglichen regionalen und geschlechtstypischen Unterschieden in entwicklungsbezogenen Wahrnehmungen und Überzeugungen, die den Anforderungen und Chancen des sozialen Wandels in unterschiedlicher Weise entsprechen, gibt es auch naive Vorstellungen über das Alter, die sich unter den neuen Bedingungen als Hindernis herausstellen. Die Altersstereotype über die Modifizierbarkeit von Entwicklung hinken dem Stand der Erkenntnis über die tatsächliche Plastizität hinterher. Wie Schaie (1994) an jahrzehntelangen Längsschnittstudien zur Intelligenz gezeigt hat, ist mit wirklichen, die Leistungsfähigkeit beeinträchtigenden Einbußen der Intelligenz erst jenseits des siebten Lebensjahrzehnts zu rechnen, und dies bei sonstiger Gesundheit keineswegs bei allen. Das verbreitete Stereotyp früherer Beschränkungen der Funktionstüchtigkeit ist eher mangelnder Anregung und einschränkenden früheren Lebensumständen geschuldet. Hinzufügen möchte ich noch, daß natürlich Intelligenz allein für erfolgreiches Altern überhaupt nicht ausschlaggebend ist.

Wenn die naiven Entwicklungskonzepte über Kindheit und Jugend wahrscheinlich hinsichtlich der Leistungspotentiale realistischer sind, so hat dies mit den zahlreichen Institutionen zu tun, vom Kindergarten über die Schule bis zur Berufsausbildung, deren erklärtes Ziel es ist, ein Optimum zu verwirklichen, wofür es, je nach Perspektive, über Jahrzehnte oder Jahrtausende erprobte Techniken gibt. Dies ist sicherlich für das hohe Alter jenseits des Ausscheidens aus dem Beruf nicht der Fall. Hier sehe ich dank der demographischen Veränderungen zugunsten der älteren Jahrgänge sogar eine wichtige Quelle neuer entwicklungsrelevanter Vorstellungen über das Seniorenalter. Warum sollten sie nicht für die Kinder und Jugendlichen Mentoren mit größerer Erfahrung und Gelassenheit sein? Von Ghettos und ähnlich abträglichen Lebensumständen weiß man jedenfalls, daß jene Kinder und Jugendlichen eher schadlos für Leib und Seele davonkommen, die wenigstens eine Bezugsperson außerhalb der Familie haben, die selbst häufig auch geschädigt ist (Werner & Smith, 1982).

Was die entwicklungsbezogenen Ziele und Wertorientierungen der einzelnen anbelangt, so stellt der rasche technische und soziale Wandel die gesamte Identitätssuche vor neue Aufgaben. In Gesellschaften, deren Wirtschaftsverhältnisse und Sozialbeziehungen über Generationen nahezu unverändert sind, genügt es, die Jugend in die Gepflogenheiten des Erwachsenenstatus einzuweisen. Was für die Vorväter und -mütter galt, hatte auch für die junge Generation Bestand. Lernen durch Mittun und Beobachten war entscheidend, und die Verpflichtung auf den neuen Status als Erwachsener wurde in Übergangsritualen bekräftigt (Mead, 1971).

Heute ist die Suche nach Identität ungleich schwieriger geworden. Allein schon die Selektion unter den vielen Möglichkeiten an provisorischen Identitäten, welche die populäre Jugendkultur anbietet, ist atemberaubend. Überhaupt ist nicht Verfügbarkeit von Informationen, sondern Selektion entscheidend. Wenn Sie an das Internet denken, welches sich nur noch mittels eigens entwickelter Suchprogramme nutzen läßt, haben Sie hierfür ein Beispiel.

Selektion ist ein wichtiges Stichwort. Entwicklung heißt immer Selektion aus vielen, alternativen Möglichkeiten, die freilich langfristig unterschiedliche Vorteile bieten mögen. Deshalb geht es um Optimierung, wobei mögliche Einbußen in der Funktionstüchtigkeit kompensiert werden. Dieses von Baltes und Baltes (1989) so genannte Prinzip der selektiven Optimierung mit Kompensation gilt für die gesamte Lebensspanne, wiewohl die Balance von Gewinn und Verlust an Anpassung am Anfang günstiger ist denn gegen das Ende des Lebens. Hier sind jüngere Forschungen zur Lebensbewältigung im hohen Alter aufschlußreich. Der Einfluß objektiv nicht kontrollierbarer Faktoren auf unsere Lebensgestaltung nimmt sicher im hohen Alter zu, wofür man nur an die Einschränkungen der sensorischen Fähigkeiten denken muß. Weiterhin ist es so, daß auch subjektiv die Balance von Gewinn und Verlust immer mehr zu letzterem ausschlägt, wobei Weisheit und Gelassenheit als bis ins hohe Alter wachsend bezeichnet werden. Dennoch erleben die wenigsten gesunden Alten einen Verlust an Selbstwirksamkeit.

Ein aufschlußreiches Beispiel gibt eine Untersuchungsserie von Carstensen (1992). Sie konnte zeigen, daß im hohen Alter zwar die Menge von Kontakten mit unterschiedlichen Sozialpartnern abnimmt, was allein schon nachlassender Mobilität zuzuschreiben ist. Insbesondere werden aber persönlich weniger bedeutsame Kontakte zugunsten einer Intensivierung der Begegnungen mit Nahestehenden aufgegeben. In der Summe bedeutet dies, daß die Menge an Kontakten trotz der Erschwernis aufrechterhalten wird. Genauer betrachtet werden also teils die Ziele revidiert und Ansprüche erniedrigt, teils vermehrt Anstrengungen unternommen, die Einbrüche auszugleichen.

Sowohl die Inhalte der naiven Entwicklungskonzeptionen wie die tatsächlichen persönlichen Entwicklungsziele sind vielfältigen Bedingungen unterworfen, die sich teils der Einflußnahme von außen entziehen, weil sie selbst Produkt von Entwicklungsbemühungen der Person sind. Darüber hinaus besteht über die richtigen Inhalte in der Gesellschaft oft kein Konsens. Damit bleibt als vornehmliches Ziel einer Förderung von Veränderungsoffenheit in der Persönlichkeitsentwicklung die Förderung von Selbstwirksamkeit selbst. Wie ich schon erwähnte, ist sie unter den unterschiedlichsten, auch sehr abträglichen Lebensbedingungen, in den verschiedensten kulturellen Kontexten jeweils mit dem „besseren" Entwicklungsergebnis verknüpft.

Dies bedeutet nicht, daß die unterschiedlichsten Lebenslagen auch vergleichbare Anregungen zur Ausbildung von Selbstwirksamkeit geben würden. Im Gegenteil, wie ein Blick auf die schon erwähnte Forschung zur Unverletzbarkeit zeigt, haben neunzig Prozent oder mehr der Bewohner eines Ghettos nicht die Energie, der Kriminalitätsbelastung und wirtschaftlichen Chancenlosigkeit zu entfliehen. Was die wenigen Glücklichen auszeichnet, so kann ich die früher genannten Beispiele konkretisieren, waren Gelegenheiten, sich die Selbstachtung zu wahren dank der Erfahrung von Selbstwirksamkeit.

Welche Bedingungen führen im einzelnen zur Ausbildung von Selbstwirksamkeitsüberzeugungen? Am wichtigsten sind natürliche Erfahrungen, daß man vielfältige Herausforderungen bewältigt hat. Dies ist leicht gesagt, aber schwer erreicht. Offensichtlich muß es sich um entwicklungsgerechte Erfahrungen handeln, denn das Wissen um die eigene Wirksamkeit im Hervorbringen von Effekten setzt beispielsweise zuvor das Wissen voraus, daß bestimmte Effekte überhaupt angebbare Ursachen haben. Solche Erfahrungen zu machen, kann durch die Umwelt erleichtert werden. Was die personale Umwelt angeht, so kommt der Familie als Primärgruppe eine besondere Bedeutung zu. Man weiß beispielsweise, daß eine elterliche Haltung besonders förderlich ist, die man als autoritativ bezeichnet: hier wird viel Zuwendung mit klaren Herausforderungen und Spielräumen für Selbständigkeit verbunden. Erfolgt dies mit Konsistenz, sind wichtige Voraussetzungen erfüllt (Baumrind, 1991).

Das elterliche Verhalten seinerseits wird von Erfahrungen in der eigenen Umwelt geprägt, vor allem am Arbeitsplatz. Wie Kohn (1985) zeigen konnte, schlagen sich geringe Gestaltungs- und Entscheidungsspielräume in der Arbeit in einer geringeren Wertschätzung solcher Autonomie nieder, was sich dann im Erziehungsverhalten zeigt. Gleichzeitig werden Aufgaben für das Kind, die es zum Bemeistern herausfordern, gering geschätzt, und sei es auch nur bei der Wahl des Spielzeugs.

Jenseits des Primärkontexts Familie geraten andere Kontexte in den Blick. Freizeitaktivitäten enthalten in der Regel traditionell starke Momente von Selbstgestaltung, während die Schule in größerem Umfang mit Vorgaben ohne Einflußmöglichkeit arbeitet. Was immer wieder festgestellt wurde, ist ein Mißverhältnis zwischen dem, was beispielsweise Jugendliche an Freiheit und

Gestaltungsspielraum wünschen, und dem, was Institutionen wie die Schule anbieten. Die große internationale Mathematikstudie (TIMSS) hat beispielsweise gezeigt, daß dem entdeckenden Lernen und den darin ruhenden Erfolgserlebnissen viel zuwenig Gewicht gegeben wird.

Ethische Grenzen

Mein Plädoyer zur Förderung von inhaltlich nicht festgelegten Selbstwirksamkeitsüberzeugungen, die als Motor von entwicklungsorientiertem Handeln dienen können, läuft nicht, um es überspitzt auszudrücken, auf ein neues Schulfach hinaus. Im Gegenteil, die Verfolgung von Entwicklungszielen bis hin zur Identität erfolgte durch die Person, die Anregungen zwar aufgreift, aber dabei selbst gestaltet. Nun besteht sicherlich die Gefahr, daß solche Handlungskompetenz zu fördern einen sozusagen blinden Akteur schafft, der nicht das ethisch Gebotene, sondern das pragmatisch Machbare anstrebt.

Der Zusammenbruch vieler Freizeitangebote nach der deutschen Vereinigung hat Jugendlichen beispielsweise Möglichkeiten zur Erfahrung solcher Selbstwirksamkeit genommen, die wir als positiv einschätzen. Wer sich mit anderen für Überfälle verabredet und sich an womöglich wehrlosen Opfern vergreift, mag Selbstwirksamkeit erleben, aber um den Preis der willentlichen Schädigung anderer. Es bedarf also eines Regulativs, welches die sozusagen blinde Maximierung von Selbstwirksamkeit verhindert.

Kriterien optimaler Entwicklung anzugeben ist offenbar nicht einfach. Kulturen unterscheiden sich bekanntlich beträchtlich in dem, was als richtig angesehen wird. Dennoch muß es möglich sein, sich auf grundlegende ethische Maßstäbe, vielleicht als Ergebnis eines schwierigen Diskurses, festzulegen. Küng und Kuschel (1993) haben in diesem Zusammenhang eine neue Ethik angesichts der Globalisierung der Probleme von Wirtschaft, Ökologie und Politik angemahnt. Hierunter verstehen sie einen minimalen Konsens hinsichtlich verbindlicher Werte, Standards und moralischer Einstellungen. Ihre Vorschläge, die weder einer bestimmten Religion noch Ideologie zuzurechnen sind, lauten folgendermaßen: Verpflichtung auf eine Kultur des Gewaltverzichts und des Respekts für das Leben, der Solidarität und gerechter ökonomischer Ordnung, der Toleranz und Aufrichtigkeit, gleicher Rechte und Partnerschaft zwischen Mann und Frau.

Diesen Zielen und ihren mannigfachen alltäglichen Verwirklichungen zu folgen wird durch Selbstwirksamkeitsüberzeugungen sicherlich nicht behindert, muß aber seinerseits aktiv angestrebt werden. Hierzu ist es erforderlich, die Werthaltigkeit allen auf die eigene Entwicklung bezogenen Handelns erfahrbar zu machen. Wie kann dies geschehen?

Kohlberg (1986) hat hierzu vorgeschlagen, Institutionen wie Schulen oder Freizeitstätten als „Just Community" umzugestalten. Gemeint ist, daß vermehrt

Gelegenheiten geschaffen werden, um angesichts alltäglicher, unvermeidlicher Konflikte einerseits systematisch die Perspektive des Gegenübers einnehmen zu können. Diese sogenannte Rollenübernahme ist eine der Intelligenz vergleichbare Kompetenz zum Entschlüsseln sozialer Situationen. Andererseits werden Möglichkeiten geboten, die in vielen alltäglichen Konflikten enthaltenen moralischen Dilemmata miteinander zu diskutieren. Die Idee ist, auf diese Weise die moralische Entwicklung zu fördern, also komplexere Maßstäbe für Gerechtigkeit anzuwenden. Gerecht ist dann beispielsweise nicht, was von oben angeordnet wird oder sich vom Akteur zu seinem Nutzen durchsetzen läßt. Die Anerkennung der Vielfalt unter Wahrung von ethischen Grundsätzen wie den genannten ist ein Wert an sich, der entwicklungsbezogenem Handeln Grenzen setzt.

Damit bin ich am Schluß angelangt. Der Kern meiner Auffassung ist denkbar einfach. Je mehr Entwicklung im weitesten Sinne eigenem Handeln unterliegt, wir also die Grenzen unserer Anpassungsfähigkeit durch kulturelle Evolution vorantreiben, desto wichtiger ist es, daß dieses entwicklungsbezogene Handeln so frei wie nur ethisch vertretbar eine Vielzahl von Optionen für die eigene Entfaltung in der Gemeinschaft anderer exploriert. Lebenslange Identitätsprojekte mit all ihren Zwischenschritten zu betreiben bedarf vielfacher Fähigkeiten und Fertigkeiten, vor allem aber einer grundlegenden motivierenden Kraft. Dies sind die Selbstwirksamkeitsüberzeugungen. Ihre Ausbildung zu fördern ist die wichtigste Grundlage einer Ich-Entwicklung, die zugleich veränderungsoffen und grenzbewußt ist. Mannigfache weitere Bedingungen müssen hinzukommen, aber „jede Reise beginnt mit dem ersten Schritt", wie das Sprichwort sagt.

Literatur

Baltes, P. B. & Baltes, M. M. (1989). Optimierung durch Selektion und Kompensation. Ein psychologisches Modell erfolgreichen Alterns. Zeitschrift für Pädagogik, 35, 85-105.

Baltes, P. B. & Kliegel, R. (1992). Further testing of limits of cognitive plasticity: Negative age differences in a mnemonic skill are robust. Developmental Psychology, 28, 121-125.

Bandura, A. (1995). Exercise of personal and collective efficacy in changing societies. In A. Bandura (Hrsg.), Self-Efficacy in changing societies (pp. 1-45). Cambridge, MA: Cambridge University Press.

Baumrind, D. (1991). Parenting styles and adolescent development. In R. M. Lerner, A. C. Petersen & J. Brooks-Gunn (Hrsg.), Encyclopedia of adolescence (Vol. 2, pp. 746-758). New York: Garland.

Brandtstädter, J. (1990). Entwicklung im Lebenslauf. Ansätze und Probleme der Lebensspannen-Entwicklungspsychologie. Kölner Zeitschrift für Soziologie und Sozialpsychologie, Sonderheft 31, 322-350.

Cantor, N. (1994). Life task problem solving: Situational affordances and personal needs. Personality and Social Psychology Bulletin, 20, 235-243.

Carstensen, L. L. (1992). Social and emotional patterns in adulthood: Support for socioemotional selectivity theory. Psychology and Aging, 7, 331-338.

Easterlin, R. A. (1987). Birth and fortune: The impact of numbers on personal welfare. Chicago: The University of Chicago Press.

Eccles, J. S., Midgley, C., Wigfield, A., Miller Buchanan, C., Reumann, D., Flanagan, C. & Mac Iver, D. (1993). Development during adolescence: The impact of stage-environment fit on young adolescents' experiences in schools and in families. American Psychologist, 48, 90-101.

Goodnow, J. J. (1988). Parents' ideas, actions and feelings: Models and methods from developmental and social psychology. Child Development, 59, 286-320.

Harlow, R. & Cantor, N. (1994). The social pursuit of academics: Side-effects and „spillover" of strategic reassurance-seeking. Journal of Personality and Social Psychology, 66, 386-397.

Kohn, M. L. (1985). Arbeit und Persönlichkeit: Ungelöste Probleme der Forschung. In E.-H. Hoff, L. Lappe & W. Lempert (Hrsg.), Arbeitsbiographie und Persönlichkeitsentwicklung (pp. 41-73). Bern: Huber.

Kohlberg, L. (1986). Der „Just Community" -Ansatz der Moralerziehung in Theorie und Praxis. Transformation und Entwicklung (pp. 21-55). Frankfurt: Suhrkamp.

Kommission für Zukunftsfragen der Freistaaten Bayern und Sachsen (Hrsg.) (1996). Erwerbstätigkeit und Arbeitslosigkeit in Deutschland. Bonn.

Küng, H. & Kuschel, K. J. (Hrsg.) (1993). A global ethic. The declaration of the parliament of the world's religions. London: SCM Press.

Mead, M. (1971). Der Konflikt der Generationen. Jugend ohne Vorbild. Olten/Freiburg im Breisgau: Walter.

Moffitt, T. E. (1993). Adolescence-limited and life-course-persistent antisocial behavior: A developmental taxonomy. Psychological Review, 100, 674-701.

Muchow, M. & Muchow, H. (1935). Der Lebensraum des Großstadtkindes. Hamburg: Martin Riegel Verlag.

Noack, P. (1990). Jugendentwicklung im Kontext. Zum aktiven Umgang mit sozialen Entwicklungsaufgaben in der Freizeit. München: Beltz.

Reitzle, M. & Silbereisen, R. K. (1996). Werte in den alten und neuen Bundesländern. In R. K. Silbereisen, L. A. Vaskovics & J. Zinnecker (Hrsg.), (1996). Jungsein in Deutschland (pp. 41-56). Opladen: Leske & Budrich.

Roloff, J. (1996). Alternde Gesellschaft in Deutschland. Aus Politik und Zeitgeschichte, 35, 3-12.

Rutter, M. (1996). Transitions and turning points in developmental psychopathology: As applied to the age span between childhood and mid-adulthood. International Journal of Behavioral Development, 19, 603-626.

Scarr, S. (1993). Biological and cultural diversity: The legacy of Darwin for development. Child Development, 64, 1333-1353.

Schaie, K. W. (1994). The course of adult intellectual development. American Psychologist, 4, 304-313.

Silbereisen, R. K., Noack, P. & Wissler, E. (1991). Nutzen gegen den Strich. Vergleichende Analysen zu Freizeitkontexten Jugendlicher in Berlin (West) und Warschau. Spiegel der Forschung (pp. 22-28). Justus-Liebig-Universität Gießen.

Silbereisen, R. K. & Todt, E. (Eds.) (1994). Adolescence in context: The interplay of family, school, peers, and work in adjustment. New York: Springer.

Smith, P. B., Dugan, S. & Trompenaars, F. (1996). National culture and the values of organizational employees. Journal of Cross-Cultural Psychology, 27, 231-264.

Smotherman, W. P. & Robinson, S. R. (1996). The development of behavior before birth. Developmental Psychology, 32, 425-434.

Werner, E. E. & Smith, R. S. (1982). Vulnerable but invincible: A study of resilient children. New York: McGraw-Hill.

Zapf, W. (1996). Zwei Geschwindigkeiten in Ost- und Westdeutschland. In M. Diewald & K. U. Mayer (Hrsg.), Zwischenbilanz der Wiedervereinigung, Strukturwandel und Mobilität im Transformationsprozeß (pp. 317-328). Opladen: Leske & Budrich.

Seminar C
Zivilisation
braucht Grenzen

Leitung:
Prof. Dr. Doris Janshen

Doris Janshen

In diesem Seminar werden wir sowohl theoretische Erörterungen führen als auch *down to earth* kommen, zu den realen politischen Prozessen. Im ersten Teil unserer Session werden wir eher grundsätzliche Fragen der Zivilisation erörtern, grundsätzliche Fragen jener sozialen, politischen und ökonomischen Strategien, die expansiv den Globus und seine Menschen erfaßt haben. Im zweiten Teil unserer Session werden wir uns dann mit den Problemen indigener Bevölkerungsgruppen befassen und auf die Ebene realer Politik und konkreter Analysen sowie politischer Schlußfolgerungen zurückkehren.

Es bleibt mir die angenehme Pflicht, die Referenten dieses Seminars vorzustellen. Ich komme als erstes zu Herrn Illich. Er wird Ihnen allen sicher bekannt sein. Ich habe versucht, mich zu erinnern, seit wann ich Bücher von ihm lese. Das geht weit zurück bis in die heißen Zeiten der Studentenbewegung. Um 1970 hat Ivan Illich ein Buch über die Entschulung der Gesellschaft geschrieben, und bereits damals war der Mann, der so grenzenlos weit denkt und arbeitet, für die bildungspolitische Öffnung der Gesellschaft und für die Öffnung der Köpfe unserer Kinder. Daß das nicht nur gut ausgegangen ist, wissen wir inzwischen. Ebenfalls im bildungspolitischen Bereich bewegt sich eine der neuesten Veröffentlichungen, „Im Weinberg des Textes". Wir haben auf diesem Kongreß viel gehört über die Veränderung unserer Kultur im Medienzeitalter. Herr Illich ist *just in time*, indem er uns mit diesem Buch zurückführt zum Beginn der Buchkultur kurz vor unserer gegenwärtigen Wende in eine andere mediale Kultur.

Ich selber habe ihn vor etwa 15 Jahren kennengelernt, als er die vielleicht etwas begrenzte feministische Sicht auf das Geschlechterverhältnis im Berliner im Wissenschaftskolleg radikalisierte, indem er den Begriff „gender" erstmalig in Deutschland einführte. Er ist also nicht durch eine Frau eingeführt worden. Wir Feministinnen waren damals gar nicht dafür, weil wir fürchteten, er könnte zur Entpolitisierung der Bewegung führen.

Nun, Herr Illich, falls ich etwas Wesentliches vergessen haben sollte, dürfen Sie das zu Beginn Ihres Vortrags noch hinzufügen.

Ivan Illich

Philosophische Ursprünge der grenzenlosen Zivilisation

Vielen Dank für diese liebenswürdige Einführung. Herr von Weizsäcker, Ernst Ulrich, du bist nicht der erste, der sich diesen Paradiesvogel eingeladen hat, obwohl du ein Ornithologe bist und weißt, daß diese Art Prachtvieh weder mitsingt, noch zwitschert, sondern krächzt. So lande ich in diesem Kongreß über die Grenze, die Entgrenzung und die Planung der Grenzen: in einem Expertengespräch über die Grenze „in ihrem ganzen Umfang", wie man das im 18. Jahrhundert von Weib und Politik gesagt hätte. Seit unserem Gespräch im Frühsommer bereite ich mich darauf vor, hier über die absolute Neuartigkeit der heute dominanten Verwendung des Wortes und des Begriffes von „Grenze" zu sprechen.

Immer wieder ist mir in den letzten 40 Jahren die Aufgabe zugefallen, Grundkategorien der Selbstverständlichkeit als epochale Erscheinungen darzustellen; also Axiome der neuzeitlichen mentalen Topologie zu untersuchen, die sich so sehr im Erleben verankert haben, daß sie weder weg-gedacht noch be-dacht werden können. Wer zum Beispiel die Luft als Ressource denkt, der verfällt nur allzuleicht der Vorstellung, daß Bakterien miteinander um knappen Sauerstoff im Wettbewerb liegen. Damit schreibt er das ganz und gar moderne, in seinem Ursprung bürgerliche Knappheitserlebnis Einzellern zu und erliegt damit einer Illusion, die nur religionswissenschaftlich verstanden werden kann: einer grotesken Form des kapitalistischen Animismus, aus dessen Klauen sich nur selten einzelne befreit haben. „Grenze", wie sie in Ihrem Kongreß hier verkocht wird, möchte ich dementsprechend als Wahn-Vorstellung darstellen. Und das darf ich wohl wagen, denn Befremdung vor den unbedachten Pfeilern der Selbstsicherheit ist der Beitrag, um den du mich gebeten hast.

Vier Jahrzehnte habe ich, teils unter deinem Deckmantel, das Radikalmonopol der Dienstleistungsagenturen und dann die kontraproduktive Verführung zur Steigerung der Geschwindigkeit, zum Streben nach Gesundheit, zur Gier nach Information untersucht. Überlegungen zu Schule, Versicherungs- oder Gesundheitswesen als mythenschaffende Rituale haben mich so zu Untersuchungen über diese Mythen selbst und ihren Ursprung geführt. Wie wurde der Mensch erziehungsbedürftig, leidensunfähig und sein Leben zu einer Flucht vor dem Tod? So haben mich Überlegungen zur sinnprägenden Symbolmacht von Institutionen zur Frage nach der Prägung des Sensoriums durch den so geschaffenen Un-Sinn geführt.

Jetzt, in einer dritten, meiner letzten Epoche, möchte ich mich mit den leibhaftigen Folgen der Teilnahme an den internationalen, mythopoietischen Liturgien der Moderne befassen: also mit der Verwandlung von Fleisch, Sinn und Seele, die auf die immer intensivere Verstrickung in das institutionelle Gewebe der technischen Gesellschaft und auf ihre immer intensivere somatogene Wirksamkeit zurückzuführen ist. Es geht mir jetzt primär um Körpergeschichte, also die soziale Somatogenese der Nachgeborenen und um die damit parallel laufende Entkörperung der Wahrnehmung.

Wir sind heute nicht mehr Einzelgänger, wenn wir uns als Historiker und Philosophen mit dem Faktum der gegenwärtigen Verwandlung von Blick, Gehör, kinetischem Körpergefühl oder der Autozeption befassen. Aber über dieses schlichte Faktum wollen wir hinaus. Wir versuchen, nicht phänomenologisch, sondern exegetisch an diese Neosomatik oder Para-aisthesis heranzukommen. Wir versuchen also, durch die Praxis der Exegese alter Quellen nachzuweisen, daß deren Sinnlichkeit in den Begriffen unserer Gegenwart nicht gefaßt werden kann. Und manchmal gelingt so ein Versuch, sogar bei einer punktuellen Intervention in einem Kongreß.

Vor genau zwei Wochen um diese Stunde in Amsterdam waren wir dran, zwei junge Freunde und ich. In einem rotsamtenen, goldverbrämten Stadttheater saßen achthundert Planer, Architekten, Mediziner und Ingenieure beisammen zum Thema – ich sag's auf Englisch – „speed". Weder Ephedrin noch Amphetamine, sondern ganz triviale Meter pro Sekunde. Eine grün gefärbte Stimmung herrschte unter den Ingenieuren, Planern und Designern im Saal. Die Frage danach, wie sich durch ökologisches Design Energie sparen, Transport reduzieren, Müll abbauen ließe, stand schon auf der Agenda anderer Kongresse. Hier ging es, vielleicht erstmals auf Weltniveau, um die Entschleunigung.

So wie wir vor zwei Jahrzehnten angefangen haben, die Frage nach der Geschichte von Energie, von Menschenversand und von Abfall aufzuwerfen, wenn diese modernen Vorstellungen als scheinbar „natürliche", ahistorische Wirklichkeiten verhandelt wurden, so gab diese Versammlung uns eine Gelegenheit, die Neuartigkeit von „speed" und Beschleunigung zu erläutern. Uns ging es also nicht um die Geschwindigkeitsreduktion oder die Entschleunigung des täglichen Lebens; wir traten zu dritt in Amsterdam auf, um an eine Zeit zu erinnern, in der es stundenkilometerartige Geschwindigkeit einfach nicht gab, also die Zeit vor Nicolas Oresme (1320–1382) oder Galileo Galilei (1564–1642), in der sie nicht denkbar war – und die Zeit vor dem Eisenbahnfahrplan und dem Blick aus dem Abteilfenster, in der „speed" keinem Erlebnis entsprach. Eine dazu parallele Aufgabe habe ich mir hier gestellt: Ich will an eine Zeit erinnern, in der Grenze grundsätzlich nicht das sein konnte, was sie heute meist ist.

Der philosophierende Botaniker, ein nach Algen tauchender Taxonom, Sebastian Trapp, unternahm eine Untersuchung des Falkenbuches von Friedrich II. So wendig und hurtig, geschwind und pfeilgrad der Falke auch ist, so blitzartig er aus seinem Segeln auf das Opfer zustößt, es wäre Geschichtsfälschung, „speed" in diesen lateinischen Text hineinzuinterpretieren, also Distanz über Zeit, einen mensurablen Wert. Friedrich II. hat den Vogel so „falken-gerecht" beschrieben, daß wir aus seinem Text die Verrücktheit, ja Schäbigkeit fassen können, die darin bestünde, dem Falken m/sec zuzuschreiben. Und aus dieser Rücksicht aus dem 13. Jahrhundert wird es dann auch deutlich, daß Wanderer, Fußgänger, Spaziergänger keine Verkehrsteilnehmer sind.

Danach kam Matthias Rieger an die Reihe. Rieger sprach vom Metronom, durch das ein temperiertes Zeitmaß um 1812 in die Musik geschleust wurde. Er demonstrierte, daß Rhythmen und Tempi, Adagio und Allegro oder Presto Verhältnisse und nicht Maße waren. Meine zwanzig Minuten verwendete ich auf den Nachweis, daß *logoi* und *analogiae*, die man lateinisch *proportiones* nannte, so etwas wie zum Beispiel der Goldene Schnitt, bis in das spätere Mittelalter als harmonikale Verhältnisse und nicht als mathematische Brüche verstanden wurden. Auf diese Weise gelang es uns, wünschenswerte Verlangsamung von der Entkopplung des Tuns von der Zeit zu unterscheiden. Viele unserer Zuhörer waren auf den von Wolfgang Sachs geprägten Begriff der „entschleunigten Moderne" eingeschworen. Sie wollten Lebensbedingungen für „SLOBBY"s (slower but better working people) schaffen; das Fließband durch Entschleunigung der Physiologie des Arbeiters anpassen. Wir sprachen von den Balkonen und Nestern, den Ritzen und Dimensionen, in denen wir auch heute noch von jedweder Geschwindigkeit absehen können.

Die Untersuchung der Grenze und der Ent-Grenzung gibt mir eine einzigartige Gelegenheit, noch viel gründlicher als neulich an „speed" in Amsterdam auf das Entstehen und die wachsende Alltagsdominanz eines anderen axiomatischen Generators jener gesellschaftlichen Topologie hinzuweisen, die wir Moderne nennen. Das Faltblatt zu dem Wuppertaler Jahreskongreß ist ein Zeitdokument. So etwas wie „→lim", das überall auftreten kann, in künstlichen Membranen, bosnischer Landschaft, Ebola und Computerviren, türkischen Einwanderern und Bewußtseinsprozessen, so etwas gab's einfach bis vor kurzem nicht.

Das platonisch Beschränkte *péras* (oder *peperasménon*), oder gar das Gegenteil, das *ápeiron* – das Unendliche –, können einfach nicht als legitime Vorfahren von „→lim" gedacht werden: Das zu tun, ist retroaktive Begriffskolonisierung. Es ist schon deshalb nicht möglich, weil in dem Grenzgulasch, das Sie hier servieren, keine Spur des Geschmacks von der Sinnlichkeit des Endlichen oder von der nackten Wirklichkeit des Transzendenten zu spüren ist, die péras zugrunde lag.

Im Spanischen fiel es mir leicht, davon zu sprechen, als ich einer gebildeten Gruppe vom „da" im vormaligen Da-sein etwas sagen wollte. Ich brauchte nur den Zuruf des Don Quichote an Sancho Pansa zu wiederholen: „Als sie auf ihren Reittieren vor der Wand am Ende der Sackgasse standen: ‚Sancho, topamos con la iglesia'. ‚Sancho, nous avons bouté avec l'église.'" Dieses „bouter" für ein Mit-dem-Kopf-gegen-die-Wand-Rennen, das gab es noch als *bozan* im Mittelhochdeutschen. Für jeden Spanier ist Quichotes Ruf ein Memento für das sinnliche Ende des Hüben und das Da-sein des Drüben.

Im Deutschen ist uns dieser Weg verschlossen, schon deshalb, weil es hierzulande eben die „Grenze" gibt. Dafür aber ist es auch leichter im Deutschen, den Verlust der Endlichkeit und die Geschichtlichkeit der Liminalität herauszuarbeiten. In Grimms Wörterbuch zieht sich die Grenze über 77 Spalten des neunten Bandes vom Grenz-Acker bis zum Grenz-Zaun. Beim wiederholten Kramen in dieser Schatzkiste wurde mir klar, wie intensiv deutsch und protestantisch „Grenze" einmal war, wie sich aber auch im Deutschen besonders eindrücklich und verwirrend über den Verlust der Grenze klagen läßt.

Grenze gehört zu den seltenen slawischen Fremdwörtern. Um 1280 wurde das Wort von den Ordensrittern über das Urkundenlatein der Marken ins Deutsche gebracht: *infra dictos limites sive granicies* oder in *suis grenniciis*, das heißt, in seinen Marken. Richtig deutsch wurde das Wort erst durch Luther, dem es sehr passend kam: Er verwendet es in seiner Bibelübersetzung, wo andere Bibelübersetzer wie Johannes Eck Märckte, Landmarken oder „all deine ende" verwenden. Das Wort setzt sich durch nur dort, wo die Reformation ein Gebiet öffnet. Obwohl es für die gedachte Linie zur Scheidung von Gebieten verwendet wird, bezeichnet es häufig die Gebiete selbst, so bei Luther „Galilea aber heyst eyn Grentze, da die Land enden".

Diese Verfügbarkeit des eingeschleppten Wortes muß bedacht sein, um seine Verwendung im 18. Jahrhundert in Übersetzungen aus dem wissenschaftlichen Latein zu verstehen. Auch das Wort „Schranke" stand zur Verfügung; es wird bei der Übersetzung von *limes* verwendet für die Definition endlicher Dinge, über deren Realitätsgrad ein größerer Realitätsgrad möglich ist. Es gibt Variationen unter den Rändern, die sie verändern, aber eine Schranke besteht zwischen dem Rind und dem Pferd.

„Grenze" wurde zum festen Begriff in der Übersetzung des Leibnizschen Infinitesimal-Kalküls. Er bezeichnet den Grenzwert einer konvergenten Folge. Überraschenderweise hat gegen Ende des 18. Jahrhunderts dieser Einsatz des Wortes zur gelehrten Übersetzung den Gebrauch des Ausdrucks „Grenze" in der Umgangssprache beeinflußt, denn nun wird bei seiner Verwendung zunehmend von einem jenseits der Grenze Liegenden abgesehen. Weder auf Englisch,

Französisch oder Spanisch könnte ich diese begriffsgeschichtliche Wandlung an einem entsprechenden Wort demonstrieren, denn „les frontières", „les bornes", „les bordes" und „les limites" tanzen umeinander. Für Leibniz „grenzen Monaden nicht an": jede ist durch sich selbst limitiert. Sie ist die Grenze ihres inneren Aufbaus. Kant nimmt diesen Faden auf:

> *In der Mathematik und Naturwissenschaft erkennt die menschliche Vernunft zwar Schranken, aber keine Grenze. (sie erkennt) zwar, daß etwas außer ihr liege, wohin sie niemals gelangen kann, aber nicht, daß sie selbst in ihrem inneren Fortgange irgendwo vollendet sein werde.*

Diese Möglichkeit, die Grenze unter Ausschluß eines dem Innen entsprechenden Außen zu denken und auch zu erleben, scheint mir das entscheidende Charakteristikum dessen zu sein, was im Thema dieses Kongresses thematisiert wird. Für Kant ist

> *der Begriff eines noumenon bloß ein Grenzbegriff, um die Anmaßung der Sinnlichkeit einzuschränken, und also nur von negativem Gebrauche.*

Für einige seiner Schüler wird „lim", also die Grenze, zu einer konstituierenden Denkbedingung. Die Natur, der vormals die Dinge entsprungen waren, die vordergründige Wirklichkeit, die bisher einer hintergründigen Natur entsprochen hatte, wird nun zum nie erreichbaren „Umfeld" der wissenschaftlichen Integration. Die Naturgeschichte der vielen Steine und Pflanzen und Tiere und Himmelskörper wird zur Naturwissenschaft, die von Vermessungsresultaten ausgeht. Die Kluft zwischen der neugierigen Betrachtung von Blumen, Bergen, Kristallen und Gewittern einerseits und der infinitesimalen Annäherung an monadenhafte naturwissenschaftliche Objekte ist zunehmend unüberbrückbar geworden.[1]

Nur andeuten kann ich hier drei Thesen zu dem von mir vermuteten Zusammenhang zwischen dem Einsatz des Wortes „Grenze" in der strengen, gelehrten Terminologie des 20. Jahrhunderts und seinem Wildern und dann Verwildern im Alltagsdeutsch.

(1) Die Ausschöpfung des „Hüben" ist ein Teilaspekt des Schwundes der „Großen Tradition".

Mein Winterpensum dieses Jahres besteht in der Wiederaufnahme einer Untersuchung dieses entscheidenden Schwundes. Ich habe ihn schon einmal, am Wissenschaftskolleg zu Berlin, zum Thema gemacht und dargestellt, wie Genus zu Sexus wurde. Wie also das dissymmetrische Gegenüber, durch das Mann und Frau historisch konstituiert worden waren, durch Menschheit, Menschlichkeit, den Menschen ersetzt wurde, den es in zwei Ausführungen gibt.

Dieser Umbruch im Verstehen und Erleben des „Gegenübers" ist aus der Kunst-, Botanik-, Medizin-, Rechts- und Ethikgeschichte bekannt. Mein Meister zur Sache und Kollege Joseph Rykwert[2] hat soeben eine Art Bibel zum Thema veröffentlicht und geht in seiner „Tanzenden Säule" architekturhistorisch vom Schwund der Säulenordnungen aus.

Was bis in die Zeit von Descartes und Mersenne die Große Tradition genannt wird, ist eine Jahrtausende überwölbende Denkform, die man auch „kosmisch" oder „harmonikal" nennen kann. Das Wort *chosmos* kommt ja aus dem Griechischen, wo *chosmein* soviel heißt wie „einander gegenüber aufreihen". In dieser Tradition kann Musik nur mit Spannungen, also mit harmonikalen Beziehungen gemacht und gehört werden; das Auge kann nur das, was aufeinander „stimmt", wahr-nehmen, also Proportionen, so wie der Intellekt für die Wahrheit, und nur für sie, geschaffen ist. Der Mensch ist in dieser großen Tradition der Horizont des Da-seins, wesenhaft Grenze zwischen dem Hüben und dem Drüben. Für die Grenze ohne ein Drüben gibt es nur das Wort „Hölle".

Diese konstitutive Ambiguität, diese wesenhafte Zweiseitigkeit jeder Wirklichkeit und ebenso des Sensoriums und des Verstandes, schwindet im 17. Jahrhundert: das „Wie im Himmel, also auch auf Erden" wird zu einer poetischen Metapher. Ich und einige Kollegen sind der Meinung, daß ein Verständnis dieses Schwundes einen privilegierten und bisher kaum verwendeten Schlüssel zum Verständnis jener historisch-kulturellen Singularität darstellt, den wir ausprobieren wollen. Anstelle der Harmonie der drei zu fünf geteilten Seite des Monochords tritt die Quint auf dem gleichschwebend temperierten Klavier; Musik wird zur akustischen Tonkunst. An die Stelle des Hüben und Drüben der einander entsprechenden Saitensegmente tritt die Gegenüberstellung von zwei nur durch ihre Frequenz bestimmten und begrenzten Tönen. An die Stelle des dorisch/jonischen Leitprinzips der griechischen Säulenordnung tritt die Funktionalität des kartesianischen Raumes. In der Medizin verblaßt das galenische Denken, in dem Gesundheit als Säfte-Harmonie verstanden worden war, die in jedem einzelnen dem ihm angeborenen Charakter entspricht, und physiologisch einander zugeordnete Organe bilden die Grundlage der Anatomie des Menschen. In der Ethik treten Werte an die Stelle des *bonum*, also der Entsprechung einer natürlichen Ordnung. Im Rahmen einer Geschichte der Proportionalität ist die damit zustande gekommene „drübenlose Grenze" nur ein, wenn auch ein zentraler Aspekt.

(2) Meist wird der Schwund des Jenseits aufklärerisch als Säkularisierung verstanden, also als das Fortschreiten einer immer tieferen Diesseitigkeit. Die neue Diesseitigkeit wird meist als eine Entbindung aus der Kontingenz des Seins, aus der existentiellen Bezüglichkeit aller Schöpfung vom Schöpfer verstanden. Der Akzent wird also meist auf die neue Selbständigkeit der Welt gelegt, durch die

jedes Wesen in sich selbst den Grund des So-Seins findet. Hans Blumenberg, unter anderen, hat diesen Verlust der Kontingenz brillant und bündig beschrieben. Mir kommt es heute auf eine sehr abstrakte und gleichzeitig einschneidende Veränderung des Grenzerlebnisses an: mit dem Verlust der Kontingenz des Seins vom Willen Gottes (so verschieden diese Abhängigkeit auch von Aristoteles und Thomas Aquinas verstanden wird) und mit dieser neuen Begründung, die jedes Wesen für sein So-Sein und sein Da-Sein in seiner „Natur" findet, wird der Naturbegriff umgekrempelt.

Natur kann nun als das jedem Wesen immanente Gesetz verstanden werden, nach dem sich das Wesen bis an seine Grenzen entfaltet. Was darüber liegt, ist nicht mehr das dem Wesen Entsprechende, nicht mehr die Schöpfung, in der sich das Wesen einordnet, sondern seine Umwelt, sein Milieu, das Feld seiner Existenzmöglichkeit, die Bedingung für seine Entwicklung. Die Natur wird zur „drübenlosen Selbst-Begrenzung". Diese tiefe Selbstgesetzlichkeit, also Autonomie, muß bedacht werden, wenn man die fast unglaubliche Schnelligkeit verstehen will, mit der sich seit seiner Prägung 1976 der Begriff des „Immunsystems" auch im Alltag durchgesetzt hat: Er erlaubt das, was vormals *autos, ego*, das Selbst, ja die Person war, als „ein Leben", genauer: ein provisorisch sich optimierendes Subsystem zu verstehen. Der mir ekelhafte Wunsch zu *überleben* trivialisiert ja nur das Ethos des späten zwanzigsten Jahrhunderts: die mit fallenden marginalen Resultaten und zunehmender Hilflosigkeit wachsende Forderung nach den Mitteln, um nicht zu sterben.

Dissymmetrische Komplementarität der Geschöpfe zueinander, ob die nun zwei Seiten einer Saite waren oder das Herz in der Brust und der Fingerhut im Garten – immer war gegenseitige Kontingenz für beide die Garantie ihrer Endlichkeit. Im Gegensatz dazu brauchen „drübenlose" Wesen endogene Grenzen, also eine selbstgenerierte Definition. In diesem Sinne lese ich Ihr Logo: Systeme „brauchen Grenzen", und sie brauchen Experten, die ihre Durchlässigkeit optimieren. Selbst der Tod wird so zur Grenze, zum optimierten Zusammenbruch eines zum Immunssystem hypostasierten Menschen.

(3) Nach dieser historischen und dann epistemologischen Überlegung zur epochalen Heterogeneität des Grenzgulaschs will ich noch knapp einen anthropologisch-kulturwissenschaftlichen Vergleich heranziehen: die Bedrohung eines Körperteiles, nämlich der Haut als Scheide.

Bedeutende Anthropologen haben darüber gestritten, ob die Wand der Hütte oder der Kochtopf das entscheidende Machwerk war, das dem Neolithiker den Sinn und den Begriff des Gegensatzes von innen und außen ermöglicht hat. Wie dem auch sei, es ist fraglos, daß das Gegenüber von inwendig und auswendig, vom über und unter der Haut, von *joni* und *lingam* für jede Kultur, jedes Ethos eine Voraussetzung ist. Das Sehen und Hören und Fühlen und Denken durch das mit jedem „Hüben" gegebene „Drüben" (genau das besagt das griechische *chosmein*) macht die Welt zum Kosmos.

Der Alltag von Ultraschall und magnetischer Resonanz, von Satellitenblick, Internet und Handy hat zersetzend auf diese für den Menschen konstitutive Komplementarität gewirkt, so daß die Erinnerung an den Menschen als soziales Schichtenwesen und an Gesellschaft als vielfach verwurzelte, überschichtete Lebensform heute nur mit Mühe wiedergewonnen werden kann. Einst lag der Gottesacker jenseits der Dorfgrenze in der Flur. Gräber waren un-heimlich. Wenn ein später Heim-kommer an der Friedhofsmauer einem Verstorbenen begegnet, dann versucht er sich vor dem Gespenst über die Flurgrenze zu retten. Wenn's gelingt, dann springt er auch über den Gartenzaun, der auch nicht ganz geheuer ist, denn die Hexen sind Zaunreiterinnen, mit einem Fuß drinnen und dem andern draußen. Erst unter der Traufe, dem Überhang des Daches, beginnt das Daheim. Und jenseits der Flur, der Äcker, des Waldes, der Gemeinheit beginnen andere Dörfer, aus denen eingeheiratet wird. Solche Schichtung war und ist wohl noch eine Bedingung für das aktive Wohnhaftsein, an dessen Intensität sich der garagierte Mensch nur schwer erinnern kann. Nur einige wenige dieser Schalen, Horizonte, Schichten und Sedimente können durch Grenzsteine oder Schranken privativ vereinnahmt werden. Was für den Dorfbewohner der Standort des Maibaums ist, mag für die Zigeuner der angestammte Lagerplatz sein.

Nur im Inneren einer solchen schalenförmigen Welt kommt es zu Türen, an die man klopft und die sich einem öffnen. Die Türschwelle trennt zwei Dämonen ungleicher Art. Die Schwelle ist keine Schranke, auf deren beiden Seiten Wegstücke liegen. Der über sie geleitet wird, ist Gast; die Frau, die über sie getragen wird, ist Braut, und der sie verletzt, ist ein Eindringling, den man hinauswirft, am besten delegitimiert durch Defenestration, also durch Hinauswurf aus dem Fenster. Denn das Fenster hat vier Funktionen, die das römische Recht formell unterscheidet: Es läßt Licht ein, gewährt Aus- und auch Einblick und ermöglicht es dem Bewohner, sich zu zeigen. Damit sei nur die Vielfalt des Hübens und Drübens an Sims und Schwelle angedeutet. Wie schade, wie unkörperlich, wie unsinnig, wenn diese immer anders bedeutungsschwangere und komplementäre Proportionalität auf Typen der „Durchlässigkeit" reduziert wird!

Ich habe mich nun 30 Minuten lang mit diesem Kongreßprogramm als Zeitdokument beschäftigt. Im Blick aus der Vergangenheit auf die Gegenwart kann man sich nur fragen: Wem kann es einfallen, den Fenstersims und die Friedhofsmauer, die Schwelle, den Zaun und die Haut auf „Grenze" zu reduzieren? Wem kann es einfallen, diese „Scheiden" – diese wasserscheidenden Grate – mit Planungsvorgaben für Verkehrsdichte, Stromverbrauch, Flurbereinigung oder Rationierung von Terminalmedizin zu verwechseln? Kein Zweifel: seit Mitte des

Jahrhunderts wurde kompetitiv dem sogenannten Wachstum und seiner Beschleunigung gefrönt, so daß jetzt in allen gesellschaftlichen Bereichen Entschleunigung, Entflechtung, Entrümpelung durch Identifikation und Begrenzung der entscheidenden Parameter auf der Tagesordnung stehen. Begrenzung hat Konjunktur, weil unerwünschte Nebenwirkungen den Gewinn aus Wachstum in den Schatten stellen. Das Versprechen von Grenzkontrollen bietet jetzt den Zugang zur Macht. Und diese berechneten, verwaltbaren Grenzen stehen in krassem Gegensatz zu dem, was historische „Schwellen" waren.

Der Ersatz des Wachstumskonsensus durch einen Konsens zugunsten von subtilen Alltagsgrenzen erfordert weit größere verwaltende Anmaßung als diejenige, die dem Helfer zur Zeit der Entwicklungswut nötig war. Denn jetzt geht es nicht mehr darum, „wie im Westen, also auch auf Erden" zu wachsen, sondern alle Lebensbereiche als Subsysteme des Weltsystems zu homologisieren: Spülwasser, Leselampe, Anspruch auf Sonnenschutz, Chirurgie oder Prozak. Nicht Wahn, sondern Frust verwaltet der globale Systemingenieur. Dazu sind überzeugte Leute notwendig, die in Recht und Politik ebenso wie in Wissenschaft und Technik sich eine unsinnige, entkörpernde Denk- und Vorgehensweise zu eigen gemacht haben.

Diese Einsicht soll nicht als Entmutigung verstanden werden, sondern als Herausforderung, die den, der das bedenkt, zu einer distanzierten Haltung einlädt. Denn die hier vorgeschlagene Akzentverschiebung auf die Begrenzung systemischer Parameter gehört zweifelsohne zu den Voraussetzungen für jeden, der im technologischen System Freiraum für ethisches Leben finden will. Mit einer Schärfe und Klarheit, die unter der Ägide eines kosmischen Denkens nicht möglich gewesen wäre, kann ich heute die Heterogenität meiner Haltung im Kontrast zur systemischen Organisation dieser Umwelt verstehen, die von verantwortungsvollen Professionellen zunehmend dem notwendigen, komplexen, raffiniert vernetzenden Prinzip der Grenzkontrolle unterworfen wird.

Zweifelsohne: Mit Hilfe der Grenzenlosigkeit der Newtonschen Fluxionen war die Quadratur des Kreises ermöglicht, konnte die Dissymmetrie der Komplementarität ausgebügelt, die der Proportionalität immanente, gegenseitige Mäßigung gesprengt werden. So ließ sich ein vordem undenkbares Weltbild konstruieren, ja ein ungeahntes Megasystem von sozialen, technischen und kommunikativen Komponenten aufbauen, in das zunehmend durch Erziehung, Gesundheit, Unterhaltung, Konsum, Transport, Garagierung, Sozialversicherung und -kontrolle die Bedürfnisse der einzelnen geweckt und auch in etwa „befriedigt" werden konnten.

Aber ebenso erhaben über jeden Zweifel ist es für mich, daß Vertrauen, Liebe, Hoffnung, Achtung und Freundschaft – um deretwillen ich lebe (und nicht überlebe) – nicht auf dem Rezept gründen können, nach dem das Grenzgulasch bereitet wurde. Deshalb – Ernst Ulrich – erschien mir das wichtigste, was ich auf dein Drängen hier beitragen könnte, eine Infragestellung und Ausgrenzung der „Grenze" aus dem Bereich der Wirklichkeit, dem ich bereit bin mich zu unterwerfen. Denn gerade auf Grund des Überhandnehmens einer zum Pörksenschen Plastikwort verkommenen „Grenze" obliegt mir und meinen Freunden wie nie zuvor die Pflege von Schwellen, Simsen, Decken und anderen „Wasserscheiden". Denn auch die Lider meiner Augen sind solche Schwellen – Schwellen des Blickes der Verwunderung und Überraschung durch das Geheimnisvolle von mir, das ich im Gegenüber, und vor allem im Du, in deiner Pupilla finde.

Anmerkungen

1   Newton: „As there is a limit which the velocity at the end of a motion may attain, but not exceed (...) there is a like limit in all quantities and proportions that begin or cease to be." Newton unterstrich, daß im Fall, daß er „quantities as least, or evanescent or ultimate" erwähnen sollte, der Leser „is not to suppose that quantities of any determinate magnitude are meant, but such as are conceived to be always diminished, without end". Das seien immer „quantities which are variable and indetermined, and increasing or decreasing, as it were, by a continual motion or flux". Deshalb: „take care not to look upon finite quantities as such."
2   Joseph Rykwert: The Dancing Columns. On Order in Architecture. Cambridge, Mass., 1996

Doris Janshen

Vielen Dank, Herr Illich. Ich denke, der Applaus macht es deutlich: Es war eine brillante Verführung zur Grenzgängerschaft, um sich Grenzen wiederum sichtbar zu machen, oder auch, mit Ihren Worten formuliert, sich die „nackte Wirklichkeit des Transzendenten" habhaft zu machen.

Ich habe Ihnen nun den nächsten Referenten vorzustellen und erinnere noch einmal an etwas, das ich vorhin schon angedeutet habe, daß nämlich die Mahner und Mahnerinnen zur Grenzsetzung auf diesem Podium alle ein Stück Grenzenlosigkeit, auch von ihrer Biographie her, verkörpern. Das gilt auch für Jürgen Osterhammel, einen Kollegen von der Fernuniversität Hagen, der derzeit am Wissenschaftskolleg in Berlin frei von Lehre und allen Belästigungen forschen darf.

Er ist Historiker, und da beginnt die erste Grenzgängerschaft. Eines seiner letzten Bücher, das er herausgegeben hat, trägt den Titel „Asien in der Neuzeit, 1500 bis 1950". Ich glaube, das ist im Fach Geschichte eine fast grobe Grenzgängerschaft, denn beginnend mit der frühen Neuzeit über die neuere Geschichte bis zur neuesten Geschichte durchzudrängen, reicht im Fach wohl aus, daß man beachtet wird mit solchem Mut. Grenzgängerschaft charakterisiert sein Werk jedoch auch noch in anderer Hinsicht. Er überschreitet die nationalen Grenzen, und er gehört zu jenen wenigen Historikern, die sich insbesondere mit der Geschichte Ostasiens beschäftigt haben. Er hat ein Standardwerk über den britischen Imperialismus in Ostasien geschrieben, er hat sich mit Japan befaßt und ein großes Standardwerk über China geschrieben.

Begriffe wie Kultur und Zivilisation sind konstitutiv für seine Arbeit, und ich nenne hier beispielhaft seine Arbeit über kulturelle Grenzen bei der Expansion Europas. Ich denke, Herr Osterhammel, wir sind alle gespannt, wie Sie uns nun in unsere Grenzen weisen.

212

Jürgen Osterhammel

Kulturelle Grenzen
in historischer Perspektive

Historiker können den Menschen nicht sagen, wie sie leben *sollen*, und ihnen nicht prophezeien, wie sie leben *werden*. Sie breiten das Repertoire der in der Vergangenheit verwirklichten Lebensformen aus. Sie versuchen zu zeigen, wie die Gegenwart entstand. Und sie vermögen zuweilen, aktuelle Zeitdiagnosen zu relativieren, indem sie das Alte im Neuen aufspüren und allzu grandiosen Thesen die sperrige Ausnahme von der Regel vor Augen halten.

Ob Zivilisation Grenzen *braucht* oder nicht, kann die Historie nicht entscheiden. Sie darf aber getrost behaupten, daß Zivilisationen stets Grenzen beachtet, ja, ihre jeweils eigenen Grenzen mit besonderer Sorgfalt gepflegt haben. Diese Beobachtung ist ziemlich trivial. Wir können überhaupt nur im Plural von Zivilisationen sprechen, wenn wir voraussetzen, daß solche Makroeinheiten der Menschheit, die umfassender sind als ethnische Gruppen, Fürstentümer und Nationalstaaten, je eigene charakteristische Formen und Identitäten ausgebildet haben und sich durch sie markant voneinander unterscheiden. Sobald Zivilisationen räumlich benachbart nebeneinander existieren, tritt das Phänomen der Abgrenzung auf. Die Grenze muß nicht unbedingt nach der Art des römischen Limes, der chinesischen Großen Mauer oder neuzeitlicher Staatsgrenzen als markierte Linie und befestigte Barriere sichtbar sein. Häufig waren es vor dem Zeitalter allgegenwärtiger Paßkontrollen andere sinnliche Vergegenwärtigungen, die den Übertritt von einem Zivilisationsraum in den nächsten kenntlich machten. So gab es durchaus eine *Hörbarkeit* der Grenze zwischen Zivilisationen. Europäische Orientreisende des 16. oder 17. Jahrhunderts schildern immer wieder den überaus starken Eindruck, den das plötzliche Verstummen der Kirchenglocken hinterließ. Auch wenn man – etwa bei der Durchquerung des großteils osmanisch beherrschten Balkans oder auf dem Weg von Rußland nach Persien – keinen Grenzposten passiert hatte: Sobald die Glocken schwiegen und statt ihrer der Muezzin zum Gebet rief, wußte der Reisende, daß er das christliche Europa verlassen und die Sphäre des Islam betreten hatte.

Zivilisationen *brauchen* also nicht nur Grenzen, sie *haben* Grenzen und definieren sich selbst geradezu in Abgrenzung von anderen. Eine grenzen*lose* Zivilisation ist also ein Widerspruch in sich, eine leichtfertige Redensart wie die vom „Ende der Geschichte". Selbst ein weltweit hegemoniales euro-nordamerikanisches Zivilisationsmodell kann nicht einförmig planetarisch sein: Während es an der einen Stelle Grenzen aufhebt, schafft es an anderen Stellen neue. Keine Zivilisation ist mit sich selbst allein; jede hat sich bisher dadurch definiert und stabilisiert, daß sie sich deutlich und bewußt von dem abhob, was sie für das Nichtzugehörige hielt, für das extern Fremde, in vielen Fällen: das Barbarische. Ich komme im vorletzten meiner folgenden sechs Punkte darauf zurück.

(1) Wenn Historiker von Grenzen sprechen, dann meinen sie meist Staatsgrenzen als Demarkationslinien zwischen souveränen politischen Gebilden. Grenzen in diesem Sinne gab es da und dort bereits vor der Epoche des neuzeitlichen europäischen Territorialstaates, etwa im kaiserlichen China zu den Zeiten kleinräumiger Zersplitterung, die immer wieder zwischen den großen Reichseinigungen auftraten. Das Beispiel zeigt bereits, daß Staatsgrenzen oft, ja meist umfassendere Zivilisationsräume aufteilen. Die chinesischen Teilreiche etwa des 4. bis 6. oder des 10. Jahrhunderts fühlten sich ohne jeden Zweifel der chinesischen Kultur zugehörig, ebenso wie sich die europäischen Staaten der Neuzeit selbst in Phasen akuten Konflikts ihrer fundamentalen Gemeinsamkeiten bewußt blieben und die Grundordnung des europäischen Staatensystems auf Friedenskongressen immer wieder bestätigten. Auch wenn Geschichtsschreibung und Kulturgeographie uns mittlerweile gelehrt haben, Staatsgrenzen nicht nur als trennende Linien, sondern auch als durchlässige Grenzzonen zu sehen, in denen wechselseitige Akkulturation und ein sozusagen „kleiner Grenzverkehr" eine bedeutende Rolle spielen, bleibt es doch richtig, daß Staatsgrenzen sich verhältnismäßig leicht erkennen lassen. Sie werden in aller Regel durch zwischenstaatliche Verträge festgelegt, und Kartographen haben wenig Mühe, ihren amtlichen Verlauf nachzuzeichnen. So einfach ist es mit kulturellen Grenzen nicht. Zum einen gibt es kein eindeutiges Kriterium für Kultur. *Sprachgrenzen* lassen sich noch am deutlichsten erkennen: die Deutsch- und die Welschschweiz, flämische und wallonische Gebiete sind relativ scharf unterscheidbar. Schon schwieriger wird es beim Kriterium der *Religion*. Hier treten oft komplizierte Gemengelagen auf. Vollends problematisch wird es zum Beispiel in vielen Gesellschaften, den kulturell zweifellos höchst wichtigen Unterschied zwischen städtischer und ländlicher Sphäre räumlich exakt zu bestimmen.

Zum anderen finden wir überall Mischformen, Überlappungen, mehrfache Identitäten. In asiatischen Zivilisationen, etwa China und Japan, wird oft kein eindeutiges religiöses Bekenntnis verlangt; man kann je nach Bedarf und Lebenslage die konfuzianische Sozialethik, einen spirituellen Buddhismus und die von diesem wiederum ganz verschiedene taoistische oder shintoistische

214

Ahnenverehrung aktivieren. Mehrsprachige Gesellschaften treten in der Geschichte immer wieder auf: in den postkolonialen Ländern Afrikas, wo neben der jeweiligen Lokalsprache als überregionales Idiom Englisch, Französisch oder Portugiesisch gesprochen wird; oder im Osmanischen Reich, dessen multiethnische Oberschicht für die Staats- und Militärgeschäfte osmanisches Türkisch benutzte, für Recht und Religion Arabisch (die Sprache des Propheten), Persisch für die Poesie und nicht selten Griechisch für den Handel. Die sprachliche, religiöse (oder zumindest konfessionelle) und oft auch ethnische Homogenität, die ein Merkmal neuzeitlicher europäischer Nationalstaaten ist, anders gesagt: die weitgehende Deckungsgleichheit zwischen politischem Territorium und kultureller Orientierung, zwischen Staats- und Kulturgrenzen, ist eher ein Sonderphänomen der Geschichte als ihr Normalfall. Ihr Preis – das darf man nicht vergessen – waren seit der gleichzeitig mit Kolumbus' Amerikafahrt beginnenden Vertreibung von Muslimen und (später) Juden aus dem christlichen Spanien ethnische und religiöse Säuberungen großen Stils, die in den dreißiger und vierziger Jahren des 20. Jahrhunderts ihren Höhepunkt erreichten. In Außereuropa hat sich Ähnliches vielfach wiederholt: Man denke nur an die verlustreichen Bevölkerungsbewegungen in Südasien nach dem Abzug der Briten 1947 und während der Gründung der beiden Staaten Indien und Pakistan. Weltweit haben Ideologien des Nationalismus zu einem solchen kollektiven Homogenitätsverlangen beigetragen.

Kulturelle Grenzen sind also flexibler und variabler als politische Grenzen, dadurch schwerer zu erkennen, aber leichter definierbar und manipulierbar als Staatsgrenzen, mit denen sie keineswegs übereinstimmen müssen. Ihnen fehlt vielfach die solide Fundierung in Territorialität. Wie die Träger von Kultur, die menschlichen Gemeinschaften, so sind auch kulturelle Grenzen mobil. Kulturgrenzen wandern.

(2) Die Geschichte kann nicht, wie es zuweilen geschieht, als Prozeß stetiger Entgrenzung verstanden werden, als allmähliche Erweiterung der Aktionsfelder und Horizonte von Horde und Dorf bis hin zum Planeten. Dem Erlebnis der Grenze bei denjenigen, die sie berühren oder überschreiten, steht bei den seßhaften Bewohnern zivilisatorischer Kernräume die Erfahrung der Grenzenlosigkeit gegenüber. *Tianxia*, „alles, was unter dem Himmel ist", nannte sich das alte China, das sich als Mittelpunkt des Erdkreises verstand. Alle paar Jahrhunderte fielen die Barbaren ein, aber meist waren sie unermeßlich weit entfernt. Noch offener war die Erfahrung der Pioniere an einer expandierenden Grenze: der polynesischen Pazifikfahrer, der arabischen Reiterheere des 7. und 8. Jahrhunderts, der Mongolen Dschingis Khans, der europäischen Entdecker und Kolonialeroberer, der weißen Besiedler des nordamerikanischen Westens und Sibiriens usw. Dieses Lebensgefühl der permanent extensiven Raummeisterung

konnte nicht für immer anhalten. Am Beginn eines Jahrhunderts, das mit Glo-
balisierungsvisionen und Globalisierungsängsten endet, stand die Begren-
zungspanik. Um die letzte Jahrhundertwende endete mit dem Wettlauf um die
Antarktis das Zeitalter der großen geographischen Entdeckungen. Sibirien und
Nordamerika waren von Küste zu Küste durch Eisenbahnen erschlossen. Der
amerikanische Historiker Frederick Jackson Turner verkündete seine berühmte
These von der Stillstellung der „frontier", der sich zum Pazifik verschiebenden
Erschließungsgrenze; das war das Ende des Wilden Westens. Die potentiellen
Kolonialgebiete in Asien und Afrika waren aufgeteilt. Der Konflikt der impe-
rialistischen Großmächte schien zu einem Nullsummenspiel ohne Entlastungs-
räume zu werden. Zugleich kamen Lebensraumängste auf. Die frühe Science-
fiction phantasierte von der Flucht ins All und der Bedrohung durch Außer-
irdische. Das Schlagwort von der gelben Gefahr, ausgelöst durch die
Immigration chinesischer Billigarbeiter vor allem nach Nordamerika, signali-
sierte erstmals die Furcht vor asiatischem „manpower dumping" auf westlichen
Arbeitsmärkten und vor kultureller Überfremdung. Die USA, Kanada und
Australien reagierten mit rassistischen Einwanderungsgesetzen. Der Exklu-
sionsdiskurs der Gegenwart findet sich um 1900 bereits vorgedacht. So steht
denn das gesamte 20. Jahrhundert unter dem Paradox von fortschreitender Entgrenzung – der Märkte, der Migration, der Kommunikation, der Kriegführung
– und der unüberwindlichen Letztbegrenzung durch die Endlichkeit des Planeten und seiner Ressourcen – einer Endlichkeit, die in früheren Epochen noch
nicht erfahrbar war.

(3) Wann man den Prozeß der Globalisierung beginnen läßt, ist eine Frage defi-
nitorischen Wollens. Die technologisch verursachten Vorgänge der Gegenwart
bedeuten zweifellos einen enormen Globalisierungs*schub*, der jedoch Historiker weniger überrascht als manche Soziologen. Immanuel Wallerstein und Fer-
nand Braudel erkennen im 16. Jahrhundert den Beginn eines Systems inter-
kontinentaler Arbeitsteilung. Neuerdings hat man ein solches „world system"
sogar bereits im 13. Jahrhundert oder noch früher finden wollen. Wie dem auch
sei: Die europäische Expansion seit etwa 1500 hat auf allen Kontinenten nicht
nur die politischen Grenzen neu gezogen. Sie hat transozeanische Handelsbe-
ziehungen hergestellt, etwa das Sklaven-Zucker-Baumwoll-Dreieck zwischen
Westafrika, der Karibik und Europa, und sich in den traditionell ohnehin
großräumigen innerasiatischen Handel erweiternd eingeklinkt. Völker und
Gesellschaften, die man nicht kolonial unterwarf, wurden – etwa durch den afri-
kanischen Sklavenhandel oder den kanadischen Pelzhandel – an die großen Zir-
kulationsströme angeschlossen, koloniale Ökonomien, allerdings mit schwan-
kendem Erfolg, den wirtschaftlichen Bedürfnissen der Mutterländer angepaßt.
Der Freihandel des 19. Jahrhunderts hat gewiß zur Wohlstandssteigerung vie-

ler europäischer und amerikanischer Volkswirtschaften beigetragen. Auch
große Teile der Dritten Welt konnten von einer jahrzehntelangen Expansion der
Weltwirtschaft profitieren, die bis zum Ersten Weltkrieg andauerte. Die Frei-
handelsordnung wurde jedoch in vielen Fällen mit Druck oder offener Gewalt
durchgesetzt; halbkoloniale Länder wie China oder das Osmanische Reich –
vorübergehend sogar Japan – verloren weitgehend ihre wirtschaftspolitische
Gestaltungsfreiheit. Die internationale Arbeitsteilung machte viele Produzenten
in Amerika, Asien und Afrika auf höchst prekäre Weise von den Schwankungen
der Weltmärkte abhängig. Die Große Depression der 1930er Jahre wurde daher
für viele überseeische Gebiete zu einer Katastrophe. Während die wirtschaftlichen Schranken zwischen den Nationen fielen, entstanden *innerhalb* der über-
seeischen Länder *neue* ökonomische Grenzen zwischen dynamischen Export-
enklaven und stagnierenden Subsistenzsektoren. Die im Zuge früher Globalisierung auftretende Nivellierung von Handelsschranken ging also mit neuen
Demarkationen einher. Vor allem verbreitete sich während des 19. Jahrhunderts die Kluft zwischen den immer reicher werdenden industrialisierten Ländern und dem in relativer Armut verharrenden und mitunter auch absolut ver-
elendenden Rest. Erst das letzte Drittel des 20. Jahrhunderts zeigt durch die
Erfolge Ost- und Südostasiens, daß die globale Wohlstandsgrenze unter
bestimmten Bedingungen überwindbar ist. Kommt eine liberale Welthandels-
ordnung den exportierenden asiatischen „Tigern" zugute, so trägt sie in Ländern
mit ungünstigeren Voraussetzungen hingegen zur Entwicklungs*hemmung* bei.
Verallgemeinerungen sind hier nicht möglich. Sicher ist allein, daß kein einziges Land mit der in den sechziger und siebziger Jahren von manchen westlichen
Ratgebern empfohlenen „autozentrierten" Abkoppelung vom Weltmarkt Erfolg
hatte. Die Volksrepublik China ist dafür das augenfälligste Beispiel.

(4) Selbstverständlich hat die europäische Expansion nicht nur ökonomische,
sondern auch *kulturelle* Grenzen eingeebnet oder beseitigt. Im Extremfall verschwand eine Kultur mit dem Völkermord an ihren Trägern. Fast immer war
die Ankunft europäischer Eroberer und Missionare mit einem traumatisieren-
den Angriff auf Lebensführung und Werte der Kolonisationsopfer verbunden.
Utopien einer radikalen Verwestlichung der außerokzidentalen Welt sind indes-
sen während und nach der Kolonialzeit niemals realisiert worden. Die Kolonisatoren selbst betrieben solche aufwendigen und in der Realisierung teuren
Pläne nur selten mit hinreichender Energie: die Briten in Indien in den 1830er
und 40er Jahren, die Amerikaner knapp ein Jahrhundert später auf den Philippinen. Die energischsten Befürworter einer Verwestlichung Asiens und Afrikas
sind stets *einheimische* „Westernizers" gewesen, die die nationale Rettung von
einer Übernahme der Erfolgsrezepte – und zunächst eher der Äußerlichkeiten
– des Westens erwarteten. Ihnen standen überall Anhänger der einheimischen

Traditionen entgegen, und die berühmte russische Kontroverse zwischen „Westlern" und „Slawophilen" wurde in zahlreichen asiatischen Ländern nachgespielt. Nur selten siegten die „Westler" so deutlich wie in der Türkei Kemal Atatürks oder dem Indien Jawaharlal Nehrus.

Der kulturelle Widerstand, der der europäischen Expansion entgegengesetzt und zum Teil durch sie verstärkt wurde, darf also nicht unterschätzt werden. Außerhalb Lateinamerikas hat die christliche Mission nur in wenigen Ländern, zum Beispiel den Philippinen, ihre Ziele erreicht. Die nicht unerhebliche Christianisierung Afrikas war weniger ein direkter Erfolg einer kolonialstaatlich geschützten Mission als das Werk *einheimischer* Kirchen. Antiwestliche Bewegungen, die eigene Identitäten zu stabilisieren suchten, gab es nahezu überall: vom indischen Neo-Hinduismus und der Gandhi-Bewegung über die verschiedensten Spielarten des Islam und die afrikanische Entdeckung von „négritude" bis hin zum chinesischen Nationalkommunismus und zu kulturkonservativen bis faschismusähnlichen Strömungen in Japan vor 1945. In all diesen Fällen wurden im Namen des jeweiligen Partikularismus kulturelle Abwehrgrenzen gegen die Universalitätsansprüche des Westens gezogen. Teils geschah dies unter Berufung auf genuine, teils auf der Grundlage „erfundener" Traditionen; beides läßt sich selten klar voneinander unterscheiden. Auch die Mischung von kulturell Eigenem und Importiertem kann oft nur schwer entwirrt werden. Besonders erfolgreiche Importe werden mit der Zeit als solche unkenntlich. So ist das heutige japanische Recht das Ergebnis selektiver Übernahmen aus westlichen Rechtsordnungen, besonders der deutschen, später derjenigen der USA, die den japanischen Gegebenheiten so geschmeidig angepaßt wurden, daß Japaner ihr Recht schon lange nicht mehr als fremd empfinden.

(5) Kulturelle Grenzen wurden nicht nur aus der Defensive *gegen* den Westen aufgerichtet. Auch die weltbeherrschenden Europäer (und Nordamerikaner) selbst zogen sie. Innerhalb der kolonisierten Völker wurden Einteilungen vorgenommen, die diesen unbekannt waren. In Afrika schufen die Kolonialherren nicht nur – übrigens bemerkenswert beständige – territorialstaatliche Grenzen; sie ließen sich auch von der Theorie leiten, Afrika sei in Stämmen organisiert. Erfolgreich kreierte man solche Stämme samt den zugehörigen Häuptlingen, wenn man sie nicht vorfand. Das verwirrende Völker-, Sprach-, Religions- und Kastengemenge Britisch-Indiens wurde durch eine staatsnahe Kolonialsoziologie in säuberliche Kategorien eingeteilt. In Volkszählungen wurden die Inder veranlaßt, sich mit einer bis dahin ungebräuchlichen Eindeutigkeit einer Ethnie, Religion oder Kaste zuzuordnen. Kein Wunder, daß sie solche Klassifikationen bald selbst übernahmen.

Ein anderer Grenzdiskurs betraf die *Außen*grenzen der Zivilisation. Jede sich für hochstehend erachtende Zivilisation – von den Ägyptern, Griechen und frühen Chinesen angefangen – sah sich von „Barbaren" umgeben, mit denen man auf unterschiedliche Weise umzugehen verstand. Koloniale Herrenschichten grenzten sich vertikal von der Masse der angeblich „unzivilisierbaren" und oft auch als rassisch minderwertig betrachteten Untertanenbevölkerung ab. Die grenzenlose Zivilisation der Kolonialepoche war identisch mit der Internationalen der weißen Weltgestalter, die mit einigen Vorbehalten die imperial ausgreifenden Japaner als gleichsam „Weiße ehrenhalber" kooptierte; die Japaner wiederum bekräftigten zwischen etwa 1895 und 1945 ihr eigenes Herrenmenschentum, indem sie auf das übrige Asien verachtungsvoll hinabsahen. Solche Abgrenzungen sind mit dem Ende des Kolonialismus nicht verschwunden. Die neuen mentalen Grenzen folgen *horizontal* ökonomischen Bruchlinien und halten den armen, demographisch explodierenden, politisch chaotischen und angeblich von Fundamentalismen aller Art beherrschten Süden auf Distanz. *Vertikal* verläuft die heute maßgebende Trennlinie zwischen den online-mobilisierten, englisch verstehenden, markenartikel- und modebewußten, kaufkräftigen „Weltbürgern" (im Sinne des japanischen Globalismuspropheten Kenichi Ohmae) aller Herren Länder und dem Rest der Welt.

(6) Ich habe versucht zu zeigen, wie entgrenzende Prozesse von Expansion, Universalisierung und Globalisierung in der neueren Geschichte immer wieder auch neue Begrenzungen hervorgebracht haben. Eine andere Frage ist die, ob *heute* die grenzensetzenden Widerstandskräfte gegen weltweite Konformisierungstendenzen *schwächer* werden. Sollte dies so sein – und vieles spricht dafür –, so wären besondere Anstrengungen zur Rettung von Vielfalt, Kleinräumigkeit und Partikularität erforderlich. Dies sagt sich leicht und dürfte auf wenig Widerspruch stoßen. Eine Warnung ist aber angebracht. Staatsgrenzen sind machtpolitisch ausgehandelte Konventionen. Kulturelle Grenzen hingegen scheinen sich aus der ethnischen, sprachlichen und religiösen Unterschiedlichkeit menschlicher Gemeinschaften gleichsam „natürlich" zu ergeben. Das ist ein romantischer Irrtum. Auch kulturelle Grenzen sind Konstrukte. Sie sind kein Ausdruck einer tiefer liegenden kulturellen oder, sagen wir es krass, völkischen Authentizität. Daher sind sie politisch instrumentalisierbar. Die Ereignisse der letzten Jahre auf dem Balkan, in Zentralafrika, in Indien und an manchen anderen Stellen der Welt, wo friedliche Multikulturalität in kulturalistisch gerechtfertigte Gewalt umschlug, haben dies überdeutlich bewiesen.

Ausgewählte Beiträge aus der Diskussion

Dr. Ruprecht Paqué, Düsseldorf: In den bisherigen Beiträgen sind viele gute und richtige Dinge zum Begriff der „Grenze" gesagt worden. Niemand schien jedoch das Kongreßthema „Grenzen-los?" so verstanden zu haben, wie es mir nahezuliegen schien, nämlich als Infragestellung der Tendenz zur „Grenzenlosigkeit", die (nicht erst) die jüngste Neuzeit Europas kennzeichnet und sich in vielfältiger Weise ausdrückt:

- als Glaube an einen grenzenlosen (unendlichen) Fortschritt,
- als eine (zunächst) für grenzenlos gehaltene Ausbreitung in der „Entdeckung" der Welt und im Kolonialismus, in der Erforschung des Raumes, der seinerseits grenzenlos zu wachsen scheint, in Richtung auf das unendlich Große (Weltall) und das unendlich Kleine (Atome, Mikrokosmos),
- als vermeintlich im Prinzip grenzenlose Macht des Menschen über eine in der Naturwissenschaft „erkennbare" und in der Technik beherrschbare Natur, in einem „Land der unbegrenzten Möglichkeiten",
- als grenzenloses, scheinbar unendliches Wachstum der Wirtschaft,
- als Streben nicht nach dem, was man braucht und womit man genug hat, sondern nach „soviel wie möglich", nach „Gewinnmaximierung", im Unterschied zu einem früheren Denken, bei dem „die Bäume nicht in den Himmel wachsen".

Zur Herkunft dieser Tendenz zwei Hinweise:

Erstens: Unbewußte Säkularisierung der Eigenschaften Gottes. Wie C. F. von Weizsäcker in einem frühen Aufsatz über die Unendlichkeit in „Das Weltbild der Physik" (Leipzig 1945, S. 123 f.) ausgeführt hat, scheint es sich hier um eine Projektion von Eigenschaften des der Neuzeit entschwindenden Gottes auf eine durch diesen „Tod Gottes" in Endlichkeit gefangene Welt zu handeln. Also z.B.:

- der Allmacht Gottes auf den autonomen, „souveränen" Menschen der Neuzeit als „Machbarkeit" von allem, selbst von „Gesinnung",
- der Allwissenheit Gottes auf eine tendenziell „allwissende" Wissenschaft,
- der Allgegenwart Gottes auf eine mit den modernen Kommunikationsmitteln angestrebte Allgegenwart und ubiquitäre Erreichbarkeit des Menschen (Live-Sendungen, „Echtzeit"-Überbrückung von Entfernungen, Funksprechverkehr, drahtloses „Handy" etc.),
- der Überzeitlichkeit Gottes durch die Tendenz zur Sofortbefriedigung aller Bedürfnisse unter Aufhebung von Wartezeit (vom „instant coffee" und der Sofortbedienung am Automaten bis zu „Zeitreisen" und anderen „Science-fiction"-Visionen).

Es bleibt die Frage, wie dies geistesgeschichtlich möglich wurde. Dazu der *zweite* Hinweis: Der Ort der Grenze, die Bäume nicht in den Himmel wachsen ließ, der im Aristotelischen „Handwerkermodell" für die Entstehung der Dinge (in *physis* wie in *techné*, Natur wie Kunst) übernommen wurde, war das den Naturdingen von der Natur und den menschengemachten Dingen vom Handwerker vorgegebene *eidos* (lat. *forma*) und *telos* (lat. *finis*), also Gestalt und Ziel (bzw. „Ende", „Zweck" oder Sinn).

Dementsprechend gab es bei Aristoteles nicht nur die eine „Wirkursache" (*causa efficiens*), die unsere moderne Wissenschaft allein kennt, sondern insgesamt vier *aitíai* (Ursachen): In Natur wie Handwerk zunächst Ziel und Sinn einer Sache, die „causa finalis", also zum Beispiel bei einer Opferschale das Opfer, dem sie dienen sollte; von daher bestimmten sich Material und Gestalt, die als „causa materialis" und als „causa formalis" verstanden wurden. Die „causa efficiens", die „Wirkursache", war in diesem Fall der Handwerker selbst, der mit seiner *techné*, seiner Kunst, die Opferschale hervorbrachte.

Im sogenannten konzeptualistischen Nominalismus Wilhelm von Ockhams und seiner europaweiten Nachfolger, der als die schon damals so genannte „via moderna" der „via antiqua" (etwa des Petrus Hispanus) den Rang ablief und den mittelalterlichen Universalienstreit beendete, erfolgte im 14. Jahrhundert der Fortfall der *causa finalis* und der *causa formalis* sowie die Verwandlung der *causa materialis* in eine bald darauf nur noch durch Ausdehnung gekennzeichnete „Materie" „außerhalb der (jetzt zum abbildhaften Bewußtsein werdenden) Seele" (*res extra animam existens*), was sozusagen zur Alleinherrschaft der übriggebliebenen *causa efficiens* führte, die bis heute unser wissenschaftliches Kausalitätsverständnis bestimmt.

Dieser Fortfall der *causa finalis* und *formalis*, die auch der Ort der mit ihnen fortfallenden natürlichen oder handwerklichen Begrenzung der Dinge waren, durch welche „die Bäume nicht in den Himmel wachsen" konnten, hängt zusammen mit der nicht erst bei Descartes und seiner *res cogitans* und *res extensa*, sondern schon bei Ockham nachweisbaren Spaltung der Welt einerseits in eine jetzt außerhalb der Seele bzw. des Bewußtseins (*extra animam*) vorgestellte entseelte „Wirklichkeit" (die spätere *res extensa* Descartes') und andererseits in eine allein noch beseelte „Innenwelt", in der sich diese äußere Realität als Abbild (*imago rei in anima*) und heute mit oder ohne Bildschirm als „Weltbild" spiegelt und hier vom Menschen beliebig vorgestellt, umgestellt, manipuliert und reproduziert werden kann.

Erst diese Spaltung, die im Unterschied zur mittelalterlichen „Wortwissenschaft" (Hermann Heimpel) und deren Bibel- oder Aristoteleskommentaren die Dinge nicht mehr vom Wort, sondern von dem in der „sinnlichen Wahrnehmung" (*notitia intuitiva*) gewonnenen Abbild her versteht, macht die Sprache „nominalistisch" zum bloß sekundären Zeichen für Vorstellungsbilder, die ja schon vor der Sprache für die Dinge „supponieren", das heißt, diese dem „inneren" Vorstellungsbild „unterstellen" können. Wohl erst durch diese nominalistische Entsprachlichung der Welt kann zum Beispiel bei dem von Herrn Illich zitierten Nikolaus von Oresme oder bei dem durch „Buridans Esel" bekannten Pariser Magister Johannes Buridan die für die neuzeitliche Naturwissenschaft kennzeichnende Mathematisierung der Natur beginnen.

Genaugenommen schon mit Kants „Ding als Erscheinung" (dem ja nur ein als solches unerkennbares „Ding an sich" gegenübersteht) und dann mit der Auflösung des abgebildeten Gegenstands in der vorauseilenden Kunst (Impressionismus, Kubismus, Expressionismus), seit den zwanziger Jahren mit der Auflösung der „objektiv vorstellbaren (materialistischen) Wirklichkeit" im Welle-Korpuskel-Dualismus der Kopenhagener Schule der Atomphysik (Niels Bohr, Werner Heisenberg etc.) und mit der Thematisierung des Subjekt-Objekt-Gegensatzes im Denken C. F. v. Weizsäckers sowie mit dem Überspringen der vermeintlichen Kluft in Martin Heideggers Verständnis des menschlichen Daseins als (immer schon) „In-der-Welt-Sein" wird jene spätmittelalterliche und dann cartesische Spaltung der Welt in eine beseelte Innen- und eine unbeseelte Außenwelt nicht nur in Kunst und Dichtung, sondern in einem nach-neuzeitlichen „Wirklichkeitsverständnis" auch ontologisch wieder in Frage gestellt. Vielleicht ergibt sich dadurch auch wieder die Möglichkeit, daß die im Spätmittelalter verlorengegangene *causa finalis* und *causa formalis* langsam wieder einen ontologischen Ort erhält, der ernster zu nehmen wäre als eine von der sogenannten „Außenwelt" der „realen Dinge" her abgewertete („nur subjektive") Realität des menschlichen Vorstellens und Operierens mit Bildern und Begriffen.

In dem Maße, wie dieser „Bewußtseinswandel" in immer mehr einzelnen Menschen geschieht (häufig in Form eines Zusammenbruchs nicht nur von „Denksystemen" oder „Paradigmen", sondern in einer meist durch Krankheit oder Unfall ausgelösten „existentiellen", auch zu verändertem Verhalten führenden Neubesinnung), könnte von der Grenzenlosigkeit des persönlichen oder allgemeinen Denkens und Handelns auch wieder ein „Zurück zum menschlichen Maß" erfolgen, wie E. F. Schumachers Buchtitel „Small is beautiful" so schön übersetzt wurde. Auch der Satz des Protagoras vom Menschen als „Maß aller Dinge" könnte dann wieder statt des hochmütig-solipsistischen Verständnisses den ursprünglichen Sinn zurückgewinnen, den er laut Klaus Meyer-Abichs Hinweis im Plenum bei Protagoras gehabt zu haben scheint.

Wilhelm Kölpin, Institut für Konfliktsteuerung, Neubrandenburg: Jeder Konflikt markiert eine Grenze. Jede Konfliktlösung markiert entweder die Überwindung oder die friedliche Anerkennung der betreffenden Grenze. Konflikte, das ist meine Prämisse, reflektieren auch eine bestimmte Form sozialer Ordnung, und sie wird, wie jede soziale Realität, eine Folge selektiver Beobachtung. Ein Wechsel der Perspektive und der Auswahl des Beobachteten ist prinzipiell möglich und erlaubt dann jeder Konfliktpartei die Wahrnehmung eines „Es-ist-immer-anders-möglich".

Hier ist der Ansatzpunkt für die Konfliktvermittlung. Aufklärung über die eigenen Interessen kann die vorherige verengte Wahrnehmung relativieren, erweitern. Die Erweiterung umfaßt vielleicht bereits Gemeinsamkeiten mit einer anderen Konfliktpartei. Grenzen zwischen Konfliktparteien können auf diese Weise überwunden werden. Dabei lassen sich Konflikte danach unterscheiden, ob die Grenzen für beide Parteien gleich durchlässig sind.

Grenzen erfährt man nur, indem man mit ihnen „spielt". So relativiert sich der eigenen Standpunkt und die eigenen Begrenzungen. Das Institut für Konfliktsteuerung in Neubrandenburg setzt hier an. Es vermittelt Information, Verstehen und Bereitschaft zum Spiel mit Konfliktlinien. Dieses Spiel, wenn es beiderseits gespielt wird, dient zugleich als vertrauensbildende Maßnahme.

Frieden im Großen wird entstehen durch qualifizierten Frieden im Kleinen, indem wir Entsprechungen, Kongruenzen fokussieren, Differenzierungen relativieren und es im Handlungskontinuum subjektiver Verantwortlichkeit realisieren.

Karl-Heinz Pehe, Lehrer für Physik und Biologie, Gymnasium Stadtpark Krefeld: Herr Illich, Sie hatten den bösen Begriff des Grenzgulasches in die Debatte geworfen. Ich würde Sie bitten, mir ein bißchen dabei zu helfen, diesen Gulasch zu separieren, damit er genießbar wird.

Wo sehen Sie Grenzen in unserem Denken, und wo sehen Sie Grenzen, die außerhalb liegen? Mir geht es darum, daß das Subjekt sich als solches definieren muß und dazu auch Möglichkeiten der Darstellung braucht. Das tut es oft auch, über eine Darstellung mit materiellen Dingen und anderes. Können Sie über diesen Zusammenhang etwas sagen?

Wolfgang Esser, Vereinigung freischaffender Architekten Deutschlands (VFA), Essen: Ich wüßte gern, ob Sie die Grenze zwischen den Begriffen Zivilisation und Kultur nicht beseitigen können. Ich weiß nicht, ob Sie von Norbert Elias' zweiteiligem Werk über den Prozeß der Zivilisation wissen. In seinem Vorwort schildert er das Zustandekommen dieser Trennung in zwei Begriffe mit je eigenem Gewicht. Man sollte einmal darüber nachdenken, ob nicht vielleicht schon durch diese Trennung ein großes Unglück geschehen ist, vornehmlich hier im deutschsprachigen Raum.

Prof. Dr. Vittorio Hösle, Kulturwissenschaftliches Institut im Wissenschaftszentrum Nordrhein-Westfalen, Essen: Eine Frage an Herr Illich. Ich war sehr beeindruckt von Ihrer Schilderung des geistesgeschichtlichen Prozesses, der zur Genese der Moderne geführt hat. Sie vertraten ja, zumindest implizit, nicht nur eine deskriptive These, sondern auch und durchaus verständlicherweise angesichts der Gefahren und Probleme der Moderne eine normative These, nämlich die, daß wir einiges lernen können von diesen grenzbestimmten Kulturen. Meine Frage ist nun: Ganz offenbar ist, wie auch Herr Paqué gesagt hat, dieser Prozeß der Entgrenzung gebunden an tiefe Veränderungen im metaphysischen Verständnis, insbesondere an der Ersetzung Gottes durch den Menschen. Halten Sie es für möglich, daß wir rational vertretbar und sozial durchsetzbar einige jener metaphysischen Voraussetzungen wiedergewinnen, an die die Hochschätzung der Grenze im alteuropäischen Menschenbild, von den Griechen bis zum späten Mittelalter, geknüpft war? Wenn wir diese metaphysischen Voraussetzungen nicht wiedergewinnen, scheint es mir ein völlig aussichtsloses Unterfangen, diese Selbstbegrenzung wiederhaben zu wollen.

Ivan Illich: Ernst-Ulrich, ich bin mit dir seit bald zwanzig Jahren im Gespräch, und Du hast mich in dieses Deutsch zurückgezerrt. Dabei war ein Gedicht von Paul Celan entscheidend für mich, wie du dich vielleicht erinnerst: *In den Flüssen, nördlich der Zukunft, werf ich mein Netz aus, das Du zögernd beschwerst mit von Steinen geschriebenen Schatten.*

Das war die Aufforderung an mich, mich nicht der braunen Soße über Grund oder Boden oder Grenze zu unterwerfen, sondern mich zu fragen: Wie kann ich das Tschernowitzer Deutsch wieder zur Geltung bringen?

In diesem Sinne habe ich versucht, es hier zu sagen: Grenze gibt es nur auf Deutsch. Ich weiß, „lim“, „tendiert zu lim“, „Infinitum“, „Null“, das läßt sich, ohne es auszusprechen, an die Tafel schreiben. Wenn jemand es aussprechen will, ist er bestimmt kein Mathematiker. Grenze ist unheimlich sprachgewichtig. Und in dem Sinn, in dem es im Gulasch erscheint, Herr Pehe, habe ich einige Charakteristika anzugeben.

Grenze bezeichnet hier also etwas, was sich aus dem Hüben generiert, ein Set systematischer Parameter, systembezogener Parameter. Kulturgrenzen lassen sich nur denken, wenn ich kulturelle Systeme, wenn ich diese Ideen von Herrn Whorf ins 13. Jahrhundert zurückprojiziere. Es ist ein jenseitsloser Begriff. Es stellt etwas her, was nicht als durch ein harmonisches Gegenüber bestimmt zu sein und deshalb im Maß gehalten zu werden gedacht wird. Wie ich zu sagen versucht habe – und ich folge nur dem Grimmschen Wörterbuch an diesem einen Punkt –, hat sich im Deutschen in dieses Wort „Grenze“ des späten 18. Jahrhunderts unglaublich stark der Herr Leibniz eingeschleust. Es ist also ein Begriff, der mit „Integral“ belastet ist, mit der Rekonstitution von etwas, das die Wirklichkeit nie zu fassen bekommt. Es ist deshalb entkörpernd und entsinnlichend.

Ähnliches gilt für die Grenzen zwischen Ich und Du. Wenn wir vom „Ich" sprechen, klingt heute immer mehr etwas von einem Immunsystem mit, einem provisorisch existierenden Subsystem, das zerstörend ist für das, was für mich Dasein bedeutet, nämlich mir den Ivan in der Pupilla eines anderen zu holen. Das kann gefährlich sein. Riskant will ich nicht sagen, es ist ein Wagnis. Ich gehe da über Buber hinaus und in Richtung von Emanuel Levinas. Mit Grenze meine ich also etwas, so wie es im Gulasch verwendet wird, was man nicht so ohne weiteres damit identifizieren kann, wie wir vor dreißig Jahren über Grenzen gesprochen hätten.

Zweitens die Frage nach dem Normativen. Grenze entspricht heute der Entgrenzung. Grenze und Entgrenzung interessieren mich ebensowenig in meinem eigenen Leben mit meinen Freunden wie *speed* oder Entschleunigung. Dies sind wichtige Aufgaben für einen Angestellten, der irgend etwas planen soll, aber nicht in der Freundschaft.

Als Historiker weiß ich, wo ich sitze, wo ich verankert bin. Ich sitze meiner Lektüre nach im späten 12. oder am Beginn des 13. Jahrhunderts. Wenn ich das tue, sitze ich auf dem Horizont; wie Petrus Hispanus sagt: mit einer meiner Gesäßbacken in der Zeit und mit der anderen im Aevum (das gibt es nicht mehr; das ist eine Zeit, die beginnt, aber kein Ende hat). Ich sitze in einem Dasein, in dem niemand Geringerer oder weniger Gültiger als Thomas von Aquin sagt: Die beste Art, über Seele zu sprechen, ist, sie als den Horizont zu verstehen. Der Mensch ist Horizont. Das ist nicht eine philosophische Weiterführung des griechischen und neuplatonischen *hôrízon*, sondern eine Neubildung des 12. Jahrhunderts, durch das unser westliches Selbst, unser Ich, überhaupt erst zustande kommt. Wenn ich also das Wort „Entgrenzung" verwende, dann verwende ich es in einer gemeinen, in Wien sagt man „hinterfotzigen", hinterhältigen Art.

Ich möchte die Frage stellen: Wie läßt sich heute Grenzenlosigkeit, Abstinenz vom Grenzgulasch, als ethische Norm und als Aufgabe verstehen? Welche Bereiche in meinem Leben können ohne Grenze und Planung der Grenzdurchlässigkeit und deswegen irgendwelcher Entgrenzung erlebt werden? Denn das, was diesen Begriffen entspricht, ist unerlebbar. Ich glaube, damit habe ich die Antwort auf die zwei Punkte – Was meinen Sie mit Grenzgulasch? und Was hat die Grenzfrage ethisch für Sie zu sagen? – angedeutet.

Jürgen Osterhammel: Ich halte es schon für einen Ertrag der letzten anderthalb Stunden, daß wir, vor allem angeregt durch Herrn Illichs Vortrag, uns klar werden über die Notwendigkeit, wie Konfuzius sagen würde, Namen und Begriffe klar zu bestimmen. Das betrifft alle diese großen Begriffe, die in der Diskussion sind: Grenze, Kultur, Zivilisation.

Aus der Sicht des Historikers zwei Anmerkungen. Wir haben es als Historiker mit verschiedenen Grenzbegriffen zu tun; universalhistorisch gesprochen mit etwa vieren. Erstens – da ist das Englische und Französische wesentlich differenzierter als das Deutsche – mit der „Frontier", der sich vorschiebenden Erschließungsgrenze, einem Phänomen, das weltweit in allen Epochen zu finden ist. Zweitens mit der Barbarengrenze, die dann auftaucht, wenn komplexere Reichsstrukturen sich bilden und sich von den sie bedrängenden, anders organisierten Völkern in der Nachbarschaft separieren. Dafür gibt es keinen deutschen Begriff. Es gibt den lateinischen „Limes", und das klassische China hatte einen speziellen Terminus, „Jiang", die Barbarengrenze. Drittens „Border", also die moderne Staatsgrenze. Das ist im Englischen ein engerer Begriff. Und viertens, wieder ein sehr weiter Begriff, die Grenze eigentlich aller Systeme: „Boundary".

Es wurde nach dem Unterschied zwischen Kultur und Zivilisation gefragt. Das ist gerade in Deutschland ein sehr belastetes Thema. In der frühen Neuzeit wurden die beiden Begriffe in ganz Europa nie klar unterschieden; es handelt sich um eine relativ späte Differenzierungsleistung, von der man allerdings recht wenig hat. Lassen wir mal den Kulturbegriff beiseite. In der „Zeit" vom 21.11.1996 stand ein Artikel, der gerade die Grenzenlosigkeit des Kulturbegriffs für einen seiner Vorteile hält. Ich bin da nicht so sicher.

Aber sprechen wir von Zivilisation. Auch da gibt es wieder verschiedene Begriffe; ich komme auf drei. Erstens haben wir es mit dem wertenden Begriff „Zivilisation" zu tun. Niemand spricht heute mehr, wie Thomas Mann, vom Zivilisationsliteraten. Diese alte deutsche Gegenüberstellung Zivilisation – Kultur ist sicher passé. Aber man redet natürlich vom „unzivilisierten" Betragen anderer Leute. Da haben wir ihn eigentlich doch wieder, diesen normativen Begriff. Der zweite Begriff ist der klassifikatorische, wie ich ihn verwendet habe, also der plurale Begriff „Zivilisationen" als Einheiten, die niemals alleine sein können. Vielmehr definiert sich die eine Zivilisation dadurch, daß es aus ihrer Sicht – oder objektiv oder wie auch immer – neben ihr andere gibt. Drittens der Begriff, auf den angespielt wurde, als der Name Norbert Elias fiel, „Zivilisation" – wieder im Singular – als Prozeßbegriff. Da ist man, denke ich, über die Gründerleistung von Norbert Elias nicht allzu weit hinaus vorgedrungen, und es wäre sicher eine Aufgabe meines Faches, der Geschichte, sich in dieser Linie weiter Gedanken zu machen.

Doris Janshen

Der zweite Teil unserer Veranstaltung rückt gegenwärtige Problemzonen beim Aufeinanderprall von traditionalen Kulturen und fordernder Zivilisation ins Zentrum. Die Beiträge nähern sich den realen subjektiven und kollektiven Erfahrungen – nicht nur das: auch der Politikbedürftigkeit bei der Klärung von Konflikten.

Es ist mir eine Freude, Victoria Tauli-Corpuz von den Philippinen vorstellen zu dürfen. Sie ist Sprecherin der Cordillera People's Alliance, einer Einrichtung, die sich wissenschaftlich, politisch und unterstützend für indigene Bevölkerungsgruppen einsetzt.

Ihr biographischer Weg bis zu dieser Sprecherinnenschaft ist höchst beeindruckend: Sie ist in einer indigenen Kultur ihres Landes groß geworden, hat sich dann dem Prozeß der Zivilisation ausgesetzt, indem sie Krankenschwester wurde. Dann wurde sie bis in die Gegenwart hinein zur Grenzgängerin zwischen Kultur und Zivilisation: Sie ging zunächst „zurück" und brachte ihr Wissen und ihre Kompetenz als Krankenschwester zu den indigenen Gruppen. Über ein gesundheitspolitisches Engagement entstanden übergreifendere politische Interessen. Die vielfältigen Kooperationen mit der UNO belegen das in beeindruckender Weise.

Einführung genug. Wir sind gespannt auf das, was uns Frau Victoria Tauli-Corpuz zu berichten hat.

Victoria Tauli-Corpuz

Wirtschaftliche Expansion gefährdet Völker und Zivilisationen

Das Thema der Konferenz, daß komplexe Systeme Grenzen und Begrenzungen brauchen, um fortzubestehen, drückt die Erfahrungen indigener Völker auf der ganzen Welt aus.

Der Hauptgrund, warum wir „indigene Völker" genannt werden, ist genau der, daß viele unserer Vorfahren und unsere gegenwärtige Generation darauf bestanden haben, die Grenzen aufrechtzuerhalten, die unsere verschiedenen Identitäten als Clans, Stämme, Völker und Nationen kenntlich machen.

In unserem Fall war es eine geographische Barriere, die uns geholfen hat, unsere Eigenständigkeit zu bewahren: viele von uns wohnen in unzugänglichen Gebieten, die nur in anstrengenden Fußmärschen zu erreichen sind.

Die derzeitige Globalisierungswelle stellt für den Fortbestand von uns indigenen Völkern eine große Bedrohung dar. Im Mittelpunkt der Kämpfe unserer Vorfahren, die wir in ihrem Sinne weiterführen, stand das Ziel, die Rechte zurückzugewinnen, die uns durch Kolonisierung, Rassismus, Diskriminierung und Abdrängung an den Rand der Gesellschaft genommen worden sind. Wir haben in diesem Kampf Wichtiges erreicht, aber auf Kosten ungeheurer Opfer. Andauernder Völkermord und aggressive wirtschaftliche Entwicklung haben schon ganze Urvölker zum Verschwinden gebracht.

Indigene Völker, derzeit etwa 300 Millionen Menschen, haben 5000 verschiedene Kulturen und tragen damit zu 70 bis 80 Prozent zur kulturellen Vielfalt auf der Welt bei. Diese kulturelle Vielfalt und der Reichtum an biologischer Vielfalt, der in unseren Urwäldern, auf unseren Feldern und auch in unseren Genen zu finden sind, werden bedroht durch einen globalen Fortschritt, der von einem Ethos der Gleichschaltung und Standardisierung getragen wird.

Die Kolonisierung hat, wie heute die Globalisierung, sehr wenig Rücksicht auf diejenigen genommen, die sich nicht in Einklang mit den mächtigen vorherrschenden wirtschaftlichen, politischen, sozialen und kulturellen Systemen bringen konnten. Die Spannungen zwischen denen, die ihre nicht-dominanten, vorindustriellen und vielfältigen Lebensweisen und Weltsichten beibehalten, und denen, die die Globalisierung vorantreiben wollen, werden täglich größer. Der Aufstand der Chiapas ist ein Beispiel für genau diese Art von Spannungen.

Als Mexiko Mitglied der NAFTA (North American Free Trade Agreement) wurde, war eine der ersten Maßnahmen der Regierung die Aufhebung des Artikels 27 der Verfassung, der die Nutzung von „ejidos" oder gemeinsamem Land zuläßt. Solche Ländereien durften nicht verkauft oder privatisiert werden. Der Liberalisierungsplan der NAFTA fordert jedoch, daß alles Land veräußerlich und verfügbar sein soll, auch für Ausländer. Die Mehrheit der Bevölkerung im Staat Chiapas gehört indianischen Völkern an. Als Protest gegen diese Maßnahme haben die Zapatisten, die von den Indianern in Chiapas unterstützt werden, am Tag vor der Unterzeichnung des NAFTA-Abkommens einen Aufstand gemacht.

Was sich in Chiapas ereignet, passiert bei vielen indigenen Völkern in der ganzen Welt. Sie alle vereint der Widerstand gegen Programme, Projekte und politische Aktivitäten, die die Integrität ihrer vielfältigen indigenen Systeme, Weltsichten und spirituellen Vorstellungen, ihrer Gemeinschaften und ihre Existenz als andersartige Völker und Nationen verletzen, untergraben und bedrohen. Viele Konflikte, die in den Territorien der indigenen Völker aufbrechen, sind im Grunde Kämpfe zwischen Ureinwohnergemeinschaften, die über ihre Ländereien und natürlichen Reichtümer selber verfügen wollen, und Unternehmen, Staaten und Einzelpersonen, die sie sich aneignen wollen, um wirtschaftliche Gewinne damit zu machen.

Der einzige Grund, warum ein Großteil der Naturschätze bei uns noch weniger angetastet ist als anderswo, ist der, daß unsere Vorfahren und die heutige Generation Leib und Leben eingesetzt haben, um sie zu verteidigen. Wir tun das, weil wir glauben, daß wir unser Land von den zukünftigen Generationen nur geliehen haben. Das wertvollste Erbe, das wir ihnen hinterlassen können, ist, ihnen die geliehene Erde im ursprünglichen Zustand zurückzugeben. Die meisten von uns teilen nicht den christlich-jüdischen Glauben, daß die Menschen sich die Erde untertan machen sollen. Wir sind nur ein Teil der Schöpfung und sollten in Einklang leben mit den übrigen Teilen.

Wie werden unsere indigenen Gemeinschaften, Institutionen und Kulturen durch die Globalisierung ausgelöscht? Welche Auswirkungen des Globalisierungsprojekts bedrohen die indigenen Völker am stärksten? Welche Art von Barrieren und Grenzen können wir aufrechterhalten oder schaffen, um unsere Eigenständigkeit als Völker und Gemeinschaften zu sichern? Welche Art von Unterstützung durch die Völkergemeinschaft oder eine Gemeinschaft von Wissenschaftlern wie Sie brauchen wir?

Ich möchte Ihnen gern zuerst etwas von der Geschichte unserer Urvölker erzählen, damit Sie besser verstehen können, wie es uns gelingt, Schranken gegen die massiven Angriffe von Kolonisatoren aufzurichten. Dann möchte ich auf die aktuellen Probleme eingehen, denen sich indigene Völker ausgesetzt sehen. Auf diese Weise, so hoffe ich, werden Sie sich ein klares Bild machen können, wie wirtschaftliche Expansion viele unserer Gemeinschaften und unsere indigene Zivilisation zerstört hat.

Indigene Gemeinschaften und Völker in Gefahr

Was sind indigene Völker?
Ich habe festgestellt, daß man nicht ohne weiteres annehmen darf, daß jeder weiß, was indigene Völker sind. Um eine allgemeine Verständnisgrundlage zu schaffen, möchte ich die international anerkannte Beschreibung indigener Völker zitieren. Sie ist das Ergebnis der „Studie des Problems der Diskriminierung indigener Völker" des UN-Sonderreferenten José Martínez Cobo:

Indigene Gemeinschaften, Völker und Nationen sind solche Gesellschaften, die eine kontinuierliche historische Entwicklung seit vor der Zeit der Eroberung und Kolonisierung haben und die sich als verschieden von anderen Sektoren der jetzt in diesen Territorien (oder Teilen davon) vorherrschenden Gesellschaften betrachten. Sie stellen in der Gegenwart Gesellschaftssektoren dar, deren Bestimmung es ist, das Land ihrer Vorfahren und ihre ethnische Identität als Basis ihres Weiterbestands als Völker in Übereinstimmung mit ihren eigenen kulturellen Mustern, sozialen Institutionen und Rechtssystemen zu erhalten, zu entwickeln und an zukünftige Generationen weiterzugeben.

Diese historische Kontinuität hat objektiv erkennbare Merkmale:
* Ansässigkeit auf dem Land der Vorfahren oder wenigstens auf Teilen davon;
* gemeinsame Abstammung von den ursprünglichen Bewohnern des Landes;
* allgemeine oder besondere Äußerungsformen von Kultur (wie Religion, das Leben in einem Stammessystem, Kleidung, Lebensweise etc.);
* Sprache.

Wer sind die Igorots?
Ich gehöre zu einer Gruppe von Völkern auf den Philippinen, die zusammenfassend als „Igorots" bezeichnet werden. Das ist ein einheimischer Begriff und bedeutet „Leute aus den Bergen". Dieser Begriff hat mit der Zeit eine sehr abwertende und diskriminierende Bedeutung bekommen, weil die Kolonisatoren ihn gleichsetzten mit „wild und gefährlich", heidnisch und unzivilisiert. Trotzdem möchten wir weiterhin so genannt werden, weil es unsere besondere Identität bezeichnet. Gegenwärtig bestehen wir aus mehreren ethno-linguistischen Gruppen, acht großen und mehreren kleineren. Ich gehöre zu einer der größeren ethnischen Gruppen, den Kakanaeys, die man in Nord-Benguet und in Mountain Province, meiner Heimat, findet.

Insgesamt gehören zu den Igorots mehr als eine Million Menschen. Wir leben auf der Insel Luzon in der Gran Cordillera Central, einem zerklüfteten Bergmassiv ganz im Norden. Das Massiv erhebt sich bis zu einer Höhe von 3000 Metern und ist berühmt wegen seiner natürlichen Reichtümer. Wir haben Gold, Silber, Kupfer, Zink, Molybdän, Magnesium, Tellur, Eisen und Chrom. Unsere Wälder waren die dichtesten des ganzen Landes, ehe kommerzielle Holznutzung große Gebiete der Region entwaldet hat. In den übriggebliebenen Wäldern gibt es jedoch immer noch den größten Teil der biologischen Vielfalt des ganzen Landes. Fünf größere Flußsysteme haben ihre Quellgewässer in der Cordillera.

Die meisten unserer Völker leben noch in Subsistenzwirtschaft. Sie sammeln und jagen, betreiben Brandrodung und sind seßhafte Ackerbauern. Einige unserer Völker üben indigenen Bergbau in kleinem Maße aus. Es gibt auch schon Gemeinden, die kommerziellen Gemüseanbau und Bergbau betreiben. Kommerziellen Bergbau gibt es nur in der Provinz Benguet, denn die Bergbautätigkeit in Kalinga wurde in den späten achtziger Jahren wegen der Opposition der einheimischen Völker eingestellt. Eine auf Einnahmen ausgerichtete landwirtschaftliche Produktion für den Markt gibt es hauptsächlich in Benguet, aber zunehmend auch in Mt. Province und Ifugao. Die Cordillera-Region besteht aus sechs Provinzen (Abra, Benguet, Mt. Province, Kalinga, Apayao, Ifugao) und einer Stadt, Baguio City.

Die Grundeinheiten der sozialen Ordnung unserer Gemeinschaften sind verwandtschaftliche Bande, obgleich einige Gruppen sich zu Stämmen entwickelt haben. Gemeinschaftliches Eigentum an Wäldern und Bergen ist noch die Norm, was aber von der staatlichen Gesetzgebung in Frage gestellt wird. Animistische Verehrung der Vorfahren ist noch weit verbreitet, wenn auch die Mehrheit der Igorots schon nominell Christen sind.

Geschichte der Kolonisierung

Die Kolonisierung, die vor mehr als 500 Jahren begann, wurde mit dem vorgeblichen Ziel vorangetrieben, uns Zivilisation, Christentum und Demokratie zu bringen. Damit wir Mitglieder der „zivilisierten Welt" würden, mußten unsere Gemeinschaften zerstört, unsere Naturschätze geplündert und wir zu dem Glauben gebracht werden, daß wir minderwertige Wesen seien. Unsere eigenen wirtschaftlichen, politischen, kulturellen und sozialen Strukturen sollten zerbrochen oder denen der Kolonisatoren angepaßt werden.

Die spanischen Kolonisatoren, die die Philippinen im frühen 16. Jahrhundert „entdeckten", trafen auf viele unabhängige Gemeinschaften, die auf vielfältige Weise miteinander in Beziehung standen. Einige Gruppen lebten jedoch ganz isoliert. Viele Gemeinden im Tiefland wurden erobert, aber einige Gemeinden im Hochland, wie meine Region, die Cordillera, widerstanden den Kolonisatoren zweieinhalb Jahrhunderte lang, wenn auch Teile von Abra und Benguet den

Befriedungs- und Bekehrungsversuchen der Spanier erlagen. So konnten unsere Vorfahren als freie Völker weiterbestehen und mit dem Land, den Wäldern, Flüssen und anderen Lebewesen in Harmonie leben. Daß wir so lange in unseren vorkolonialen Ordnungen weiterleben konnten, bewirkte, daß wir uns von den Völkern, die unter die Kolonialverwaltung gerieten, entfernten. Daher sind unsere sozioökonomischen, politischen, religiösen und kulturellen Strukturen anders als die der Mehrheit auf den Philippinen. 6,5 Millionen der Einwohner der Philippinen werden als „indigene Völker" betrachtet, und eine Million davon sind wir, die Igorots.

Die Amerikaner, die die Philippinen nach dem Vertrag von Paris 1898 von den Spaniern übernahmen, hatten mehr Erfolg bei der Eroberung der Cordillera. Sie wandten subtilere und effektivere Methoden als die Spanier an, die mit Waffengewalt versucht hatten, die Igorots zu befrieden. Sie führten die allgemeine Schulpflicht ein, bauten Straßen und schickten katholische und protestantische Missionare ins Land. Sie schufen eine Zivilregierung, erließen ungerechte und repressive Gesetze zum Handels-, Eigentums- und Landbesitzrecht, denen auch einige traditionelle Führer zustimmten. Zu den ersten Gesetzen der amerikanischen Kolonialverwaltung gehörten die folgenden:

1. Das *Landerfassungsgesetz* (Land Registration Act) von 1902, nach dem für jedwedes Eigentum an Land Torrens-Titel erforderlich sind (Torrens-Titel sind registrierte Land-Titel [nach Sir Robert Torrens, 1814-1884]).

2. Das *Gesetz über staatseigenes Land* (Public Land Act) von 1903, nach dem alles Land, das nicht während der spanischen Kolonialverwaltung erfaßt worden ist und keine Torrens-Titel besitzt, als Staatseigentum betrachtet wird.

3. Das *Bergbaugesetz* (Mining Act) von 1905, nach dem alles staatseigene Land zum Zwecke von Ausbeutung, Besiedelung und Kauf jedem amerikanischen und philippinischen Staatsbürger frei zur Verfügung steht. Dieses Bergbaugesetz wurde 1935 dahingehend erweitert, daß Goldsuche und indigener Bergbau unter Strafe gestellt wurden.

Diese Gesetze beruhten auf den westlichen Vorstellungen von Landbesitz, die den indigenen Völkern fremd waren. Die meisten Igorots ließen ihren Anteil am Land nicht registrieren, einige allerdings, vor allem die traditionelle Elite, die mit der Kolonialverwaltung zusammenarbeitete, taten es. Schlimmer noch war, daß Politiker und Verwaltungsbeamte aus dem Tiefland, die Kenntnis von dem Gesetz hatten, Landbesitz unter ihrem Namen eintragen ließen. Das führte dazu, daß Teile unseres angestammten Landes zu Privatbesitz wurden, besonders in den Provinzen Benguet, Abra und Kalinga.

Der Wirtschaftsplan der amerikanischen Kolonisatoren für die Philippinen im allgemeinen und die Cordillera im besonderen hatte den Verfall der indigenen Wirtschaftsweisen und der politischen, sozialen und kulturellen Strukturen zur Folge. Kleinbauern, die in Subsistenzwirtschaft lebten, wurden dazu verleitet, für Geld zu produzieren, denn das gemäßigte kühle Klima der Region begünstigte den Anbau von Gemüsen für den amerikanischen Markt.

Um die Umstellung auf eine solche Produktionsweise zu fördern, gründeten die Amerikaner die Mountain State Agricultural School, wo man den Einheimischen die hochtechnisierte Gemüseproduktion für den Markt beibrachte.

Das Bergbaugesetz von 1935 verbot unseren einheimischen Völkern, jahrhundertealte Tätigkeiten auszuüben und Anteil an den Bodenschätzen zu haben, die in ihrem ureigenen Land gefunden wurden. Die erste kommerzielle Minengesellschaft, die Benguet Consolidated Mining Company (BCMC), wurde 1904 gegründet, nachdem Prospektoren in großer Zahl das Land nach Erzen abgesucht hatten.

1901 gründeten die Amerikaner ein Büro für nichtchristliche Stämme, und Scharen von Ethnologen und Soziologen studierten deren Sitten und Gebräuche, um mit diesem Wissen die „Wilden aus den Bergen" leichter „befrieden" und unter die Kontrolle der Kolonialverwaltung bringen zu können.

Mit der Verbreitung der Geldwirtschaft durch den Anbau von Gemüse für die Märkte in Manila und Amerika und den Export von Minenerzen zur Weiterverarbeitung im Ausland war die Cordillera an die Weltwirtschaft angebunden.

Das postkoloniale System

Die Regierungen, die nach 1946 kamen, als die Philippinen unabhängig geworden waren, behielten die Gesetze und den Entwicklungsrahmen – bis auf einige Modifizierungen – bei. Vor allem blieb die „Regalian Doctrine" – ein Überbleibsel aus der spanischen Kolonialzeit – als Grundlage für alle Landbesitzrechte unangetastet. Sie wird heute so ausgelegt, daß der Staat das erste Anrecht auf alle Ländereien in Gemeineigentum und alle Reichtümer auf oder unter der Erde hat; das heißt, ihm gehören die Wälder und Bodenschätze, und er entscheidet über ihre Nutzung.

Die Cordillera wird im Grunde als Ressourcenareal betrachtet, das staatlichen und privaten Unternehmern die Taschen füllen soll. Die Regierung gewährte den Goldsuchgesellschaften Anreize und besondere Hilfen. Viele Jahrzehnte lang, bis in die frühen achtziger Jahre, stammten 75 Prozent der gesamten Goldexporte des Landes aus der Cordillera, insbesondere aus Benguet. Holznutzung wurde zu einem größeren Wirtschaftszweig. 1972 gab es 17 Holzgewinnungsgesellschaften in vier Provinzen. Sie verfügten über 85 Prozent des gesamten Waldes der Cordillera. Die meisten Holzkonzessionäre sind Leute aus dem Tiefland und gute Freunde der Präsidenten. Viele Gemeinden der Urbevölkerung wurden umgesiedelt und der ihnen gemeinschaftlich gehörende Wald und ihr angestammtes Land zerstört.

Der kommerzielle Gemüseanbau brachte nichtindigene Leute nach Benguet und Mt. Province. Es waren schließlich die Chinesen, die die Kontrolle über diesen lukrativen Wirtschaftszweig erlangten, denn sie besaßen das Kapital, um Saatgut, chemische Dünge- und Schädlingsbekämpfungsmittel, Landwirtschaftsmaschinen und den Transport nach Manila bezahlen zu können. Das chinesische Binondo Kartell ist bis heute ungebrochen.

Die Erschließung neuer Energiequellen wurde nötig, um die Bergbauindustrie und die Fabriken im Tiefland zu versorgen. 1946 ließ die Roxas-Regierung durch Westinghouse International ein Gutachten über Energiegewinnungsmöglichkeiten erstellen. Die Cordillera wurde ins Visier genommen. In den fünfziger Jahren wurden zwei Dämme zur Erzeugung von hydroelektrischer Energie gebaut, der Ambuklao- und der Binga-Damm. Achtzig Igorot-Familien wurden umgesiedelt und 150 Hektar Reisfelder unter Wasser gesetzt. Diese Familien wurden nie wieder richtig angesiedelt, und etliche von ihnen, die in ein Gebiet außerhalb der Cordillera zogen, sind von neuem durch ein Dammprojekt bedroht.

Die dramatischsten Widerstandskämpfe der Igorot in den siebziger Jahren hängen mit Dammbau- und Holznutzungsprojekten zusammen. Die Marcos-Regierung erhielt ein Darlehen für den Bau von vier Dämmen im Verlauf des Chico-Flusses. Die Ausführung dieser Pläne würde zur Umsiedlung von 300 000 Igorots, insbesondere der Kalingas und Bontocs, und zur Überschwemmung von mehreren hundert Hektar Reisland und Brandrodungsfläche führen. Der Widerstand, der 1973 begann, dauerte so lange, bis die Weltbank selbst beschloß, das Projekt wegen der entstandenen Verzögerungen nicht weiter zu unterstützen. Corazon Aquino, die 1986 an die Macht kam, legte dann das ganze Projekt ad acta.

Etwa um dieselbe Zeit gewährte Präsident Marcos der Cellophil Resources Corporation seines guten Freundes Herminio Disini die Konzession für die Nutzung von 300 000 Hektar Pinienwald in der Cordillera. Wieder erhoben sich die Igorots, insbesondere die Tingguians in Abra, und brachten das Projekt zu Fall.

Weil die Bergbevölkerung sich immer wieder zum Widerstand erhob, wurde in fast jedes Gebiet der Cordillera Militär geschickt. Viele Gemeinden litten unter brutalen Militäraktionen. Es gab Bombardierungen, Granatbeschuß, Massaker, willkürliche Verhaftungen, Verschwindenlassen, Abbrennen von Reisfeldern und -scheunen, Wäldern und Dörfern und ähnliches. Stämme, Familien und Dorfgemeinschaften wurden entzweit, weil einige ihrer Angehörigen beim Militär waren und andere der Guerilla, der New Peoples' Army, angehörten.

Das gegenwärtige Globalisierungsprojekt und die Auswirkungen auf die indigenen Völker

So wie bei uns wird die Geschichte auch bei anderen indigenen Völkern abgelaufen sein, abgesehen von einigen örtlichen Besonderheiten.

Man verwehrt uns die Entwicklung unserer Gemeinschaften zu unseren eigenen Bedingungen und mit unserem eigenen Tempo. Im Namen des wirtschaftlichen Fortschritts hat man uns sogenannte Entwicklungsprojekte aufgezwungen, die Verfall und Zerstörung lebensfähiger und zukunftsfähiger (sustainable) indigener Wirtschaftsstrukturen mit sich gebracht haben. Da unsere Eigenständigkeit als Völker weitgehend an unsere fortdauernde Beziehung zu unserem Land gebunden ist, bedeutet Vertreibung vom Land unserer Vorfahren Mord an unserem Volk.

Die größte Herausforderung, denen sich die Völker der Cordillera und anderer Teile des Landes heute gegenübersehen, ist das Bergbaugesetz von 1995 (Republic Act 7942), das am 6. März 1995 verabschiedet wurde. Das Stammeslandgesetz (Ancestral Land Bill) jedoch, für das die Urvölkergemeinschaften schon seit der Aquino-Regierung kämpfen, wird nicht einmal zur ersten Lesung im Kongreß zugelassen. Die Ramos-Regierung ist wild entschlossen, ausländisches Kapital ins Land zu holen, und liberalisiert deshalb die Investitionsgesetze, und zwar in erster Linie die, die den Bergbau betreffen.

Das Bergbaugesetz, das trotz heftiger Proteste verabschiedet wurde, erlaubt Ausländern, Abbaugebiete bis zu einer Größe von 81 000 Hektar für 50 Jahre zu pachten, die um weitere 25 Jahre verlängert werden können. Es erlaubt ausländischen Bergbaugesellschaften außerdem einen Aktienanteil von hundert Prozent und die hundertprozentige Rückführung der Gewinne. Daneben werden den ausländischen Gesellschaften noch weitere Anreize wie Steuerbefreiung und zollfreie Einfuhr von Maschinen geboten. Die Unternehmen haben darüber hinaus das Recht, die auf dem von ihnen gepachteten Land lebende Bevölkerung umzusiedeln.

Noch bevor dieses Gesetz unterzeichnet war, gab es bereits zahlreiche Anträge auf Abkommen über technische und finanzielle Hilfe (Financial and Technical Assistance Agreements – FTAA) von ausländischen Minengesellschaften. Es bestehen zur Zeit 67 FTAAs, die ein Gebiet von 5,9 Millionen Hektar betreffen. Ein Großteil dieses ausländischem Zugriff ausgesetzten Landes liegt in den althergebrachten Siedlungsgebieten von 10 Millionen Angehörigen indigener Völker und „Moros" (Muslimen). Allein die Cordillera-Region ist von 16 FTAAs betroffen, das heißt, 50 Prozent des Landes bzw. 1,8 Millionen Hektar. Die Mehrzahl der Minengesellschaften sind kanadische, US-amerikanische und australische Konzerne, die nur zu bekannt sind für die Vertreibung indigener Völker in allen Erdteilen. Dazu gehören unter anderem Rio Tinto Zinc (RTZ)/CRA, Western Mining, Newmont, Newcrest.

Eroberung und Ausbeutung indigener Völker, ihres Landes, ihres Bewußtseins, ihrer Körper

Nachdem man bereits einen großen Teil des uns heiligen Landes und unserer Bestattungsgründe unwiderruflich zerstört hat, geht man nun zu einer neuen Form der Ausbeutung über, dem sogenannten „Bioschürfen" (bioprospecting). Dabei bemächtigt man sich nicht nur unserer Pflanzen und Tiere, sondern sogar unserer Körper. Die Welthandelsorganisation (World Trade Organization, WTO) und das allgemeine Zoll- und Handelsabkommen (General Agreement of Tariffs and Trade, GATT) sind zur Zeit damit beschäftigt, den Begriff Wissen neu zu definieren und darüber zu befinden, wie dieses Wissen genutzt werden soll. Die Klausel über das Recht an geistigem Eigentum, soweit es den Handel betrifft (trade-related intellectual property rights clause, TRIPS), erklärt jetzt das Patentrecht auch auf Lebensformen anwendbar. Unternehmensgesellschaften und Einzelpersonen können nun, wenn sie ein neues Produkt entwickelt haben, Eigentumsrechte an dieser Innovation beantragen.

Die indigenen Völker haben grundsätzliche Einwände gegen die neue Definition des GATT von Wissen und wer die Rechte daran haben soll. Man bemächtigt sich jetzt des Saatguts und der Medizinalpflanzen, die von den Urbevölkerungen im Laufe von Jahrhunderten entdeckt, genutzt, weiterentwickelt und ausgetauscht worden sind. Wenn es Unternehmen oder Wissenschaftlern gelingt, die Bausteine des Lebens einer solchen Heilpflanze zu isolieren, können sie die Eigentumsrechte daran zugesprochen bekommen. Der Entwicklungsbeitrag, den die Urvölker, die diese Pflanzen seit unvordenklichen Zeiten genutzt haben, geleistet haben, findet in dem TRIPS-System keine Berücksichtigung. Schlimmer noch ist das Patentrecht auf unsere menschlichen Gene. Ein solcher Mangel an Achtung vor dem Leben und aller Schöpfung von angeblich zivilisierten Menschen ist unfaßbar.

Ich denke, Sie haben alle schon von dem Projekt „menschliche Genvielfalt" (Human Genome Diversity) gehört, für das zur Zeit Gene bei indigenen Völkern gesammelt werden. Die Urvölkergemeinschaften nennen es das „Vampirprojekt". Man erzählt uns, daß, weil viele von unseren Völkern vom Aussterben bedroht seien, unser genetisches Material so schnell wie möglich gesammelt werden müsse, um damit die Vielfalt menschlichen Lebens auf der Erde zu belegen. Während der ersten Sitzung der UN-Kommissionen zur zukunftsfähigen Entwicklung (Sustainability) 1993 las ich eine Erklärung des Ausschusses für indigene Völker, in der gegen dieses Projekt protestiert und sein Verbot verlangt wurde. Anschließend legten viele Organisationen und Gemeinschaften indigener Völker Petitionen und Erklärungen desselben Inhalts vor.

Trotz aller Proteste ist jedoch am 14. März 1995 das US-amerikanische Patent Nr. 5.397.696 für die Gene einer zum Stamm der Hagahai gehörenden Person auf Papua-Neuguinea erteilt worden. Dieses Patent des NIH (National Institute of Health) beansprucht die Eigentumsrechte an einer Zellinie mit unveränderter Hagahai-DNA und verschiedenen Methoden ihrer Nutzung bei der Suche nach HTLV-I-verwandten Retroviren. Die Hagahai – nur noch etwa 260 Menschen – müssen jetzt feststellen, daß ihre DNA, der Baustein ihrer ureigenen Identität, Eigentum der Regierung der USA ist. Dieses ist der erste Patentantrag auf Nutzung von Genen indigener Völker, dem stattgegeben wurde.

Schon zwei Jahre davor haben wir die Absicht von Hoffmann La Roche, einem supranationalen Pharmakonzern, aufgedeckt, mit einem Team an der medizinischen Forschungsmission Aloha nach Mt. Pinatubo teilzunehmen. Man wollte Gene der Aetas, der Anwohner des Mt. Pinatubo, sammeln, weil es Aufzeichnungen darüber gibt, daß die Aetas resistent gegen Tuberkulose sind. Wir vermuten, daß diese Mission ein Teil des Projekts zur Sammlung menschlicher Gene ist, das die Ausführung an Pharmazieunternehmen, Universitäten und einzelne Wissenschaftler weitergegeben hat. Ich hege den Verdacht, daß sie trotz unserer Öffentlichmachung und Proteste doch irgendwie an das gewünschte genetische Material gekommen sind. Einige Aetas berichteten, daß die medizinische Kommission ihnen Blutproben entnommen und Mundabstriche gemacht habe.

Mittlerweile wird die Biomaterialsammlung in unseren Ländern massiv vorangetrieben. Weil wir versuchen, bei der UNO, der Konvention für biologische Vielfalt, der FAO etc. unseren Einfluß geltend zu machen, ist eine wilde Jagd auf Heilpflanzen, Saatgut und Wissen der Urvölker im Gang. Schon werden bilaterale Verträge über „Genschürfen" (genetic prospecting) zwischen Biopiraten, Universitäten und arglosen Gemeinden oder Organisationen der Urvölker und skrupellosen Individuen geschmiedet. Obwohl viele „bioschürfende" (bioprospecting) Unternehmen behaupten, sie seien am Wohlergehen der indigenen Völker interessiert, hinterlassen selbst die scheinbar wohlmeinendsten Vereinbarungen bei den eingesessenen Völkern das Gefühl, betrogen, ausgebeutet und manipuliert zu werden.

Shaman Pharmaceuticals, ein Bioprospecting-Unternehmen, das als progressiv gilt, hat auch keine Alternative zu bieten, die die indigenen Völker zu ihrem Recht kommen läßt. Shaman stützt sich bei der Identifizierung von Pflanzen, deren Prospektion sich lohnt, auf das Wissen indigener Völker; doch das Unternehmen bezahlt diese Menschen lediglich als Pflanzensammler und Forschungsassistenten, die zu den Erfolgen beitragen. Das Unternehmen behauptet, es wolle einen Teil der Gewinne an Sammler, Heiler und Schamanen zurückzahlen, aber das muß sich erst noch zeigen. In einem Artikel in „Seedlinks" heißt es, daß „alles zusammengenommen weniger als 0,0001 Prozent der Profite aus pharmazeutischen Produkten auf der Basis traditioneller Medizin an die lokale Bevölkerung zurückgeflossen" seien. Der Artikel zitiert aus internen Dokumenten für die Anteilseigner von Shaman. Dort heißt es:

Es ist die Politik des Unternehmens, Patentschutz zu suchen und alle seine intellektuellen Rechte zu sichern. Shaman hat am 18. Mai 1993 ein US-Patent für die Zusammensetzung eines antiviral wirkenden Stoffes erhalten, SP-303, der von Heilern in Peru und Ecuador auf der Basis von Croton (einer Euphorbiacea) entwickelt wurde. Außerdem hat Shaman drei Anträge auf US-Patente zusammen mit der Universität von Michigan eingereicht. (…) Patentanträge laufen außerdem in Japan, Korea, Mexiko, Kanada und der Europäischen Gemeinschaft. (…)

Offensichtlich ist das Ziel dieser Bemühungen das Erzielen von wirtschaftlichen Gewinnen, auch wenn es als „Entwicklung und Extraktion zukunftsfähiger Ressourcen" oder als eine gleichermaßen für die indigenen Völker gewinnbringende Tätigkeit vorgestellt wird. Solche Profite können nur erzielt werden, wenn man sich das Monopol am geistigen Eigentum über diese „neuen Medikamente" auf der Basis von Pflanzenwirkstoffen verschafft.

Die Liste der Unternehmen und Universitäten, die traditionelle Medizinpflanzen sammeln und das Wissen der indigenen Völker erforschen, ist endlos. Da gibt es zum Beispiel die Universität von Wisconsin, die kürzlich zwei US-Patente für ein Protein erhalten hat, das aus einer Beere namens Pentadiplandra brazzeana in Gabun extrahiert wurde. Das Protein, das sie Brazzein nennen, ist zweitausendmal süßer als Zucker. Die Menschen in Gabun kennen die Pflanze sehr gut. Sie nennen sie „j'oublie" (ich vergesse). Sie sagen, dies antworteten Kinder ihren Müttern, wenn sie diese süßen Beeren äßen.

Nun hat die Universität, die den DNA-Code des süßen Proteins identifiziert, isoliert und sequenziert hat, das Exklusivrecht an Brazzein erhalten, und sie beabsichtigt, Lizenzen an Unternehmen zu vergeben. Sie kann nun in den Wettbewerb auf dem hundert Milliarden Dollar starken Markt der Süßstoffe eintreten. Man ist gerade dabei, transgene Organismen herzustellen, die Brazzein in High-Tech-Laboratorien produzieren, damit man nicht mehr nach Gabun muß. Doch was dies für die Arbeiter in Zuckerplantagen und für Länder bedeuten wird, die von ihren Zuckerexporten abhängig sind, untersucht derzeit jedenfalls keine Studie. Gabun hat von seinem Beitrag zu der Entwicklung nicht profitiert und dafür auch keinerlei Kompensation erhalten.

Während des Treffens der UN-Arbeitsgruppe indigener Völker gaben unsere Brüder aus Ecuador einen erhellenden Bericht darüber, wie die Patentierung ihrer heiligen Pflanze „ayahusca" zustande kam. Diese Pflanze ist ein altbekanntes Heilkraut, das von ihnen als heilig angesehen und von jedermann für vielerlei Zwecke benutzt wird. Sie hatten gerade erfahren, daß ein Pharmazieunternehmen schon die Patentrechte darauf erworben hat.

Wie Sie sehen, ist die herrschende Welt auf dem besten Wege, sich die letzten uns verbliebenen Ressourcen anzueignen. Sie als Wissenschaftler können vielleicht nicht gutheißen oder gar verstehen, daß und warum wir unsere Ressourcen nur ungern mit der Wissenschaft und der Medizin teilen wollen. Ich hoffe jedoch, daß ich Sie mit unserer Geschichte, die ich ausführlich erörtert habe, in die Lage versetze, die tieferen Gründe unserer Einstellung zu begreifen.

Vor kurzem, vom 4. bis 5. November 1996, hat in Argentinien die 3. Konferenz der Mitglieder der Konvention für biologische Vielfalt (Third Conference of Parties of the Convention, COP3) stattgefunden. Sie wurde von den indigenen Völkern zum Anlaß genommen, ihr eigenes Forum abzuhalten und ihre eigenen Positionen und Forderungen zu artikulieren. Bei der Eröffnungssitzung der COP3 legten sie eine Erklärung vor, in der folgendes gefordert wird:

- Es soll ein Dialog mit den indigenen Völkern in Gang gesetzt werden, in dem zum Schutze der Kenntnisse der indigenen Völker Alternativen zu dem bestehenden System von Rechten auf geistiges Eigentum (Intellectual Property Rights, IPR) entwickelt werden.
- In der Zwischenzeit soll die Geltendmachung von Ansprüchen nichtindigener Völker auf IPR an Methoden und Produkten verboten werden, die auf Kenntnissen und genetischen Ressourcen von indigenen Völkern beruhen.
- Es soll ein Moratorium für „Bioschürfen" (bioprospecting) und ethnobotanisches Sammeln in Territorien indigener Völkergemeinschaften beschlossen werden, bis adäquate Schutzmaßnahmen für indigenes Wissen erarbeitet worden sind.

Schluß

Von unseren Vorfahren haben wir gelernt, daß das Land, die Tiere und Pflanzen heilig sind und daß es unsere Pflicht ist, sie für unsere Kinder und Kindeskinder zu bewahren. Diese Aufgabe können wir kaum noch erfüllen, ohne uns den Zorn der Götter des Marktes, des Profits und des schrankenlosen Handels zuzuziehen. Die auf internationaler Ebene ausgehandelten Gesetze, Verträge und Vereinbarungen haben, wie man sieht, unmittelbare Auswirkungen auf unser Leben, selbst wenn wir in den entlegensten und unzugänglichsten Gebieten wohnen. Nationale Gesetze sollen mit GATT-Vereinbarungen und WTO-Regeln harmonisiert und kompatibel gemacht werden.

Für unseren Widerstand gegen diese weltweiten Bestrebungen, uns „per Gesetz" gleichzuschalten, in unser Land einzudringen und Herrschaft über uns zu gewinnen, brauchen wir Unterstützung. Unsere Hoffnungen jedoch ruhen in erster Linie auf uns selber. Wir müssen etwas dafür tun, unsere eigenen Völker aufzuklären und zu organisieren. Wir müssen herausfinden, was die internationalen Abkommen für uns bedeuten, und müssen Mittel und Wege finden, den Gang der Verhandlungen dort zu beeinflussen, wo sie stattfinden. Deshalb spreche ich heute hier zu Ihnen, denn wenn wir der Globalisierung von oben nicht unsere Globalisierungsbemühungen von unten entgegensetzen, gibt es keine Hoffnung auf Veränderung dieser schreckensvollen Welt.

Wenn wir auf unserem Recht auf Selbstbestimmung bestehen, bedeutet das, daß wir das Recht behalten wollen, verschieden und anders zu sein und zu bleiben. Es bedeutet, daß wir eine Welt schaffen sollten, die damit leben kann, daß wir unser Zusammenleben auf andere Weise regeln und selber bestimmen, wer wir sind und wie wir mit unserem Land, mit unseren Pflanzen und Tieren, mit unserem Körper und unserem Geist umgehen. Wir sollten die Konzentration von Macht und Entscheidungsgewalt bei Körperschaften wie der Welthandelsorganisation, der Weltbank und dem internationalen Währungsfonds nicht zulassen.

Globale Rechtsinstrumente und nationale Gesetze, die im Gegensatz zu unseren indigenen Werten, Kosmologien, Lebensweisen stehen, sollten uns nicht aufgezwungen werden. Wir sollten dafür kämpfen, daß man uns Raum läßt für unseren Fortbestand und die Aufrechterhaltung und Weiterentwicklung unserer eigenen Ordnungen, Kulturen und Traditionen, die unsere Völker um unserer Nachkommen willen pflegen.

Wir benötigen heute mehr denn je die Unterstützung von Menschen wie Sie, um die Art und Weise, wie die Welt sich heute entwickelt, in Frage zu stellen und die Rechte der indigenen Völker zu stärken. Wir sind dabei, unseren Teil zu tun, und wir werden auch weiter für das Recht kämpfen, unsere Grenzen gegen Homogenisierung und Monokulturisierung aufrechtzuerhalten. Unser Wert als menschliche Wesen wird daran gemessen werden, was wir getan haben, unsere Systeme zu pflegen und zum Blühen zu bringen, in denen Gerechtigkeit, Gleichheit, Teilen und gegenseitige Hilfe die Grundwerte sind. Das sind Werte, die die Heiligkeit und Unverletzlichkeit der Schöpfung anerkennen und bewahren. Wir indigenen Völker sind uns bewußt, daß unsere vielfältigen und anders geordneten Systeme weit davon entfernt sind, perfekt zu sein, und daß wir noch einen langen Weg vor uns haben, bevor wir in Übereinstimmung mit diesen Werten leben.

Wir glauben aber, daß der Fortbestand und die Entwicklung unserer indigenen Gemeinschaften, selbst inmitten von furchtbaren Angriffen, ein lebendiger Beweis für die Lebensfähigkeit und Dauerhaftigkeit unserer vielfältigen Strukturen und Weltsichten sind. Die zunehmende Stärke und Dynamik der Bewegungen der indigenen Völker in der ganzen Welt sollten den vielen Hoffnung geben, die sich entmutigt und isoliert fühlen. Wir wollen Partnerschaften mit denen eingehen, die an das glauben, wofür auch wir stehen und wofür wir kämpfen. Ich hoffe, daß einige von Ihnen schon Partner in diesem Bündnis sind.

Doris Janshen

Ich bin sicher, Sie werden dieses Publikum und seinen Applaus niemals vergessen. Herzlichen Dank für Ihren detaillierten und überzeugenden Beitrag. Wir haben einen tiefen Einblick in den Prozeß der Kolonisierung erhalten, den Ihr Volk erleiden mußte.

Wir fahren nach diesem Einblick in die Prozesse der Kolonisierung gegenüber indigenen Völkern mit dem Vortrag von Herrn Posey fort. Es sind sehr wesentliche Begriffe bereits in dem Vortrag von Frau Tauli angesprochen worden: Selbstbestimmung, Recht auf Freiheit, Recht auf Land, auf Körperlichkeit, auf Wissen usw., und wir werden nun in dem nächsten Beitrag von Herrn Posey diese Begriffe stärker systematisiert vorgeführt bekommen.

Auch Herr Posey ist ein langjähriger Spezialist für Fragen dieser Bevölkerungsgruppen, und auch er wird über den Schutz der kulturellen Vielfalt sprechen. Er kommt von der Universität Oxford und leitet dort das Centre for the Environment, Ethics & Society. Sein Fach ist die Ethnobiologie, und er ist, ähnlich wie Frau Tauli, im Geschäft mit der UNO. Das erklärt, daß er uns nun die verschiedenen Definitionen für diese Bevölkerungsgruppen sehr differenziert vorführen können wird.

Es versteht sich in diesem Kreis von selbst, daß bedrohte Völker politische Kämpfe brauchen, wie der Bericht von Frau Tauli gezeigt hat, und diese Kämpfe gelten nicht nur den Kolonisatoren, sondern auch den Nachbarn, wie zum Beispiel armen Bevölkerungsgruppen in dörflichen Gemeinschaften. Auf diese Konfliktstruktur zwischen indigenen Völkern und traditioneller Landwirtschaft wird Herr Posey nun eingehen.

Ich darf Ihnen verraten, daß er ein spannendes Buch geschrieben hat, „Beyond intellectual property". In diesem Buch greift er einen wesentlichen Aspekt der Schutzbedürftigkeit auf, nämlich den Schutz des Wissens, von dem Frau Tauli auch schon gesprochen hat. Ich habe ihn gefragt, für wen er das Buch geschrieben hat, und er hat gesagt: für jedermann.

Darrell A. Posey

Identifizierung und Respektierung der Grenzen zwischen indigenen Völkern, traditionellen Bauern und örtlichen Gemeinschaften

Einleitung und Zusammenfassung

Indigene Völker kämpfen unermüdlich für die internationale Anerkennung ihres Rechts auf Grund und Boden, ein eigenes Territorium und eigenen politischen Status; dazu gehört die Bewahrung ihres Wissen, ihrer Kulturen und ihrer Ressourcen und das Recht auf Selbstbestimmung darüber. Auch viele traditionelle und bäuerliche Gemeinschaften sind sozial, politisch und ökonomisch marginalisiert und fordern ebenfalls das Recht auf Grund und Boden und Ressourcen. Indigene Völker und traditionelle/bäuerliche Gemeinschaften werden in der Konvention über die Artenvielfalt (Convention on Biological Diversity, CBD) bezeichnet als „indigene und lokale Gemeinschaften mit traditioneller Lebensweise" (indigenous and local communities embodying traditional lifestyles), deren „Wissen, Innovationen und Gebräuche" (knowledge, innovations, and practices) eine entscheidende Rolle für die Bewahrung biologischer Vielfalt *in situ* spielen. Obwohl beide Gruppen gemeinsame politische Ziele verfolgen, können Versuche, indigene Völker mit lokalen Gemeinschaften zusammenzubringen, gefährlich sein und Uneinigkeit stiften. In diesem Beitrag werden die entscheidenden Anliegen indigener Völker untersucht, die mit anderen „traditionellen" Gruppen kooperieren möchten, allerdings nicht um den Preis einer Aufweichung klarer politischer Grenzen. Gemeinsame Interessen und Strategien werden benannt, und es wird eine einheitliche Strategie im Umfeld von Rechtssystemen *sui generis* (Traditional Resource Rights) vorgeschlagen.

Selbstidentifizierung und Selbstbestimmung

Was „indigene Völker" sind, ist durch internationales Recht definiert. Breite internationale Akzeptanz hat die Definition des Sonderberichterstatters der „Unterkommission gegen Diskriminierung und für den Schutz von Minderheiten" des Wirtschafts- und Sozialrates der Vereinten Nationen gefunden (Sub-Commission on Prevention of Discrimination and Protection of Minorities of the UN Economic and Social Council; EC/CN.4/Sub.2/1986/7/ Add.4, paras. 379-82):

242

Indigenous communities, peoples and nations are those which, having a historical continuity with pre-invasion and pre-colonial societies that have developed on their territories, consider themselves distinct from other sectors of the societies now prevailing in those territories, or parts of them. They form at present nondominant sectors of society and are determined to preserve, develop and transmit to future generations their ancestral territories, and their ethnic identity, as the basis of their continued existence as peoples, in accordance with their own cultural patterns, social institutions and legal systems.

This historical continuity is characterised by:
(a) occupation of ancestral lands, or at least of part of them;
(b) common ancestry with the original occupants of these lands;
(c) culture in general, or in specific manifestations (such as religion, living under a tribal system, membership of an Indigenous community, dress, means of livelihood, life-style, etc.);
(d) language (whether used as the only language, as mother tongue, as the habitual means of communication at home or in the family, or as the main, preferred, habitual, general or normal language);
(e) residence in certain parts of the country, or in certain regions of the world;
(f) other relevant factors.

Als einziges internationales Rechtsabkommen speziell für indigene Völker gilt die Konvention 169 der Internationalen Arbeitsorganisation (International Labour Organisation Convention 169 oder ILO 169), auch bekannt unter dem Namen „Konvention für indigene und Stammesvölker" (Indigenous and Tribal Peoples Convention). Die Konvention ILO 169 (ILO 1989) definiert Völker als indigene, wenn sie folgendes sind:

(a) Tribal peoples in countries whose social, cultural and economic conditions distinguish them from other sections of the national community, and whose status is regulated wholly or partially by their own customs or traditions or by special laws or regulations.

(b) Peoples in countries who are regarded by themselves or others as Indigenous on account of their descent from the populations which inhabited the country, or a geographical region to which the country belongs, at the time of conquest or colonisation or the establishment of present state boundaries and who, irrespective of their legal status, retain, or wish to retain, some or all of their own social, economic, spiritual, cultural and political characteristics and institutions.

ILO 169 unterstützt das Recht „indigener" Völker, sich selbst als solche zu identifizieren:

Self-identification as Indigenous or tribal shall be regarded as a fundamental criterion for determining the groups to which the provisions of this convention apply.

Der Sonderberichterstatter der UN Arbeitsgruppe zu indigenen Bevölkerungen unterstützt die Ansicht vieler indigener Gruppen, daß es ein Recht auf Selbstdefinierung gibt und daß flexible Definitionen des Begriffes „indigen" wünschenswert sind (Daes, 1995). In der Abschlußerklärung der „Beratungsgruppe über Wissen und geistiges Eigentum indigener Völker" (Consultation on Indigenous Peoples' Knowledge and Intellectual Property Rights, Suva, Pacific Concerns Resource Centre, 1995) heißt es:

We assert our inherent right to define who we are. We do not approve of any other definition.

Es gibt zahlreiche Selbstdefinitionen indigener Völker. Das World Council of Indigenous Peoples benutzt die folgende:

Indigenous peoples are such population groups who from ancient times have inhabited the lands where we live, who are aware of having a character of our own, with social traditions and means of expression that are linked to the country inherited from our ancestors, with a language of our own, and having certain essential and unique characteristics which confer upon us the strong conviction of belonging to a people, who have an identity in ourselves and should be thus regarded by others.

Die zitierten Definitionen zeigen, daß der Begriff „indigen" einige allgemein akzeptierte Eigenschaften impliziert, daß aber nicht alle Gruppen sämtliche Anforderungen erfüllen. Darüber hinaus ist auch dann, wenn eine Gruppe sich selbst als indigen bezeichnet, ein Prozeß der Akzeptanz durch andere indigene Völker notwendig. Ein Beispiel für ein Volk, das sich selbst als indigen bezeichnet, aber als solches nicht von anderen indigenen Gruppen anerkannt wird, sind die Boers in Südafrika.

Selbstdefinierung und damit verbunden Selbstbestimmung sind die Eckpfeiler der Rechte indigener Völker. Nach den beiden internationalen Abkommen über ökonomische, soziale und kulturelle Rechte sowie über zivile und politische Rechte (International Covenant on Economic, Social and Cultural Rights und International Covenant on Civil and Cultural Rights) haben „alle Menschen das Recht auf Selbstbestimmung" und „dürfen aufgrund dieses Rechts ihren politischen Status frei bestimmen und sich ökonomisch, sozial und kulturell frei entfalten" („all peoples have the right of self-determination", and „by virtue of that right, may freely determine their political status and pursue their economic, social, and cultural development"; Artikel 1(1) beider Abkommen). Das Schlüsselwort ist „peoples" (Völker) mit dem unscheinbaren „s" am Ende, das jene Souveränitätsrechte impliziert, die man unter dem Begriff „Selbstbestimmung" zusammenfaßt.

Indigene Völker verlangen keine privilegierte Behandlung, sondern lediglich internationale Anerkennung der Souveränitätsrechte, die ihnen in der Geschichte durch Kolonisierung und Marginalisierung genommen worden sind. Sie verlangen Anerkennung ihrer Integrität als eigene Nationen oder Völker mit eigener Geschichte, Sprache und eigenem Territorium. Die meisten von ihnen verlangen keinen autonomen Staat, sondern lediglich die Anerkennung ihrer kollektiven Existenz und ihrer traditionellen Rechte, die eher da waren als die modernen Nationalstaaten, von denen sie heute dominiert werden.

Die Kari-Oca-Deklaration, proklamiert bei der UN-Konferenz über Umwelt und Entwicklung im Jahre 1992 (siehe Kasten am Schluß dieses Textes), definiert Selbstbestimmung als:

das Recht, über unsere eigene Regierungsform zu entscheiden, unsere eigenen Gesetze anzuwenden, unsere Kinder aufzuziehen und zu erziehen, und das Recht auf unsere eigene kulturelle Identität, ohne Einmischung von außen.

Die Mataatua-Deklaration über kulturelle und geistige Eigentumsrechte indigener Völker, proklamiert auf der ersten internationalen Konferenz über kulturelle und geistige Eigentumsrechte indigener Völker in Whakatane, Aotearoa-Neuseeland im Jahre 1995, stellt fest:

Indigenous peoples of the world have the right to self-determination: and in exercising that right must be recognized as the exclusive owners of their cultural and intellectual property.

Die Konferenz über das Recht auf geistiges Eigentum und biologische Artenvielfalt (Intellectual Property Rights and Biodiversity), organisiert 1994 vom Koordinationsausschuß der indigenen Völker des Amazonasbeckens (COICA) in Bolivien, stellte fest, Selbstbestimmung umfasse auch das Recht auf immaterielle kulturelle, wissenschaftliche und intellektuelle Ressourcen:

All aspects of the issue of intellectual property (determination of access to natural resources, control of the knowledge or cultural heritage of peoples, control of the use of their resources and regulation of the terms of exploitation) are aspects of self-determination. For Indigenous peoples, accordingly, the ultimate decision on this issue is dependent on self-determination.

Selbstdefinition und Selbstbestimmung sind also essentiell für die indigene Identität und zentral für die politische Strategie indigener Völker. Bei all der enormen Vielfalt von Sprachen, Kulturen und Gesellschaftsformen indigener Gruppen sind diese beiden Elemente der Kitt, der die internationale Bewegung

245

der Indigenen zusammenhält. Werden diese Grundrechte geschwächt oder unterminiert, ist das in jedem Fall eine Bedrohung für die internationale Bewegung der Indigenen und damit für alle indigenen Völker.

Traditionelle und bäuerliche Gemeinschaften

Zweifelsohne besitzen nicht nur indigene Völker „Wissen, Innovationen und Gebräuche" (in Artikel 18.4 der Konvention über biologische Vielfalt als „traditionelle Technologien" bezeichnet), die für eine zukunftsfähige (sustainable) Nutzung und den Erhalt der Artenvielfalt von Bedeutung sein können. Bauern, Fischer, ländliche Gemeinschaften und Nomadengruppen sind ebenfalls im Besitz eines reichen und komplexen traditionellen Wissens über ihren Lebensraum. Das Schlüsselwort ist hier „traditionell".

Eine Analyse des Gebrauchs des Wortes „traditionell" der Arbeitsgruppe zu „Traditional Resource Rights" zeigt, daß zwei unterschiedliche Dinge damit gemeint sind. Der eine Sprachgebrauch geht davon aus, daß Tradition in der Vergangenheit verwurzelt und mit Veränderung nicht vereinbar ist. Der andere betrachtet Tradition als eine Art Filter, über den Neuerungen in die Gesellschaft aufgenommen werden (Vijayalakshmi, 1994; Hunn, 1994). (Die Untersuchung von Sara McFall vom Februar 1996 stützt sich auf die Analyse von Aussagen aus indigenen und nichtindigenen Kreisen, die den Begriff „traditionell" benutzten; sie kann über den Koordinator der Arbeitsgruppe bezogen werden: Graham Dutfield, c/o OCEES, Mansfield College, Oxford OX1 3TF, UK.)

Pereira und Gupta (1993) glauben, daß traditionelles Wissen etwas mit „Methoden der Forschung und Anwendung" zu tun hat und nicht nur mit „speziellem Teilwissen". Zum traditionellen Wissen gehört also eine „Tradition der Erfindung", und „traditionelle Neuerer" erhalten seine Dynamik aufrecht. (Die Society for Research and Initiatives for Sustainable Technologies and Institutions [SRISTI] koordiniert ein globales Netzwerk traditioneller Neuerer, das dem Ideenaustausch unter Bauern dient. Das Netzwerk ist als „Honey Bee Network" bekannt und gibt ein Magazin mit dem Titel „Honey Bee" heraus. Kontakt: Professor A.K. Gupta, SRISTI, Indian Institute of Management, Ahmedabad 380 015, Indien.)

Ein Bericht, den das Four Directions Council of Canada im Jahre 1996 dem Sekretariat der Konvention über die Artenvielfalt übergab, enthält die Beobachtung:

Thus what is "traditional" about traditional knowledge is not its antiquity, but the way it is acquired and used. In other words, the social process of learning and sharing knowledge, which is unique to each Indigenous culture, lies at the very heart of its "traditionality". Much of this knowledge is actually quite new, but it has a social meaning, and legal character, entirely unlike the

*knowledge Indigenous people acquire from settlers and industrialised socie-
ties.* (Hervorhebung im Original)
Neuerungen sind daher ein wesentlicher Bestandteil der Tradition indigener
und nichtindigener Gesellschaften. Die indigenen Völker empfinden es aber als
eine völlig andere Art des Wissenserwerbs, wenn dieses Wissen von nichtindigenen Gruppen stammt.

„Bauern" bilden eine der größeren nicht-indigenen Gruppen oder „lokalen
Gemeinschaften mit traditioneller Lebensweise", wie es in Artikel 8.j der Konvention über die Artenvielfalt heißt. Viele, aber keineswegs alle indigenen Völker sind Bauernvölker; aber die überwiegende Mehrzahl der Bauern gehört
nichtindigenen Völkern an. Auf der Welt leben schätzungsweise 1,5 Milliarden
Menschen von „ressourcenarmer" Landwirtschaft. Sie haben einen großen Beitrag zur Vielfalt von Landschaft und Ökosystemen geleistet, sind aber eine politisch benachteiligte Gruppe.

Die Eigenständigkeit der Bauern wurde durch die Grüne Revolution
geschwächt. Sie brachte ihnen die Abhängigkeit von zugekauftem Saatgut, dessen hohe Erträge nur aufrecht erhaltenwerden konnten, wenn auch Düngemit-
tel und Pestizide zugekauft wurden. Die Grüne Revolution und Monopole von
Saatgut- und Chemiefirmen verdrängten traditionelle Methoden der Landwirtschaft, insbesondere in Entwicklungsländern, und entwerteten regional
angepaßtes Saatgut und traditionelle Methoden des Haushaltens mit Saatgut,
des Pflanzens und Erntens (Cordeiro, 1993, S. 166). Verbreitete Praktiken wie
das Zurückhalten von Saatgut und das Austauschen am Hoftor erodierten weiter durch Handelsbeschränkungen wie denen in der Europäischen Union
(Commandeur et al., 1996). (Die „Regulation on Community Plant Variety
Rights" der EU vom Juni 1994 gibt den Bauern das Ausnahmerecht, Saatgut
zurückzubehalten und zum Verfüttern oder als Futtergetreide zu verwenden.)

Bauern tun viel mehr als nur Getreide anzubauen. Sie sind Teil eines breiten
Spektrums ländlicher Gesellschaften, die von ihrer unmittelbaren Umwelt
leben. Zu ihnen gehören einzelne, häufig Frauen, und Familiengruppen mit
kleinem Landbesitz (Scoones & Thompson, 1994). Oft sind sie keineswegs auf
eine einzige Getreideart angewiesen, um zu überleben, und oft sind sie Selbst-
versorger und bestreiten ihren Lebensunterhalt unabhängig vom großen Markt.

Bauern bauen außerdem nicht unbedingt nur Getreide an, sondern haben oft
auch Vieh, auf das sie genauso angewiesen sein können wie auf das Getreide.
Häufig bessern sie ihren Lebensunterhalt durch Jagen, Fischen und die Nutzung
halbdomestizierter Arten von Bäumen und Nichtholzpflanzen als Brennstoff,
Nahrungsmittel, Arzneimittel oder anderen häuslichen Gebrauch auf. Vor allem
aber sind sie Neuerer, denn sie betreiben selektive Zucht von Getreide und Vieh
und manipulieren und modifizieren nichtdomestizierte Arten und die Landschaft (Posey & Dutfield, 1996).

Gemeinsame Bedürfnisse, die ressourcenarme Bauern und andere traditionelle Gesellschaften miteinander verbinden, sind unter anderem:

- die Kontrolle über ihre Produkte, das heißt, das Recht, Saatgut entsprechend der üblichen Praxis zu sammeln und auszutauschen;
- das Recht, einen Nutzen daraus zu ziehen, wenn andere von ihrem Wissen und ihrer Erfahrung Gebrauch machen; und
- ein sicheres Recht auf das Land, das sie bebauen oder nutzen.

Viele dieser Bedürfnisse sind zum Gegenstand der Debatte in der Ernährungs- und Landwirtschaftsorganisation FAO geworden, in deren Zentrum „Bauernrechte" und die derzeitige Revision des „International Undertaking on Plant Genetic Resources" (IUPGR) der FAO stehen, eine unverbindliche Vereinbarung über den fairen Austausch genetischer Ressourcen von Pflanzen. In der gegenwärtigen Form versucht die IUPGR, ein Gleichgewicht herzustellen zwischen den Rechten der Bauern und denen der kommerziellen Züchter. Der wesentliche „Mechanismus", der die Rechte traditioneller bäuerlicher Gemeinschaften zum Tragen bringen soll, sind sogenannte Bauernrechte (Farmers' Rights). Dies ist ein nur unzureichend beschriebenes „Recht"; es verweist lediglich auf einen Fonds, der Bauern über freiwillige Zahlungen an Regierungen „entschädigen" soll. Wie nicht anders zu erwarten war, sind die Zahlungen nicht angelaufen, und die Farmers' Rights ist nach wie vor nicht mehr als eine vage und widersprüchliche Idee (Dutfield, 1996).

Weder die Farmers' Rights noch die Konvention über die Artenvielfalt bieten daher die Aussicht, den Bauern die Kontrolle über das Erbgut ihrer eigenen Pflanzen zu sichern. Die Bauernrechte setzen die FAO als „Treuhänder für gegenwärtige und zukünftige Generationen von Bauern" ein (FAO Resolution 5/89). Die Konvention über die Artenvielfalt stellt die biologischen Ressourcen unter die Souveränität der Nationalstaaten.

Dies hat zu beträchtlichen internationalen Protesten von Nichtregierungsorganisationen (NGOs), indigenen und bäuerlichen Gruppen geführt. Die NGO-Opposition kam in erster Linie von der Rural Advancement Foundation International (RAFI) und der Genetic Resources Action International (GRAIN). Bäuerliche Gruppen aus Indien gehörten zu den aktivsten bei der Formulierung von Richtlinien für kommunale Rechte als Gegengewicht zu Individual- und Staatenrechten.

Indigene Gruppen traten erst mit Verzögerung in die Debatte über die Farmers' Rights ein, da ihre Prioritäten in anderen UN-Foren gelegen hatten (der ILO und der Working Group on Indigenous Populations of the Sub-Commission on Prevention of Discrimination and Protection of Minorities). Indigene Völker kämpften um einen rechtlichen Status unabhängig von Minoritäten; viele von ihnen betrachteten die Angelegenheiten von Bauern als Angelegen-

heiten von Minderheiten und nicht als Fragen der Souveränität und Selbstbestimmung; daher waren Farmers' Rights für sie kein Thema. Diese Haltung
änderte sich aber radikal, als bäuerliche Gruppen zum Eckpfeiler der indigenen
Identität vordrangen: der Selbstbestimmung.

Im Februar 1996 verbreitete das Third World Network eine Charta für Bauernrechte (Farmers' Rights Charter) aus der Feder der indischen Bauerngewerkschaften. Der allererste Absatz der Charta stellt fest:

*Farmers of the World, including women farmers, landless farmers, have a
duty and a right to self-determination including the right to choose their agricultural systems, protect their livelihoods and their resources.* (Hervorhebung
durch den Autor)

Der Gebrauch des Ausdrucks „self-determination" (Selbstbestimmung) war in
den Augen führender Persönlichkeiten der indigenen Völker ein Mißbrauch
eines klaren und im Verlauf von zwei Jahrzehnten des Verhandelns und harter
Gefechte in den UN und internationalen Gremien geformten Ausdrucks und
Sprachgebrauchs durch die Bewegung für Bauernrechte. Darüber hinaus waren
die Eindeutigkeit und die Bedeutung des Begriffes „self-determination" den
Führern des Third World Network und der indischen Bauerngewerkschaften
mehrfach erläutert worden. Angesichts dieser Bemühungen fühlten die Führer
der indigenen Völker sich von einer wichtigen Gruppe derer betrogen, die bis
dahin als natür'iche Verbündete gegen zentralisierte Regulierung, unausgewo-
gene Partnerschaften und den Verlust von Wissen und Ressourcen betrachtet
worden waren.

Die gemeinsame Basis
Es gibt eine gemeinsame Basis für indigene Völker, traditionelle Gesellschaften
und lokale bäuerliche Tradition. Diese Basis setzt sich zusammen aus vielen einzelnen Feldern von Gemeinsamkeiten, unter anderem:

- der Furcht vor der Globalisierung des Warenverkehrs,
- der Notwendigkeit einer Reform von TRIPs,
- Farmer's Rights (Rechtsschutz und Gewinnbeteiligung), und
- schlagkräftigeren Rechtsbestimmungen für traditionelle Erfahrungen und
  traditionelles Wissen.

Tatsächlich unterstützen die indigenen Völker im Grunde den größten Teil der
indischen Charta für Bauernrechte, insbesondere ihren Ruf nach „grundlegenden und unveräußerlichen Rechten" zu „kommunalem Eigentum an genetischer Pflanzenvielfalt und Nutztierarten" („fundamental and inalienable rights
to communal ownership" of „plant genetic diversity and domestic animal
breeds").

Andere gemeinsam interessierende Forderungen in der Charta sind die nach:
- voller Teilhabe an allen Gewinnen aus optimierter Nutzung dieser genetischen Ressourcen,
- Kontrolle über den Zugang zu Grund und Boden, Wasser und genetischen Ressourcen, die zur Aufrechterhaltung des Lebensunterhalts und zur Sicherung der allgemeinen Nahrungsmittelversorgung notwendig sind,
- Entscheidungsfreiheit über die eigene Produktpalette und die eigenen Konsumgewohnheiten, und
- Ablehnung von Patenten auf Nahrungspflanzen und Nutztierarten sowie von genetisch veränderten Nahrungspflanzen und Nutztierarten.

Übereinstimmungen gibt es auch in folgenden Punkten:

(a) Zugangsverbote oder -beschränkungen

Indigene Völker und Bauern können sich sehr wahrscheinlich darüber einigen, daß ihnen das Recht wichtig ist, Außenstehenden den Zutritt zu ihrem Grund und Boden, ihrem Territorium und ihren Ressourcen zu verweigern. Außenstehende – wobei es sich um Sammler, Forscher, Geschäftsleute oder auch Touristen handeln kann – sind verpflichtet, zunächst mit den Menschen oder den Gemeinden vor Ort über die Modalitäten des Zutritts zu verhandeln. Grundlage dieser Verhandlungen sind die Prinzipien der Zustimmungspflichtigkeit (prior informed consent), vollständiger Offenlegung und gerechter Gewinnbeteiligung (Posey & Dutfield, 1996).

Das Prinzip der Zustimmungspflichtigkeit ist in der Konvention über die Artenvielfalt im Artikel 15, Satz 5, festgehalten. Dort heißt es: „Access to genetic resources shall be subject to prior informed consent of the Contracting Party providing such resources, unless otherwise determined by that Party." Zutrittsmodalitäten, einschließlich der Erfordernis, die Zustimmung indigener Völker und örtlicher Gemeinschaften einzuholen, sind in verschiedenen Vereinbarungen formell festgehalten, an denen sich inzwischen an Pflanzen interessierte Institutionen wie Kew Gardens in Großbritannien sowie Pharmaunternehmen wie Shaman Pharmaceuticals in den USA orientieren (siehe Posey & Dutfield, 1996; King, 1994).

Die Extremposition des Zutrittsverbots kommt durch eine stärker werdende „Moratoriumsbewegung" ins Spiel. Viele indigene Gruppen fordern inzwischen einen vollständigen Stopp aller weiteren Forschungen, Sammlungen oder des „Bioprospecting" so lange, bis nationale Gesetze geeignete Mechanismen für Schutzmaßnahmen und Gewinnbeteiligung zur Verfügung stellen.

Die Mataatua-Deklaration fordert zum Beispiel:

A moratorium on any further commercialisation of Indigenous medicinal plants and human genetic materials must be declared until Indigenous communities have developed appropriate protection measures.

Die Abschlußerklärung der Pacific Regional Consultation übernimmt diese Forderung und fordert indigene Völker auf, „sich an keiner Art von Bioprospecting zu beteiligen, bevor nicht geeignete Schutzmaßnahmen getroffen worden sind".

Die Bewegung wird sich möglicherweise in nächster Zeit auf nichtindigene Gruppen ausdehnen. Zutrittsbeschränkungen sind bereits in Kraft auf indigenem Grund und Territorium in Kanada, Ecuador, Panama, Neuseeland, Australien, Fidschi und im ganzen Pazifikraum.

b) Mißbrauch der Bezeichnungen „Wildnis" und „wild"

Bauern kultivieren nicht nur das Land, sind Züchter, Hirten, Jäger, Fischer usw., sondern ihre historische Rolle bei der Veränderung von Ökosystemen macht sie auch zu Landschaftsgestaltern. Ebenso ist der formende Einfluß von Ressourcenmanagementsystemen indigener Völker und traditioneller Gesellschaften auf die Umwelt gut dokumentiert. Die Gemeinden vor Ort spielen eine entscheidende Rolle für die Aufrechterhaltung biologischer Vielfalt und für den zukunftsfähigen Umgang nicht nur mit kultivierten Ökosystemen, sondern auch mit Wäldern und scheinbar nichtkultivierten Landschaften. Archäologische, botanische, bodenkundliche und ökologische Daten zeigen mittlerweile unbezweifelbar die Bedeutung menschlicher Bevölkerung in Vergangenheit und Gegenwart für die Schaffung, das Management und den Schutz vieler Landschaften und Ökosysteme, die bis dahin als „natürlich" oder als „Wildnis" bezeichnet worden waren.

Die Konvention über das Welterbe (World Heritage Convention) der UNESCO spricht von „Kulturlandschaften" (cultural landscapes), um dem menschlichen Einfluß auf einige der meistgeschätzten Landschaften der Welt gerecht zu werden (UNESCO, 1995):

Cultural landscapes often reflect specific techniques of sustainable land-use considering the characteristics and limits of the natural environment they are established in, and a specific spiritual relation to nature. Protection of cultural landscapes can contribute to modern techniques of sustainable land-use and can maintain or enhance natural values in the landscape. The continued existence of traditional forms of land-use supports biological diversity in many regions of the world. The protection of traditional cultural landscapes is therefore helpful in maintaining biological diversity. (Item 38)

Der Einfluß indigener und traditioneller Landmanagementsysteme auf die biologische Vielfalt ist von der Wissenschaft erheblich unterschätzt worden. Dies ist nicht einfach eine kleinere wissenschaftliche Nachlässigkeit, sondern eine recht praktische politische Wahrnehmungsschwäche, die es Regierungen und sogar Umweltgruppen möglich macht, „leere" Räume und „Wildnisse" für ihre eigenen Zwecke zu beanspruchen. Dies geschieht bis heute in vielen Fällen, wenn Umweltschützer und Entscheidungsträger die historische Anwesenheit indigener, traditioneller oder lokaler Gemeinschaften in Gegenden ignorieren, die sie nutzen oder kontrollieren möchten.

Darüber hinaus sind „wilde" Ressourcen und „Wildnisse" Teil der Natur. Infolgedessen verlieren lokale Gemeinschaften ihre Besitzansprüche, sobald Wissenschaftler oder Umweltschützer Landschaften und Arten von Lebewesen als „wild" deklariert haben. Das erleichtert die Ausbeute indigener oder traditioneller Erfahrungen und genetischer Ressourcen.

Der Zorn der Aborigines über den Mißbrauch von Konzeptionen wie „wild" und „Wildnis" kommt gut in einer Resolution der Neunten Ökopolitischen Konferenz zum Ausdruck (Ecopolitics, 1995):

> *Noting the changes which have occurred in statements from some conservation agencies, Ecopolitics IX reiterates the inacceptability of the term wilderness as it is popularly used, and related concepts such as wild resources, wild foods, etc. These terms have connotations of Terra Nullius and, as such, all concerned people and organisations should look for alternative terminology which does not exclude Indigenous history and meaning.*

(Die Doktrin von der *terra nullius* wurde in der Geschichte dazu herangezogen, die Souveränität europäischer Staaten über Grund und Boden zu begründen, der der Einfachheit halber als leer und daher ohne Vorbesitzer erklärt wurde. Australien galt zum Beispiel vor der britischen Besetzung unter englischem Recht als *terra nullius*. Die Ansprüche der Aborigines auf Australien als ein Territorium, das ihnen gehöre, wurden deshalb als rechtlich unwirksam betrachtet, bis 1992 eine rechtliche Entscheidung den Durchbruch brachte. Siehe Bartlett, H. R.: The Mabo Decision. Butterworths, Sydney, 1994.)

Das Programm „Hidden Harvest" des Internationalen Instituts für Umwelt und Entwicklung (IIED) ist ein gutgemeintes Beispiel für dieses Problem. Während das Programm „die Bedeutung wilder pflanzlicher und tierischer Ressourcen in der Landwirtschaft und für ein Auskommen auf dem Land" dokumentiert, wird nirgends zur Kenntnis genommen, daß diese Ressourcen nur für Außenstehende „verborgen" (hidden) und „wild" sind. Lokale Gemeinschaften nutzen diese wertvollen Ressourcen täglich, und sie waren es schließlich, die die Forscher des IIED auf sie aufmerksam gemacht haben (Guijt et al., 1995).

c) Kollektivität und Eigentum

In den meisten indigenen, traditionellen und bäuerlichen Gruppen werden Ressourcen von Einzelpersonen und sozialen oder zweckgebundenen Gruppen gemeinsam genutzt und sind nicht im Privatbesitz. Wissen und Ressourcen einer Gemeinschaft können von keiner Einzelperson privatisiert werden. Lediglich einzelne Kenntnisse oder Besitztümer können in der Hand besonderer gesellschaftlicher Gruppen liegen, etwa von Männern, von Frauen, von Älteren, von bestimmten Familiengeschlechtern oder Spezialisten für Riten oder Kenntnisse (etwa Schamanen).

Für viele Gruppen besteht die Gesellschaft nicht nur aus den Lebenden, sondern auch aus den Ahnen und aus künftigen Generationen. Für indigene Völker ist Wissen „eine Nutzungsanleitung für Grund und Boden, die sie von Zeit zu Zeit vom Schöpfer oder der geistigen Welt erhalten, und zwar nicht nur durch Enthüllungen oder Träume, sondern auch durch häufigen Kontakt mit dem Gedächtnis und dem Geist von Tieren und Pflanzen." Das Wissen ist „geliehen" oder wird mit Außenstehenden „geteilt". Dieses Wissen gehört nicht dem oder der Einzelnen, sondern er oder sie trägt eine Verantwortung gegenüber dem „örtlich-spezifischen Rechtssystem" der Gesellschaft. Deshalb kann kein lebendes Mitglied der Gesellschaft sein „Besitztum" in Vereinbarungen einbringen, ohne seinen Glauben und das Wohlergehen vergangener und künftiger Generationen in Frage zu stellen (Four Directions Council, 1996).

Das bedeutet nicht, daß Einzelpersonen keinen Besitz haben können. Ein wichtiges Element der Farmers' Rights ist zum Beispiel die Respektierung des Besitzes an selbst gezüchtetem Saatgut. Saatgut wird als persönlicher Besitz betrachtet, der ganz nach Wunsch weitergegeben werden kann. Unterarten von Getreide können auf der anderen Seite Teil des Erbes der Vorfahren sein und einer ganzen Familie oder einem Familiengeschlecht gehören. Indigene Völker glauben häufig, daß Getreidearten geistigen Kräften der Vergangenheit entsprungen sind, was nicht ausschließt, daß ihnen zugleich die Bedeutung der Verbreitung von Saatgut auf kulturellem Wege bewußt ist.

d) Widerstand gegen das Recht auf geistiges Eigentum und die Patentierung des Lebens

Die Konvention über die Artenvielfalt stellt das Recht auf geistiges Eigentum als erstrangigen Mechanismus dar, ein „gerechtes Teilen" sicherzustellen. Doch diese geistigen Eigentumsrechte sind für Entwicklungsländer allgemein und insbesondere indigene, traditionelle und örtliche Gemeinschaften problematisch, aus folgenden Gründen:

(i) Ihr Zweck ist, der Gesellschaft zu nützen, indem exklusive Rechte an „natürliche" oder „juristische" Personen oder „kreative Einzelpersonen" vergeben werden, nicht an kollektive Einheiten wie indigene Völker.

Eine Gruppe von Juristen, Akademikern und Aktivisten faßte die Situation kürzlich so zusammen (The Bellagio Declaration, in: Boyle, J., 1996):

Contemporary intellectual property law is constructed around the notion of the author as an individual, solitary and original creator, and it is for this

*figure that its protections are reserved. Those who do not fit this model —
custodians of tribal culture and medical knowledge, collectives practicing traditional artistic and musical forms, or peasant cultivators of valuable seed
varieties, for example—are denied intellectual property protection.*

(ii) Sie sind nicht geeignet, Information zu schützen, die nicht in einem speziellen historischen Prozeß des „Entdeckens" gewonnen wurde. Indigenes Wissen ist generationenübergreifendes und kommunales Wissen. Es kann von den
Geistern der Ahnen stammen, durch Visionen oder mündliche Überlieferung
in Familiengeschlechtern übermittelt sein. Es wird als Gemeinbesitz und daher
nicht schützbar eingestuft.

(iii) Sie fügen sich nicht in komplexe, nicht-westliche Besitz-, Nutzungs- und
Zugangssysteme ein. Das Recht auf geistiges Eigentum ordnet die Autorenschaft
eines Liedes einem Schreiber oder einem Verlag zu, der ihn aufnehmen und ver-
öffentlichen darf, wenn er es dafür geeignet hält. Sänger indigener Völker können dagegen ein Lied dem Schöpfergeist zuschreiben, und die Alten des Volkes
können sich das Recht vorbehalten, die Darbietung zu unterbinden oder auf
bestimmte Anlässe oder festgelegte Zuhörerkreise zu beschränken.

(iv) Ihr Zweck ist, die kommerzielle Verwertung und Verbreitung zu fördern.
Die Absicht indigener Völker kann aber sein, in erster Linie die kommerzielle
Nutzung zu verhindern und den Gebrauch und die Verbreitung zu begrenzen.
In einer Erklärung der COICA (The Coordinating Group of the Indigenous
Peoples of the Amazon Basin) von 1994 ist das so formuliert:

*For members of indigenous peoples, knowledge and determination of the use
of resources are collective and inter-generational. No indigenous population,
whether of individuals or communities, nor the government, can sell or transfer ownership of resources which are the property of the people and which each
generation has an obligation to safeguard for the next.*

(v) Sie berücksichtigen ausschließlich ökonomischen Marktwert und lassen
spirituelle, ästhetische, kulturelle und sogar lokale ökonomische Werte außer
Acht. Der größte Wert von Informationen und Gegenständen kann für ein indigenes Volk gerade in der Verwurzelung mit der kulturellen Identität und der
symbolischen Einmaligkeit liegen.

(vi) Sie können entsprechend den politisch herrschenden ökonomischen
Interessen geändert werden. Einen Schutz *sui generis* gibt es für Halbleiter und
für computergenerierte „literarische Werke" (Cornish, 1993). Indigene Völker
aber haben nicht die politische Macht, auch nur einen Schutz für ihre heiligsten
Pflanzen, Orte und Artefakte zu erreichen.

(vii) Diese Rechte zu erringen, ist teuer, kompliziert und zeitraubend, und
noch schwieriger ist es, sie zu verteidigen.

Die „regionalen Beratungen über das Wissen und das geistige Eigentum indigener Völker" der UNDP (Regional Consultations on Indigenous Peoples' Knowledge and Intellectual Property Rights) haben deutlich gemacht, daß es von Seiten indigener Völker überall in der Welt nach wie vor heftigen Widerstand gegen die Patentierung von Lebensformen gibt. Die Abschlußerklärung der Pazifikregion vom April 1995 fordert dazu auf, die Pazifikregion als „patentfreie Zone für Lebensformen" zu erklären. Auch bei den Beratungen der UNDP in Santa Cruz, Bolivien, und in Sabah, Malaysia, im Februar 1995 wurde die Patentierung von Lebensformen für nicht akzeptabel erklärt:

> For Indigenous peoples, life is a common property which cannot be owned, commercialised and monopolised by individuals. Based on this world view, Indigenous peoples find it difficult to relate intellectual property rights issues to their daily lives. Accordingly, the patenting of any life forms and processes is unacceptable to Indigenous peoples.

Für Bauern und bäuerlich lebende Völker konzentriert sich die Debatte darauf, daß Saatgutunternehmen sich ihre Innovationen und die damit erzielten Profite aneignen. Ihnen geht es außerdem darum, daß Pflanzenmaterial in *ex situ*-Sammlungen aufgenommen wird und ihnen der Zugang zu diesem Material verlorengeht. Die Rural Advancement Foundation International hat sich konsequenterweise gegen jede Form von Patenten auf Lebensformen ausgesprochen, aber Anil Gupta (Gupta, 1995) hat sich gegen die Haltung der RAFT gewandt und argumentiert, Menschen in Entwicklungsländern hätten das gleiche Recht wie Saatgutunternehmen, geistige Eigentumsrechte an ihren Innovationen zu beanspruchen. Er fürchtet, Innovatoren in den Entwicklungsländern könnten unter den gegenwärtigen Regelungen der Rechte auf geistiges Eigentum mit ihren Ansprüchen scheitern, falls Patente abgelehnt würden.

e) Unterstützung für Traditional Resource Rights (TRR)

Der Terminus Traditional Resource Rights (TRR) ist zu einer Definition für die vielen „Rechtspakete" geworden, die für Schutz, Entschädigung und Bewahrung genutzt werden können. Der terminologische Wechsel von Intellectual Property Rights (IPR) zu Traditional Resource Rights ist Ausdruck des Versuchs, auf dem Konzept der IPR Schutz- und Entschädigungssysteme aufzubauen und dabei zu berücksichtigen, daß traditionelle Ressourcen – materielle und immaterielle – in einer großen Zahl internationaler Abkommen behandelt sind, die als Basis für ein System *sui generis* genutzt werden können. Zu den „traditionellen Ressourcen" gehören Pflanzen, Tiere und andere materielle Objekte mit geistlichen, zeremoniellen, ästhetischen oder mit dem kulturellen Erbe verbundenen Qualitäten. „Besitztum" manifestiert sich aber für indigene Völker und lokale Gemeinschaften oft auch immateriell und spirituell und kann, obwohl es schützenswert ist, in niemandes Besitz sein. Indigene und traditionelle Gemeinschaften werden in zunehmendem Maße in marktwirtschaftliche Systeme einbezogen und finden eine immer größere Zahl ihrer Ressourcen auf diesen Märkten wieder. Trotzdem ist für viele eine Privatisierung oder Vermarktung ihrer Ressourcen nicht nur etwas Fremdartiges, sondern auch etwas Unbegreifliches oder sogar Undenkbares.

TRR ist ein integriertes Rechtskonzept, das die unlösbare Verbindung zwischen kultureller und biologischer Vielfalt berücksichtigt und sich an Prinzipien der Menschenrecht orientiert, unter anderem an den menschlichen Grundrechten, dem Recht auf Selbstbestimmung, kollektiven Rechten, Grund- und Boden- sowie Territorialrechten, der Religionsfreiheit, dem Recht auf Entwicklung, dem Recht auf Privatsphäre und qualifizierte Mitbestimmung, dem Recht auf Integrität der Umwelt, geistigen Eigentumsrechten, Nachbarschaftsrechten, dem Recht, Verträge abzuschließen, den Rechten zum Schutz kulturellen Eigentums, des Brauchtums und des kulturellen Erbes, der Anerkennung der Existenz von Kulturlandschaften, der Anerkennung von Gewohnheitsrecht und –praxis und Bauernrechten. Diese Rechte stützen sich gegenseitig und sind vollkommen konsistent mit der Konvention über die biologische Vielfalt, da das Schicksal traditioneller Völker den Zustand der biologischen Vielfalt der Erde weitgehend bestimmt und von ihm bestimmt wird. Bemerkenswerterweise sind sie ebenfalls konsistent mit den Anforderungen von GATT/WTO und FAO/IUPGR.

Schlußfolgerungen und Empfehlungen

Indigene Völker haben die verständliche Sorge, daß es ihre internationalen politischen Erfolge gefährden könnte, wenn sie sich zu sehr mit den Interessen der Bauern identifizieren. Sie lehnen es ab, indigene Rechte unter die Forderungen von Gemeinschaften oder Minderheiten subsumiert zu sehen, die sie an Zahl weit überwiegen und ihre zentrale Forderung nach Selbstbestimmung in den Hintergrund treten lassen könnten. Obwohl es gemeinsame Interessenbereiche gibt, wollen indigene Völker eine von dem Staat, in dem sie leben, getrennte politische und ethnische Identität bewahren. Traditionelle Gesellschaften, lokale Gemeinschaften und Bauern streben diese Souveränitätsrechte nicht an.

Während „Völker" ein Selbstbestimmungsrecht haben, gilt das nicht für „Gemeinschaften". Das ist der Grund, warum die Konvention über die Artenvielfalt lediglich von „indigenen und lokalen Gemeinschaften mit traditioneller Lebensweise" spricht und den Begriff „indigen" absichtsvoll ungenau verwendet. Aus diesem Grund werden indigene Völker die Übernahme eines „Rechts auf Selbstbestimmung" durch die Bauern nicht willentlich akzeptieren, wie es im Entwurf der Charta für Farmers' Rights aus Indien angelegt ist, und auch in der „philosophy of democratic pluralism" (Shiva & Holla, 1996), die feststellt:

that diverse communities have diverse interests, and in the shaping of natio-
nal law and policy they all have legitimate democratic rights of decision
making and self determination.

Indigene Völker haben die internationale Anerkennung ihres Rechts auf
Selbstdefinierung und Selbstbestimmung errungen; ein entsprechender Status
wird Bauern und traditionellen Gesellschaften nicht gewährt. Der Grad der
politischen Organisation bäuerlicher Gruppen unterscheidet sich stark von
Land zu Land und zwischen den Kontinenten, und es gibt nur eine begrenzte
internationale Kooperation. Die meisten bäuerlichen Gruppen werden nach wie
vor nicht von Führungspersönlichkeiten aus den eigenen Reihen repräsentiert,
sondern von Vermittlern aus NGOs. Vor zwei Jahrzehnten war auch die Bewegung der indigenen Völker auf diesem Stand, aber inzwischen hat sie eigene
Führungsfiguren und wohlorganisierte internationale Netzwerke. Daher ist es,
wenn es um politische Allianzen geht, problematisch zu sagen, wer für unterschiedliche Gruppen spricht. Es ist gut möglich, daß die wachsenden Graswur-
zelbewegungen und internationalen Vereinigungen der Bauern und traditionellen Völker durch die besser organisierte Bewegung der indigenen Völker in
ihren Aktivitäten behindert werden.

Solcherart Schwierigkeiten bei der Bildung von Allianzen zwischen indigenen Völkern, traditionellen Gesellschaften, lokalen Gemeinschaften und Bauern zur Kenntnis zu nehmen, kann die Kooperation nur verbessern helfen.
Wenn andererseits Außenstehende von Ähnlichkeiten zwischen den Interessen
dieser Gruppen einfach ausgehen, kann das die Probleme überdecken und eine
echte Kooperation verhindern.

Im Grundsatz streben alle Gruppen gleiches Recht in ihren Beziehungen zu
Institutionen innerhalb und außerhalb der Regierungen und der Wirtschaft an.
Um gleiches Recht zu gewähren, reichen aber Worte nicht aus. Das heute exi-
stierende Ungleichgewicht der Macht und des Geldes bedeutet, daß Gleichheit
erst noch geschaffen werden muß. Fortschritte werden davon abhängen, ob es
gelingt, ein internationales System zum Schutz indigener Völker und traditioneller Gesellschaften, wie etwa bäuerlichen Gemeinschaften, aufzubauen. Eine
Möglichkeit sind die Traditional Resource Rights. Aber selbst wenn ein solches
System auf breiter Basis entstünde, wäre seine erfolgreiche Implementierung an
die Respektierung der politischen Schranken gebunden, die die einzelnen Gruppen stützen und definieren.

Kari-Oca Declaration

Preamble

The World Conference of Indigenous Peoples on Territory, Environment and Development (25–30 May 1992).

The Indigenous Peoples of the Americas, Asia, Africa, Australia, Europe and the Pacific, united in one voice at Kari-Oca Villages express our collective gratitude to the indigenous peoples of Brazil. Inspired by this historical meeting, we celebrate the spiritual unity of the indigenous peoples with the land and ourselves. We continue building and formulating our united commitment to save our Mother the Earth. We, the indigenous peoples, endorse the following declaration as our collective responsibility to carry our indigenous minds and voices into the future.

Declaration

We the Indigenous Peoples, walk to the future in the footprints of our ancestors.

From the smallest to the largest living being, from the four directions, from the air, the land and the mountains, the creator has placed us, the indigenous peoples upon our Mother the Earth.

The footprints of our ancestors are permanently etched upon the land of our peoples.

We the Indigenous Peoples, maintain our inherent rights to self-determination.

We have always had the right to decide our own forms of government, to use our own laws to raise and educate our children, to our own cultural identity without interference.

We continue to maintain our rights as peoples despite centuries of deprivation, assimilation and genocide.

We maintain our inalienable rights to our lands and territories, to all our resources — above and below — and to our waters. We assert our ongoing responsibility to pass these onto the future generations.

We cannot be removed from our lands. We the Indigenous Peoples, are connected by the circle of life to our land and environments.

We the indigenous peoples, walk to the future in the footprints of our ancestors.

Signed at Kari-Oca, Brazil, on the 30th day of May 1992

Ausgewählte Beiträge aus der Diskussion

Doris Janshen: Herzlichen Dank, Mr. Posey, für eine herausragende Rede und für Ihre ausgezeichneten Ergebnisse, die nun, da bin ich sicher, die Grundlage für unsere Diskussion bilden werden. Zunächst sollen die anderen Teilnehmer des Podiums die Gelegenheit haben, ihre Anmerkungen zu machen.

Jürgen Osterhammel: Ich darf vielleicht in wenigen Sätzen meine eigenen Konsequenzen aus diesen beiden sehr instruktiven und teilweise auch sehr bewegenden Vorträgen ziehen. Ich selbst habe dreierlei daraus gelernt. Erstens habe ich gelernt, wie wichtig die juristische Auseinandersetzung ist. Es genügt nicht, auf der Ebene eines allgemeinen Menschenrechtsdiskurses zu verharren. Der bleibt fundamental. Es gibt danach die zweite Stufe der Herstellung rechtsstaatlicher Verhältnisse, und die dritte, über die wir sehr viel gehört haben, der Auseinandersetzung auf sehr spezifischen Rechtsgebieten, bis hin zum Recht auf genetisches und intellektuelles Eigentum.

Die zweite Schlußfolgerung ergibt sich besonders aus dem Referat von Frau Tauli-Corpuz: In welchem Maße sind neben den Agenten der Globalisierung auch nationale Regierungen verantwortlich für die Bedrängung von *communities*? Man könnte weitergehend auf den Extremfall verweisen, in dem internationale Wirtschaftsinteressen überhaupt keine Rolle spielen, sondern Ursache dieser Bedrängung einfach ein homogenisierender Nationalismus ist, der sich durchzusetzen versucht. Tibet und Ost-Timor wären Beispiele, an die wir alle denken.

Drittens fand ich sehr beeindruckend, wie Dr. Posey uns, wenn ich ihn recht verstanden habe, gewarnt hat, vorschnell die Erhaltung biologischer Vielfalt und ethnischer Pluralität zu analogisieren. Die Gefahr liegt dort, wo wir uns darauf kaprizieren, kleinteiligste *communities* als schützenswerte Grundeinheiten zu betrachten. Was Dr. Posey zuletzt gesagt hat, bestätigt in gewisser Weise meine These von der Diffusität kultureller Grenzen und der Tatsache, daß kulturelle Grenzziehungen weitgehend Machtfragen sind.

Meine Frage an beide Referenten: Wie gehen Sie mit dem vielleicht primären Problem sozialen Wandels in der Dritten Welt um, der Urbanisierung? Bezieht der Diskurs über den Schutz der kulturellen Vielfalt auch die Hunderttausende von Menschen ein, die jährlich in Großstädte wie Mexiko City, Metro Manila oder Daressalam strömen und ihre *communities* und die Bindung an ihr Territorium verlassen? Wie folgen Sie diesen Menschen in die Metropolen der Dritten Welt?

Dr. Jürgen Oesterreich, Stadtplaner, Ratingen: Ich bin Stadtplaner und arbeite in der Dritten Welt. Ich möchte an Herrn Osterhammel anknüpfen. Wir beobachten nämlich, daß sich dort in den Städten neue Identitäten bilden. Die Menschen in São Paulo oder Daressalam, ob arm oder reich, entwickeln ein Zusammengehörigkeitsgefühl, eine gemeinsame Identität. Nun ist ein interessanter Prozeß im Gange: Diese Gemeinschaften, diese Quartiere, klagen ihre Rechte ein. Auf der letzten UNO-Konferenz Habitat in Istanbul ging es zum Teil darum, wie man den Gemeinden in der Dritten Welt Rechte gibt. In dem Augenblick, wo es möglich ist, daß eine Stadtverwaltung eine gewisse Kompetenz bekommt, ist ein politischer und kultureller Selbstdefinitionsprozeß in Gang gekommen. Das halte ich für das Entscheidende.

Ich frage Sie, ob es nicht Koalitionen von Menschen geben müßte, die sich auf einer mittleren Ebene unterhalb des Staates organisieren und ihre eigene kulturelle Selbstbestimmung definieren?

Ingrid Schulte, Confeniae (Ecuador), Hamm: Ich habe Verbindungen zu einer ähnlichen Organisation wie die, für die Frau Tauli-Corpuz arbeitet, allerdings in Ecuador. Ich möchte beiden Sprechern für ihre Vorträge danken. Sie haben sich sehr gut ergänzt, und Sie haben mir neue Einblicke gegeben. Die Völker Amazoniens in Ecuador haben mit ganz ähnlichen Problemen zu tun, massiv seit etwa dreißig Jahren, als die Ölförderung im Amazonasgebiet einsetzte. Sie erleben ebenfalls, daß die Ölfirmen sich der Territorien bemächtigen, die eigentlich den indigenen Völkern gehören, und zwar mit Billigung und Förderung der eigenen Staatsregierung.

Meine Frage ist: Wie weit sind Forderungen bei der UNO vorgetragen worden, Gemeinschaftseigentum von indigenen Völkern rechtlich anzuerkennen, und bestehen Möglichkeiten, vor einem Gerichtshof solche Rechte einzuklagen?

Theo Temme, Ökumenischer Zusammenschluß Christlicher Eine/ Dritte Weltgruppen, Münster: Ich finde es sehr gut, daß wir hier Frau Tauli-Corpuz von den Igorot gehört haben. Wir in Münster haben eine Partnerschaft mit den Igorot, und außerdem mit Amazonasindianern. Wenn Kommunen Partnerschaften dieser Art schließen, ist das meiner Ansicht nach eine internationale Verknüpfung und außerdem ein Schutz für die, die dort vor Ort arbeiten. Dies steht auch direkt in dem Ansatz zur lokalen Agenda, die in Rio '92 bei der Umwelt- und Entwicklungskonferenz gefordert wird.

Dieter Appelt, Regierungsdirektor, Staatsinstitut für Schulpädagogik und Bildungsforschung, München: Ich arbeite für das Bayerische Kultusministerium und für die Kultusministerkonferenz an Konzepten über den Unterricht zur Einen Welt/Dritten Welt. Ich fand es äußerst wohltuend, daß auch Vertreter anderer Kulturen anwesend sind und ein Gegengewicht bilden können gegen manche Illusionen des heutigen Zeitgeistes, in denen traditionelle Völker sehr gerne als naturverbunden auf ihren Urwaldinseln lebend idealisiert werden, was ja, wie wir gesehen haben, nicht der Fall ist und nicht mehr der Fall sein kann. Die Überlebenschancen ergeben sich vielmehr aus einer vernünftigen bi-kulturellen, bi-ökonomischen, bi-rechtlichen Anpassung an notwendigen Wandel.

Ich sehe dort eine Parallelität zu unseren eigenen Bemühungen. Auch bei uns kann man ökologische Aspekte nicht ohne kulturelle verfolgen; auch bei uns muß man den Gesamtkontext Wirtschaft, Kultur und Bildung neu definieren. Insofern sind diese Beispiele auch für uns selbst im wahrsten Sinne des Wortes „lehrreich".

Schließlich bleibt die Frage, inwiefern kulturelle Identität die notwendige Barriere gegen eine totale Kommerzialisierung sein kann, die im Zuge des Systemsieges des Kapitalismus drohen könnte – eine sehr komplexe Frage.

Claus Biegert, Schriftsteller und Journalist, München: Meine Frage an die Referenten ist, ob diese Urwaldinseln nicht unsere einzige Chance sind. Es könnte ja sein, daß wir auch verschwinden, wenn die Urwaldinseln verschwinden.

Udo Schliemann, Grafik-Designer, Stuttgart: Eine Frage an Frau Tauli-Corpuz. Neben dieser Bedrohung, die von außen kommt, durch Politik und die Industrie, habe ich eine ganz andere, „weiche" Bedrohung bemerkt, die von innen kommt und die jungen Menschen angreift, nämlich die westliche Musik und die westlichen Medien. Sie wirken wie eine Droge auf die jungen Menschen; es werden dort neue Verhaltensweisen auf den Gebieten Liebe, Umgang mit Alten und anderen gesellschaftlichen Problemen vorgeführt, die diese jungen Menschen schnell aufsaugen. Sehen Sie das Problem genauso wie ich, und gibt es Konzepte, dieser sehr schwierigen Bedrohung zu begegnen?

Victoria Tauli-Corpuz: Vielen Dank für diese Fragen. Zunächst zur ersten: ob Angehörige indigener Völker, die ihre Gemeinschaft verlassen haben, immer noch Anspruch auf entsprechende Rechte haben und die Identität als Angehörige eines indigenen Volkes bewahren.

Ich denke, das konkrete Beispiel der Igorot kann die Frage beantworten. Sie wissen, daß wir auf den Philippinen wegen der extremen Armut eine Emigration im großen Stil haben, und das gilt leider auch für die Igorot. Eine große Gruppe unseres Volkes arbeitet in vielen Ländern der Welt als Aushilfskräfte; allein in Hongkong sind es ungefähr sechs Millionen.

Doch wir haben beobachtet, daß sie sich auch weiterhin organisieren, daß sie sich jeden Sonntag treffen, oder wann immer sie frei haben, daß sie weiterhin unsere Tänze tanzen und den Kontakt zu ihren Gemeinden aufrechterhalten, gelegentlich nützliche Dinge mitbringen und erzählen, was in der Welt passiert. Das funktioniert bis heute. Viele haben uns gesagt, daß sie nicht auf alle Zeit im Ausland bleiben wollen. Sie möchten wieder heimkehren. In der Tat kommen viele zu unseren traditionellen Festen nach Hause. In Scharen kommen sie zurück in unsere Gemeinden und sorgen damit dafür, daß unsere Einheit und Identität gestärkt wird, trotz der Urbanisierung und trotz der Lebensbedingungen, in die wir gezwungen werden.

Der andere Aspekt ist: Wir entwickeln unsere Identität zugleich weiter. Es wäre falsch zu sagen, daß wir diese und jene Identität haben und daß sie statisch ist. Indem wir uns gegen das wehren, was mit uns geschieht, müssen wir Methoden übernehmen, uns zu organisieren, die nicht unbedingt aus der Kultur der indigenen Völker kommen. Diese Methoden helfen uns dabei, uns den dominanten Strukturen auf wirkungsvolle Weise zu stellen und die Konfrontation mit ihnen zu bestehen.

Auf der Weltkonferenz in Rom habe ich eine sehr interessante Geschichte von einem Angehörigen eines indigenen Volkes in Ecuador gehört. Er erzählte mir, daß es 1994 und 1995 einen Generalstreik der Indigenen gab, weil die Gesetze geändert werden und die Privatisierung ihres Landes erlaubt werden sollte. In Ecuador ist die Bevölkerungsmehrheit indianischer Abstammung. Da sie den größten Teil der Nahrungsmittel produzieren, war die Regierung in dem langanhaltenden Streik gezwungen, mit ihnen zu verhandeln. Einige der Indigenen realisierten dadurch, daß sie politische Macht haben, und beschlossen, an den Wahlen teilzunehmen. Und sie gewannen. Mehrere von ihnen wurden Abgeordnete, unter anderem die Person, die mir dies erzählte. Und er erzählte mir, daß sie, bevor sie gewählt wurden, ein Papier unterzeichnet haben und alle Kandidaten der Indigenen aufgefordert haben, dieses Papier zu unterzeichnen. Mit ihrer Unterschrift verpflichteten sie sich, die Interessen und Bedürfnisse der Menschen, die sie vertreten würden, nicht zu verraten, und daß sie zurücktreten würden, wenn sie sie verraten würden.

Das finde ich einen sehr wichtigen Vorgang. Dies ist ein Weg, sich an eine vorhandene politische und ökonomische Situation anzupassen und doch die Rechte zu wahren, die wir wahren wollen. Ich will damit sagen, daß auch wir uns entwickeln und uns Methoden aneignen, die uns helfen zu erreichen, was wir erreichen wollen. Dabei geben wir aber unsere besondere Identität nicht auf, und nicht unsere Ansichten und Systeme, die wir aufrechterhalten wollen.

Die zweite Frage war die nach der „weichen" Falle, in die wir geraten. Es stimmt, viele indigene Völker, vor allem in den industrialisierten Ländern wie den Vereinigten Staaten oder Australien, haben große Probleme damit, daß die Jugend an Drogen gerät oder daß es unter Jugendlichen eine besonders hohe Selbstmordrate gibt. In Grönland gibt es zum Beispiel sehr viel Selbstmorde unter den Inuit. Der Hauptgrund dafür ist die Entfremdung, die die Menschen spüren. Ich glaube aber, daß die Menschen sich dieses Problems annehmen. Es ist eine echte Falle, und es liegt an uns, an den indigenen Völkern selbst, mit diesem Problem umzugehen.

Darrell Posey: Ich möchte mit einer Antwort auf die letzte Frage von Claus beginnen, weil es ein Punkt ist, der viele Menschen beschäftigt. Die allgemeine Meinung ist, daß es Sache der indigenen und traditionell lebenden Menschen sei, sich anzupassen. Vergessen wir aber nicht die andere Möglichkeit eines größeren finanziellen, ökonomischen und sozialen Zusammenbruchs. Diese Möglichkeit bedeutet: Diejenigen, die sich am allermeisten anpassen müssen, sind die Menschen, die in dem labilsten aller Ökosysteme auf der Welt leben, nämlich den Städten.

Worüber wir hier sprechen, ist, daß wir unser eigenes Sicherheitsnetz schützen müssen. Dieses Sicherheitsnetz sind diese Menschen und diese Gemeinschaften. Ich beobachte mit Sorge, daß wir viel Zeit damit verbringen, über weniger wichtige Dinge zu diskutieren – ob diese Organisation oder jene Gemeinschaft wichtiger ist, wo die Bevölkerungszahlen zunehmen und anderes. Wir wissen genau, daß wir diese Gemeinschaften brauchen. Aber dennoch geben wir ihrem Schutz und ihrer Erhaltung keine Priorität. Wir wissen, daß sie bedroht sind, aber weder in unseren internationalen Förderungssystemen noch in den Unterstützungssystemen in Europa, Nordamerika oder anderswo geben wir der rechtlichen und der finanziellen Unterstützung dieser Gemeinschaften Priorität. Diese Gemeinschaften müssen überleben und ihre Ressourcen bewahren, wo sie noch relativ intakt sind.

Wenn wir dem Priorität gegeben haben, wenn wir uns entschlossen haben, diesen Menschen zu helfen, daß sie bewahren können, was noch da ist, weil es unglaublich wichtig für die Zukunft der gesamten Menschheit ist, ob in den Städten oder nicht, erst dann können wir uns auch mit den anderen Problemen beschäftigen, nicht andersherum. Wir sollten nicht glauben, wir könnten erst einmal die Probleme der Städte lösen und hätten nachher noch genug Zeit, uns Gedanken darüber zu machen, was von den *communities* übrigbleibt. Das ist genau die falsche Reihenfolge.

Ich begrüße die Habitat-Konferenzen der UN sehr. Ich bin froh, endlich ein Bewußtsein dafür entstehen zu sehen, welche Folgen das Wachsen der städtischen Zentren überall auf der Welt hat. Die Menschen in Amazonien, nebenbei gesagt, leben längst nicht mehr im Wald. Um die achtzig Prozent der Bevölkerung Amazoniens lebt in Städten, nicht auf dem Land. Das war eine Veränderung innerhalb von 25 Jahren, nicht 250. Wir müssen uns also mit diesem Problem befassen.

Im übrigen: Wenn wir der Ansicht sind, daß lokale Gemeinschaften über Wissen verfügen, das nützlich ist, dann spielt es keinerlei Rolle, ob es sich um indigene Gruppen handelt oder nicht. Ob nun indigene Gemeinschaften oder andere lokale Gemeinschaften, beide haben ihre Rechte. Es kann außerordentlich nützlich sein zu wissen, wie die Menschen in den Vorstädten von Bombay seit Hunderten von Jahren mit den Ratten fertig geworden sind, was sie mit Müllplätzen machen, was mit Insekten. Das ist praktisches Wissen, lokales, ökologisches Wissen, das sehr nützlich sein kann, unabhängig davon, ob es von indigenen Gruppen stammt.

Der Punkt ist, daß die Wissenschaft alle Entscheidungsmacht an sich gezogen hat. Alle Entscheidungen haben wir in die Hände von Experten gegeben. Die Experten aber sagen selbst, daß die Wissenschaft diese Probleme nicht lösen kann, weil dazu weitere fünfzig Jahre Forschung nötig wären. Wir wissen also, was zu tun ist. Es fehlt lediglich die politische Umkehr, und sie sollte auf eine der Arten vonstatten gehen, die ich vorgeschlagen habe.

Eine weitere Frage bezog sich auf den praktischen Aspekt des kollektiven Eigentums. Sicher, der Entwurf der Deklaration der Rechte indigener Völker erkennt Kollektivbesitz an, ILO 169 erkennt Kollektivbesitz an. Ob es möglich und sinnvoll ist, damit vor einen internationalen Gerichtshof zu gehen, weiß ich nicht. Das müßten Rechtsexperten beantworten. Es ist aber eine sehr gute Frage. Soviel ich weiß, ist die einzige internationale Konvention, die einen eigenen Mechanismus für Rechtsstreitigkeiten zur Verfügung stellt, die Convention of the Child. Es gibt dort einen internationalen juristischen Mechanismus für Fälle von Verletzungen der Rechte des Kindes, und dabei sind auch indigene Kinder erwähnt. Ich denke, dies ist ein internationaler Präzedenzfall.

Victoria Tauli-Corpuz: Zum Thema der gerichtlichen Möglichkeiten möchte ich auch noch eine Anmerkung machen. Ich halte dies für eines der ernsten Probleme, mit denen wir indigenen Völker konfrontiert sind. Diejenigen, die unsere Rechte verletzen, sind die Staaten, ist die internationale Gemeinschaft, die Welthandelsorganisation und sind auch transnationale Unternehmen. Welchen internationalen Mechanismus gibt es also? Wo können wir unsere Klagen vorbringen? Wohin sollen wir gehen, uns zu beschweren und Gerechtigkeit zu bekommen? Ich halte das für eine Herausforderung für uns alle, insbesondere für die Juristen. Wir wissen die Antworten nicht. Aber da wir eine internationale Gemeinschaft sind, ist es unabdingbar, daß wir Mechanismen suchen, die man uns indigenen Völkern an die Hand geben kann, um das Unrecht zu verfolgen – historisches Unrecht und gegenwärtiges Unrecht, das uns in unserer Unterdrückung angetan wird.

Der andere Punkt betrifft das Thema der Koalitionen. Ich bin fest davon überzeugt, daß wir unbedingt Koalitionen mit allen Gruppen von Völkern, Kollektiven und Individuen aufbauen müssen, die die Werte mit uns teilen, die uns in dieser gegenwärtigen Welt am wichtigsten sind. Wir arbeiten sehr intensiv daran, solche Koalitionen aufzubauen. Auf den Philippinen arbeiten wir zum Beispiel mit unseren Bauern zusammen, mit den Arbeitern, mit den städtischen Gemeinschaften, weil wir dies für die einzige Chance halten, eine etwas größere Macht gegen all die aufzubauen, die uns dominieren und unterdrücken wollen.

Doris Janshen: Ich danke den beteiligten Sprechern und der Sprecherin für ihre Beiträge. Wir sind heute weite intellektuelle Wege gegangen, und ich denke, wir alle haben dafür zu danken. Mir wurde durch die letzten Beiträge von Frau Tauli-Corpuz und Herrn Posey noch einmal deutlich, daß mit der Beschreibung des Verhältnisses zur Regierung der Bogen geschlagen wurde zu der Thematik des ersten Teils unserer Sitzung, nämlich den Interdependenzen von Kultur und Zivilisation. Zunächst schien mir, die Herrschaftskategorie „Zivilisation" sei uns im zweiten Teil entglitten, aber ich glaube, durch diese weiteren Ergänzungen haben wir doch den Bogen geschlagen.

Seminar D
Globalisierung
in Wirtschafts- und
Energiepolitik

Leitung:
Prof. Dr. Peter Hennicke

Peter Hennicke

Einführung

Globalisierung, meine Damen und Herren, ist das Reizwort des Jahres. Wird es auch zum Unwort der Jahrhundertwende werden? Mein Eindruck ist, daß Globalisierung inzwischen ähnlich hysterisch diskutiert wird wie der Standort Deutschland. Die Realitäten und Mythen der Globalisierung haben den Standort Deutschland zum alles beherrschenden Alptraumthema gemacht. Von den einen ist das Ziel, die Sicherung des Standorts Deutschland, schon so oft beschworen worden, daß sich hieraus eine sich selbst erfüllende Prognose entwickeln könnte. Es könnte in der Tat so kommen, daß inländische und ausländische Investoren das Vertrauen in die heute noch überdurchschnittliche Standortqualität in der Bundesrepublik verlieren.

Zu Recht haben daher das Ifo-Institut und auch das BMBF darauf hingewiesen, daß es noch eine günstige Position für die deutsche Wirtschaft gibt, vor allen Dingen bei der Entwicklung der Lohnstückkosten, aber auch bei den Forschungs- und Entwicklungsausgaben. Die absoluten Lohnstückkosten – das ist das Verhältnis von Lohnkosten pro Stunde und Stundenproduktivität – liegen in der Bundesrepublik deutlich unter dem Durchschnitt von Konkurrenten, etwa der USA und Japan, auch von England und Frankreich. In der Entwicklung seit 1991 sind die Lohnstückkosten in der Bundesrepublik am stärksten gesunken.

Es sind nicht die Löhne, sondern das Verhältnis aus Löhnen und Produktivität, was letztlich über die Wettbewerbsfähigkeit entscheidet. Deutschland ist auch kein Hochsteuer-Land, wie oft vermutet wird, sondern liegt im internationalen Vergleich bei der Unternehmensbesteuerung im Mittelfeld. Die Steuerquote auf Gewinne, das muß deutlich noch einmal herausgehoben werden, ist stark gesunken, von 37 Prozent, der Steuerlastquote von 1980, auf 24 Prozent. Auf der anderen Seite ist die Steuerquote auf Löhne und Gehälter deutlich gestiegen.

Besondere Sorge macht das Auseinanderdriften der Einkommensentwicklung. Real und netto sind zwischen 1980 und 1993 die Gewinne etwa um 190 Prozent gestiegen, die Löhne nur um acht Prozent – eine Scherenentwicklung, die auch sozial- und verteilungspolitisch besorgniserregend ist. Das provoziert aber auch in wirtschaftspolitischer Hinsicht die Frage: Um wieviel müssen Löhne sinken, daß die Gewinne nicht mehr in Finanzanlagen und Rationalisierungsinvestitionen wie bisher fließen, sondern tatsächlich in neue und ökologisch verträgliche Arbeitsplätze. Von hundert Mark Eigenfinanzierungsmitteln der Unternehmen fließen derzeit nur sechzig in Sachinvestitionen, vierzig in Finanzinvestitionen, und bei den Sachinvestitionen vor allen Dingen in die Rationalisierung und auch Freisetzung von Arbeit.

Das herrschende Ökonomencredo lautet aber immer noch: weniger Kosten = höhere Gewinne = mehr Investition = mehr Wachstum = mehr Arbeitsplätze. Ist das wirklich eurer Weisheit letzter Schluß, ihr fünf Weisen aus dem Sachverständigenrat? Ist uns nicht inzwischen allen klar, daß mit Wirtschaftswachstum allein Vollbeschäftigung niemals mehr erreicht werden kann, dafür aber immer mehr Umweltzerstörung und auch Zukunftsunfähigkeit?

In Zeiten guter Wirtschaftsdaten haben andere den ökologischen Umbau der Industriegesellschaft und die ökologische Steuerreform als wohlfeile Parole verkündet. Doch sie haben sie wie eine heiße Kartoffel wieder fallengelassen, als die ökonomische und die Haushaltskrise scheinbar eine offensive Diskussion über die ökologische Zukunft der Gesellschaft verbot. Die Chancen, mit der Ökologie aus der Krise zu kommen, wurden nicht ernsthaft diskutiert, geschweige denn durch praktische Politik wahrgenommen. Aber, das hat Ministerpräsident Rau gestern gesagt, zum ökologischen Umbau – einem High-Tech-Projekt – gibt es keine ernsthafte Alternative.

Sollten wir nicht die häufig mißbrauchte Vokabel des qualitativen Wachstums doch noch einmal ernsthafter diskutieren? Grüne Märkte müssen offensichtlich wachsen, sonst erreichen wir die Energiespar- und Solarenergiewirtschaft nie. Und genauso müssen energie- und ressourcenintensive Risikomärkte zurückgeschrumpft werden, sonst gibt es keinen Weg zur Zukunftsfähigkeit.

Oskar Lafontaine hat gesagt, Wettbewerb der Unternehmen – ja, aber nicht Wettbewerb der Staaten, denn dieser Standortwettbewerb der Nationalstaaten führt in eine ruinöse Abwärtsspirale, an deren Ende es nur Verlierer gibt.

Wir können nicht billiger sein als China oder Indien. Denn die Globalisierung hat als Drohung wie als Chance auch eminent bedeutsame gesellschaftspolitische Implikationen. Für die einen bedeutet Globalisierung die Verheißung von Wohlstand. Für die anderen ist Globalisierung gleichbedeutend mit einem ungezügelten Raubtierkapitalismus.

Führt dieser Turbo-Kapitalismus, wie ihn „Spiegel"-Autoren in einem Bestseller bezeichnet haben, tatsächlich in eine Ein-Fünftel-Gesellschaft – ein Fünftel Reiche und Superreiche und vier Fünftel Verarmte und Arme? Die politischen Konsequenzen wären verheerend. Denn shareholder value über alles mag noch lange Zeit legal sein. Aber bleibt dies auch legitim? Wenn Politik, wie Johannes Rau gesagt hat, immer weniger entscheidet, aber immer mehr verantwortet, wären dann nicht die Konsequenzen eines entfesselten Turbo-Kapitalismus für die Demokratie tödlich?

Ich möchte diese Fragen hier einfach unbeantwortet als kleine Provokation in die Diskussion geben und jetzt zu der Frage kommen: Was hat – dies wird unser erster Referent behandeln – ausgerechnet die Juristerei mit diesen ökonomischen Themen zu tun? Ich glaube, sehr viel. Denn wenn nicht die Herrschaft der Märkte zur Politik erhoben werden soll, sondern die Herrschaft über die Märkte, das Primat der Politik und die vorsorgende Politik wieder in den Vordergrund gestellt werden, dann muß Recht Grenzen setzen.

Ich freue mich sehr, daß wir mit Professor Böckenförde einen ganz herausragenden Vertreter der Rechtsdisziplin hier bei uns haben können. Er ist Richter am Verfassungsgericht gewesen und wird uns nun seine Sicht der Dinge darstellen. Herzlich willkommen, Herr Kollege Böckenförde!

Ernst-Wolfgang Böckenförde

Recht setzt Grenzen

Wie gesagt, ich bin kein Ökonom, sondern Jurist, aber da sich die Wirtschaft nicht außerhalb des Rechts bewegt, sondern im Recht, möchte ich Sie doch zu Beginn dieses Forums zu einem kleinen rechtsphilosophischen Diskurs einladen.

Die These, daß Recht Grenzen setzt, mag auf den ersten Blick erstaunen. Ist es wirklich wahr, daß Recht Grenzen setzt? Dient Recht nicht der Freiheit, ist es nicht der Weg, gerade Freiheit und Unverletzlichkeit zu gewährleisten und zu sichern, im Verhältnis der einzelnen zueinander und im Verhältnis der einzelnen zum Staat?

Freilich, wohin wir blicken, zeigt sich, daß Recht Grenzen setzt: Es zieht die Grenze zwischen meinem Grundstück und dem des Nachbarn, verbietet Übergriffe auf fremdes Eigentum, legt Grenzen der Freiheit meines Handelns fest, nämlich Leben, Freiheit und die Rechtsgüter anderer nicht zu verletzen; begrenzt die Geschwindigkeit auf Straßen und Wegen, zuweilen begrenzt es die Preise. Alles Strafrecht beruht auf Grenzen, die jedem von uns in seinem Verhalten anderen und der politischen Gemeinschaft gegenüber gesetzt werden. Auch im Verhältnis der Staaten zueinander setzt Völkerrecht Grenzen, vielleicht zu wenig, aber immerhin Grenzen: Verbot des Angriffskrieges, des Einsatzes chemischer Waffen, Verbot der Verletzung der Souveränität und territorialen Integrität anderer Staaten.

Wenn also Recht immer wieder, auf Schritt und Tritt, Grenzen setzt, warum und wozu geschieht dies?

Erstens: Recht setzt Grenzen um der Freiheit willen. Wenn es meinem Handeln gegenüber anderen Menschen Grenzen setzt, tut es das, um deren Freiheit und Rechtsgüter zu sichern. Ebenso, wenn staatliche Herrschaftsmacht begrenzt wird – es geschieht um der Freiheit der Bürger willen. Oder wenn Autonomiesphären, Bereiche freier Gestaltung und Zweckverfolgung, sei es der einzelnen, sei es wirtschaftlicher Unternehmen gegeneinander abgegrenzt werden. Man kann es allgemein fassen: Ohne Recht gibt es keine Freiheit, Recht ist eine notwendige Bedingung der Freiheit. Hätte nämlich jeder von uns absolute, nicht durch Recht begrenzte Freiheit, könnte er gegenüber und mit anderen tun und lassen, was er will, entstünde daraus im Zusammenleben der Menschen nichts anderes als die Macht des Stärkeren. Jeder hätte so viel Freiheit, wie er stark genug wäre, sie sich zu nehmen und gegenüber der gleichen absoluten „Freiheit" der anderen zu behaupten. Freiheit – und auch Recht – wären nur eine Funktion der Macht. Was folgt daraus? Freiheit als beständige, gesicherte Freiheit gibt es erst durch Recht und im Recht, das Grenzen zieht.

Immanuel Kant, hat es in klassischer Weise formuliert:

Recht ist der Inbegriff der Bedingungen, unter denen die Willkür des einen mit der Willkür des anderen nach einem allgemeinen Gesetz der Freiheit zusammen vereinigt werden kann.[1]

In dieser Definition des Rechts ist eingefangen, wie eng Freiheit und Recht zusammengehören, daß nämlich Freiheit ohne Recht, welches der Freiheit jedes einzelnen Grenzen setzt, nicht bestehen kann.

Zweitens: Aber was ist der *Maßstab*, nach dem das Recht Grenzen der Freiheit festlegt? Solche Grenzen können ja auch so eng geschnürt werden, daß von der Freiheit, die ermöglicht und gesichert werden soll, schließlich nichts mehr übrigbleibt. Denken wir nur an die totalitären Systeme, in denen Recht zur Zwangsjacke wird, die Freiheit als rechtliche Freiheit weithin oder ganz auslöscht.

Kant spricht als Maßstab von dem „allgemeinen Gesetz der Freiheit". Das meint zunächst die Freiheit für jeden einzelnen, die Gleichheit in der rechtlichen Freiheit. Nur dann kann man von allgemeiner, nicht auf einige wenige beschränkter Freiheit sprechen. Zu solcher Freiheit eines jeden gehört, daß er als Subjekt, als Träger eigener Rechte, eigener Freiheit des Handelns anerkannt wird. Er darf rechtlich nicht abhängig von einem anderen sein, muß vielmehr, wie es Kant gesagt hat, „sui iuris" sein, einen eigenen Selbststand als Person haben. Das setzt neben der rechtlichen Anerkennung der Subjektstellung auch die Festlegung rechtlicher Grenzen voraus, Grenzen für die Verfügbarkeit oder die Herrschaftsstellung, die der eine über den anderen gewinnen oder haben kann, Grenzen der Verfügbarkeit des einzelnen auch für den Staat.

Wir sehen daraus: Recht ist zwar eine notwendige Bedingung der Freiheit, aber bloßes Vorhandensein von Recht reicht allein noch nicht aus. Das Recht muß auch bestimmte Qualitäten haben. Freiheit – Freiheit für alle und einen jeden – muß auch das Ziel für die Gestaltung des Rechts sein. Sie muß das Maß abgeben für die Grenzen, die vom Recht auferlegt werden. Erst dadurch wird das Recht neben der notwendigen auch zur hinreichenden Bedingung der Freiheit, bringt es rechtliche Freiheit hervor und damit auch ein Element von Gerechtigkeit.

Drittens: Was aber meint „Freiheit" als Ziel und Maßstab der Gestaltung des Rechts? Ist es Freiheit im Sinne von Beliebigkeit, so daß ein jeder und alle soweit möglich tun und lassen können, was sie wollen, allein auf sich selbst und die Verwirklichung ihrer Interessen bezogen? Kann das zu einem sinnvollen Zusammenleben der Menschen führen? Oder ist Freiheit im Sinne eines Vernunfthandelns im Hinblick auf die dem Menschen eigene Bestimmung zu verstehen, eine sozusagen objektive Freiheit, unabhängig von der subjektiven Freiheit der einzelnen? Wird damit aber nicht der Inhalt der Freiheit denjenigen anheimgegeben oder ausgeliefert, die über die vernünftige Bestimmung der Menschen befinden?

Mir scheint, eine tragfähige Antwort läßt sich wiederum bei einem der Großen unserer Geistesgeschichte finden, nämlich Georg Friedrich Wilhelm Hegel. Er hat Kant aufgenommen, zugleich aber auch kritisiert und weitergeführt. Freiheit, so sagt er, meint das *Bei-sich-selbst-sein-Können* des Menschen und der Menschen. Es lohnt sich, auf diese Definition genau hinzusehen: Nicht ein objektives Bei-sich-selbst-Sein, das von anderen bestimmt und als Muß verordnet wird, macht die Freiheit aus, sondern das Bei-sich-selbst-sein-*Können*, also die Möglichkeit, bei sich selbst zu sein; sie muß – frei – ergriffen werden, in der Vermittlung auf das eigene Selbst und seine Entfaltungsbedingungen hin. Objektive und subjektive Momente sind also miteinander verbunden. Und es ist weiter von dem Bei-*sich-selbst*-Sein die Rede, nicht von einem abstrakten, verallgemeinerten Menschsein an sich. Mithin kommt es auf das konkrete und individuelle Menschsein an, in dem sich Allgemeines und Besonderes miteinander verbinden, sozusagen eine Osmose eingehen: das, was den Menschen als Menschen kennzeichnet, seine Personalität und Würde, die Berufung zur Freiheit, und was seine konkrete Individualität bestimmt, seine Herkunft, seine kulturelle Umwelt, vorfindliche, wenn auch vielleicht zu ändernde Lebensumstände, seine Bildung.

Wird das so gesehene Bei-sich-selbst-sein-Können der Menschen zum Maßstab, wird es regulatives Prinzip für Grenzfestlegungen, die das Recht vornimmt, immer wieder vornimmt und vornehmen muß, so bedeutet das viel: Diese Grenzfestlegungen sind dann nicht abstrakt auf den Menschen, das heißt einen bestimmten Menschentyp bezogen, der universal gesetzt wird, etwa den erwerbsintensiven, individualisierten Westeuropäer und US-Amerikaner, sondern konkret auf die einzelnen Menschen und unterschiedlichen Menschengruppen in ihrem Bei-sich-selbst-sein-Können. Damit erhalten die gegebenen soziokulturellen Bedingungen und Möglichkeiten ihres Lebens Relevanz, ungeachtet, nein gerade wegen der Ausrichtung darauf, daß die Menschen konkret frei werden können. Ebenso wird die Gemeinschaftsgebundenheit des menschlichen Lebens von Bedeutung – Menschsein heißt konkret zugleich Mitmensch sein, in familiären, Nachbarschafts- und (größeren) Gruppenzusammenhängen leben, mit darin von vornherein eingeschlossenen Bindungen und Verpflichtungen; Bedeutung erlangt die kulturelle und mentale Herkunft, durch die das

Leben seine Prägung erfährt und in der es seine Wurzeln hat; schließlich auch die Eingebundenheit der Existenz in einen geographisch, ökonomisch und womöglich auch geo- und umweltpolitisch in bestimmter Weise strukturierten Raum.

Viertens: Sucht das Recht in seiner Festlegung von Grenzen und Bindungen des Handelns, die ihm aufgegeben ist, diese Bedingungen und Faktoren zu berücksichtigen und umzusetzen, so hat das eine bedeutsame Konsequenz. Es kann dann bei der Errichtung von Ordnungen des Zusammenlebens, der Regelung und Regulierung von Erwerbsmöglichkeiten, von Güter-, Kommunikations- und Leistungsaustausch, von Verbrauch und Pflege der Ressourcen nie eine Maxime rechtlicher Gestaltung absolut gesetzt, zum unumstößlichen universalen Prinzip erhoben werden. Geschähe dies, würden die unterschiedlichen Gegebenheiten und Bedingungen für die Möglichkeit und Entfaltung von Freiheit für bedeutungslos erklärt, eine zu vernachlässigende Größe, eine *Quantité négligeable*. Freiheit als Gestaltungsprinzip für die Grenzfestlegungen des Rechts verlangt statt dessen Zuordnungen und Abwägungen, Zuordnung von Verschiedenem, so daß es je für sich und miteinander bestehen kann, Abwägung zwischen unterschiedlichen oder gegenläufigen Maximen, die je nach konkreten Gegebenheiten zu einem Ausgleich zu bringen sind. Eben dadurch, nicht aber durch unbegrenzte Freisetzungen und Entgrenzungen werden Bedingungen konkreter Freiheit, wird ein Stück Gerechtigkeit geschaffen, wozu auch ein Moment des Beständigen und von Geborgenheit (Sicherheit) gehört.

Worum es dabei geht, sei an zwei Beispielen aus der jüngsten deutschen Geschichte erläutert. Bei der Eingliederung des Saarlandes in die Bundesrepublik zum 1. Januar 1957 wurde gesetzlich geregelt, daß natürliche und juristische Personen, die Wohnsitz oder gewerbliche Niederlassung außerhalb des Saarlandes hatten, für eine Übergangzeit von vier Jahren für die Aufnahme einer gewerblichen Tätigkeit im Saarland – entgegen der allgemein geltenden Gewerbefreiheit – einer besonderen Erlaubnis der zuständigen Landesbehörde bedurften, und diese Erlaubnis versagt werden konnte, wenn die gewerbliche Tätigkeit schutzwürdigen Interessen der saarländischen Wirtschaft oder eines ihrer Zweige zuwiderlief.[2] Die Gesetzesbegründung brachte Sinn und Ziel dieser Regelung deutlich zum Ausdruck: Angesichts der unterschiedlichen Ausgangslage sei es erforderlich, das Einströmen von Gewerbetreibenden aus dem übrigen Bundesgebiet vorübergehend einer Kontrolle zu unterwerfen, damit die saarländische Wirtschaft sich so weit festigen könne, daß sie dann mit Gewerbetreibenden aus dem übrigen Bundesgebiet in Wettbewerb treten könne.[3] Es ging um Begrenzung der Konkurrenz zur Ermöglichung einer Anpassung an andere Wirtschaftsbedingungen. Dieses Gesetz ist ergangen – man höre und staune – zur Zeit Ludwig Erhards, des Bannerträgers einer marktwirtschaftlichen Ordnung.

Ganz anders dann 1990, bei der deutsch-deutschen Vereinigung. Man huldigte der reinen Lehre der vollen Freisetzung aller Marktkräfte; die Erinnerung an die lange Übergangszeit in die Marktwirtschaft 1948 bis 1960 war vergessen. Keine Übergangsregelung, keine Anpassungsfristen, keine Grenzsetzung durch Recht, vielmehr sogleich die ungehemmte Ausdehnung des Prinzips freier Märkte und voller Konkurrenz auf die neuen Länder. Statt die Menschen und die Wirtschaft dort erst in den Stand zu setzen, zumindest ihnen eine Chance zu geben, wirklich Marktteilnehmer und Marktsubjekte zu werden, machte man sie durch die Verweigerung von Grenzfestlegungen kurzerhand zu Marktobjekten, subsumierte sie unter das abstrakte Prinzip Marktwirtschaft.

Fünftens: Das Problem, das hier deutlich wird, ist nicht auf den nationalen Bereich beschränkt. Es zeigt sich ebenso bei den heute viel diskutierten und weithin schon verwirklichten Globalisierungskonzepten. Globalisierung ist nicht etwas Naturwüchsiges, das einfach da ist, wie ein unabwendbares Ereignis auf uns zukommt. Sie ist das Ergebnis bewußt vorgenommener rechtlicher Entgrenzungen. Helmut Schmidt hat gerade eben darauf hingewiesen[4], daß 1966, als die Regierung der Großen Koalition zustande kam, die nationalen Regierungen noch die Kontrolle über Währung, Kapitalbewegung und Zölle hatten, während heute die globalen Kapitalmärkte keine nationale Souveränität über die Volkswirtschaften mehr erlaubten und die Mobilität der Arbeitsmärkte und des technischen Wissens die Unternehmen in die Billiglohnländer treibe. Dieser Wandel ist nicht vom Himmel gefallen, die Voraussetzungen dafür sind durch rechtliche Regelungen, vielfach durch internationale Abkommen geschaffen worden, denen die Bundesrepublik beigetreten ist. Durch sie hat sie sich in der Ausübung ihrer Souveränität insoweit gebunden, vielleicht sogar sich ihrer begeben. Man hat vielfache Entgrenzungen vorgenommen, innerhalb der Europäischen Union durch die vier Freiheiten des EWG-Vertrages und deren stufenweise Realisierung[5], international etwa durch die weltweite Freisetzung des Kapitalverkehrs und der Geldmärkte, die freie Konvertierbarkeit der Währungen, die fortschreitende Niederlegung von Schranken des Handels- und Warenverkehrs, die Offenhaltung ungehinderten weltweiten Datentransfers. Das hat zahlreiche und weittragende Wirkungen hervorgebracht, zunächst vorteilhafte für die etablierten Industrieländer, weil sie technisch und wirtschaftlich überlegen waren, heute eher vorteilhafte für die aufstrebenden Schwellen- und Tigerländer der Dritten Welt. Sie können inzwischen gleichwertige Produkte zu erheblich günstigeren Preisen anbieten, während einige der Industrieländer erstmals auf die Schattenseite der globalen Marktwirtschaft geraten sind.

Über diesen Wirkungen darf die prinzipielle Seite des Vorgangs nicht aus dem Blick geraten. Die stufenweise voranschreitenden universalen Ent-grenzungen, die vorgenommen wurden und werden, bedeuten in der Sache zugleich die Negierung der Eigenständigkeit und Subjektstellung kulturgeprägter Wirtschafts- und Lebensräume oder auch Staaten, die ihrerseits miteinander in Beziehung treten, Handel und Austausch miteinander vereinbaren und – auch Grenzen setzend – regulieren. Statt dessen wurde die Welt als einheitlicher Wirtschafts- und Handelsraum konzipiert, wenngleich sie ein solcher angesichts der vorhandenen strukturellen Verschiedenheiten nicht ist. Es wurden sowohl die Fungibilität des Kapitals mit seiner Suche nach Rentabilität wie auch die Konkurrenz der Märkte als antreibender Motor wirtschaftlicher und gesellschaftlicher Entwicklung immer weiter freigesetzt. Grenzenlose Freisetzung bedeutet aber in dem Maß, in dem sie geschieht, die Begründung einer alleinigen Subjektstellung für diejenige Kraft oder Verhaltensweise, die so freigesetzt wird. Auf diese Weise wurde und wird das freigesetzte Kapital mit seiner Suche nach Rentabilität zu dem maßgebenden Subjekt; es vermag, soweit seine Freisetzung reicht, alles andere sich unterzuordnen und seinen Funktionsbedingungen zu unterwerfen. Überkommene Lebensformen, kulturell und geographisch bestimmte Existenzbedingungen, auch die nur begrenzte Mobilität der Arbeitskräfte, weil sie in der großen Mehrzahl bestehenden Siedlungsräumen verhaftet sind, vermögen demgegenüber keinen Eigenstand, keine eigene Subjektqualität zu gewinnen, es sei denn, das Recht verschafft sie ihnen durch Grenzziehungen und Zuordnungen. Ansonsten werden sie unter die Funktionalität und Fungibilität von Kapitalverkehr, Daten- und Know-how-Transfer, Produktionskosten, Gewinnerwartungen, wirtschaftlichen Wachstumschancen subsumiert, ohne demgegenüber eine Widerständigkeit durchhalten zu können. Entsprechendes gilt für den Umgang mit der Tierwelt, insbesondere der wirtschaftlich nutzbaren Tiere, und den natürlichen Ressourcen. Soweit die Entgrenzung reicht, ist der (allein) maßgebliche Gesichtspunkt für ihre Behandlung, Ausnutzung und Verwertung ihre Eigenschaft als Produktionsmittel im Rahmen des kapitalgesteuerten wirtschaftlichen Prozesses.

Betrachtet man die ökonomisch-soziale Situation, wie sie sich derzeit darbietet und in fortschreitender Entwicklung begriffen ist, weltweit, so erinnert sie in vielem an die Zeit des frühen Kapitalismus. Dieser konnte sich damals – im 19. Jahrhundert – zunächst nahezu ungehemmt entfalten, gewann und behauptete den Vorrang vor der Arbeit. Indem er das Wirtschaftsgeschehen dominierte, setzte er tiefgreifende, ja revolutionäre sozialstrukturelle Veränderungen in Gang und brachte den sozialen Antagonismus hervor. Lorenz von Stein und Karl Marx haben das System, das sich so ausbreitete, trefflich analysiert[6]. Ihm wurden dann Grenzen gezogen durch vom Staat gesetztes Recht. Die soziale Bewegung, die Bestrebungen zur sozialen Reform, die allenthalben in den nationalen Staaten auftraten, haben diese Grenzen erstritten und durchgesetzt. Dadurch wurde das System in eine Balance gebracht, wurden ihm – teils mehr, teils weniger gelungen – ein Rahmen und Grenzen seiner Entfaltung vorgegeben. Soll nun über einen globalen Ent-grenzungsschub alles von vorn beginnen?

Nicht die nackte Herrschaft der Märkte führt zur freien Gesellschaft, wie Klaus Noé richtig bemerkt, vielmehr muß der freiheitliche Staat durch Recht auch die Märkte so weit beherrschen, daß die Gesellschaft frei und gerecht bleibt[7].

Sechstens: Die hier gegebene Analyse bedeutet keinen Aufruf zur Abschottung gegeneinander. Eine solche Abschottung, sei es nationaler oder gar regionaler Volkswirtschaften, ließe sich auch gar nicht durchführen. Wir alle, auch die Menschen der sogenannten Dritten Welt, leben vom Austausch von Leistungen und Gütern, von Handel und Warenverkehr. Worum es geht, ist bewußt zu machen, daß um der konkreten Freiheit der Menschen willen stets ein Maß zwischen Entgrenzung und Begrenzung gefunden werden muß, und daß dieses Maß verbindlich umzusetzen gerade die Aufgabe des Rechts ist. Die Zuordnungen und Abwägungen und die daraus hervorgehenden Grenzziehungen, die das Recht vorzunehmen hat, sind dabei keineswegs a priori vorgegeben, nicht ein für allemal da. Sie müssen in Antwort auf bestehende Gegebenheiten und – vielleicht zu ändernde – Verhältnisse, auf neue Entwicklungen und Herausforderungen immer wieder gesucht und gegebenenfalls neu gewonnen werden. Dies geschieht in geistig-politischer Auseinandersetzung. Die übergreifende Orientierung soll und muß dabei die Ermöglichung konkreter Freiheit für die Menschen in ihrem Zusammenleben sein. Kategorial, dem Wandel enthoben, ist daran nur eines, nämlich *daß* Grenzen gesucht und gezogen werden müssen, unabhängig davon, wie sie im einzelnen und im Detail verlaufen, daß mithin universale Entgrenzung nicht die Aufgabe des Rechts sein kann.

Wie aber lassen sich solche Grenzfestlegungen des Rechts im Widerstreit der Interessen, der stets auch ein Kampf um Ent-grenzung oder Be-grenzung ist, durchsetzen? Sie lassen sich nur durchsetzen und gewährleisten über den Staat, die staatliche Rechtsetzungs- und Vollzugsmacht. Darin liegt der Sinn und die Notwendigkeit staatlicher Souveränität. Die Grenzen der Freiheit der einen gegenüber der der anderen zu ziehen und festzulegen, damit Freiheit für alle möglich wird, bedarf einer Autorität; dies macht sich nicht von selbst und nicht allein auf dem Weg freier Konsensbildung. Es bedarf einer Instanz, die die Befugnis hat, nach vorangegangener Diskussion und Auseinandersetzung repräsentativ verbindliche Entscheidungen zu treffen, und die auch über die Macht verfügt, die Beachtung solcher Entscheidungen, eben der Grenzfestlegung, durchzusetzen. Diese Instanz ist – nach wie vor – der Staat. Sein Vorhandensein ist in unserer Gegenwart ebenfalls eine Bedingung der Freiheit[8]. Dies sollen jene bedenken, die heute gerne dem Abbau staatlicher Souveränität, dem Ende von Staatlichkeit überhaupt und der Regulierung der Sozialbeziehungen durch die Kommunikation sozialer Systeme und durch gesellschaftliche und internationale Vernetzungen das Wort reden. Solche Kommunikation wird von denen gesteuert, solche Netze werden von denen geknüpft, die tatsächlich in Wirtschaft, Gesellschaft oder international mächtig sind und sich so als die neuen

Herren etablieren. Ausschlaggebend wird das Parallelogramm der Kräfte. Kann es aber einem solchen Parallelogramm der Kräfte überantwortet werden, die Grenzen zu bestimmen und festzulegen, die um der Freiheit der einzelnen und der Freiheit aller willen vom Recht zu ziehen sind?

Eine andere Frage ist, ob die Ebene, auf der sich der Staat etablieren und Staatlichkeit als Ordnungsmacht wirksam werden kann, heute noch die nationale ist. Es mag gute Gründe dafür geben, daß dies nur mehr die europäische Ebene, näherhin die der Europäischen Union ist. Dann müßte eben auf dieser Ebene eine europäische Staatlichkeit, als politische Union der Völker organisiert, gebaut und eingerichtet werden. Aber es kann nicht eine solche staatliche Instanz überhaupt entbehrt werden, wenn es darum geht, daß Recht um der Freiheit willen Grenzen setzt und setzen muß. Diese Instanz muß auch selbstverantwortlich entscheiden, wieweit sie Bindungen zu rechtlichen Ent-grenzungen eingeht, sich ihnen möglicherweise unwiderruflich unterwirft und damit ihre Befugnis, durch Recht Grenzen zu setzen, aus der Hand gibt.

Anmerkungen

1 Immanuel Kant, Metaphysik der Sitten, T. 1, Einleitung in die Rechtslehre § B
2 Gesetz über die Eingliederung des Saarlandes v. 23.12.1956 (BCBl. 1957 I, S.104), § 9 Abs. 1 u. 2
3 Dt. Bundestag, 2. Wahlperiode, Drucks. 2902, S. 11/12
4 Siehe den Bericht in der Süddeutschen Zeitung, Nr. 264 v. 15.11.96, S. 8
5 Vgl. Art. 9ff., Art. 48-73 EGV; es handelt sich um die Freiheit des Warenverkehrs, die Niederlassungsfreiheit, Dienstleistungsfreiheit und die Freiheit des Geld- und Zahlungsverkehrs
6 Lorenz v. Stein, Der Sozialismus und Kommunismus im heutigen Frankreich, 1842; Karl Marx, Die deutsche Ideologie = ders., Die Frühschriften, hrsg. v. Landshut, 1955, S. 346-417
7 Klaus Noé, Der Staat darf nicht abdanken: Die Zeit Nr. 47 vom 15.11.1996, S. 4
8 E.-W. Böckenförde, Der Staat als sittlicher Staat, Berlin, 1978, S. 16 f; ders., Recht, Staat, Freiheit, Frankfurt 1991 (stw 914), S. 51f.

Ausgewählte Beiträge aus der Diskussion

Gerd Füller, Ingenieur, Kassel: Als Ingenieur habe ich mich durch die Einladung dieses Kongresses mit dem Thema „Grenzen-los" animiert gefühlt, mich mit dem Thema Stabilität zu beschäftigen, und ich bin einigermaßen erstaunt, daß dieser Begriff hier so wenig oder gar nicht aufgegriffen wurde. Gestern morgen hat ein Herr aus dem Plenum gesagt, wir verbrauchen an einem Tag die Ressourcen, die die Erde in siebentausend Jahren angehäuft hat. Ich habe das umgerechnet. Das heißt: Wir leben um den Faktor 2555 über unsere Verhältnisse. Ich frage mich: Wie müssen Grenzen beschaffen sein, damit wir von diesem großen, kaum faßbaren Faktor herunterkommen und uns irgendwie dem Faktor eins annähern, der nämlich Stabilität bedeutet und zukunftsfähig ist.

Und die Frage an den letzten Referenten: Wie kann das Recht, das wir so diskutieren, wie es gerade vorgetragen wurde, Grenzen liefern, damit das geschehen kann? Ich konnte da leider keine sehen.

Ernst-Wolfgang Böckenförde: Das Recht kann Grenzen setzen, indem eben die Ausbeutung der Ressourcen durch rechtliche Gebote und Verbote begrenzt wird. Es muß allerdings der Wille da sein, das auch so festzulegen. Recht ist ja nicht einfach da, sondern Recht geht, wie wir es hier bei uns erleben, aus einem zunächst einmal diskursiven, dann aber auch politischen Prozeß hervor. Wenn weltweiter Handel, weltweite Freiheit der wirtschaftlichen Tätigkeit propagiert und in internationalen Abkommen festgelegt wird, dann hat man eben durch Recht Entgrenzungen geschaffen, und diese Entgrenzungen haben Folgen. Man muß sich dann fragen, ob nicht neue Grenzen um der Stabilität und der Beständigkeit willen gefunden werden müssen.

Nur kann man nicht verlangen, daß „das Recht" dies sozusagen aus sich selbst schaffen muß. Recht geht, wie gesagt, aus einem Prozeß hervor. Es macht sich nicht von selbst. Vielmehr müssen diejenigen, die daran beteiligt sind, die dafür zuständig und verantwortlich sind – das sind heute immer noch in erster Linie staatliche Organe –, bereit sein, durch ihre Gesetzgebungsmacht Grenzen, deren Umfang diskutiert werden muß, zu ziehen und dann auch ihre Beachtung sicherzustellen.

Gerd Füller: Wer wäre dafür verantwortlich?

Ernst-Wolfgang Böckenförde: Dafür sind die Instanzen verantwortlich, die über die Befugnis verfügen, Recht zu setzen, das für alle verbindlich ist. Das ist heute aufgeteilt; teils besteht noch eine nationale Verantwortlichkeit und Zuständigkeit, teils ist es auf die Europäische Union und die Wirtschaftsgemeinschaft übergegangen, teils hat sich die Bundesrepublik auch sehr weitgehend durch internationale Abkommen gebunden. Man müßte sich notfalls fragen, ob es nicht angezeigt ist, solche internationalen Abkommen zu kündigen, damit man wieder eigene Entscheidungs- und Regulierungskraft erhält.

Karl Schulte, Zukunftsforscher, Frankfurt: Lieber Ernst Böckenförde, ich habe Ihnen gestern ein Papier gegeben, wo es um die Prüfung der letzten Bundestagswahl ging. Ich weiß nicht, ob Sie schon Zeit und Lust hatten hineinzuschauen. An diesem Beispiel will ich fragen, was „Grenzen des Rechts" bedeuten kann, ganz praktisch.

Wir Bürger, alle zusammen, haben noch nie über unsere Verfassung, das Grundgesetz, abgestimmt. Wo muß das Verfassungsgericht, beispielsweise auf einen konkreten Antrag hin, dem Parlament Grenzen setzen, wenn es versucht, dem Souverän, dem Bürger, das Recht zu nehmen? Wie muß das aussehen, damit die Rechte des Souveräns gewahrt bleiben und er nicht zu Stimmvieh wird?

Wie kann das Recht ökonomische Macht begrenzen, etwa die der Bundesbank, die sich unabhängig nennt, aber auf Wahlen Einfluß nimmt, indem sie mit Geldmengenexpansion vor der Wahl einen Aufschwung vortäuscht und damit die Regierung stützt, die ihr paßt? Können da Grenzen gezogen werden, indem man zum Beispiel Berichtspflicht dem Parlament gegenüber einführt oder den Parteien Grenzen setzt bei der Besetzung des Zentralbankrats?

Meine letzte Frage ist, inwieweit der Wahlgesetzgeber in seiner Entscheidungsfreiheit begrenzt werden kann, wenn es darum geht, das Wahlalter von 18 auf 16 Jahre herabzusetzen? Es geht um Zukunftsfragen. Die Jugend muß beteiligt werden.

Ernst-Wolfgang Böckenförde: Zu der ersten Frage, die Sie gestellt haben, möchte ich nicht antworten. Sie wissen, es ist ein Verfahren anhängig in Karlsruhe, und als ehemaliger Richter äußert man sich nicht zu einem Verfahren, das dort zur Entscheidung ansteht.

Zu dem anderen, was Sie gesagt haben: Natürlich kann Recht Grenzen setzen. Aber das geht nur durch die, die befugt sind, durch Rechtsetzung solche Grenzen festzulegen. Ganz allgemein gesagt: Das Verfassungsgericht kann nie von sich aus Grenzen festlegen, die nicht in der Verfassung selbst vorgezeichnet sind. Es ist immer daran gebunden, nur die Verfassung zu interpretieren, aber nicht sich selbst die Verfassung zurechtzulegen, wie es politischen Intentionen entsprechen mag. Die Verfassung zu ergänzen und zu ändern ist eine Sache des verfassungsändernden Gesetzgebers, nicht des Verfassungsgerichts.

Dr. Thomas Köster, Geschäftsführer Handwerkstag Nordrhein-Westfalen, Düsseldorf: Herr Böckenförde, Sie haben aus meiner Sicht sehr eindrucksvoll die unersetzliche Rolle des Rechts herausgestellt. Sie haben dann gesagt, der konkrete Abwägungsprozeß sei in der jeweiligen Situation von den dafür berufenen Instanzen vorzunehmen. In der Standortdebatte herrscht derzeit in einem großen Teil der öffentlichen Meinung Übereinstimmung, daß wir in Deutschland eine Situation der Überregulierung haben. Kann ich aus dem, was Sie gesagt haben, ableiten, daß Sie diese Auffassung nicht teilen und daß Sie also an Regulierung in einem starken Maß festhalten wollen?

Dann haben sie gesagt, ihr Plädoyer sei kein Plädoyer für nationale Abschottung. Kann ich das so verstehen, daß sie aber für eine Festung Europa plädieren? Daß wir also das, was wir auf nationaler Ebene nicht mehr machen können, auf der europäischen Ebene durchführen?

Ernst-Wolfgang Böckenförde: Zu der konkreten Diskussion um Standortsicherung und Regulierung und Deregulierung habe ich nicht Stellung nehmen wollen, und ich meine, dazu auch nicht Stellung genommen zu haben. Mir ging es darum zu zeigen, daß man bei der Diskussion einen Maßstab vor Augen haben muß, daß es einen Orientierungspunkt geben muß. Es kann nicht darum gehen, Entgrenzung oder Freisetzung zum Gebot der Zeit zu erklären, sondern es kommt immer darauf an, das richtige Maß zwischen Begrenzung und Entgrenzung zu finden.

Zu Ihrem letzten Punkt: Eine Entscheidungsinstanz muß erhalten bleiben. Man sollte sich nicht der Illusion hingeben, alles könne durch freien Konsens und durch Vernetzungen zustande kommen. Eine Entscheidungsinstanz ist nötig. Wo diese Entscheidungsinstanz heute angesiedelt ist, wie weit das noch der nationale Staat sein kann oder eben ein europäischer Verbund oder eine europäische Staatlichkeit, das ergibt sich auch wieder aus den allgemeinen Bedingungen und den Entwicklungen, in denen wir stehen. Meine These war: Es soll niemand glauben, auf eine solche Instanz, wo immer sie anzusiedeln ist, könne überhaupt verzichtet werden.

Hans-Jochen Luhmann, Wuppertal Institut für Klima, Umwelt, Energie: Herr Böckenförde, Ihr vorsichtig als rechtsphilosophischer Diskurs angekündigter Beitrag war für mich ein Kolleg in Zeitgeschichte. Mein Gefühl war bisher, der Prozeß der Globalisierung komme über mich. Ich habe deswegen mit großem Erstaunen zur Kenntnis genommen, es sei ein bewußter Prozeß der Freisetzung. Meine Bitte ist: Können Sie sozusagen dieses Kolleg in Zeitgeschichte noch ein bißchen fortsetzen?

Es geht ja auch um das Thema Geld und die Fähigkeit, Steuern und Sozialabgaben zu erheben. Wir erleben durch die Entgrenzung eine Art von desaströsem Wettbewerb der Fisci, wie ich es nenne. Das jetzige Steuersystem hat sich im 19. Jahrhundert aus dem Grundgedanken der Gleichheit der Französischen

Revolution entwickelt. Es gab im 19. Jahrhundert die Begrenzung der Produktionsfaktoren Kapital und Arbeit, von deren Wertschöpfung abgeschöpft wurde. Es gab die Konzessionierung der Wirtschaftstätigkeit. Wenn man nun bewußt im Hinblick auf die Freiheit von Kapital und Arbeit entgrenzt, entsteht die Frage, wie man dann das Recht und die Fähigkeit des Staates sichert, Steuern zu erheben. Es müßte doch eigentlich in dem Augenblick, wo man bewußt die Entscheidung für diese Art von Entgrenzung trifft, uno acto entschieden werden, daß dann auch ein international abgestimmtes Verhalten der Fisci gebraucht wird. Wo ist dieses geblieben?

Ernst-Wolfgang Böckenförde: Was die Zeitgeschichte angeht, darf ich nur daran erinnern: Als ich studierte, gab es noch feste Wechselkurse und keine freie Konvertierbarkeit von Währungen; der Dollar war auf vier Mark festgelegt. Und dann dieses große Erstaunen – ich glaube, es war 1971 –, als die Bundesrepublik auf einmal die Wechselkurse freigab. Der ganze freie Handels- und Austauschverkehr, der Abbau von Zöllen und vieles andere – das alles ist durch Recht geschaffen und ins Werk gesetzt worden. Und dies hat die Voraussetzungen für Globalisierung geschaffen und schafft sie weiter.

Peter Hennicke: Herzlichen Dank, Herr Kollege Böckenförde, insbesondere auch für den kurzen Ausflug zur Theorie der Sachzwänge.

Ich habe jetzt das große Vergnügen und die Ehre, Professor Petrella von der „Group of Lisbon" willkommen zu heißen. Er ist Initiator und Vorsitzender des Programms „Forecasting and Assessment in Science and Technology" (FAST) der Kommision der Europäischen Gemeinschaften und Professor an der Katholischen Universität von Löwen.

Riccardo Petrella

Grenzen des Wettbewerbs – Jenseits von Wirtschaft und Globalisierung unter der Herrschaft des Marktes

Das Loblied auf die Wettbewerbsfähigkeit
Die Wirtschaft scheint in zunehmendem Maße jeden Sinn für ihre Zweckbestimmung verloren zu haben. Dahin ist das Ziel des Wiederaufbaus, die oberste Priorität in der Nachkriegszeit. Dahin ist auch das Ziel des Wachstums um seiner selbst willen, das seit den sechziger Jahren jede Glaubwürdigkeit verloren hat und heute von niemandem mehr verteidigt wird. Es wurde in den siebzigern und achtzigern durch das Ziel des qualitativen Wachstums ersetzt, wobei allerdings für Hunderte Millionen von Menschen die Betonung auf dem „qualitativen Wachstum" eine pure Illusion ist, die sie als nichts anderes ansehen als die neueste Erfindung der reichen Gesellschaften des Nordens zum Schutz ihrer eigenen Interessen. Das gleiche gilt für das Ziel der Entwicklung. Nach zwanzig Jahren Arbeitslosigkeit im großen Stil (insbesondere unter Menschen im Alter unter 25 und über 50), zunehmender Armut (betroffen sind mehr als 150 Millionen Menschen in den OECD-Staaten), fast bis zum Ersticken vollgepfropften und vollgestopften Städten, Drogensucht und Kriminalität (einschließlich Staatskriminalität) ist allenthalben eine Gewissenserforschung ausgebrochen. Entwicklung von was? Von wem und durch wen? Soziale Entwicklung? Aber wo bleibt sie?

Dieser Sinnverlust scheint tief zu sitzen, denn niemals gab es so viele Diskussionen wie heute über Ethik in der Ökonomie, Ethik und Wirtschaftsleben oder Unternehmertum und Ethik. Und trotzdem ...

In Wirklichkeit hat die Wirtschaft nicht ihre Bedeutung verloren. Sie wird kommandiert, geführt und gelenkt durch ein Ziel, das inzwischen über allen anderen steht. Dies ist das Ziel der Wettbewerbsfähigkeit. Die Wettbewerbsfähigkeit ist zum einzigen wirklichen – als solches verkauften, propagierten und verteidigten – Ziel der dominanten Wirtschaftssysteme des „Nordens" auf diesem Planeten geworden.[1]

Während in den Wirtschaftswissenschaften Wettbewerbsfähigkeit ein Zweck ist, eine Facette von vielen des Verhaltens von Akteuren in der Wirtschaft, hat sie diese Rolle im Kontext angeblich wettbewerbsfähiger Märkte verloren. Sie ist zum obersten Ziel nicht nur für Unternehmen geworden, sondern auch für Staaten und Gesellschaften als ganze. Wenn es zum Beispiel um die Reform des Erziehungswesens geht, wird man Ihnen unvermeidlich erzählen, das oberste Ziel von Schulausbildung, Berufsausbildung und höherer Ausbildung sei es, Hochleistungs-Humankapital zu formen, um die Wettbewerbsfähigkeit der Wirtschaft des Landes gegenüber ausländischen Rivalen zu stärken.[2]

Das „Loblied auf die Wettbewerbsfähigkeit" reduziert sich, wie alle Ideologien, auf einige wenige einfache Gedanken. Industrievertreter, Wirtschaftswissenschaftler, führende Politiker und Akademiker erzählen uns, wir seien nolens volens in einen gnadenlosen technologischen, industriellen und ökonomischen Krieg verwickelt, der den gesamten Planeten überziehe. Ziel sei es zu überleben, und das Überleben sei untrennbar verknüpft mit der Wettbewerbsfähigkeit. Ohne diese gebe es kein Heil, weder kurz- noch langfristig, kein Wachstum, keinen wirtschaftlichen und sozialen Wohlstand, keine Selbstbestimmung, keine politische Unabhängigkeit. Die erste Aufgabe von Staat, örtlicher Verwaltung und Gewerkschaften sei es, das bestmögliche Umfeld zu schaffen, damit Unternehmen in diesem Weltwirtschaftskrieg wettbewerbsfähig sein, werden oder bleiben könnten.

So sagte es der indonesische Minister für Infrastruktur und Entwicklung, Mr. Haharap, im September 1994: „Niemand kann der Globalisierung widerstehen; auf dem Feld der Infrastrukturen ist [die Globalisierung] eine Art Krieg: töten oder getötet werden" ("No one can resist globalization – in the area of infrastructures [globalization] is like a war: kill or to be killed"). In weniger brutalen Worten hat Mr. Fabre, der Präsident von IRDAC, dem Industrial Research and Development Advisory Committee der Europäischen Union, erklärt, die Wissenschafts- und Technologiepolitik der Europäischen Union „existiert aus einem einzigen Grund: die europäische Industrie durch zielgerichtete Wissenschaft wettbewerbsfähiger zu machen, wie es im Maastricht-Vertrag festgehalten ist" ("exists for one reason: to make European industry more competitive through properly focused science, as stated in the Maastricht treaty").

Wie kommt es, daß die Ideologie oder der Kult der Wettbewerbsfähigkeit die kleine Enklave der industriellen und finanziellen Welt, der blinden Theoretiker der Marktwirtschaft und der unsichtbaren Hand, der fanatischen Propheten eines vulgären Sozialdarwinismus verlassen und sich auch unter „normalen" Menschen ausbreiten konnte, einschließlich der Teile der Bevölkerung, die von Not und sozialer Ausgrenzung am härtesten betroffen sind?

Zwei von den vielen Gründen für dieses Phänomen sollen hier erwähnt werden: die Überbetonung der technischen Hilfsmittel als Folge des Triumphs der „Technisierung" der Gesellschaft in den vergangenen vierzig Jahren einerseits und andererseits die Globalisierung der Wirtschaft, inspiriert und beherrscht durch eine Reihe neuer politischer und sozialer ideologischer Grundsätze – den

Neuen Gesetzestafeln –, die darauf abzielen, den Staat (als oberste Steuerungs-
instanz für Gesellschaft und Wirtschaft) und den sozialen Kontrakt zu demon-
tieren, auf den sich der Aufstieg der westlichen Gesellschaften namentlich nach
dem Zweiten Weltkrieg und bis in die frühen achtziger Jahre hinein gegründet
hat.

Die Betonung der technischen Hilfsmittel

Nur Naivität und Blindheit können bestreiten, daß die wissenschaftlichen und
technischen Fortschritte der vergangenen Jahrzehnte unsere Zeit geprägt haben
und mit an vorderster Stelle die Zukunft der menschlichen Gesellschaft und
ihrer Lebensumstände gestalten werden. Keine Tätigkeit des Menschen bleibt
von Wissenschaft und Technik unberührt, ob man nun an Produktionstechnik
denkt (digital gesteuerte Werkzeugmaschinen, Roboter, computergestütztes
Design und Produzieren, Expertensysteme, Simulation und anderes), an Bio-
technik und Medizintechnik (Scanner, Kernresonanzspektroskopie, Laser,
Glasfaser, Bildverarbeitung und anderes) oder an Raumfähren, Satelliten,
Fernübertragung und so weiter.

Sogar unsere Sprache zeugt davon. Wir sprechen von Computer-Analpha-
betismus, Datenautobahnen, selbstreproduzierenden Robotern, Computersex,
Reagenzglasbabies, intelligenten Häusern und virtueller Realität. An das Fest der
Wissenschaft reicht nur noch die „Macht der Technik" heran. Verantwortliche
vor Ort träumen zum Beispiel von nichts Süßerem, als Wissenschaftsstädte und
Technologieparks zu errichten, Marksteine auf dem Weg in unser aller technische Zukunft zu setzen und Zentren der Teleportation einzuweihen. Und so
erklingen allerorten Beschwörungsformeln, und Investitionen in gewaltige technische Prestigeprojekte werden angeheizt, die für einige die Ankündigung und
für andere das Versprechen einer besseren Welt sind, die kommen wird kraft
immer mächtigerer, teurer und noch perfekter auf Hochleistung getrimmter
technischer Hilfsmittel.

Dies ist der Zusammenhang, in dem die entwickelten Länder sich im
wahrsten Sinne des Wortes für die *Kultur der Objekte* entschieden haben – eine
Kultur, deren wesentliche Merkmale Visionen von der Zukunft und kurz- wie
langfristige Handlungsstrategien sind, die die Werkzeuge voranbringen und
nicht die Menschen, die Hilfsmittel und nicht die Ergebnisse. Die Weiterentwicklung der technischen Hilfsmittel wird sogar als Voraussetzung für die Weiterentwicklung des Menschen betrachtet, und die Mittel ersetzen das Ziel. Zwar
hat sich in den vergangenen Jahren die Fixierung auf die reine Quantität (mehr
Autos, Kühlschränke, Computer, Satelliten, Flugzeuge, Medikamente und so
weiter) etwas gelöst und ist zu Recht in Konflikt geraten mit dem Paradigma des
Sustainable Development. Doch immer noch liegen die Prioritäten auf dem
Wachstum von Märkten durch das Wachstum der Produkte, Werkzeuge,

Maschinensysteme und Universen, von denen man sich eine immer bessere Befriedigung der Bedürfnisse des einzelnen und der Gemeinschaft verspricht.

Die Telekommunikation ist, neben so vielem anderen, ein erhellendes Beispiel. In dem Maße, wie sich durch die Digitalisierung immer neue Kombinationsmöglichkeiten von Computern, Glasfasern, Satelliten, Fernsehen und Telefon eröffneten, stürzten sich die Post-, Telegraphen- und Telefondienste gemeinsam mit den Giganten der Telekommunikationsindustrie in das Abenteuer, in den kommenden fünfzehn bis zwanzig Jahren ein System nationaler und internationaler „Autobahnen" für die Breitbandkommunikation zu bauen, im Fachjargon als „Integrated Services Digital Network" (ISDN) bezeichnet; andere sprechen von „Integrated Broadcast Communication Network" (IBCN). Zugleich aber schien niemand eine Ahnung zu haben, was für Dienstleistungen solch ein System eigentlich bieten könnte und welche Bedürfnisse der Öffentlichkeit damit eigentlich befriedigt würden. Die Befürworter benutzten ein klassisches Argument: Das Übergewicht des Gegenstands über die Art der Dienstleistung, die er erbringen soll, hänge mit dem vorübergehend noch unterentwickelten Stand der Dienstleistung zusammen. Also der Grundsatz: „Bringt erst einmal den Gegenstand unter die Leute, und der Rest wird sich von alleine regeln!"

Der Aufschwung des Internet scheint dem auf den ersten Blick empirisch überzeugend recht zu geben. In Wahrheit stimmt das aber nicht. Das Internet ist entstanden als Ergebnis der planvollen Absicht, um ein ursprünglich US-amerikanisches, vom Verteidigungsministerium errichtetes Wissenschaftsnetzwerk ein weltweites Netzwerk für die Universitätsforschung aufzubauen. Die neue Gestalt, die das Internet in den vergangenen fünf Jahren angenommen hat und der der sogenannte Cyberspace entsprossen ist, hat technische Begeisterung, Obsessionen und technikfixierte Visionen vom Fortschritt in Gegenwart und Zukunft darüber hinaus enorm verstärkt (und als Folge die neue Generation der Cyber-Wasnochalles hervorgebracht, wie Cyberfabrik, Cybernaut, Cyberhirn, Cyberdemokratie, Cybermensch, Cybercafé, Cyberbildung, Cyberfreiheit …).[3]

Was Innovation und Entwicklung ist, ist in der Gesellschaft von heute in vieler Hinsicht und weit mehr noch als in der Vergangenheit über „technische" Geräte und Systeme definiert. Die „garantierte" Rationalität der Technik und die angeblich „natürliche" Relevanz und Wirkmächtigkeit der „Hochleistungs"-Werkzeuge sind die Legitimation für die Dominanz der techno-basierten „Welt".

Die Kultur der Innovation ist hauptsächlich eine Kultur des Managements von Technik. Nahezu alle Management- und Busineßschulen werden nicht müde zu verbreiten, daß Innovation von technischen, ökonomischen und finanziellen Faktoren abhängt. Im besten Fall werden noch Aspekte des wissenschaftlichen Managements zur Kenntnis genommen. Human- und Sozialwissenschaften dürfen auf den hinteren Bänken Platz nehmen.

Und wenn angesichts dieser Tatsachen Ingenieure, Wirtschaftswissenschaftler, Bürokraten oder sogar Intellektuelle der Marke „harter Wissenschaftler" oder „weicher Denker" über einen innovativen Prozeß sprechen, dann stammen ihre Begriffe in der überwiegenden Mehrzahl der Fälle aus dem Umfeld der Produktion und des Managements von technischen Werkzeugen und Systemen. Die Schlüsselbegriffe, die benutzt werden, um eine innovative Gesellschaft zu beschreiben, sind: Produktivität, Effizienz, Flexibilität, Meßbarkeit, Wettbewerbsfähigkeit, Profitabilität, Anpassungsfähigkeit, Optimierung. [4]

In dem Maße, wie „technische" Medien und Hilfsmittel zu jeder menschlichen Tätigkeit dazugehören (kann man sich heute eine Fabrik ohne Computer vorstellen?), wird jede Tätigkeit des Menschen rationalisiert, in Input- und Output-Größen umformuliert, ausschließlich nach ihren monetären Kosten und Gewinnen bewertet und schließlich gehandelt wie jeder beliebige Rohstoff oder jedes beliebige Industrieprodukt. Selbst der menschliche Körper wird immer mehr diesem Trend unterworfen.

Die Globalisierung der Wirtschaft

Was ich bisher beschrieben habe, ist Teil eines der wichtigen Phänomene zeitgenössischer Geschichte und steht in enger Wechselwirkung damit: der zunehmenden Globalisierung von Wirtschaft und Gesellschaft.

Globalisierung der Wirtschaft ist ein neues Phänomen und etwas anderes als die bekannten Prozesse der Internationalisierung und Multinationalisierung. Zur Globalisierung gehört nicht nur – wie bei der *Internationalisierung* – der Austausch von Gütern (Rohstoffen oder Fertigwaren) und Dienstleistungen, und auch nicht nur – wie bei der *Multinationalisierung* – Kapitaltransfer in Verbindung mit der Ausweitung der Aktivitäten ökonomischer Einheiten (Unternehmen) in anderen Ländern der Welt durch den Aufbau direkter Tochterunternehmen oder Aufkäufe. Globalisierung betrifft alle Stadien von Design, Entwicklung, Produktion, Vertrieb und Konsum von Waren und Dienstleistungen. Typische Beispiele für globalisierte Güter und Dienstleistungen sind Kreditkarten, die Motorenindustrie, Schnellimbißketten, Luftverkehrsüberwachung und Sitzplatzreservierung. Globalisierung bedeutet keineswegs unbedingt die Standardisierung von Produkten und Dienstleistungen für uniforme Weltmärkte – überall das gleiche Auto, überall die gleiche Schokolade. Im Gegenteil. [5]

Wie bei jedem neuen Phänomen ist es schwierig, die Formen und Prozesse der Globalisierung in einem einzigen, allgemeingültigen Konzept zu fassen. Einzelne heute noch dominante Aspekte können in zehn oder fünfzehn Jahren verschwunden oder völlig unbedeutend sein. Nichtsdestoweniger gehören heute zu den entscheidenden Prozessen der Globalisierung:

- die Globalisierung der Finanzmärkte;
- die Internationalisierung von Unternehmensstrategien, insbesondere die Anerkennung des Wettbewerbs als Ursprung allen Wohlstands;
- die weltweite Ausbreitung der Technik und damit verbundener Kenntnisse sowie Forschung und Entwicklung;
- die Transformation von Konsummustern zu Kulturprodukten mit weltweiten Konsumentenmärkten;
- die Internationalisierung der Regelungskompetenz nationaler Gemeinschaften in einem globalen politökonomischen System;
- die schwindende Bedeutung nationaler Regierungen bei der Ausformulierung der Regeln für eine globale Entscheidungsinstanz.[6]

Die wichtigsten Besonderheiten der gegenwärtigen Globalisierung, in denen sie sich grundlegend von der Internationalisierung und Multinationalisierung unterscheidet, sind nach meiner Ansicht die folgenden drei:

a) Globalisierung ist der Übergang von der Geschichte des „Wohlstands der Nationen" zur Geschichte des „Wohlstands der Welt".
b) Globalisierung schließt das Ende des „nationalen Kapitalismus" und das allmähliche Auftauchen eines „globalen Kapitalismus" ein.
c) Der wichtigste und machtvollste Akteur der gegenwärtigen Globalisierung ist das Unternehmen.[7]

Eine immer größere Zahl von Produkten und Dienstleistungen ist nicht mehr „Made in UK" oder „Made in USA", sondern „Made in the world". Als im Jahre 1995 die Lufthansa das Recht erhielt, Piloten, Stewards und Hostessen aus anderen Ländern unabhängig vom deutschen Arbeitsrecht und von deutschen Tarifvereinbarungen zu beschäftigen und zu bezahlen, erklärte der Präsident der Lufthansa dies zum Beginn einer neuen Ära, in der die Dienstleistungen und Produkte seiner Firma nicht mehr „Made in Germany" seien, sondern „made by Lufthansa in the world". Die neue Werbekampagne von Cable and Wireless, einem der größten Hersteller von Telekommunikationsausrüstung der Welt, steht unter dem Slogan: „Corporation is dead. Long life to global federation" (Das Unternehmen ist tot. Lang lebe die globale Föderation). Cable and Wireless betrachtet sich selbst als globale Föderation auf der Grundlage der „Partnerschaft" von mehr als vierzig Industrie-, Finanz- und Handelsunternehmen und einem Dutzend nationaler Regierungen überall in der Welt mit dem Ziel, „sich in den Dienst globaler Märkte und Bedürfnisse zu stellen".

Der „Wohlstand der Welt" ist nicht länger die Summe des Wohlstands hunderter nationaler Wirtschaftsgefüge. Wieviel Wohlstand in Deutschland, Frankreich, Japan, Finnland oder Costa Rica produziert wird, hängt nicht mehr von der Leistungsfähigkeit von Unternehmen, Technologie, Kapital und Arbeit „vor

Ort" ab, sondern von Firmen, die in zunehmendem Maße Teil globaler Netzwerke von Finanz- und Industrieunternehmen sind, die sich an strategischen
Interessen und Logiken orientieren, welche nicht an deutsche, französische,
japanische, finnische oder costaricanische Interessen gebunden sind. Nationaler Wohlstand hängt mehr denn je von Techniken ab, die überall in der Welt
entworfen, produziert und transformiert werden, von Kapital, das global und
weltweit angeboten wird, und zunehmend von hochqualifizierten Arbeitskräften, die nicht unbedingt im Land ausgebildet worden sind. Immer weniger ist
der Rahmen des Nationalstaats die „Rahmenbedingung" für Aktionen und Entscheidungen von Unternehmen. Mehr als ein Drittel des Welthandels hat die
Dimension des Inter-Nationalen verloren; es handelt sich um Inter-Unterneh-
mens-Transaktionen. Wichtiger noch: Nachdem Nixon 1971 den US-Dollar für
nichtkonvertierbar erklärt und derselbe Nixon drei Jahre später, 1974, die Liberalisierung des Kapitalflusses in die USA und aus ihr heraus beschlossen hatte,
explodierte die Globalisierung des Kapitals. Wir waren Zeugen, wie binnen
zwanzig Jahren ein globaler Kapitalmarkt entstand.[8]

Die Globalisierung der Kapitalflüsse ist der Nerv der Globalisierung der Wirtschaft und eines der entscheidenden Enzyme, das den Wandel vom „Wohlstand
der Nationen" zum „Wohlstand der Welt" beschleunigt hat. Viele Jahrzehnte
und in manchen Fällen einige Jahrhunderte lang waren Ökonomie und Modernisierung der Industrie im Kern eine Angelegenheit nationaler Industrie. Im
Aufstieg und Wachstum des *nationalen Kapitalismus* kamen der Charakter und
die Richtung des historischen Prozesses zum Ausdruck. Es wäre zwar falsch, den
nationalen Kapitalismus für tot zu erklären, aber man kann mit Fug und Recht
behaupten, daß der nationale Kapitalismus nicht mehr die einzige schlüssige
Form ist, in der Kapital sich organisieren kann. Eine neue Epoche tritt mit atem-
beraubender Geschwindigkeit auf den Plan, die *Ära des globalen Kapitalismus.*
Wenn sich nicht machtvolle Kräfte dagegen erheben, wird der globale Kapitalismus der Evolution unserer Gesellschaftssysteme in den kommenden Jahrzehnten seinen Stempel aufdrücken.

Die Welt befindet sich alles andere als in einer postkapitalistischen Ära.[9] Das
Eigentum an Kapital und, noch wichtiger, der Schlüssel zur Macht über die
Mobilisierung von Kapital für die möglichst effiziente Nutzung verfügbarer
materieller und nichtmaterieller Ressourcen der Welt bleibt auch in Zukunft der
dominante Faktor ökonomischer und soziopolitischer Macht. Der anstehende
Umbruch ist weder der von einer kapitalistischen zu einer postkapitalistischen
Gesellschaft noch der von einem „guten" Kapitalismus (der sozialen Marktwirtschaft) zu einem „schlechten" (dem Dschungel, der „Kasino"-Marktwirt-
schaft).[10] Es ist vielmehr der von einem schwächer werdenden nationalen Kapitalismus zu einem erstarkenden globalen Kapitalismus; von einem nationalen
Kapitalismus, der im Rahmen eines relativ wohldefinierten politischen, institu-

tionellen und soziokulturellen Umfelds operiert, nämlich dem Nationalstaat und der nationalen repräsentativen Demokratie, zu einem globalen Kapitalismus, der in einem politischen und sozio-konstitutionellen Vakuum operiert, das heißt, ohne jede transparente und repräsentative Form gesellschaftlicher Regelung und Lenkung.

Schließlich ist die Globalisierung, im Gegensatz zur Internationalisierung, in deren Kontext der Nationalstaat seine grundlegende Funktion als Bezugsraum und Machtbasis behielt, eine Fortsetzung dessen, was die Multinationalisierung begonnen hat, nämlich das Auftauchen „globaler" Unternehmen als Hauptakteure in Wirtschaft und Gesellschaft.

Allmählich dringt ins Bewußtsein immer weiterer Kreise, daß das „globale" Unternehmen dabei ist, die öffentliche Gewalt aus ihrer Führungsposition zu verdrängen, wo es um die Lenkung und Steuerung der Weltwirtschaft geht.[11] Nationale Wirtschaftsbehörden halten in ökonomischen Dingen nach wie vor enorme Entscheidungsmacht in ihren Händen (Geldpolitik, Steuern, Handelsvorschriften, öffentliche Dienstleistungen, öffentliche Beschaffungsmärkte, öffentliche Arbeiten, Normen und Standards und so weiter). Zwanzig Jahre intensiver und systematischer Privatisierung, Deregulierung und Liberalisierung haben ihre Macht aber deutlich beschnitten und im Gegenzug den ökonomischen Einfluß privater Unternehmen und auf privater Basis funktionierender Mechanismen und Regelungen verstärkt. Darüber hinaus haben Globalisierungsprozesse ihren Beitrag zur Entstehung und Verbreitung der Ansicht geleistet, der Einfluß nationaler öffentlicher Einrichtungen sei im großen und ganzen negativ, das heißt, Ursache von Behinderungen für das „vollkommen freie" Funktionieren der Marktwirtschaft auf internationaler wie auf globaler Ebene. Es wurde ein Bild gezeichnet, in dem der Nationalstaat mit seinem Handeln immer neue Behinderungen aufrichtet, statt Chancen zu eröffnen.[12] Umgekehrt werden nun private Unternehmen mit viel Respekt und Vertrauen behandelt und von allen Seiten umworben.

Die Neuen Gesetzestafeln

Als führende Akteure der Globalisierung haben Unternehmen – das heißt, wissenschaftliche, politische, kulturelle, wirtschaftliche und soziale Kräfte hinter den Unternehmen und repräsentiert durch die Unternehmen – weitgehend die Prinzipien, Regeln und Modalitäten gestaltet, von denen die Strategien und Entscheidungen der fortgeschrittenen Industrie- und Dienstleistungsstaaten und, unter ihrem Druck, fast überall in der Welt inspiriert und gestützt werden.

Diese Prinzipien, Regeln und Modalitäten sind die Neuen Gesetzestafeln. Sechs Gebote stehen auf ihnen.[13]

Die Neuen Gesetzestafeln wurden geschrieben von der Allianz aus führenden Gruppen der mächtigsten Staaten der Erde und dem Markt. Grundlage der Allianz ist die Überzeugung, daß grenzenloser Wettbewerb unter Unternehmen, Universitäten, Städten, Regionen und Staaten mit dem Ziel, immer größere Anteile an sich globalisierenden Märkten zu erobern, unvermeidlich sei, da es ein natürlicher Vorgang in einer kapitalistischen Marktwirtschaft sei. Größere Marktanteile zu erobern, ist nach dieser Überzeugung die erste und wichtigste Voraussetzung für Überleben und Erfolg, denn das Wohlergehen des einzelnen und der Gemeinschaft wird vom Markt bestimmt. Daher kann das Überleben auf dem Markt nur dadurch gesichert werden, daß man die Marktanteile der Konkurrenten an sich zieht.

Die Neuen Gesetzestafeln sind quasi universell akzeptiert und respektiert, sogar in der Volksrepublik China, wo führende Persönlichkeiten das Land kürzlich zur „sozialistischen Marktwirtschaft" erklärt haben.

Das erste Gebot der Neuen Gesetzestafeln heißt: „Globalisierung ist der Schlüssel." *Niemand kann sich der Globalisierung widersetzen.* Die historische Entwicklung unserer Tage läuft in Richtung auf einen einzigen, globalen Marktplatz. Aufgabe aller national verantwortlichen „Führungs"-Persönlichkeiten vor Ort ist daher, die bestmöglichen Voraussetzungen und ein optimales Umfeld zu schaffen, damit die Anpassung lokaler Märkte an und ihre Integration in den globalen Markt mit Erfolg gefördert und beschleunigt werden kann. Dies muß – so sagt das erste Gebot – die vornehmste Aufgabe von Führungspersönlichkeiten des öffentlichen und privaten Sektors vor Ort sein.

Akteur auf dem globalen Markt zu werden, ist der oberste Auftrag für Firmen und entsprechende Organisationen. *Das zweite Gebot* leitet sich vom ersten ab: „Keine Grenze soll die *Liberalisierung* lokaler Märkte einschränken. Alle Märkte sollen für globale Akteure geöffnet werden." Der freie Austausch von Waren, Dienstleistungen, Kapital und Menschen soll universal und total werden. *Marktfreiheit* gilt als die grundlegendste Form der Freiheit in der Gesellschaft von heute. Alle anderen Freiheiten leiten sich von ihr ab. Die Weltbank und der Internationale Währungsfonds haben die Liberalisierung lokaler Märkte zu einer entscheidenden Voraussetzung dafür gemacht, daß ein Land für ein Darlehen in Frage kommt.

Das Ziel einer globalen Liberalisierung hat im Zusammenhang mit Verbesserungen der Transporttechnik und der Explosion neuer Informations- und Kommunikationstechniken in den vergangenen zwanzig Jahren an Anziehungskraft und Legitimation gewonnen. Das Argument lautet, in einem „globalen Dorf der Kommunikation" schützten oder erzeugten nationale Grenzen im Interesse nicht wettbewerbsfähiger Produzenten und zum Nachteil der Konsumenten „künstlich" hohe Kosten und Preise. Darüber hinaus sei es unmöglich, so lautet das Argument, für eine wachsende Zahl von hochtechnologie- und Know-how-abhängigen Waren und Dienstleistungen Zollschranken und andere Barrieren aufrechtzuerhalten.

Die Schaffung eines einheitlichen europäischen Marktes gilt als äußerst positiver Schritt auf dem Weg zu dem, was als das oberste Ziel betrachtet wird, nämlich dem globalen, liberalisierten, integrierten Markt. Das gleiche gilt für andere regionale Freihandelszonen, die überall auf der Welt wie die Pilze aus dem Boden schießen, wie etwa die NAFTA in Nordamerika, Mercosur in Lateinamerika, ASEAN, AFTA in Südostasien.

Damit die Marktliberalisierung effizient ihre Wirksamkeit entfalten kann, muß sie – so argumentieren die Unternehmen – von einer allgemeinen Deregulierung begleitet sein. Dementsprechend sagt *das dritte Gebot*: „Der direkte Einfluß des Staates auf die Wirtschaftstätigkeit soll klein sein." Staatsmonopole und Eingriffe des Staates in das Wirtschaftsgeschehen sollten eng begrenzt bleiben; das gilt auch für das Setzen von Normen und Standards. Marktkräfte müssen das ganze Funktionsspektrum der nationalen und internationalen Wirtschaft regulieren – auf lokaler, regionaler und globaler Ebene. Die Macht, Prinzipien, Normen und Modalitäten für das Funktionieren der Wirtschaft festzulegen, liegt nicht mehr bei den Bürgern und damit auch nicht mehr bei den Parlamenten, den Regierungen, den örtlichen Behörden und den Gerichten. Sie alle haben den Marktkräften zu vertrauen. Das Unternehmen muß „den Weg weisen". Ein sehr erhellendes Beispiel für die Anwendung dieses Gebotes ist die Empfehlung der sogenannten „Bangemann-Gruppe" an die Regierungen der Mitgliedsstaaten der Europäischen Union zur Informationsgesellschaft und den Konsequenzen für die Politik Europas. Die Bangemann-Gruppe „fordert die Mitgliedsstaaten dringend auf, ihr Vertrauen in die Marktkräfte und den privaten Sektor zu setzen und ihnen die Führung und Orientierung beim Übergang der europäischen Gesellschaftssysteme in die globale Informationsgesellschaft zu überlassen" ("urged the Member States to put their faith in the market forces and private sector to guide and orient the transition of European societies towards the global information society").

Liberalisierung und Deregulierung können jedoch nicht die nötigen Waren hervorbringen, wenn nicht die gesamte Wirtschaft privatisiert wird. Daher *das vierte Gebot*: „Alles, was sich privatisieren läßt, muß privatisiert werden." Initiativen zur *Privatisierung* waren seit den siebziger Jahren im großen und ganzen erfolgreich. Unter der Devise, die privaten Kräfte des Marktes würden für die bestmögliche Allokation der verfügbaren Ressourcen im besten Interesse sowohl der Produzenten wie der Konsumenten sorgen, wurden sämtliche wichtigen Sektoren wirtschaftlicher Tätigkeit, einer nach dem anderen, vollständig oder teilweise privatisiert. Der Geist der Privatisierung schwebt über der Gasversorgung und den Banken, dem Versicherungswesen und der Telekommunikation, dem Gesundheits- und dem Bildungswesen, dem öffentlichen Nahverkehr und der Wasserversorgung. Die Privatisierung der Wasserversorgung ist ein paradigmatisches Beispiel dafür, wie tief und grundlegend die Veränderungen sind, die die Neuen Gesetzestafeln uns verschreiben. In solch einem Umfeld – Globalisierung der Märkte, vorangetrieben durch Liberalisierung, Deregulierung und Privatisierung – bekommt die Technik den Status des zentralen Instruments, das es allen privatwirtschaftlichen Akteuren erlaubt, „Global Player" zu werden und auf dem liberalisierten und deregulierten, globalen Markt zu überleben.

Das fünfte Gebot ist die logische Fortführung des vorangegangenen: „Du sollst ein rastloser technischer Neuerer sein. Wenn nicht du die Innovationen hervorbringst, werden es die anderen tun und dich aus dem Markt werfen. Die Weltwirtschaft steht unter unaufhörlichem Druck durch technische Innovationen. Niemand kann sich neuen Techniken widersetzen. Innovation vor, koste es, was es wolle." Je mehr Priorität in einem Unternehmen die Innovationen haben, desto besser seine Fähigkeit, im Wettbewerb zu bestehen.

Ob Industrievertreter, Politiker oder all die anderen Schöpfer neoliberaler Werte, wen immer man auch auffordert zu erklären, warum Liberalisierung, Deregulierung, Privatisierung und rastlose technische Innovation die Gebote sind, die das Handeln aller Gesellschaftssysteme überall in der Welt zu bestimmen haben, ist stets die Antwort: Wettbewerbsfähigkeit.

Um welche Branche es auch geht – ob aufstrebende und untergehende, High-Tech oder Low-Tech, angebots- oder nachfrageorientierte Arbeit, rohstoff- oder wissensintensiv –, und wie groß, wie stark oder auf welchem Entwicklungsstand das Land auch ist, das Argument war immer das gleiche: Privatisierung ist dringend nötig, um die Wettbewerbsfähigkeit der Branche, des Unternehmens und des Landes in einer immer globaler werdenden Wirtschaft zu verbessern; die Liberalisierung aller Märkte ist dringend nötig, um die lokalen Branchen und die global orientierten Unternehmen für den Wettbewerb auf globalen Märkten fit zu machen; Deregulierung der Branchen und der Märkte ist dringend nötig, um den Privatisierungsprozeß zu stützen und damit die Wettbewerbsfähigkeit lokaler Unternehmen und der nationalen oder regionalen Wirtschaft zu verbessern.

Das sechste Gebot ergibt sich von selbst: „Jeder soll auf allen Gebieten und gegen jeden wettbewerbsfähig in globalem Maßstab sein."

Wettbewerb in der globalen Wirtschaft – gekennzeichnet unter anderem durch das Auftreten neuer Konkurrenten, insbesondere aus Süd- und Südostasien – ist zur alltäglichen Redensart geworden, zu hören aus dem Mund von Werbestrategen multinationaler Konzerne, Leitern von Busineß-Schulen, Zeitgeistökonomen und führenden Politikern.

Für das Kapital (Industrie und Banken) ist Wettbewerbsfähigkeit kurz- und mittelfristig zum vorrangigen Ziel geworden, während Profitabilität das Langfristziel und die raison d'être des Unternehmens bleibt. Erste Sorge von Ministerien für Handel und Industrie oder derer für Finanzen und Arbeitsplätze ist jetzt die Wettbewerbsfähigkeit des Landes oder der Nation, und ihr Blick richtet sich darauf, möglichst viel Kapital anzuziehen und in ihrem Zuständigkeitsbereich zu halten, um ein möglichst hohes Beschäftigungsniveau sicherzustellen, möglichst guten Zugang des lokalen Kapitals zu globaler Technologie und die nötigen Steuereinnahmen, um ein Minimum an sozialem Frieden aufrechtzuerhalten.

Implikationen und Folgen der gegenwärtigen marktgesteuerten, kooperativen Globalisierung

Die Implikationen und Folgen sind zahllos und katastrophal. Das folgende ist nur ein bescheidener Versuch, sich mit einigen davon auseinanderzusetzen, insbesondere

- der Demontage des Wohlfahrtsstaats,
- der Reduzierung von Menschen auf Humanressourcen,
- der globalen Entflechtung,
- dem Entstehen einer oligarchischen, privaten, globalen Macht.

Die *Demontage des Wohlfahrtsstaates* ist in unterschiedlichem Maße in allen westlichen und der westlichen Kultur angepaßten Ländern in den vergangenen zwanzig Jahren eine der größten Störungen des sozialen Gefüges moderner Gesellschaften gewesen.[14] Großbritannien und die Vereinigten Staaten gingen voran. Die letzte „Reform", die Präsident Clinton im August 1996 unterzeichnete, hat dem Wohlfahrtsstaat „Made in USA" ein Ende gesetzt. Die tiefsitzende soziale Zweiteilung der amerikanischen Gesellschaft hat nun eine rechtliche Grundlage und Organisation.

Eine der größten Errungenschaften der Menschheit, der soziale Kontrakt, der sich im „Wohlfahrtsstaat" niederschlug, wird nun – welche Ironie! – als Hindernis für die globale Wettbewerbsfähigkeit privater Unternehmen hingestellt.

Der Wohlfahrtsstaat wurde heftig dafür kritisiert, die Ursache kostspieliger und ineffizienter Bürokratisierung des Wirtschaftslebens und zahlreicher Beschränkungen des freien Unternehmertums zu sein. Er wurde angeklagt, perverse Effekte hervorzubringen wie soziale Ungleichheit und neue Formen unerwünschter sozialer Ausgrenzung. Die Demontage bedeutete, daß

- jede Vollbeschäftigungspolitik aufgegeben wurde; das Recht auf Arbeitslosenunterstützung wurde abgeschwächt;
- finanzielle Mittel zur Armutsbekämpfung gekürzt wurden; in zunehmendem Maße wird es dem Engagement Freiwilliger überlassen, mit der wachsenden Armut in industrialisierten und reichen Ländern fertig zu werden;
- das Niveau der sozialen Sicherung herabgesetzt wurde und immer noch weiter herabgesetzt wird;

- die Ressourcen vollständig verschwunden sind, die einst dem Ziel der Chancengleichheit gewidmet waren; der Wind hat sich gedreht und begünstigt nun herausragende Leistung, optimale Anpassung und höchste Kompetenz.

Die Demontage des Wohlfahrtsstaates war kulturell und politisch möglich, weil neben den erwähnten Gründen die Menschen akzeptiert haben, auf „Humanressourcen" reduziert zu werden, ganz im Sinne des Primats der Technik.

Menschen sind nicht mehr Arbeiter, Bauern, Lehrer oder Buchhalter. Wir alle wurden transformiert und sind nun Humanressourcen, deren Existenzberechtigung strikt an den Grad ihrer Nützlichkeit und ihren Beitrag zu den Imperativen der Produktivität, Profitabilität und Wettbewerbsfähigkeit gebunden ist. In ihrer neuen Gestalt als „Humanressourcen" sind die Menschen nun keine sozialen Subjekte mehr. Sie haben die Fähigkeit verloren, sich zu organisieren und ihre Interessen zu vertreten; daher der Niedergang der Gewerkschaften. Sie haben die Fähigkeit verloren, sich aktiv und machtvoll in soziale Verhandlungen und Entscheidungen einzumischen.

Die Position der Humanressourcen bei der „Mitbestimmung" ist drastisch geschwächt. Humanressourcen zu organisieren, ist Aufgabe des Unternehmensmanagements.

Um sich das Recht auf Arbeit zu bewahren, müssen Humanressourcen billig, flexibel, ständig auf der Höhe der Zeit und rezyklierbar sein. Wenn Humanressourcen teuer sind, sich der Flexibilisierung der Arbeit widersetzen, nicht auf dem Stand der Dinge und zu teuer oder zu langsam für eine Wiederverwendung an anderer Stelle sind, ist die Konsequenz eindeutig: Sie werden als Abfall ausgesondert, wie jede andere Art von (natürlichem, technischem, materiellem) Abfall.

In einem Kontext, der von dem Konzept bestimmt wird, daß es so etwas wie eine Gesellschaft nicht gibt, sondern an erster Stelle der Markt steht, ist auch kein Platz für den Bürger. Übrig bleiben Humanressourcen im Sinne von Produzenten auf der einen Seite und Konsumenten auf der anderen. Man zählt nur unter der Bedingung zum Bürger, daß man ein guter, nützlicher Produzent oder ein guter Konsument ist. Das erklärt die Wiederkehr massiver Armut und sozialer Ausgrenzung in den höchstentwickelten Staaten, in denen der materielle Wohlstand, gemessen als Bruttoinlandsprodukt, zwischen 1960 und 1993 im Durchschnitt um den Faktor drei zugenommen hat.[15]

Parallel dazu hat das Inkrafttreten der Neuen Gesetzestafeln aus der „Ungleichheitslücke" der Vergangenheit zwischen den Staaten des „Nordens" und des „Südens" eine radikale Entflechtung gemacht, von der nicht nur die Staaten betroffen sind, sondern auch soziale Gruppen in allen Ländern der Welt.

Wenn das Ziel „gewinnen" heißt, dann wird es am Ende nur wenige Gewinner geben. Die Verlierer werden ausgegrenzt und ihrem Schicksal überlassen.

Die Gewinner werden zwar weiterhin zusammenstehen und immer mehr eine Einheit bilden. Aber es schwindet die Notwendigkeit, Verflechtungen zwischen den Ausgegrenzten und den Integrierten aufrechtzuerhalten oder wieder aufzubauen. Eine neue Spaltung der Welt tut sich auf, die sich in der Zukunft zu einer globalen sozialen Apartheid entwickeln könnte. Die Entflechtung ist ein Prozeß, in dem einige Länder und Regionen schrittweise ihre Verbindungen zu den ökonomisch am weitesten entwickelten und am schnellsten wachsenden Ländern und Regionen der Welt verlieren. Statt an der zunehmenden wechselseitigen Verknüpfung und Integration teilzuhaben, aus der die neue „globale Welt" entsteht, entfernen sie sich in entgegengesetzter Richtung. Von der Entflechtung betroffen sind nahezu alle Länder Afrikas, die größten Teile Lateinamerikas und Asiens (mit Ausnahme einiger Staaten in Südostasien) sowie Teile der früheren Sowjetunion und Osteuropas.

Die verfügbaren Daten sprechen für sich. Im Jahre 1980 hatten die 102 ärmsten Länder der Welt am Welthandel mit Industrieprodukten einen Anteil von 7,9 Prozent der Exporte und 9 Prozent der Importe. Nur zehn Jahre später waren diese Anteile auf 1,4 und 4,9 Prozent gefallen. Im Gegenzug vergrößerten die drei Regionen der Triade ihren Anteil an den Exporten von 54,8 auf 64,0 Prozent und an den Importen von 59,5 auf 63,8 Prozent weltweit.

Mit anderen Worten: Die Weltwirtschaft war zumindest in den vergangenen zwanzig Jahren gekennzeichnet durch eine schrittweise Verringerung des Handelsvolumens zwischen den reichsten und schnell wachsenden Ländern Nordamerikas, Westeuropas und des pazifischen Asiens einerseits und dem Rest der Welt andererseits, insbesondere Afrika.

Die Entflechtung findet aber auch innerhalb von Los Angeles, London und Tokio statt. Sie ist kein Phänomen der armen Länder, sondern ein planetarischer, struktureller Prozeß.

Nicht zuletzt wird immer deutlicher, daß der grundsätzliche Schwachpunkt der gegenwärtigen Globalisierung die wachsende Kluft zwischen wirtschaftlicher Macht auf der einen Seite ist, die sich weltweit in undurchschaubaren globalen Netzwerken von Industrie-, Finanz- und Dienstleistungsunternehmen organisiert, und politischer Macht auf der anderen Seite, die nach wie vor auf nationaler Ebene organisiert ist.

Die Folge ist, daß die Mechanismen der repräsentativen Demokratie auf globaler Ebene nicht zum Tragen kommen. Das globale System wird von oligarchischen Machtstrukturen geführt, die dazu tendieren, sich an den immer unbedeutender werdenden nationalen Regierungen vorbei in integrierten Netzwerken zusammenzuschließen.

Wenn dieser Trend sich fortsetzt, wird die Welt nicht nur in der wirtschaftlichen Sphäre von einer Gruppe privater Netzwerke staatenloser Firmen gelenkt werden. Diese Netzwerke werden neue Formen politischer Autorität, Legitimation und Lenkungsmacht hervorbringen, die herzlich wenig mit dem gemein-sam haben werden, was wir „Demokratie" zu nennen pflegen.[16]

Auf den folgenden Seiten möchte ich einige Hinweise auf eine alternative Richtung skizzieren. Leitidee ist, daß ein globaler sozialer Kontrakt ein System globaler Regelungskompetenz hervorbringen könnte, das sich auf die Prinzipien der Kooperation und der Solidarität stützt.

Auf der Suche nach alternativen Lösungen

Im Jahr 2020 wird die Weltbevölkerung wahrscheinlich bei acht Milliarden Menschen liegen (heute 5,8 Milliarden). Die wichtigste Aufgabe für jeden Men-schen und jedes Land ist, eine Vorstellung davon zu haben, wie in den kom-menden 25 Jahren die neuen Prinzipien, Regelungen und Institutionen definiert und auf den Weg gebracht werden können, die es überhaupt erst möglich machen, daß acht Milliarden Menschen den Zugang haben zu trinkbarem Was-ser, Unterkunft, einer Grundversorgung mit Lebensmitteln und Gesundheits-dienstleistungen, Ausbildung, Transport und Kommunikation, Freiheit, Gerechtigkeit …

Ganz im Gegensatz zur dominanten Vision unserer Tage besteht die zentrale Herausforderung *nicht* darin, die Wettbewerbsfähigkeit der Europäer gegenü-ber den Amerikanern und Japanern (und umgekehrt) auf dem Automobilmarkt oder in der Computerindustrie sicherzustellen, und auch nicht darin, die Süd-koreaner fit zu machen für den Wettbewerb mit den Japanern, Europäern, Malaien und Kanadiern auf den aufblühenden Automobil- und Telekommu-nikationsmärkten in China. Die eigentliche Herausforderung liegt in der Frage, wie es sich verhindern läßt, daß aus den 1,4 Milliarden Menschen, die heute kei-nen Zugang zu Trinkwasser haben, 3,2 Milliarden im Jahre 2020 werden, oder daß statt heute 1,7 Milliarden im Jahre 2020 dann 3,5 Milliarden ohne eine men-schenwürdige Unterkunft sind.

Das wichtigste politische Ziel ist nicht, die innovative und wettbewerbsfähige Nutzung neuen Wissens und neuer Technologien zu fördern, um damit den eigenen Weltmarktanteil auf profitablen Sektoren zu sichern. Das wichtigste politische Ziel ist vielmehr, Antworten auf die Frage zu finden, wie man neues Wissen und neue Technologien hervorbringen und vorhandenes Wissen und vorhandene Technologien nutzen kann, um menschliche Kompetenz und Erfindungsgabe zu fördern und so neue Arbeitsplätze und Vollbeschäftigung zu schaffen sowie frisches Wasser, angemessene Unterkunft und Grundnahrungs-mittel zur Verfügung stellen zu können. Kurz, das Ziel ist, *mehr allgemeinen Wohlstand zu schaffen*, um die materiellen und immateriellen Bedürfnisse der Weltbevölkerung zu befriedigen.

Das globale „Gewinner-Verlierer-Spiel" wird niemals zu einer „guten" glo-balen Gesellschaft führen.

Die globale Gesellschaft des kommenden Jahrhunderts wird nur dann eine „gute" Gesellschaft sein, wenn sie inspiriert und gelenkt ist von den Prinzipien der sozialen Gerechtigkeit für alle, der Solidarität und der Kooperation – wenn also ein „Gewinner-Gewinner-Spiel" gespielt wird.

Beweisen kann man das nicht nur durch rein logisches Nachdenken, sondern auch durch sorgfältige Analyse der denkbaren Alternativszenarien, die die möglicherweise charakteristischen Merkmale der Entwicklung unserer Gesellschaftssysteme in den nächsten Jahrzehnten beschreiben.

Ceteris paribus wird die Zukunft unserer Gesellschaftssysteme im großen und ganzen davon abhängen, ob

- der Geist der Wettbewerbsfähigkeit und Rivalität die Oberhand hat über den Geist der Kooperation und Solidarität, und
- die Rolle der regulierenden Macht über die Gesellschaft und in der Gesellschaft Marktmechanismen überlassen wird und nicht politischen Mechanismen (den Institutionen der repräsentativen Demokratie).

Für den Fall, daß Wettbewerbsfähigkeit und marktgesteuerte Deregulierung die Oberhand bekommen, liegt die größte Wahrscheinlichkeit bei zwei Szenarien. Das erste ist das *Überlebensszenario*, in dem jeder gegen jeden um sein kurzfristiges Überleben kämpft. Dies ist für die nächsten zehn bis fünfzehn Jahre das wahrscheinlichste Szenario; es ist bereits Realität. Längerfristig, also jenseits eines Zeitraums von fünfzehn bis zwanzig Jahren, wird das zweite Szenario – *die globale soziale Apartheid* – der „natürliche" Abkömmling des Überlebensszenarios sein, *wenn* es gegenläufigen Entwicklungen nicht gelingt, die Triebkräfte in Richtung auf das Überlebensszenario zu stoppen und umzukehren.

Der Lauf der Dinge wird ein anderer sein, wenn Gegenkräfte mit Erfolg auf den Plan treten. In diesem Fall wird die Zukunft sich wahrscheinlich irgendwo zwischen vier verschiedenen Szenarien bewegen:

- *dem Pax Triadica-Szenario*: Ihm liegt ein Weltsystem zugrunde, das von einer kooperativen Allianz der drei mächtigsten Regionen der Welt regiert wird, Nordamerika, Westeuropa und Japan zusammen mit Südostasien. Die Existenz der G7 ist ein Faktum, das eine Entwicklung zur Pax Triadica höchst wahrscheinlich macht.
- *das Szenario des universellen „Gattismus"*: Die Schaffung eines vollkommen liberalisierten, sich selbst regulierenden globalen Marktplatzes in Übereinstimmung mit der Ideologie des vollkommenen Freihandels, den GATT (das Global Agreement on Tariffs and Trades) repräsentierte, bevor die Welthandelsorganisation WTO geschaffen wurde. Dies ist eine gemäßigte, weniger bedrohliche Variante des Überlebensszenarios. Es ist verknüpft mit einem Weltsystem, das von Marktkräften regiert wird, aber innerhalb eines globalen Rahmens permanenter Handelsabkommen und (De)-Regulierung.

- *das Szenario der regionalisierten Welt:* Weltwirtschaft und Weltgesellschaft werden regiert von einem kooperativen Pakt zwischen öffentlichen und privaten Kräften, die im Kontext politisch integrierter Einheiten auf der Ebene großer Weltregionen organisiert sind (Nordamerika, Lateinamerika, Afrika, der Mittlere Osten, Europa, Rußland, Indien, China, Ostasien und der Ferne Osten).

- *das Szenario der globalen zukunftsfähigen (sustainable) Integration:* Das Prinzip des globalen gemeinsamen Erbes, menschliche Solidarität, Teilhabe am Wohlstand, globale Verantwortlichkeit im Sozial- und Umweltbereich, der Dialog der Kulturen, die Respektierung der Menschenrechte und universale Toleranz – dies alles wird schrittweise auf der Ebene von Unternehmen, Städten, Nationen, Kontinenten und der gesamten Weltgemeinschaft in das Alltagsleben übersetzt.

Die Wahrscheinlichkeit, daß die Entwicklung der nächsten zwanzig Jahre diesem Szenario folgen wird, ist äußerst klein. Allerdings gibt es Anzeichen für das Entstehen von Prozessen und Kräften, die unter Umständen nötig sind, damit dieses Szenario Realität werden kann. Diese Anzeichen machen es langfristig zu einer plausiblen und vorstellbaren Alternative.

Das „Überlebensszenario" ist zwar in den nächsten zehn bis fünfzehn Jahren das wahrscheinlichste, aber nicht das wünschenswerte Szenario. Am wenigsten wünschbar ist das Szenario der „globalen sozialen Apartheid". Nicht erstrebenswert ist auch das Szenario des „universellen Gattismus". Das am wenigsten negative unter den nicht erstrebenswerten Zukunftsmodellen ist das „Pax Triadica-Szenario". Von den beiden am ehesten wünschenswerten Szenarien ist das der „regionalisierten Welt" ein recht positiver Schritt hin zu einer globalen Regelungsmacht, aber seine Relevanz und seine „Güte" bleibt letztlich an den Rahmen einer kooperativen Zusammenarbeit potentiell rivalisierender, kontinental integrierter Einheiten gebunden. Das einzige Szenario, das den Anforderungen an eine globale Regelungsmacht in schlüssiger Form gerecht wird und in Einklang steht mit dem Zusammenwachsen einer globalen Generation, wie wir sie zum ersten Mal in der Geschichte der Menschheit repräsentieren, ist das „Szenario der globalen zukunftsfähigen Integration".

Der Weg zu einem globalen sozialen Kontrakt
Die Idee eines „globalen sozialen Kontrakts" hat nichts zu tun mit utopischen Visionen oder Wunschdenken. Die größte Utopie ist vielmehr die Vorstellung, das System auf der Basis der vorhandenen Prinzipien, Regeln und Institutionen einfach weiterlaufen zu lassen.

„Globaler sozialer Kontrakt" bedeutet, einen Prozeß zu beginnen, durch den die heute lebenden Generationen im Verlauf der nächsten fünfzehn bis fünfundzwanzig Jahre die politischen, wirtschaftlichen, sozialen und kulturellen Bedingungen dafür schaffen, daß sich ein kooperatives System globaler Regelungsmacht etablieren kann.

Konkreter: Unter „globaler Regelungsmacht" (global governance) verstehe ich ein Paket praktischer Aufgaben, die unter den Rahmenbedingungen von vier größeren globalen Kontrakten implementiert werden sollten.

Der *erste globale Kontrakt* befaßt sich mit der Aufgabe, *Ungleichheiten* zwischen Völkern und Staaten *zu beseitigen*. Die zentralen Handlungsziele sind dabei:

* die Voraussetzungen dafür zu schaffen, daß von jetzt an bis zum Jahre 2020 etwa drei Milliarden Menschen sich mit Trinkwasser versorgen können. Wir können dies den „globalen Wasserkontrakt" nennen. Zu diesem Zweck ist es erforderlich, die gegenwärtigen Trends zur Privatisierung des Eigentums an Wasserressourcen und der Verteilung von Wasser zu stoppen. Wasser sollte als das erste paradigmatische Beispiel für das „gemeinsame Erbe" betrachtet werden, das im Eigentum der ersten planetarischen Generation ist. Wenn wir immer mehr und immer schlimmere regionale und internationale Kriege um Wasserreserven verhindern wollen, ist es an der Zeit, einen globalen Wasserkontrakt zu unterzeichnen, in dem die neuen Prinzipien und Regeln für die Nutzung und den Schutz der globalen Wasserressourcen auf einer kooperativen Basis festgelegt werden.
* die Voraussetzungen dafür zu schaffen, daß von jetzt an bis zum Jahre 2020 vier Milliarden Menschen den Zugang zu menschenwürdiger Behausung, einer Ernährungsgrundlage und angemessener medizinischer Versorgung haben. Wir können dies den „globalen Lebenskontrakt" nennen.

Der erste globale Kontrakt sollte die höchstmögliche Priorität bekommen, auch im Vergleich zu beispielsweise dem von heutigen Marktzwängen diktierten Ziel, nationale und globale Informations- und Kommunikationsautobahnen und - netzwerke aufzubauen. Wenn wir die Wahl hätten, würde ich empfehlen, lieber drei Milliarden Wasserleitungen zu bauen (für die es einen offensichtlichen und dringenden Bedarf gibt) als einen globalen Informations-Highway (für den es keinen offensichtlichen und dringenden Bedarf gibt).

Die Finanzmittel für den ersten globalen Kontrakt sollten aus der sogenannten Tobin-Steuer stammen, einer Steuer von einem halben Prozent auf alle internationalen Finanztransaktionen. Diese Transaktionen werden derzeit in keiner Weise besteuert. Das Kapital zirkuliert völlig frei, weltweit und losgelöst von jeder politischen und monetären Lenkung. Schlimmer noch, Kapitalgewinne können jeglicher Besteuerung entzogen werden, dank 37 Steueroasen und mehreren tausend sogenannten „internationaler Koordinationszentren", in denen globale Finanzholdings ohne Kapitalbesteuerung operieren können.

Die Einnahmen aus dem halben Prozent Steuern auf internationale Finanz-transaktionen sollten einer Weltbehörde für Soziale Entwicklung anvertraut wer-den, die direkt dem Generalsekretär der Vereinten Nationen untersteht und von einem Adhoc-Komitee hochrangiger, unabhängiger Juristen kontrolliert wird.

Der *zweite globale Kontrakt* sollte die Förderung der Toleranz und den Dia-log der Kulturen zum Inhalt haben. Hauptziel dieses Kontrakts sollte sein, in den *75 Städten,* die um die Jahre 2025 bis 2030 wahrscheinlich mehr als 15 Millio-nen Einwohner haben werden (falls nicht größere Epidemien die Bevölkerung dezimieren), die Schulpflicht für alle Kinder bis zu 16 Jahren und Bildungs- und Ausbildungsprogramme für Jugendliche und Erwachsene einzuführen. Wir kennen die Namen der 75 Städte bereits heute. Mit Ausnahme von Tokio und vielleicht Los Angeles liegen alle diese Städte in Asien, Afrika und Lateiname-rika.

Der Dialog der Kulturen lebt davon, wie gut wir „die anderen" kennen und bis zu welchem Punkt wir bereit sind, „mit den anderen" zu leben. Deshalb sind Erziehung und Bildung der Schlüssel zu Realisierung des zweiten globalen Kon-trakts. Die Schulpflicht wird auch die soziokulturelle Befreiung der Frauen unterstützen, ohne die kein Dialog der Kulturen angemessen und zufrieden-stellend verlaufen kann. Zur Unterstützung der Bildungs- und Erziehungsziele in den 75 am dichtesten bevölkerten Städten der Erde sollten Fernseh- und Mul-timedia-Aktivitäten auf absolut nichtkommerzieller Basis in die Wege geleitet werden. Die tausend größten Stiftungen der Welt sollten eingeladen werden, ein experimentelles Sechsjahresprogramm mitzufinanzieren (wozu auch Veran-staltungen von der Art interkultureller olympischer Spiele gehören könnten).

Der *dritte globale Kontrakt* hat die Förderung von Formen demokratischer Regelungsmacht auf globaler Ebene zum Ziel. Die Relevanz und Dringlichkeit dieses Kontrakts leitet sich von der gegenwärtigen Kluft zwischen der weltweit durch Netzwerke von Industrie- und Finanzunternehmen organisierten priva-ten Wirtschaftsmacht und der nach wie vor auf nationaler Ebene organisierten politischen Macht her. Das Weltsystem wird durch oligarchische Machtstruk-turen gelenkt, in denen eine technisch-finanzielle Weltklasse dominiert, die die Parlamente und Regierungen der Nationalstaaten übergeht.

Das spezifische Handlungsziel dieses Kontrakts wäre eine Kampagne zur Institutionalisierung einer *globalen Bürgerversammlung* zur Jahrhundertwende. Die erste Sitzung der Versammlung sollte von einer interparlamentarischen Adhoc-Sitzung engagierter und zum Handeln bereiter nationaler Gesetzge-bungskörperschaften einberufen werden. Die Institutionalisierung einer globa-len Bürgerversammlung wäre ein großer Schritt zur Demokratisierung der Weltgesellschaft.

Der *vierte globale Kontrakt* hat schließlich den „Erdkontrakt" zum Thema, den Kontrakt für Sustainable Development. Seine Aufgabe ist klar: Ziel ist, die

Implementation der Verpflichtungen zu beschleunigen, die 130 Regierungen im Jahre 1992 auf der Konferenz von Rio über Umwelt und Entwicklung eingegangen sind, der sogenannten *Agenda 21*. Neue Vorschläge müssen nicht entworfen werden. Die *Agenda 21* liefert schlüssige und integrierte Rahmenbedingungen und benennt die spezifischen Prioritäten einer Politik, deren Ziel globale Zukunftsfähigkeit ist. Nötig und dringend ist „lediglich", die *Agenda 21* zu implementieren.

Die Frage der Machbarkeit

Wer wird den globalen sozialen Kontrakt aufstellen? Wer wird die spezifischen vier globalen Kontrakte formulieren? Ist es realistisch, anzunehmen, daß nationale Regierungen, globale Netzwerke multinationaler Unternehmen, die finanziellen Interessengruppen, herrschende globale Finanzmärkte, Gewerkschaften, Kirchen, Freiwilligenorganisationen, das Militär und ethnische Gruppen bereit sein werden, kooperativ an solch einem globalen Kontrakt zu arbeiten? Wie lange wird es brauchen, bei der Implementation lediglich des „allereinfachsten" Kontrakts weiterzukommen, des globalen Wasserkontrakts? Zehn Jahre, zwanzig Jahre, oder länger?

Wo sind die sozialen, ökonomischen und politischen Kräfte, die in der Lage wären, die Machtverhältnisse derart zu verschieben, daß der Wille und die Mittel zur Verfügung stehen, die globalen Kontrakte zu definieren und zu implementieren?

Offensichtlich wird es ein langer und schwieriger Weg bis zur Implementation der vorgeschlagenen vier globalen Kontrakte sein. Jedoch die sozialen Kräfte, die die Implementation der Kontrakte möglich machen könnten, sind vorhanden. Es sind:

- die globale Bürgerbewegung (einschließlich der Gewerkschaften, wenn sie es schaffen, sich in aktive globale Organisationen zu verwandeln). Zur globalen Bürgerbewegung gehören etwa 500 000 Organisationen, die sich dem Kampf widmen für das Gute, das Gerechte, das Schöne, für Menschenrechte, soziale Entwicklung, Zukunftsfähigkeit, ökonomische Effizienz auf der Basis von Solidarität, ethnische und kulturelle Minderheiten;
- die Minderheit aufgeklärter Eliten in akademischen Kreisen, Regierungen, Industrie und Medien, deren Handeln der Förderung neuer innovativer und kooperativer Verfahren und Systeme globaler Regelungsmacht gewidmet ist;
- die Städte, die sich zu immer bedeutenderen politischen und sozialen Akteuren und politischen Entscheidungsinstanzen in den wichtigen Angelegenheiten auf der globalen und regionalen Tagesordnung entwickelt haben. Die Menschen in den Städten werden sich mehr und mehr der Tatsache bewußt, daß sie selbst es sind, die auf kooperativer Basis, lokal und international/glo-

bal, ihre Verantwortlichkeit gegenüber den zahlreichen sozialen, ökonomischen und Umweltproblemen organisieren müssen, mit denen sie sowohl im Zusammenhang mit den laufenden makro-sozialen Veränderungen als auch der katastrophalen Globalisierung des Wettbewerbs unter dem Druck der Marktkräfte konfrontiert sind und sein werden.

Der Zusammenschluß dieser drei Kräfte wird der Forderung nach einem globalen sozialen Kontrakt machtvoll Nachdruck verleihen.

Literaturhinweise

1 Zur überragenden Bedeutung der Wettbewerbsfähigkeit siehe Group of Lisbon: Limits to Competition, MIT Press, Boston, 1996.

2 Die Instrumentalisierung der Bildung und Erziehung für den Imperativ der Wettbewerbsfähigkeit wird auch deutlich im White Paper der Kommission der Europäischen Gemeinschaften zum Thema Learning Society, Brüssel, 1995. Ich habe mich mit diesem Punkt auseinandergesetzt in R. Petrella: The future of training: trapped by market economy, in: Vocational Training, The European Journal, CEDEFOP, Saloniki (GR), n° 3, 1994, pp. 27-33.

3 Eine recht objektive Analyse der neueren Entwicklung der Mythologie um den Cyberspace ist: H. van Bolhuis & V. Colom: Cyberspace reflections, VUB Press, Brüssel, 1995.

4 cfr. Commission of the European Union: Green Paper on Innovation, Brüssel 1995.

5 Siehe R. Petrella: Globalization and Internationalisation, in R. Boyer and D. Drache (eds.): States against Markets, Routledge, London and New York, 1996, pp. 62-83.

6 cfr. Group of Lisbon: Limits to Competition, op. cit, erstes Kapitel, pp. 1-48 und S. Gill und D. Law: The Global Political Economy, Harvester-Wheatsheaf, New York, London, Toronto, 1988.

7 cfr. Group of Lisbon, Limits to Competition, op. cit.

8 Siehe F. Chesnais: La mondialisation du capital, Edition Syros, Paris, 1994.

9 Die These vom Postkapitalismus wurde entwickelt von P. Drucker: Post-Capitalist Society, Butterworth-Heinemann Ltd, Oxford, 1993.

10 Siehe M. Albert: Capitalisme contre capitalisme, Seuil, Paris, 1992. Im Gegensatz dazu ist nach William Greiders Meinung der globale Kapitalismus dabei, die Wirtschaft unkontrollierbar zu machen; cfr. W. Greider: One World, Ready or Not. The Main Logic of Global Capitalism, Simon & Schuster, New York, 1997.

11 Siehe das interessante Buch von D. C. Korten: When Corporations Rule the World, Berrett-Kochler, San Francisco, 1995.

12 D. Drache & M.S. Gertler (eds.): The New Era of Global Competition. State Policy and Market Power. McGill-Queen's University Press, Montreal & Kingston, 1991.

13 cfr. R. Petrella: Les Nouvelles Tables de la Loi, in: Le Monde diplomatique, Paris, Oktober 1995.

14 Eine detaillierte Analyse der Gründe für die Demontage des Wohlfahrtsstaates (insbesondere der ideologischen Attacke gegen die philosophischen, sozialen und ökonomischen Grundlagen des Wohlfahrtsstaates durch konservative Kräfte) ist enthalten in R. Petrella: Le bien commun. Eloge de la solidarité, Editions Labor, Brüssel, 1996.

15 Eine sehr nützliche und rigorose Analyse des Phänomens der sozialen Ausgrenzung auf der ganzen Welt kommt von G. Rodgers, C. Gore and P.B. Figueiredo: Social Exclusion: Rhetoric and Responses. ILO (International Institute for Labour Studies), Genf, 1995.

16 Dies ist auch ein großes Thema von P. Fryhelard in seinem gewaltigen Gemälde: L'Home mondial, Les sociétés humaines peuvent-elles survivre?, Edition Arlea, 1996.

Wouter van Dieren

Verantwortung für den lokalen Standort

Ich möchte nur einige Anmerkungen in Stichworten machen.

Erstens: Der Club of Rome hat vor etwa 25 Jahren „Die Grenzen des Wachstums" veröffentlicht. Die Zahlen dieses Berichtes stimmen noch immer. Vor einigen Jahren hat Kollege Dennis Meadows sein neues Buch veröffentlicht „Beyond the Limits" („Jenseits der Grenzen"). Wenn wir alles jetzt wieder durchrechnen, kommen wir zu der Schlußfolgerung, daß wir „unserer Zeit voraus" sind. Es geht schneller, die Zahlen sind schlimmer, als wir damals dachten.

Zweitens: Vielleicht manifestieren sich die sozialen Grenzen schon heute. In unseren letzten zwei Club of Rome-Berichten – der eine ist von Ernst Ulrich von Weizsäcker, „Faktor Vier", das andere Buch ist von mir herausgegeben, „Mit der Natur rechnen", in dem ich zu beschreiben versuche, wie ein grünes Sozialprodukt aussehen könnte – finden Sie unser Ergebnis belegt und grafisch dargestellt, daß immer mehr Produktion zu immer weniger Wohlfahrt führt. Das wurde für die USA, das Vereinigte Königreich, Deutschland, die Niederlande, Österreich und andere Länder gezeigt.

Die Ergebnisse zeigen, daß beispielsweise in Holland der Rückgang des Wohlstandes etwa zehn Jahre später stattfand als in den anderen Volkswirtschaften. Das liegt daran, daß wir ein langsames Land sind. Wir hatten eine Wirtschaft, die stark von einem sozialen Konsens gestützt wurde; inzwischen ist das vorbei.

Man kann diese Daten so interpretieren, daß die Grenzen des Wachstums sich nicht erst im nächsten Jahrhundert physisch manifestieren, sondern daß sie sich in unserem System bereits jetzt sozial manifestieren und wahrscheinlich schon vor etwa 10 oder 15 Jahren erreicht wurden. Schlußfolgerung ist, daß der Wohlstand in Wirklichkeit seit vielen Jahren nicht mehr wächst, daß das nur viele dank einer falschen Statistik noch glauben.

Drittens: Anstatt weltweiter Kooperation, Vorsorge, Verständnis füreinander hat sich in den letzten Jahren eine neue radikale Ideologie des Wettbewerbs und der Globalisierung manifestiert. Das Staatsgefüge wird dabei als Barriere oder als total nutzlos angesehen. Die Folgen sind uns bekannt. Die reichsten Wirtschaftszonen der Welt können sich immer weniger leisten. Obwohl es unserer

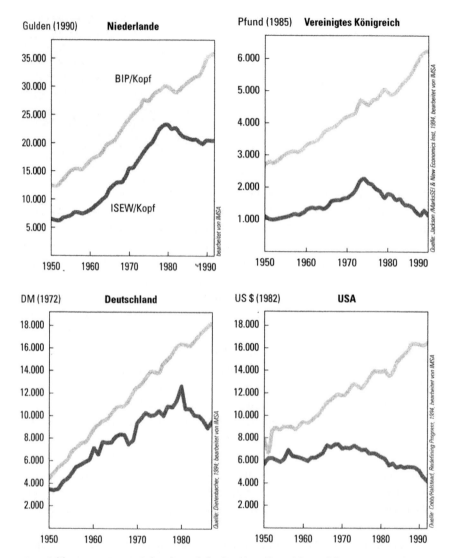

Entwicklung von Bruttoinlandsprodukt (BIP) und Wohlstand (gemessen nach dem Index of Sustainable Economic Welfare – ISEW) in den Niederlanden, Deutschland, Großbritannien und den USA seit 1950

Wirtschaft laut unseren Regierungen wieder ausgezeichnet geht, ist unsere Gesellschaft nach wie vor bankrott. Die neue Ideologie ist der Auslöser für ein weltweites Experiment, das sich schlimmer auswirken kann als der Marxismus.

Wieder das Beispiel Holland: Vor einigen Wochen hat der Premierminister genau dies gesagt: Es gehe der Wirtschaft prima, aber die Gesellschaft sei weiterhin pleite. Und er war stolz darauf. Man muß sich das einmal bewußt machen. In dem reichsten Land der Welt – wir haben heute die erfolgreichste Wirtschaft von Europa – gibt es schon mehr als zwei Millionen Menschen, die unter der Armutsgrenze leben.

Viertens: Ich bin mit einem nicht einverstanden, was Riccardo Petrella gesagt hat. Globalisierung ist nicht eine Erfindung der letzten zwanzig Jahre. Nur das pathologische Experiment ist zwanzig Jahre alt. Globalisierung des Welthandels findet schon seit 5000 Jahren statt. Im Westen, Süden und Osten ist also nichts Neues zu vermelden. Aber wichtig ist, daß es jetzt eine neue Hypothese gibt, nämlich:

Fünftens: Man nennt es Liberalisierung – die Erwartung, daß die Freiheit des Welthandels dazu führt, daß sich täglich sechs Milliarden Menschen mit größter Freude zugunsten des persönlichen und des allgemeinen Nutzens auf den Markt stürzen.

Sechstens: Für diese Hypothese gibt es keinen einzigen Beleg, nicht in der Theorie, nicht in der Praxis, nicht in der Geschichte. Nie in der Geschichte hat es einen freien Markt gegeben. Der freie Markt existiert heute nicht, und er wird auch morgen nicht entstehen. Der Grund dafür ist, daß wir seit Jahrtausenden das Prinzip der Souveränität kennen. Die lokale Politik, die lokale Verwaltung hat die Aufgabe, die Bedürfnisse ihrer Bürger zu befriedigen – Versorgung, Rechtsschutz, Häuser, Arbeitsplätze, Gesundheit, Erziehung. Diese lokalen Behörden hören täglich, daß alles zu teuer ist und daher massive Einsparungen unvermeidlich sind, damit sich der freie Markt unbegrenzt entwickeln kann. Eines Tages jedoch werden wir alle mit einem Schock aufwachen, weil wir mit der Globalisierungseuphorie unsere Kultur geopfert haben.

Es ist ein Buch erschienen, Gott sei Dank in Deutschland, von zwei „Spiegel"-Redakteuren. Sein Titel ist „Die Globalisierungsfalle". Ich halte dies für die erste erfolgreiche Publikation in Europa zu diesem Thema. Es ist sicher, daß Hunderte folgen werden, und es ist wichtig, daß diese Diskussion entsteht, denn die Zeit ist knapp.

Siebtens: In der globalen Realität nämlich geht es um Arbeitslosigkeit. Europa hat jetzt 38 Millionen Arbeitslose. Nach unseren Berechnungen werden es in etwa fünf Jahren mehr als 80 Millionen sein. Der Wirtschaft wird es dann noch immer prima gehen. Die Globalisierung des Welthandels bringt zehn Prozent Gewinner hervor und neunzig Prozent Verlierer.

In der globalen Realität geht es außerdem um Rohstoffmangel. Man sagt, der Club of Rome habe nicht recht gehabt, die Zahlen stimmten nicht. Doch der Rohstoffmangel ist weltweit ein Riesenproblem, aus vielen Gründen. Es wird lediglich falsch gerechnet.

In der globalen Realität geht es um Energiekrisen. Es geht um Wassermangel, es geht um Bevölkerungswachstum. Im Jahr 2010 werden acht Milliarden

Menschen auf der Erde leben, sagen die Hochrechnungen. Das stimmt, aber bald danach wird die Weltbevölkerung auf zwei bis drei Milliarden Menschen zurückgehen, weil sich die Gesundheitskrise sehr schnell verschlimmern wird.

Es geht um unzureichende Ernährung. Die Getreidebestände der Welt haben sich in den letzten 25 Jahren verdoppelt, aber pro Kopf hat eine Halbierung stattgefunden, und die nächste Halbierung dauert noch fünf Jahre.

Es geht um Hunderte von Millionen Erschöpfte, die die Verlierer der globalen Cowboywirtschaft sind oder sein werden. Der freie Markt kümmert sich nicht um diese Fragen.

Achtens. Ich lade Sie ein, die lokalen Politiker, die lokalen Verantwortlichen, zur lokalen Verantwortlichkeit zurückzukehren. Sie tragen die Realität und deren wesentliche Herausforderung auf Ihren Schultern. Die Zukunft liegt in Ihren Händen und sollte nicht dem globalen Kasino geopfert werden. Hazel Henderson spricht auf diesem Kongreß ebenfalls. Sie hat ein Buch mit dem Titel „The End of Economic Welfare" veröffentlicht. In diesem Buch führt sie den Begriff global casino ein. Das global casino ist, was ein Casino eben ist, nämlich ein Spielraum für die Elite. Ich wünsche der lokalen Verwaltung und der lokalen Politik eine stolze Wiederkehr.

Ausgewählte Beiträge aus der Diskussion

Dag Schulze, Berlin: Inwiefern hat der Zusammenbruch des Sozialismus zu dieser Entwicklung geführt oder sie beschleunigt? Vorher herrschte die Systemkonkurrenz, und speziell in Europa hatte man den Eindruck, daß die sozialen Errungenschaften zum größten Teil so deutlich waren, weil man hier den Osten unter sozialen Gesichtspunkten stärker als Vorbild oder Konkurrenz gesehen hat als in Amerika. Ist nicht auch deshalb die Globalisierung in ein neues Stadium getreten, weil dieses System dem anderen gegenüber sozusagen gewonnen hat?

Riccardo Petrella: Der Sozialismus als alternatives Regierungsmodell, wie wir es in der Sowjetunion erlebt haben, war Mitte der sechziger Jahre am Ende, als Chruschtschow den Stalinismus anprangerte. Es ist kein Zufall, daß wir hier im Westen seit Ende der sechziger, Anfang der siebziger Jahre in der Lage waren, unser Modell als das einzig mögliche zu präsentieren. Damals, zu Beginn der siebziger Jahre, entstand der machtvolle Einfluß der Ideologie der Marktwirtschaft. Dieses Ende des sozialistischen Modells kam, wohlgemerkt, nicht 1989; es kam 1963. Natürlich hat es eine Weile gebraucht, bis das jeder verstanden hatte und bis es in reale politische, ökonomische und soziale Entscheidungen eingeflossen ist. Aber ich stimme mit Ihnen überein, daß der Kollaps des sogenannten Sozialismus in der Sowjetunion seinen Beitrag geleistet hat.

Ziehen Sie daraus aber nicht den falschen Schluß, daß die Geschichte zu Ende ist und die historische Entscheidung im Kern nur noch zwischen gutem und bösem Kapitalismus gefällt werden kann, zwischen Beteiligungskapitalismus und Investitionskapitalismus, zwischen amerikanischem Kapitalismus und zum Beispiel deutschem oder japanischem Kapitalismus, und das war dann die Weltgeschichte. Dieser Schluß wäre falsch. Das Magazin „Newsweek" hat es in seiner Sonderausgabe im März 1996 geschrieben: Beide Arten des Kapitalismus sind Kapitalismus. Punkt. „Newsweek" hat sie sogar als „Killer-Kapitalismus" bezeichnet.

Wouter van Dieren: Ich bin der Meinung, daß der Zusammenbruch der Sowjetunion 1989 doch eine größere Rolle gespielt hat, als Riccardo Petrella sagt. Der Grund dafür ist, daß zwar tatsächlich vor etwa zwanzig Jahren die Wirtschaftstheorien der Chicago School einen Rieseneinfluß auf Thatcher und Reagan hatten und das Experiment des freien Welthandels dadurch beschleunigt wurde. Aber nach 1989 hat Francis Fukayama in den USA mit einem Artikel über „Das Ende der Ideologie" einen Rieseneinfluß auf die Wirtschaftstheorie des Westens ausgeübt. Er schreibt darin, daß der totale Triumph der westlichen Wirtschaftstheorie bewiesen sei und es deswegen von Stund an keine Gründe mehr gebe, mit irgendwelchen sozialistischen oder sozialen Experimenten die totale Freiheit des Welthandels zu verhindern. Das Erfolgsmodell habe sich definitiv erwiesen.

Man kann also zwei Startpunkte für die gegenwärtige Entwicklung angeben, Milton Friedmans Theorie aus den sechziger Jahren, die ihm seinen Nobelpreis einbrachte, und die Beschleunigung durch diesen Artikel von Fukayama.

Martin Hopp, Münster: Meine Frage richtet sich an alle drei Referenten. Zieht sich nicht als roter Faden durch Ihre Referate die Bedeutung der Grenze für die Geschwindigkeiten, mit denen Prozesse ablaufen?

Es gab auch vor der Globalisierung eine freie Marktwirtschaft. Die Globalisierung ist für freie Marktwirtschaft nicht notwendig. Doch haben nicht, bevor die derzeitige Globalisierung begann, die Grenzen dafür gesorgt, daß Wettbewerb und Anpassungsdruck verzögert weitergegeben wurden und deshalb die Mehrzahl der Firmen und der Ökonomien sich wenigstens noch anpassen konnte? Es sei daran erinnert, daß es bis jetzt keine exakte Methode gibt, Wettbewerbsintensität wie eine Temperatur zu messen und anzugeben. Ich frage mich, ob in dem Widerstreit derer, die die totale Befreiung der Märkte wollen, und derer, die wieder zum Protektionismus alter Prägung zurück wollen, nicht übersehen wird, daß Wettbewerb sein muß, aber es auch da ein Zuviel und ein Zuwenig gibt; ob nicht übersehen wird, daß Grenzen vielleicht das idealere Mittel sind, das Optimum zu finden, anstatt sich wieder auf Protektionismus und eine globale Kooperation einzulassen, aus der vielleicht doch nichts wird?

Riccardo Petrella: Eine sehr interessante Anmerkung. Sie haben recht, wenn Sie darauf hinweisen, daß die Kultur der Geschwindigkeit eine sehr wichtige Grenze der modernen Gesellschaften ist. Möglicherweise dringt die Tatsache nicht richtig in unser Bewußtsein, daß wir uns langfristigen Anforderungen gar nicht wirklich stellen wollen. Langfristigkeit ist ein Problem für alle. Sie ist ein Problem für die Gesellschaft, die Wirtschaft, die Gewinne und für die Finanzmärkte. Man erzählt uns heute, die Veränderungen gingen so furchtbar schnell vor sich, daß wir nur das Kurzfristige in den Griff bekommen könnten. Diese Kurzatmigkeit ist eng verbunden damit, daß wir uns ganz allmählich an den Gedanken gewöhnen, die ständige Beschleunigung der Geschichte sei etwas Unvermeidliches.

Wir hören heute, wie phantastisch unser System ist, weil wir vom Fordismus zum Toyotismus übergehen, einem Just-in-Time-System, einem Null-Lagerhaltungs-, Null-dies- und Null-das-System. Nach meiner Meinung sollten wir vorsichtiger sein. Wir sollten einen kollektiven und partizipatorischen Prozeß in Gang setzen, um zu beurteilen und zu bewerten, wie die Gesellschaft mit dem Problem der Beschleunigung umgehen will. Im Moment sind wir dabei, eine weitere sehr negative Folgeerscheinung zu akzeptieren, die mit dem Paradigma von der Informationsgesellschaft verbunden ist, nämlich der Vorstellung, die Menschheit befinde sich im Übergang zum Zustand der Augenblicklichkeit. Alles ist augenblicklich, und das wichtigste ist, für den Augenblick bereit zu sein und die kurzfristige Zukunft zu überleben. Kurzfristigkeit ist heute allgemein akzeptiert.

Ich bin deshalb sehr kritisch gegenüber der großartigen Rhetorik in Zusammenhang mit der Informationsgesellschaft. Geschwindigkeit kann Menschen töten.

Farel Bradbury, The Resource Use Institute Ltd., Kent, England: Wir haben ein schreckliches Problem. Auf der einen Seite haben die Marktkräfte das Heft in der Hand. Wir würden manchmal gern den Marktkräften ein bißchen von ihrer Macht nehmen und den Politikern weitergeben, aber leider haben andererseits die Politiker nicht unser Vertrauen. Ich schlage eine Lösung vor. Als erstes müssen die Regierungen den Staatshaushalt ausgleichen. Wenn sie das tun, entziehen sie sich dem Einfluß des Finanzsektors. Durch eine Ressourcensteuer, eine einzige Steuer auf den Fluß von Ressourcen in die Ökonomie, können die Regierungen die Gesamteinnahmen sogar erhöhen. Da zu den primären Ressourcen auch Brennstoffe für den täglichen Lebensunterhalt gehören, muß den Menschen ein Grundeinkommen bezahlt werden, das einen minimalen Lebenstandard erlaubt.

Dieses Grundeinkommen dient dazu, alle Wohlfahrtssysteme zu ersetzen und abzuschaffen. Es ist im Grunde eine Rente. Es hat außerdem zur Folge, daß das Konzept der Arbeitslosigkeit verschwindet. Dieses Grundeinkommen wird in einem Beschäftigungsverhältnis angerechnet und verringert so die Arbeitskosten. Die Arbeitskosten werden außerdem dadurch weiter gesenkt, daß es keine Einkommensteuer, keine Steuern auf Gewinne, keine Unternehmensteuern und keine Steuern auf Grund und Boden gibt. Einkaufs- und Verkaufspreise im Laden sind daher mehr oder weniger gleich und so gut wie steuerfrei. Damit das System im Gleichgewicht bleibt, ist eine weitere Anforderung entscheidend: Importe werden mit der gleichen Rate – wir nennen sie „Unitax"-Rate – auf den gesetzlich festgelegten Primärenergieinhalt besteuert, und Exporteure erhalten diese Steuer rückvergütet. Mit diesem System kann der Verbrauch von Ressourcen auf ein zukunftsfähiges (sustainable) Niveau gebracht werden; es geht dabei um Größenordnungen. Wir sprechen hier von einem System, das die Preise der Primärressourcen verfünffachen wird. Solange wir das nicht tun, werden wir die Zukunftsfähigkeit nicht erreichen.

Wouter van Dieren: In diesem Land gibt es eine breite Debatte über die Steuerreform, katalysiert durch das Wuppertal Institut. Vor höchstens einem Jahr haben sich nun Vertreter einiger der großen Unternehmen, von denen Riccardo Petrella gesprochen hat, mit Kanzler Kohl getroffen. Das Ergebnis dieses Treffens war: Eine Steuerreform dieser Art wird es in absehbarer Zeit nicht geben.

Was Sie vorgestellt haben, ist die ökologische Steuerreform, denn Sie stellen das Steuersystem auf eine Basis, deren Grundlage der Nettogehalt an Primärenergie ist. Ihre Theorie ist im Moment Pionierarbeit. Ich bin überzeugt davon, daß die Richtung stimmt. Die Entwicklung wird in diese Richtung gehen. Im Moment aber muß ich Sie um Geduld bitten. Verlieren Sie in den nächsten Jahren nicht die Nerven. Bleiben Sie auf dieser Schiene, denn die Richtung stimmt.

Riccardo Petrella: Ich stimme im Grundsatz mit Wouter und auch mit Ihrem Vorschlag überein. Ich möchte nur eines hinzufügen. Wenn wir in den nächsten Jahren unser System transformieren wollen, sollte das Steuer-Instrumentarium nicht auf Energie und Rohstoffe beschränkt bleiben. Den wichtigsten Beitrag zum Mehrwehrt leisten in unserem ökonomischen System inzwischen immaterielle Faktoren, immaterielle Prozesse. Der wichtigste Beitrag kommt aus den Bereichen Information und Kommunikation. Lassen Sie uns Ihren Ansatz auf Information und Kommunikation anwenden, auf immaterielle Arten menschlicher Aktivitäten. Lassen Sie uns das Besteuerungssystem nicht nur in den Bereichen Rohstoffe und Energie ändern, sondern auch in allen übrigen Gebieten, die den Wohlstand unserer Wirtschaftssysteme ausmachen.

Ralf Martin, Student, Economics University of Maastricht, Maastricht: Herr Professor Petrella, Sie haben den sozialen Kontrakt erwähnt. Ich wüßte gern, wie solch ein Kontrakt technisch im Detail funktionieren soll. Wer soll zum Beispiel das Geld geben, wer soll es bekommen? Wer sollte den Kontrakt implementieren? Auf welcher Ebene? Der UN oder einer neuen Institution? Und wie kann er durchgesetzt werden? Letzteres ist das Schlüsselproblem, angesichts der Globalisierung und der schwindenden Macht der nationalen Regierungen.

Riccardo Petrella: Der Wohlfahrtsstaat ist ein Beispiel dafür, wie ein sozialer Kontrakt auf nationaler Ebene definiert, mit Priorität versehen, entwickelt, eingeführt, weiterentwickelt und überwacht wird. Um es kurz zu machen, auch wenn es sich nicht um eine einfache Extrapolation handelt: Der globale soziale Kontrakt könnte eine Übereinkunft zwischen den verschiedenen sozialen Kräften sein, die heute auf lokaler, nationaler und globaler Ebene zusammenarbeiten. Der Wohlfahrtsstaat entstand als Ergebnis einer Allianz zwischen den – in Europa so genannten – christlichen sozialen Bewegungen und den sozialdemokratischen Kräften unter dem Druck des Kampfes der Arbeiter und des Widerstands von seiten des Kapitals. Wo, zwischen welchen Kräften, ist eine entsprechende Allianz auf globaler Ebene denkbar, die dann in den nächsten zwanzig oder dreißig Jahren einen globalen sozialen Kontrakt definieren könnte? (Es wird sich nicht um ein formales Abkommen handeln, sondern um eine informelle Übereinkunft, in eine bestimmte Richtung zu gehen, auf bestimmte Aspekte Priorität zu legen und so weiter.)

Meinem Eindruck nach gibt es heute drei große soziale Bewegungen. Die eine ist die Bürgerbewegung, die sich heute im Umfeld von mehr als einer halben Million Menschen in Freiwilligen-Organisationen strukturiert, den Nichtregierungsorganisationen (NGOs) bei den UN. In diesen Organisationen manifestieren sich heute das globale Modell von Verantwortungsbewußtsein und die globale soziale Herausforderung. Diese Organisationen kämpfen für Menschenrechte. 20 000 Organisationen weltweit kämpfen für Menschenrechte, nicht nur Amnesty International. 18 000 Organisationen kämpfen für die Umwelt, nicht nur Greenpeace. Tausende von Organisationen kämpfen für Frauen, für Kinder, für eine neue Form von Demokratie, für neue Formen des Geldwesens, ethisch motivierte Banken, soziale Ökonomie, neue Formen von Kooperativen, neue Formen gemeinschaftlicher Wege, den täglichen Problemen der Menschen zu begegnen. Diese Organisationen sind heute noch sehr verstreut, aber sie haben in den vergangenen Jahren bewiesen, daß sie lernen zusammenzukommen.

Die zweite soziale Kraft ist eine Minderheit der machthabenden Eliten. Es handelt sich um eine aufgeklärte Elite. Innerhalb der einflußreichen Eliten gibt es zahlreiche Menschen – nicht im Finanzwesen, aber in der Industrie, in der Verwaltung, in Universitäten, in Gewerkschaften –, die nicht mehr der Überzeugung anhängen, eine von Marktkräften getriebene Konkurrenzökonomie und Globalisierung seien die Lösung. Diese Minderheit innerhalb der Elite versucht, neuen Ideen und neuen Formeln zum Durchbruch zu verhelfen. Natürlich sind es reformistische Ideen, Ideen für Anpassungen und Korrekturen. Aber sie sind da.

Die dritte soziale Kraft sind, wie Wouter schon erwähnte, die Städte. Die Städte werden meiner Beobachtung nach zunehmend zu einem Feld, auf dem neue Wege, die Probleme einer organisierten Gesellschaft in Angriff zu nehmen, von großer Bedeutung sind.

Der Zusammenschluß zwischen den Menschen in den Städten, die täglich mit großen Problemen konfrontiert sind und sie zu lösen versuchen, der Minderheit der aufgeklärten Eliten und der globalen Bürgerbewegung wird, da bin ich sehr optimistisch, der Nährboden sein, auf dem der globale soziale Kontrakt wachsen wird.

Dr. Thomas Köster, Geschäftsführer Handwerkstag Nordrhein-Westfalen, Düsseldorf: Bei Herrn Professor Böckenförde haben wir erlebt, daß er einen Abwägungsprozeß in den Mittelpunkt seiner Überlegungen darüber gestellt hat, was zu geschehen habe. Diesen Abwägungsprozeß habe ich bei Herrn Professor Petrella und bei Herrn van Dieren vermißt. Sie haben in polemisch stark überspitzter Form ein Schreckensgemälde der Globalisierung als eines neuen ökonomischen Fundamentalismus gezeichnet. Wenn ich mir die Bemerkung erlauben darf: Vielleicht hätte es der Zusammensetzung des Podiums nicht schlecht getan, wenn man wenigstens einem „Globalisierungsevangelisten" die Möglichkeit gegeben hätte, die Gegenargumente vorzutragen.

Ich vertrete hier einen mittelständisch geprägten Wirtschaftsbereich, nämlich das Handwerk in Nordrhein-Westfalen. Herr van Dieren, Sie haben Vorfahrt auch für die lokale Wirtschaft verlangt. Das Handwerk ist ein lokaler wirtschaftlicher Faktor, und in dem Vierteljahrhundert der Globalisierung, das wir hinter uns haben, hat das Handwerk hier in Nordrhein-Westfalen eine enorme wirtschaftliche Blüte mitgemacht. Globalisierung hat also bisher auch für die mittelständische Wirtschaft Prosperität ermöglicht. Das zeigt sich auch darin, daß das Handwerk inzwischen selbst in dem früher von der Großindustrie geprägten Nordrhein-Westfalen zum stärksten Arbeitgeber geworden ist.

Deswegen meine Frage an Herrn Professor Petrella und Sie, Herrn van Dieren, der sie ja immerhin die Unterscheidung zwischen Globalisierung und pathologischen Formen von Globalisierung gemacht haben: Sehen sie nur Nachteile oder sehen sie auch den Vorteil der internationalen Arbeitsteilung? Ich nehme an, daß sie diese Grundlage für den Wohlstand nicht nur des Mittelstandes, sondern auch der breiten Massen nicht gänzlich abschaffen wollen.

Dr. Eberhard Umbach, Universität Osnabrück, Institut für Umweltsystemforschung: Ich möchte Herrn Professor Petrella die Frage stellen, wo in seinem Vortrag die Armen der Dritten Welt geblieben sind, die durch die Globalisierung nicht umfassend, aber in verstärktem Maße die Möglichkeit haben, an dem Wohlstand der Industrienationen teilzuhaben. So wie ich Ihren Vortrag verstanden habe, repräsentierte er die Sichtweise der Industrienationen, die von ihrem Reichtum jetzt etwas abgeben müssen. Ich stimme weitgehend mit dem, was Sie sagen, überein, aber ich meine, dieser andere Aspekt gehört mit in das Gesamtbild. Wir sollten nicht in alte, protektionistische Rezepte zurückfallen, sondern wirklich den globalen, sozialen Kontrakt finden, der nicht auf die Europäische Union beschränkt bleiben kann.

Uwe Möller, Haus Rissen, Mitglied des Club of Rome, Hamburg: Ich kann der Beschreibung und der Bewertung der Trends weitestgehend folgen. Fragen bleiben hinsichtlich der Kausalzusammenhänge. Es wurde der Eindruck erweckt, als seien bestimmte Prozesse von Kapitalmärkten und finsteren Mächten in Gang gesetzt worden; ich übertreibe etwas. Wir dürfen nicht vergessen, daß die modernen Kommunikationstechniken, die in den letzten Jahrzehnten eine Revolution ausgelöst haben, den Menschen Freiheitsoptionen gegeben haben. Denken Sie nur an die Möglichkeiten des Reisens. Das Sinken der Preise, ein Stück weit auch die Standardisierung von Produkten – man findet McDonald's, wo immer man hinkommt – ist ja nicht vom Himmel gefallen.

Die Wirtschaft hat doch nur dann Erfolg mit neuen Angeboten, wenn der Markt darauf eingeht. In diesen Veränderungsprozessen sind wir alle Beteiligte. Es gehören immer beide Seiten dazu.

Zweites Argument: Staatliche Institutionen erfüllen heute oft ihre Aufgaben schlecht. Daß viele staatliche Bereiche aufgebrochen werden, hängt damit zusammen, daß sie ihre Leistung nicht erbracht haben. Die Kritik an ihnen kommt doch nicht von ungefähr. Die Staatsgläubigkeit hier bei uns in der Vergangenheit hat dazu geführt, daß der Staat eine Fülle von Kompetenzen bekommen hat, die er heute nicht mehr ausfüllen kann, weil die Politik zuviel versprochen hat.

Wir dürfen nicht vergessen, daß hinter der Deregulierung nicht nur finstere Marktkräfte stecken, sondern die Erkenntnis, daß wir in einem Flaschenhals stecken. So, wie zum Beispiel die Universitäten heute organisiert sind, kommen sie nicht weiter.

Riccardo Petrella: Ich bin nicht der Meinung, daß Vertreter des marktökonomischen Fundamentalismus hier sein sollten. Sie sind bereits überall. Sie sind in allen Zeitungen, in Universitäten, in Regierungen; sie sind überall und zu jeder Zeit. Warum wollen Sie noch mehr? Lassen Sie uns den Minderheiten eine Stimme geben, bitte.

In den letzten vierzig Jahren war das Fundament der Freiheit in den westlichen Gesellschaften – in den europäischen mehr als in den USA – der Wohlfahrtsstaat. Wenn Sie besitzen, was Sie heute besitzen, dann verdanken Sie es dem Wohlfahrtsstaat. Wenn es Ihren Kindern besser geht als Ihnen, so wie es Ihnen besser geht als Ihrem Vater, dann ist das der Wohlfahrtsstaat, dann ist das ein Wirtschaftssystem, das sich auf soziale Mitbürgerlichkeit und Solidarität aufbaut. Der Markt spielte seine phantastische Rolle innerhalb dieses Rahmens. Der Markt ist dabei, diesen Rahmen zu vernichten, und deshalb sacken immer mehr Menschen in die Armut ab.

Ich stehe in vollständigem Widerspruch zu den letzten beiden Beiträgen. Ich teile Ihre Meinung und Ihre Werte nicht.

In den Vereinigten Staaten von Amerika, der Nummer eins der politischen und ökonomischen Mächte der Welt, leben nach offiziellen Statistiken 68 Millionen Arme – 68 von 300 Millionen. Offizielle europäische Statistiken zählen 52 Millionen Arme in der EU, der größten Handelsmacht der Welt, zu der Länder mit dem höchste Pro-Kopf-Einkommen in der Welt gehören.

Großbritannien: 1979 gab es dort fünf Millionen Arme. Wissen Sie, wie viele es inzwischen sind, in der viertgrößten ökonomischen Macht der Welt? 13,9 von insgesamt 60 Millionen.

Wenn Sie diese Wirtschaftsform haben wollen, dann werden Sie bitte arm. Dann werden wir weitersehen.

Sie haben gefragt, warum ich so radikal bin. Ich bin es, weil das herrschende System das radikalste ist, das ich in meinem Leben gesehen habe. Sei konkurrenzfähig oder stirb! Was ist das? Wo ist die Ausgewogenheit des historischen Urteils? Du mußt! Niemand kann sich der Globalisierung widersetzen! Wo ist die Ausgewogenheit der Analyse? Alles muß privatisiert werden! In Spanien hat es der zuständige Minister deutlich gesagt: In der nächsten Legislaturperiode werden wir alles privatisieren, was öffentlich ist. Wo ist die Ausgewogenheit? Wer ist radikal, wenn man uns sagt, daß sieben Milliarden ECU investiert werden müssen, um die Datenautobahn für Information und Kommunikation zu installieren, damit Europa konkurrenzfähig wird, wenn uns aber nicht gesagt wird, daß wir weniger als hundert Millionen investieren müßten, um die drei Milliarden Wasserleitungen zu installieren, die gebraucht werden.

Nicht ich bin radikal, sondern das herrschende System. Ich kämpfe gegen die Radikalität des herrschenden Systems. Wenn Sie das nicht akzeptieren, ist es Ihre freie Entscheidung, aber Sie entscheiden sich für die Radikalität des herrschenden Systems.

Peter Hennicke: Vielen Dank, auch für die Lebendigkeit der Beiträge. Wouter, du hast das Schlußwort. Mach es bitte kurz, prägnant und abwägend.

Wouter van Dieren: Es ist ganz einfach: Der freie Markt kann die ökologische Krise nicht lösen. Das ist undenkbar, denn der freie Markt empfängt keine Signale, gibt keine Signale für Knappheit von Ressourcen oder von der Natur als „Produkt" oder als „Dienstleistung". Die Krise der Grenzen des Wachstums kann nicht durch den freien Markt gelöst werden. Die Krise der Arbeitslosigkeit kann nicht durch den freien Markt gelöst werden.

Riccardo Petrella hat recht mit seiner Antwort auf die Forderung nach Abwägung. Wir hören tatsächlich jeden Tag die andere Seite. Die Abwägung würde darin bestehen, daß eines Tages mit der Realität und mit der Wahrheit gerechnet wird. Denn die offiziellen Statistiken sagen nicht die Wahrheit.

Ich nenne Ihnen noch ein letztes Beispiel. Man vermutet, daß dieser sogenannte freie Weltmarkt jedes Jahr Subventionen in der Größenordnung von 4000 Milliarden Dollar empfängt. Ich meine damit nicht die sogenannten externen Effekte der Wirtschaft. Gott sei Dank gibt sich der World Business Council of Sustainable Development (BCSD), also ein Vertreter des Systems, das von Riccardo Petrella so angegriffen wird, jetzt die Mühe, die Frage zu stellen, wie destruktiv diese Subventionen sind. Es ist nämlich theoretisch denkbar, daß die Mehrzahl dieser Subventionen dazu verwendet wird, diesen Planeten zu zerstören. Hazel Henderson hat einmal geschrieben, der Weltölhandel bekomme allein in Amerika 300 Milliarden Dollar Subventionen, das seien „dreihundert Milliarden für den Ruin des Planeten" ("three hundred billion to wreck the planet"). Für das Energiesparen, zur Rettung des Planeten, gebe es 300 Millionen ("three hundred million to save the planet").

Die Abwägung sieht derzeit so aus, daß alles in die falsche Richtung gerechnet wird, zum Vorteil für einige und zum Nachteil für den Rest der Welt.

Dr. Gerhard Ott und Dr. Florentin Krause

Dialog zum Thema Energiewirtschaft

Peter Hennicke: Unser Dialog wird sich mit einem Kernbereich der Globalisierung und zugleich einem Kernbereich des ökologischen Wandels befassen, wie er im ersten Teil unseres Seminars diskutiert worden ist.

Ich habe die große Freude, zwei Experten begrüßen zu dürfen, die diesen Dialog miteinander führen werden. Wir haben verabredet, daß erst jeder eine Einführung von 20 Minuten hält und anschließend die Diskussion folgt, natürlich unter Einbeziehung des Plenums. Ich begrüße ganz herzlich Herrn Dr. Ott, den Präsidenten des Deutschen Nationalen Komitees des World Energy Council. Ich habe ihn bisher nur von Ferne auf drei Energiekonferenzen in Madrid, in Montreal und in Tokyo gesehen und freue mich sehr, daß er uns hier und heute seine Sicht der Dinge erklären wird. Ich begrüße neben ihm Dr. Florentin Krause, einen alten Freund und Mitstreiter, der so etwas wie ein deutsch-amerikanischer Efficiency-Papst geworden ist, neben Amory Lovins und anderen. Es gibt wenige, die die amerikanische und europäische Situation so gut kennen wie Florentin Krause. Herzlich willkommen beide!

Gerhard Ott

Energiewirtschaft:
Globaler Angebotsmarkt
versus einsparorientierte
Nachfragesteuerung?

I. Das Programm verspricht Ihnen zum Thema Energiewirtschaft einen Disput über die Frage „Globaler Angebotsmarkt versus einsparorientierte Nachfragesteuerung?" Lassen Sie mich dazu eingangs folgendes bemerken:
Ein Disput, ein Streitgespräch, kann der Sache durchaus dienlich sein, insbesondere dann, wenn die Polarität der Standpunkte sauber und fair vorgetragen wird. Denn dies führt meist eher zu einem tragbaren Konsens, als wenn Kompromisse schon am Anfang der Diskussion stehen.
Allerdings sollte ein solches Streitgespräch nicht lediglich des Disputs willen geführt werden – genausowenig wie Gegensätze künstlich geschaffen und zum Thema gemacht werden sollten. Hier habe ich bei der Fragestellung „Angebotsmarkt versus Nachfragesteuerung" gewisse Zweifel; mir klingt das zu sehr nach Gut und Böse, insbesondere und vor allem dann, wenn wir diese Frage unter globalen Gesichtspunkten behandeln wollen. Ich werde darauf zurückkommen.
Schließlich noch eine generelle Bemerkung zum Thema „Globalisierung", das die gesamte Veranstaltung hier in Wuppertal durchzieht: Wir sollten uns hüten, daraus ein Schlagwort werden zu lassen, unter dem jeder etwas anderes versteht, so daß am Ende nur eine leere Worthülse bleibt. Denken Sie an die Erfahrungen, die wir etwa mit dem Begriff sustainable development machen. „Globalisierung" – oder „Mondialisation" – hat es schließlich immer schon gegeben, und wir haben nichts Beunruhigendes dabei gefunden, im Gegenteil. Denken Sie an Marco Polo, denken Sie an die Ostindische Handelskompanie usw. Was uns heute an Globalisierung, jedenfalls in Europa, beunruhigt, ist etwas anderes, nämlich das Gefühl, daß nicht wir selbst es mehr sind, die diesen Prozeß vorantreiben, sondern daß wir mehr und mehr zum Objekt werden.

II. Neben Globalisierung ist „Grenzenlosigkeit" das Hauptthema dieser Veranstaltung. Kann „Energie", das unmittelbare Thema unserer Sitzung, für beides stehen? Ja und nein:

- Ja, denn schließlich stammt ein Gutteil des Benzins, das wir in unsere Fahrzeuge tanken, aus norwegischen, saudiarabischen oder libyschen Quellen, und das Erdgas, mit dem wir unsere Wohnungen beheizen, kommt oft aus den Tiefen Rußlands. Wir sehen das natürlich weder dem Benzin noch dem Erdgas an. Die Herkunft interessiert uns auch nicht sonderlich, was zeigt, daß Energie schon längst weniger Produkt als vielmehr Dienstleistung ist.
- Nein, denn traditionell, und auch heute noch, wird Energie ganz überwiegend dort verbraucht, wo sie produziert wird. Das gilt vor allem für Kohle, in geringerem Umfang für Mineralöl und Erdgas; insgesamt aber wird Energie weit weniger weltweit gehandelt als lokal verbraucht.

Der Grund hierfür sind natürliche wie künstliche Grenzen. Natürliche Grenzen sind etwa die beschränkte Transportfähigkeit von Braunkohle oder die physikalische Unmöglichkeit, Strom zu speichern. Die künstlichen Grenzen sind vorwiegend politischer Art: Einfuhr- und Ausfuhrbeschränkungen aus allgemeinpolitischen oder handelspolitischen Gründen.

In Zukunft wird sich dieses Bild allerdings deutlich ändern: Während heute etwa die Hälfte der Weltbevölkerung in Ländern lebt, die auf Energieeinfuhren angewiesen sind, wird diese Zahl sich in gut zwanzig Jahren auf 80 Prozent erhöhen. Praktisch heißt das, daß immer mehr Menschen von dem Energieangebot aus nur einigen wenigen Ländern abhängig sein werden – eine Tatsache, die in ihrer geopolitischen Bedeutung nicht unterschätzt werden darf und die im übrigen einen sehr unmittelbaren Bezug auch zu unserem eigentlichen Thema hat.

III.   Worum geht es aber nun konkret, wenn wir von Angebot und Nachfrage in der Energiewirtschaft sprechen? Selbstverständlich sind die Gewinnung, die Bereitstellung und die Nutzung von Energie kein Selbstzweck, sie sind aber unbestreitbar die unverzichtbare Lebensgrundlage für eine wachsende Weltbevölkerung, also eine der Voraussetzungen für das angestrebte sustainable development.

Wachsende Weltbevölkerung – was heißt das? Noch in diesem Jahr, 1996, wird die Weltbevölkerung erstmals die Marke von sechs Milliarden Menschen erreichen. Wichtiger noch als diese eine Zahl ist aber, was sich konkret dahinter verbirgt:

- Nur eine von diesen sechs Milliarden Menschen lebt in der sogenannten westlichen industrialisierten Welt, und auch hier ist es nur ein kleinerer Teil, der im Energieüberfluß lebt.
- Drei Milliarden Menschen – vorwiegend im asiatisch-pazifischen Raum und in Lateinamerika – verlangen dringend nach mehr Energie, um den eben begonnenen wirtschaftlichen Aufschwung fortsetzen zu können.

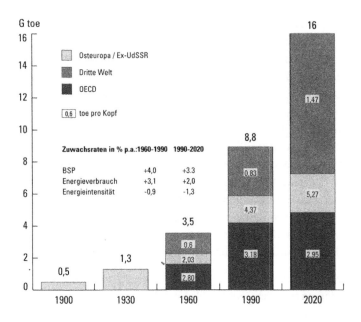

Abb. 1: Weltenergiebedarf nach Regionen

• Zwei Milliarden Menschen, vor allem in Afrika und in Teilen Asiens, müssen bis heute ohne jegliche kommerzielle Energie auskommen: Verbrennen von Viehdung, Abholzen von Wäldern sind der bisher einzige Ausweg.

Das Problem, vor dem wir global stehen, wird vollends deutlich, wenn ich Ihnen zwei Zahlen zum Altersaufbau dieser Gruppierungen nenne: Die stärkste Altersgruppe wird in der entwickelten, industrialisierten Welt schon sehr bald diejenige der über Siebzigjährigen sein. In der sogenannten Dritten Welt dagegen – und das sind eben heute schon fünf Milliarden Menschen – wird die stärkste Altersgruppe diejenige der bis zu Fünfzehnjährigen sein.

Schon diese wenigen Zahlen, meine ich, machen deutlich, daß dem Problem, die wachsende Weltbevölkerung mit ausreichend Energie zu versorgen, durch *einsparorientierte Nachfragesteuerung* allein sicher nicht beizukommen ist. Ohne eine ganz erhebliche Ausweitung *des globalen Energieangebots* wird es keine tragbare Lösung geben können.

Natürlich, die auch in den nächsten Jahrzehnten noch anhaltende Zunahme der Weltbevölkerung – Jahr für Jahr um fast 100 Millionen Menschen – führt zwangsläufig nicht nur zu einem erheblichen Mehrbedarf an Energie, sondern auch zu einer verstärkten *Belastung der Umwelt*. Hauptmotor für diese Entwicklung ist, wie gesagt, die Dritte Welt – heute vor allem der asiatisch-pazifische Raum und später auch Afrika.

Energiesparmaßnahmen vermögen diesen Trend allenfalls zu bremsen, vor allem in bereits entwickelten Ländern, die dafür über das Know-how und das notwendige Kapital verfügen. In Entwicklungsländern werden sie nur über sehr viel längere Zeiträume greifen, ganz zu schweigen von den mehr als zwei Milliarden Menschen in der Dritten Welt, die bis heute ohne kommerzielle Energie existieren müssen – für sie ist „Energiesparen" ohnedies keine Antwort.

Eine ausreichende Versorgung der Dritten Welt mit Energie ist aber unerläßlich für deren wirtschaftliches Wachstum – nicht um diesem Teil der Welt westlichen Wohlstand zu bescheren, sondern um bitterste Armut zu bekämpfen und das nackte Überleben zu sichern. Andernfalls drohen Verteilungskämpfe, die auch uns nicht unberührt lassen würden.

Ausreichende Versorgung mit Energie setzt voraus, daß wir konsequent *alle Energieformen* und alle technischen Optionen nutzen und weiterentwickeln. Dies wiederum erfordert ein Abschiednehmen von manchem Wunschdenken:

- Die Vorstellung, ein zusätzlicher Energieverbrauch ließe sich unschwer durch Änderung unseres Lebensstils – als Vorbild dann auch für die Dritte Welt – vermeiden, ist schiere Illusion.
- Ausstiegsrezepte – aus einer einzelnen Energie oder technischen Entwicklungslinie – sind nicht nur untauglich, sie sind unverantwortbar.
- Den erneuerbaren Energien wird der schlechteste Dienst damit erwiesen, daß sie vorzeitig als Alleinheilmittel oder Patentrezept angepriesen werden.

Die genannten Perspektiven – zunehmende Weltbevölkerung, zunehmender Energieverbrauch, zunehmende Belastung der Umwelt (letztere immer stärker von der Dritten Welt ausgehend, siehe CO_2!) – sind in der Tat bedrohlich. Dennoch sind sie kein Grund, etwa in Weltuntergangsstimmung zu verfallen, denn eine Reihe von Faktoren gibt *langfristig* durchaus *Grund für Optimismus.*

Zum einen nehmen schon heute die *Zuwachsraten der Bevölkerung* in einer Reihe von Ländern deutlich *ab*, insbesondere in sogenannten Schwellenländern im asiatisch-pazifischen Raum und zum Teil auch in Lateinamerika. Allerdings ist dies stets die Folge einer positiven wirtschaftlichen Entwicklung. Vereinfacht ausgedrückt: Erst wo das notwendige Existenzminimum gesichert ist, wachsen Lernbereitschaft und Lernfähigkeit, die ihrerseits wiederum Voraussetzung für einen sinnvolleren, effizienteren und sparsameren Umgang mit Energie sind.

Gleiches gilt übrigens für den Umgang des Menschen mit seiner Umwelt: Wo er noch um die eigene Existenz kämpfen muß, wird er auf die Umwelt keine Rücksicht nehmen – Umweltbewußtsein wächst erst mit und aus dem Wohlstand.

Sodann: Schlagzeilen zu Exxon-Valdez, Brent-Spar und Tschernobyl sollten nicht den Blick auf die außerordentlichen *technischen Erfolge* der letzten Jahre und Jahrzehnte versperren:

- Im *Öl- und Gasbereich* ist von der geologischen Erkundung über die Gewinnung aus immer größeren Tiefen bis hin zum Transport über größte Entfernungen eine technische Entwicklung geleistet worden, die noch vor zwanzig Jahren so nicht vorstellbar war.

- In der *Kraftwerkstechnik* sehen wir es heute als selbstverständlich an, daß in der Bundesrepublik in den letzten gut zehn Jahren die Stickoxydemissionen auf zwanzig Prozent des damaligen Werts und die Schwefeldioxydemissionen auf weniger als ein Zehntel des damaligen Werts reduziert worden sind. Der Wirkungsgrad moderner Steinkohlekraftwerke ist heute doppelt so hoch wie vor vierzig Jahren, deutsche Kernkraftwerke besitzen Spitzenwerte hinsichtlich Verfügbarkeit und Sicherheit – die Beispiele ließen sich fortsetzen.

Effizientere Nutzung von Energie und sorgsamerer Umgang mit der Umwelt sind nur mit der und nicht gegen die Technik möglich!

Ferner zeichnet sich in vielen Ländern *ein neues Verständnis für die Rollenverteilung zwischen Privatwirtschaft und Staat* ab. Die Einsicht wächst, daß es hier nicht um schwarz oder weiß, nicht um die Frage „Marktwirtschaft oder Planwirtschaft" geht, sondern darum, daß der Staat für die Infrastrukturbereiche Energie und Umwelt klare Ziele vorgibt und Rahmenbedingungen setzt, dann aber der privaten Initiative soviel Spielraum wie irgend möglich läßt. Allerdings drohen hier Schlagworte bisweilen zum Selbstzweck zu werden: Manche „Liberalisierung" erweist sich bei näherem Hinsehen als nichts weiter als die Privatisierung früherer Staatsmonopole, und manche „Deregulierung" entpuppt sich als Re-Regulierung.

Schließlich zählt zu den positiven Entwicklungen der letzten Jahre, daß in den Ländern der *Dritten Welt* die Einsicht wächst, daß sie eine Lösung ihrer Probleme nicht einfach von außen erwarten können. Die Aufgaben, vor denen Entwicklungsländer zum Beispiel auf dem Gebiet der Elektrifizierung stehen, sind technisch wie wirtschaftlich so groß, daß sie dauerhaft nur gelöst werden können, wenn das notwendige Know-how und Kapital primär im Lande selbst geschaffen werden. Hilfe von außen kann immer nur ein Anstoß- und Zusatzelement sein. „Self-inspired development" ist deshalb der richtige Ansatz.

IV. Über diesen positiven Ansätzen dürfen wir natürlich die Gefahren – im Energie- wie im Umweltbereich – nicht übersehen, die bestehen und denen es rechtzeitig vorzubeugen gilt.

So geht mit dem Wachstum der Weltbevölkerung eine *rasante Verstädterung* einher. Die Zahl der sogenannten Megacities mit einer Bevölkerung von mehr als zehn Millionen wächst schnell: 1950 waren dies nur zwei Städte, London und New York, heute sind es 14, und im Jahre 2015 werden es voraussichtlich mehr

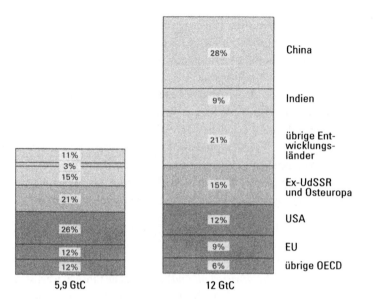

Abb. 2: Globale CO$_2$-Emisionen – Verlagerung in die Dritte Welt

als 25 sein. Zu diesem Zeitpunkt werden dann mehr als fünfzig Prozent der gesamten Weltbevölkerung in städtischen Gebieten leben – in sogenannten *urban areas*, die aber natürlich alles andere als „urban" sind! Was dies für die Wasser- und Energieversorgung solcher Städte, für ihre Abfallentsorgung und für die Wohnraumbeschaffung bedeutet, vermag sich jeder leicht auszumalen, der einmal die Slums von Lima, Bombay, Kalkutta, Lagos usw. erlebt hat.

Ein weiteres Gefahrenmoment ist die *Entwicklung des Verkehrs*. Bis zum Jahre 2030 könnte sich die gegenwärtige Zahl von knapp 500 Millionen Pkw auf mehr als zwei Milliarden mehr als vervierfacht haben. Nimmt man dazu die heute noch sehr unterschiedliche Pkw-Dichte – ein Pkw auf zwei Bewohner in den USA gegenüber fast 700 Personen, die sich in China einen Pkw teilen müssen –, so läßt sich leicht ermessen, welche Lawine mit kaum übersehbaren Folgen für Energie und Umwelt hier droht.

Schließlich wird sich die Energielandschaft in den nächsten Jahrzehnten auch *geopolitisch* wesentlich verändern:

• Ich hatte bereits erwähnt, daß schon sehr bald etwa 80 Prozent der Weltbevölkerung in ihrer Energieversorgung von Importen abhängig sein werden. Diese *wachsende Importabhängigkeit* mag eine große Chance für den Welthandel sein, sie kann aber auch zu politischem Zündstoff werden – vor allem angesichts der massiven Abhängigkeit von Öl und Gas aus den beiden Regionen Nahost und frühere UdSSR.

- Eine Schlüsselrolle wird der gewaltige Hunger oder, besser gesagt, Durst des *asiatisch-pazifischen Raums* nach *Öl und Gas* spielen. Die Mehrzahl dieser Länder ist schon heute von Öl- und Gaseinfuhren abhängig, und dies wird in Zukunft noch zunehmen. Auch China und Indonesien sind davon nicht ausgenommen. Die Öl- und Gasquellen, auf die sich diese geballte – und kaufkräftige – Nachfrage richten wird, sind aber eben die Regionen, auf die auch der Westen seine Öl- und Gasversorgung stützen will: der Nahe und Mittlere Osten und die Gebiete der früheren Sowjetunion. Der Wettbewerb um den Zugang zu diesen Reserven wird härter werden.

V. Welche Maßnahmen notwendig sind, um die genannten Chancen zu nutzen und gleichzeitig die drohenden Gefahren abzuwenden, ist im Grunde bekannt: Sie lassen sich zurückführen auf das eine Kriterium: Effizienzverbesserung auf allen Stufen der Energiegewinnung und Energienutzung.

Hier ist schon viel geschehen, vor allem in der industrialisierten Welt, während die Dritte Welt noch stark nachhinkt. Interessant ist natürlich die Frage, warum das hierfür vorhandene, *große Potential* immer noch *unzureichend genutzt* wird. Die Hauptgründe:

- Vor allem in westlichen Industrieländern scheint die Bevölkerung immer noch sehr häufig zu glauben – oder es wird ihr eingeredet –, diese Verbesserungen seien „über Nacht" und zum „Nulltarif" zu haben. In Wirklichkeit aber erfordert jede einzelne dieser Maßnahmen beträchtlich Zeit und/oder Geld.
- Häufig fehlt es an dem notwendigen „institutionellen Rahmen", ein Begriff, der vor allem in der Diskussion mit früheren Staatshandelsländern und Entwicklungsländern gebräuchlich geworden ist. Gemeint ist, daß für langfristige Investitionen die jeweiligen Regierungen eine verläßliche Basis – in rechtlicher wie in wirtschaftlicher Hinsicht – schaffen müssen. Wie schwierig das in der Praxis zu erreichen ist, zeigt etwa das Beispiel Rußland zur Genüge.

Wir müssen auch zur Kenntnis nehmen, daß die Voraussetzungen für eine effizientere Nutzung von Energie ganz, ganz unterschiedlich sind. Wir dürfen nicht den Fehler machen zu glauben, daß sich das, was zum Beispiel in Kalifornien, in der Schweiz oder in Dänemark inzwischen längst Standard geworden ist, ohne weiteres auf Länder wie Zaire oder Indonesien übertragen ließe, von China ganz zu schweigen.

Ebenso wäre es eine Illusion anzunehmen, wir würden die durchaus vorhandenen technischen Möglichkeiten zu effizienterer Energienutzung allein dank höherer Einsicht ausschöpfen. Völlig ohne staatliche Gebote und Verbote wird das nicht möglich sein. Dies ist kein Plädoyer für eine neue staatliche Zwangswirtschaft, wohl aber für einen breiteren Einsatz bewährter Mittel wie Mindeststandards im Gebäudebau, bei der Herstellung von elektrischen Geräten, finanzielle Anreize usw.

Ohne eine gewisse staatliche Steuerung werden wir übrigens schon deshalb nicht zum gewünschten Erfolg kommen, weil wir gleichzeitig mehr Globalisierung, mehr Deregulierung wollen. Dies aber sind Faktoren, die zu immer kurzfristigerer Reaktion zwingen und deswegen weder für Energiesparmaßnahmen, die sich erst über längere Zeiträume rechnen, noch für die Entwicklung sogenannter neuer erneuerbarer Energien förderlich sind.

Abgesehen von solch dringend notwendigen Anstrengungen, mit Energie effizienter und damit auch sparsamer umzugehen, gilt: Eine tragfähige Energieversorgung, die global das angestrebte *sustainable development* ermöglicht, kann auch für die nächsten Jahrzehnte nur auf einem ausgewogenen Mix von Kohle, Mineralöl und Erdgas, von Kernenergie sowie von Wasserkraft und sonstigen erneuerbaren Energien im Rahmen ihrer wirtschaftlichen Leistungsfähigkeit basieren. Sogenannte neue erneuerbare Energien, also Wind, Sonne, Biomasse, werden einen wachsenden Beitrag leisten, aber noch für lange Zeit die klassischen Energien nicht ersetzen können. Wer etwas anderes verspricht, nährt Illusionen.

VI. Ich hatte zu Beginn meines Statements Zweifel an der Formulierung „Angebotsmarkt versus Nachfragesteuerung" geäußert. Ich meine in der Tat, daß zwischen diesen beiden Faktoren von der Sache her kein wirklicher Gegensatz besteht und daß wir ihn deswegen auch nicht künstlich herstellen sollten.

Angesichts des gewaltigen Problems, die weiterhin wachsende Weltbevölkerung mit ausreichend Energie zu versorgen, brauchen wir nämlich beides: ein größeres Energieangebot und zugleich einen bewußteren, das heißt effizienteren Umgang mit dieser Energie. Gerade letzteres ist angesichts der keineswegs „grenzenlosen" Vorräte jedenfalls an fossiler Energie und angesichts der Belastung unserer Umwelt durch verstärkte Energienutzung unverzichtbar. Ich würde allerdings den Terminus „Nachfragesteuerung" gern ersetzen durch das englische *demand-side management*, das mir etwas mehr Freiraum für individuelle Verantwortlichkeit zu lassen scheint.

Und weil eben ein Mehr an Energie und der vernünftigere Umgang mit Energie, wie ich meine, untrennbar zusammengehören, sollten auch wir uns bei der Beurteilung der Zukunft, ihrer Möglichkeiten und ihrer Gefahren nicht immer wieder in extreme oder gar ideologische Lager spalten, sondern uns der Aufgabe gemeinsam annehmen und unsere Kräfte bündeln. Die Aufgabe, vor der wir hinsichtlich Energie wie Umwelt global stehen, ist groß genug – und weit

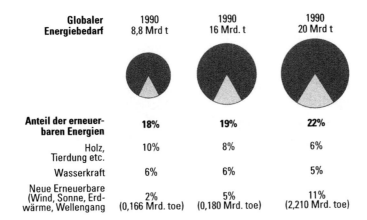

Globaler Energiebedarf	1990 8,8 Mrd t	1990 16 Mrd. t	1990 20 Mrd t
Anteil der erneuerbaren Energien	**18%**	**19%**	**22%**
Holz, Tierdung etc.	10%	8%	6%
Wasserkraft	6%	6%	5%
Neue Erneuerbare (Wind, Sonne, Erdwärme, Wellengang)	2% (0,166 Mrd. toe)	5% (0,180 Mrd. toe)	11% (2,210 Mrd. toe)

Abb. 3: Perspektiven für erneuerbare Energien – Wichtiger Beitrag zur Deckung des wachsenden Energiebedarfs, jedoch kein Ersatz für Öl, Kohle, Gas und Kernenergie

größer und schwieriger, als wir in manch westlichen Ländern mit reichlicher und billiger Energieversorgung und halbwegs intakter Umwelt glauben. Die Sorglosigkeit, die wir häufig meinen uns leisten zu können, könnte uns aber zum Verhängnis werden. Eben aus diesem Grunde hat der *World Energy Council* seinem jüngsten Aufruf das Motto gegeben: „Energy Complacency Threatens Sustainability". Ich hoffe, daß wir uns hierauf als gemeinsamen Nenner einigen könnten.

Peter Hennicke: Vielen Dank, Herr Dr. Ott. Ich würde mich sehr freuen, wenn die nächste Weltenergiekonferenz aufnähme, was Sie am Schluß in den Mittelpunkt gestellt haben: daß die Nachfrageseite genauso ernst genommen werden muß wie die Anbieterseite. Bisher waren diese Konferenzen Weltanbieterkonferenzen, wenn auch, wie ich mit großer Freude beobachtet habe, mit Öffnung nach außen. Aber es war doch eine marginale Öffnung. Wenn die Anbieterseite auf diesen Konferenzen einmal gleichgewichtig zur Sprache käme, wären wir in der Tat genau auf dieser Linie, die Sie am Schluß beschrieben haben, ein Stück vorangekommen.

Ich freue mich, daß jetzt Florentin Krause sicher einige Kontrapunkte zu dieser Darstellung vorbringen wird. Er wird mit Sicherheit die Frage aufwerfen: Was kann man für das Effizienzpotential denn nun praktisch tun? Denn daß es da ist, ist uns bestätigt worden. Aber die Weichen und die Signale deuten doch leider genau in die andere Richtung.

Florentin Krause

Standortsicherung und Energiepolitik

Ein wirtschaftlicher Vergleich von angebotsorientierten und effizienzorientierten Strategien

Ich möchte dort anknüpfen, wo von dem neuen Leitfaden einer sowohl angebotsseitigen als auch nachfrageseitigen Energiepolitik die Rede war. Ich glaube, da ist ein Punkt der Gemeinsamkeit mit meinem Vorredner. Ich möchte aber gleichzeitig einen Zusammenhang zu der derzeit in der Regierung und in vielen gesellschaftlichen Bereichen der Bundesrepublik zentralen Debatte herstellen. Thema dieser zentralen Debatte ist nicht die Energiepolitik oder der Klimaschutz, sondern die Standortsicherung und die Schaffung von Arbeitsplätzen.

Wie kann die Energiepolitik zur Standortsicherung beitragen? Dies ist die zentrale Frage, die beantwortet werden muß, wenn neue energiepolitische Vorstellungen breite Zustimmung gewinnen sollen.

Zunächst zwei Bemerkungen zur Klärung des Begriffs:

1. Standortsicherung darf nicht mit Kostensenkung jedweder Art gleichgesetzt werden. Durch den Schlußverkauf von Löhnen, Umweltschutz und Sozialleistungen läßt sich keine Zukunftssicherung betreiben. Statt dessen muß Kostensenkung primär durch Produktivitätsgewinne und Stärkung der technologischen Innovationsfähigkeit erreicht werden.
2. Standortsicherung darf nicht nur als nationales und kurzfristiges Konzept verstanden werden. Es geht heute nicht nur um den Standort Bundesrepublik oder Europa, sondern auch um den Standort Erde. Standortsicherung in diesem weiteren Sinne verlangt eine Industrie- und Technologiepolitik, die die Anforderungen einer nachhaltigen globalen Entwicklung strategisch vorwegnimmt. Zu diesen Anforderungen gehören sowohl der Klimaschutz als auch die Verbesserung der Lebensverhältnisse und Wachstumsmöglichkeiten in der sogenannten Dritten Welt.

In diesem Punkte sehe ich eine Gemeinsamkeit mit Herrn Ott, als er sagte, daß man über die Energiepolitik immer auch im globalen Zusammenhang nachdenken muß.

Die Energiepolitik hat bei der Standortsicherung eine herausragende Rolle, die über den Anteil des Energiesektors am Bruttosozialprodukt (im Durchschnitt acht Prozent in der OECD) weit hinausgeht. Sie kann aber nur dann ihren Beitrag zur Sicherung des Standorts Bundesrepublik und Europa leisten, wenn die Steigerung der Energieeffizienz und die Entwicklung der erneuerbaren Ressourcen zum Eckpfeiler gemacht werden.

Die vorherrschende, einseitig angebotsorientierte Energiepolitik, wie sie unter anderem vom World Energy Council in der Vergangenheit vertreten worden ist, ist sowohl bei der nationalen Standortsicherung als auch im Weltmaßstab kontraproduktiv. Auf nationaler Ebene kann sie keine bedeutende Kostensenkung bei der Bereitstellung von Energiedienstleistungen erreichen, und sie vermindert die Versorgungssicherheit. Auf internationaler Ebene wirkt sie kostentreibend auf die Weltenergiepreise und vermindert die geopolitische Stabilität. Das Anwachsen der globalen Energieflüsse im Handel ist ein Indikator dafür. Die Dritte Welt wird außerdem in eine fehlerhafte, nachholende statt in eine nachhaltige Entwicklung gelenkt. Das verschärft das Risiko einer Klimakatastrophe massiv.

Diese generellen Unzulänglichkeiten eines angebotsorientierten Politikansatzes lassen sich dramatisch veranschaulichen durch einen Vergleich der gegenwärtigen Deregulierungsvorschläge im Stromsektor mit einer die Energieeffizienz einschließenden integrierten Marktreform.

Die Europäische Kommission sieht die Deregulierung des Strommarktes vor. Eine Alternative dazu wäre eine integrierte Marktreform, die versucht, eine verbesserte wirtschaftliche Effizienz auf der Angebotsseite zu erreichen – da ist in der Tat viel zu tun –, die aber gleichzeitig die Steigerung der Effizienz der Stromnutzung zum Lenkrad der Elektrizitätspolitik macht.

Warum ist der Vergleich einer solchen integrierten Politik mit der Deregulierung alleine, so wie sie jetzt vorgeschlagen wird, so wichtig? Die Deregulierung ist die konsequente Fortsetzung der auf der Nachfrageseite schon immer neoliberal ausgerichteten konventionellen Energiepolitik auf die Erzeugungsseite im Stromsektor. Das ist nicht grundsätzlich abzulehnen. Im neoliberalen Ansatz werden aber die derzeitigen Konkurrenzmechanismen zwischen den verschiedenen Anbietern von Endenergieträgern und den Techniken zur Energieeinsparung irreführend als bereits wirtschaftlich optimal dargestellt. Tatsächlich bestehen hier schwere Marktunvollkommenheiten, und die Deregulierung bei der Stromerzeugung oder die Einführung des Wettbewerbs in der Stromversorgung der Endverbraucher ändern an diesen wirtschaftlich ineffizienten Rahmenbedingungen für die Energieeffizienz nichts.

In einer wirtschaftlich effizienten, auf Energieeffizienz orientierten Politik werden statt dessen diese Marktprobleme korrigiert. Eine solche Strategie benutzt unter anderem vier bekannte Instrumente:

1. Effizienzstandards für Gebäude, Geräte und Anlagen durch freiwillige Vereinbarung oder gesetzliche Vorgaben;
2. finanzielle Anreize für Endverbraucher; die Rabattprogramme der Stromunternehmen, von denen es in der Bundesrepublik nach Peter Hennickes Auskünften inzwischen rund 300 gibt, sind das beste Beispiel dafür;
3. finanzielle Anreize, die Hersteller dazu ermuntern, energetisch verbesserte Produkte auf den Markt zu bringen; und schließlich
4. die beschleunigte Forschung und Entwicklung, die diese Innovation verstärkt.

Die Deregulierung zum einen und diese Strategie zum anderen: wie wirksam sind sie bei der Kostensenkung im Stromsektor, die ja von allen gewünscht wird, um den Standort Bundesrepublik attraktiver zu machen?

Wir haben im Auftrag der holländischen Regierung eine größere Studie erstellt, die sich unter anderem auch mit dem Klimaschutz und dessen Ökonomie befaßt. Ich nenne Ihnen kurz einige Ergebnisse. (Eine Zusammenfassung in deutscher Sprache ist als Broschüre des Wuppertal Instituts erschienen.)

Grundsätzliches Ergebnis unseres Vergleichs, den wir für fünf Länder in Westeuropa gemacht haben, die ungefähr 80 Prozent der europäischen Union darstellen:

Erstens ist die kostensenkende Wirkung einer Effizienzstrategie zwei- bis viermal größer als die einer angebotsseitigen Deregulierung. Zwar kann eine sorgsam ausgeführte, das Problem der Marktmacht beachtende angebotsseitige Deregulierungsreform eine begrenzte Kostensenkung bringen. Aber weit größere Gelegenheiten zur Kostensenkung bleiben brach liegen.

Zweitens würde eine Strategie, die die Deregulierung der Stromerzeugung mit Maßnahmen zur Umsetzung der Effizienzpotentiale kombiniert, drei- bis fünfmal größere Kostensenkungen bringen als die Deregulierung alleine.

Drittens betragen die Opportunitätskosten der einfachen Deregulierung 150 bis 300 Milliarden ECU bis zum Jahre 2020, gerechnet mit dem Gegenwartswert und abdiskontiert mit fünf Prozent.

Rechnet man diese Ergebnisse auf den Weltmaßstab hoch, so ist die gegenwärtige angebotsseitige Energiepolitik mit einer Mehrausgabe für Energiedienstleistungen in einer Größenordnung von 350 bis 700 Milliarden US-Dollar pro Jahr verbunden – eine hohe Belastung auch für die Dritte Welt und ihr Wachstum. Es ist ungefähr so viel, wie die gesamte Welt pro Jahr für Militärausgaben ausgibt. Das sind die wirtschaftlichen Mehrkosten der gegenwärtigen Energiepolitik.

Stromkostensenkung in der Bundesrepublik bei vollständiger Umsetzung des wirtschaftlichen Energieeffizienzpotentials

Stromrechnung im Jahr 2020	–16% bis –40%
bezogen auf das BSP	–0,3% bis –0,7%
jährlich im Jahr 2020	11 bis 26 Mrd. DM_{89}/a
kumulativ 1995 bis 2020 (Gegenwartswert)	71 bis 135 Mrd. DM_{89}
im Jahr 2020 pro Haushalt	575 bis 1300 DM_{89}/a
kumulativ pro Haushalt	3000 bis 5600 DM_{89}

Die Zahlen der Tabelle werden vermutlich bei einigen von Ihnen etwas erzeugen, was die Psychologen kognitive Dissonanz nennen, und zunächst unglaubwürdig erscheinen. Aus diesem Grund ist unser Bericht 250 Seiten lang geworden; für 90 Energieanwendungen im Strombereich haben wir 280 Techniken wirtschaftlich analysiert und außerdem Umsetzungsmaßnahmen und deren Kostenauswertung beschrieben. Sie sehen, daß sich die Stromrechnung im Jahr 2020 in der Bundesrepublik durch eine integrierte Politik der Stromreform um 16 bis 40 Prozent senken läßt. Das liegt, bezogen auf das Bruttosozialprodukt, in der Größenordnung von 0,3 bis 0,7 Prozent. Die jährliche Einsparung bei den gesamten Stromkosten der Bundesrepublik in einem Jahr, nämlich 2020, haben wir zu 11 bis 26 Milliarden Mark errechnet, und die kumulative Einsparung von 1995 bis zum Jahr 2020 liegt bei 71 bis 135 Milliarden Mark. Pro Haushalt reden wir von 575 bis 1300 Mark pro Jahr oder 3000 bis 5600 Mark über die Zeitspanne hinweg. Es geht hier also um echtes Geld. Diese Einsparungen, 11 bis 26 Milliarden Mark pro Jahr, sind mindestens einen Faktor zehn größer als das, was benötigt wird, um den gesamten ökologischen Umbau im Kraftwerksbereich – weg von den fossilen Energieträgern, weg von der herkömmlichen Kernenergie, hin zu den erneuerbaren Energieträgern – zu finanzieren, noch bevor die Kosten der erneuerbaren Energie auf die der fossilen Kraftwerke heruntergebracht worden sind. Das heißt, wir haben durch die Ersparnis, die sich durch die Betonung der Effizienzseite in der Reform des Stromsektors erwirtschaften läßt, die Möglichkeit, den Freiheitsgrad bei der Auswahl, welches Energieversorgungssystem mit welchen ökologischen und sonstigen Sicherheitsrisiken wir wollen, enorm vergrößert.

Viertens führt die erzeugungsseitige Deregulierung für sich alleine zu einem potentiell weit schlechteren Ergebnis bei den CO_2-Emissionen als der herkömmliche ordnungspolitische Rahmen, mit Steigerungen gegenüber dem Basisjahr von bis zu achtzig Prozent, im Vergleich zu zwanzig bis dreißig Prozent bei Prognosen für den Business-as-usual. Das heißt, die Deregulierung

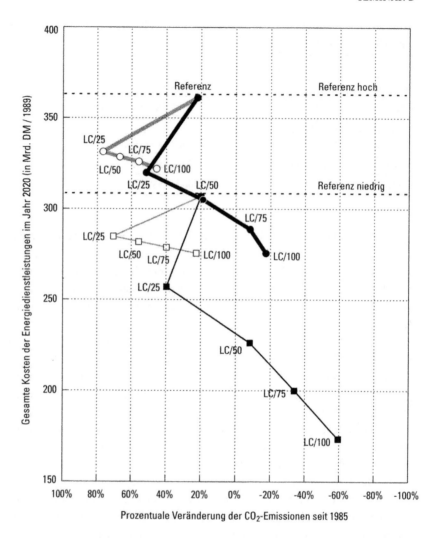

Die Kosten der Kohlenstoffreduktion im EC-5 Elektrizitätssektor.
(1985 EC-5-Kohlenstoffemissionen = 180 Mio t Kohlenstoff.
1 DM (1989) = 0,5 ECU = 0,5 US-Dollar)

führt im Klimaschutz in die falsche Richtung. Dafür gibt es zwei Gründe. Einer ist, daß die konventionell prognostizierten hohen Zuwachsraten bei der Kernenergie (Frankreich) bzw. der verlängerte Weiterbetrieb bestehender Anlagen (andere europäische Länder) unter den Bedingungen einer völlig freien Marktkonkurrenz nicht plausibel sind, da diese Kraftwerke zu kapitalintensiv, zu teuer und zu risikobeladen sind. Der zweite Grund ist, daß auch die erneuerbaren Technologien im Wettbewerb mit den weit weniger kapitalintensiven Gasturbinen ohne besondere Förderprogramme nur schwer Fuß fassen können. Diese Tendenzen überkompensieren die Emissionsminderung, die sich aus dem ebenfalls stattfindenden Ersatz von Kohle durch Gas ergibt.

Eine integrierte Strategie der Markttransformation sowohl auf der Seite der Energieeffizienz wie auf der Erzeugerseite kann umgekehrt die Emissionen des europäischen Stromsektors um bis zu achtzig Prozent unter den Wert des Basisjahrs senken und damit einen überproportionalen Beitrag zu einer gesamtwirtschaftlichen CO_2-Minderung leisten, die notwendig ist, um internationale Verpflichtungen und Aufgaben zu erfüllen.

Betrachten Sie dazu das abgebildete Diagramm. Auf der Abszisse sehen Sie, wo die CO_2-Emissionen hingehen sollen: nach rechts, wo die Minuszeichen sind. Auf der Ordinate sehen Sie, wo die Kosten hingehen sollen: nach unten. Die gestrichelte Linie im oberen Teil ist der Referenzfall; das sind die Kosten, die im Stromsektor entstehen würden, wenn die Bundesrepublik und Europa den Stromsektor so entwickeln, wie das die Europäische Kommission in ihrer Studie „Energy for the Next Century" prognostiziert hat. Der Referenzfall bedeutet, daß in Europa die Emissionen zwanzig Prozent höher als 1985 liegen würden. Das kommt dadurch zustande, daß die Erhöhung des Strombedarfs auf das 1,8fache zum Teil durch Kernenergie abgedeckt wird und zum Teil durch Kohle.

Bei einer Deregulierung entstehen geringere Kosten, aber wegen der Substitutionseffekte gleichzeitig höhere Emissionen von CO_2, die zum Teil durch die Mobilisierung von Kraft-Wärme-Kopplung und von erneuerbaren Energien auf der Angebotsseite abgepuffert werden können, so daß man also auch bei einer Deregulierung, die mit zusätzlichen Maßnahmen für diese Energieträger verbunden wäre, auf der Angebotsseite europaweit ungefähr auf den gleichen CO_2-Ausstoß kommen könnte wie im Referenzfall.

Gleichzeitig sehen Sie, daß die Verminderung der Kosten eine ungefähr zehnprozentige Minderung der Stromkosten bringen würde. Dies ist die langfristige Kostenminderung, die verschiedene Studien der Europäischen Kommission und unsere eigene Modellierung für den Fall andeuten, daß die Deregulierung wirklich effektiv unter Vermeidung neuer oligopolistisch dominierter Branchenstrukturen und damit Marktverzerrungen durchgeführt wird.

Das integrierte Szenario ist die dunkle Linie. Sie zeigt, daß der Ansatz, gleichzeitig mit den erneuerbaren Energien und der Kraft-Wärme-Kopplung auch die

Energieeinsparung zu mobilisieren, eine drastische Verminderung der Strom-kosten mit sich bringt – 25 Prozent, 50 Prozent, 75 Prozent oder 100 Prozent. Gleichzeitig sinken die Emissionen um 60 Prozent relativ zum Basisjahr.

   Diese Zahlen sind ein deutliches Zeichen dafür, was heute durch die beste-hende Energiepolitik sowohl wirtschaftlich als auch ökologisch versäumt wird und was aufgrund dieses Versäumnisses auch der Dritten Welt entgeht, weil nämlich die technische Entwicklung, die wir hier bei uns betreiben, aufgrund der Globalisierung heute voll in die derzeit intensiven Aufbauarbeiten in der Dritten Welt diffundiert. Deswegen ist es wichtig, keine Zeit zu verlieren und dafür zu sorgen, daß sowohl aus unserem nationalen Interesse als Erzeuger von Technologien als auch aus dem globalen Interesse der Entwicklungsländer her-aus ein rascher Umschwung der Energiepolitik auf eine integrierte Effizienz- und Angebotspolitik mit Ausrichtung auf erneuerbare Energien angegangen wird.

Eine kurze, stichwortartige Bilanz der Standortsicherung durch eine integrierte Energiepolitik:

* Die Minderung der Transaktionskosten durch die genannten angebotsseiti-gen und nachfrageseitigen Maßnahmen steigert nicht nur die Energiepro-duktivität, sondern auch die gesamte Faktorproduktivität.
* Diese Produktivitätsgewinne sind mit Investitionen verbunden, die Wachs-tumsimpulse und Arbeitsplätze schaffen.
* Das durch die Produktivitätsgewinne erzeugte zusätzliche Wachstum ist arbeitsplatzintensiver, weil nicht die Arbeitsproduktivität, sondern die Ener-gieproduktivität treibende Kraft ist.
* Zusätzliche Arbeitsplatzgewinne entstehen durch die Substitution von fossi-len Energieimporten durch endogene technische Innovation und durch den Ausbau heimischer Energiequellen.
* Die durch die nationale Energiepolitik induzierte Beschleunigung der tech-nischen Innovation wird auf die Bereiche gelenkt, die angesichts der globa-len Standortfrage besonders entwicklungs- und exportträchtig sind.
* Bei vollem Einsatz von bereits vorhandenen stromeffizienten Technologien läßt sich der Strombedarf in Westeuropa im Laufe der nächsten 20 bis 30 Jahre relativ zum projizierten Wachstum um 50 bis 60 Prozent vermindern (ein Drittel unter den Verbrauch von 1995).
* Im Vergleich zu den Projektionen der Europäischen Kommission könnte der Zubau von 150 Kraftwerken von 1000 MW Größe verhindert werden, das heißt, Westeuropa sitzt auf 150 Einspargroßkraftwerken.
* Diese Verminderung geht mit einer massiven Kostensenkung bei den Ener-giedienstleistungen einher. Im Durchschnitt der wirtschaftlich rentablen Einsparinvestitionen kostet die eingesparte Kilowattstunde nur ein Fünftel

bis halb soviel wie die Erzeugung aus einem neuen, effizienten Kraftwerkspark.

- Investitionen in effizientere Energienutzung ergeben eine Rendite von typischerweise 30 bis 300 Prozent und sind damit um ein Vielfaches rentabler als Anlagen auf den Finanzmärkten.
- Dennoch ist unter bestehenden Marktverhältnissen nur die Umsetzung von etwa einem Viertel des gesamten Negawattpotentials zu erwarten.

Die Gründe sind hauptsächlich eine Reihe von Markthemmnissen, die zu hohen Transaktionskosten führen. Das Vorhandensein dieser Marktprobleme bei der Substitution von Energie und Kapital ist in den letzten zehn Jahren sowohl empirisch erforscht als auch wirtschaftstheoretisch geklärt worden. Es zeigt sich, daß eine Reihe von begrenzten, aber ganz entscheidend wichtigen staatlichen und ordnungspolitischen Maßnahmen diese Transaktionskostenprobleme mit hoher Kosteneffektivität abbauen können. Wegen mangelnder Anwendung dieser Instrumente leiden Deutschland und Europa unter einem massiven Investitionsstau bei der Realisierung von Einsparkraftwerken. Die bei weitem wirtschaftlich effizienteste Maßnahmenstrategie ist eine, in der Preiskorrekturen und -signale (Energiesteuer, Reform der Subventionen, Einbezug von Umweltkosten) mit nicht preislichen Instrumenten kombiniert werden.

Ausgewählte Beiträge aus der Diskussion

Peter Hennicke: Vielen Dank, Florentin Krause. Wir haben jetzt doch zwei sehr widersprüchliche Positionen. Die eine sagt: Der Energieverbrauch wird in jedem Fall erheblich steigen. Die Diversifizierung des Angebots ist in jedem Fall notwendig, was auch immer auf der Effizienzseite geschieht. Florentin Krauses These dagegen ist: Risikominimierung und Klimaschutz sind nicht nur technisch machbar, sondern ökonomisch auch noch die attraktivere Option.

Ich bin sehr gespannt, wie Sie, Herr Ott, auf diese Position reagieren. Ich möchte Sie bitten, in Ihre Antwort auch die Szenarien des Weltenergierats einzubeziehen, zu denen ja jetzt erstmalig eines gehört, in dem eine ähnliche Vision abgebildet worden ist.

Gerhard Ott: Mit Prognosen liegt man ja meist daneben. Meine Prognose allerdings war ziemlich richtig, daß es so viel Widerspruch zwischen Dr. Krause und mir gar nicht geben werde. Ich beneide den Moderator nicht; er muß ja nun Streitpunkte suchen und finden!

Erstens gibt es heutzutage nach meiner Kenntnis keine Prognose der Entwicklung des Weltenergiebedarfs mehr, die schlicht vom *business as usual* ausgeht. Die Zeiten sind vorbei. Beim Weltenergierat (World Energy Council, WEC) finden Sie solche Szenarien jedenfalls schon seit sieben, acht Jahren nicht mehr. Wir sollten keine künstlichen Ballone in die Luft gehen lassen, die wir dann voller Stolz abschießen. Die Unterschiede liegen darin, wie progressiv man in die Zukunft denkt.

Zweitens: Mir hat die Auflistung der vier Möglichkeiten für Effizienzsteigerung sehr gefallen, die Sie gezeigt haben, Herr Krause. Das sind im Grunde genau die Möglichkeiten, die ich auch sehe, beginnend mit verbesserten Effizienzstandards. Ich habe in der Zwischenzeit einen Blick in die erwähnte Broschüre geworfen. Ich habe zufällig die Seite aufgeschlagen, auf der es um den Zeitrahmen geht. Auch da würde ich Herrn Krause völlig zustimmen. Er sagt zu Recht: So etwas einzuführen, ist furchtbar schwierig und dauert sehr lang, ohne weiteres 50 Jahre. Allerdings meint er, es könne auch schneller gehen, wenn wir es nur wollten. Seine Zeitschätzung von 25 bis 30 Jahren halte ich für sehr realistisch – immer vorausgesetzt, wir fangen heute an und meinen das so, wie es hier gesagt ist. So weit, so gut.

In der Praxis kann man zum Beispiel sicherlich leicht höhere Standards für die Wärmeisolierung in Gebäuden einführen. Bei Neubauten ist das praktisch kein großes Problem, außer daß es etwas mehr Geld kostet. Bei Altbauten kann es allerdings ein großes Problem sein. Dies ist einer der Gründe dafür, daß man in der Praxis eben doch mit längeren Zeiträumen planen muß.

Mein *dritter* Punkt ist dann vielleicht doch ein möglicher Streitpunkt oder zumindest ein kleiner Unterschied: Was die Studie sagt, sagt sie über Westeuropa. Die Verhältnisse in der Dritten Welt sind aber völlig anders. Wir in Westeuropa sind innerlich weitgehend darauf eingestellt, solche Veränderungen einzuleiten, weil wir sehen, wohin wir kommen würden, würden wir mit dem Wachstum um jeden Preis weitermachen. Für viele Länder der Dritten Welt – ich behaupte, für die meisten – gilt das aber eben nicht. *Par ordre du mufti* kann man einen solchen Wandel nicht in die Wege leiten; da käme sofort der Vorwurf des neuen Kolonialismus. Das geht leider nur mit sehr mühevoller, langsamer Überzeugungsarbeit.

Deshalb unterscheide ich mich in diesem Punkt vielleicht doch von Dr. Krause: Die Übertragbarkeit dieser Ergebnisse auf die Dritte Welt möchte ich sehr stark in Frage stellen, nicht das Prinzip, aber den Zeitrahmen.

Florentin Krause: Das sehe ich doch etwas anders. Meine Einschätzung darüber, inwieweit die Dritte Welt nur mit großer Zeitverzögerung die technologischen Entwicklungen aus den OECD-Staaten umsetzen könnten, ist geprägt von den Erfahrungen, die das Lawrence Berkeley National Laboratory, in dem ich bisher gearbeitet habe, bei seinen Kontakten zu entsprechenden Ländern in den letzten drei Jahren gemacht hat. Der Eindruck war, daß die politischen Eliten der Dritten Welt vor allem besorgt sind, den technologischen Anschluß an die OECD-Länder zu finden und ihn zu halten. Sie fordern geradezu, die Technologien zur Nutzung zu bekommen, die sie in den fortgeschrittenen Ländern in Gebrauch sehen. Genau diese Dynamik führt heute dazu, daß zum Beispiel in China großes Interesse besteht, die in den USA eingeführten Effizienzstandards für elektrische Geräte auch beim Aufbau seiner Konsumgüterindustrie zu übernehmen. Man sieht dort nämlich, daß die zum Beispiel durch effizientere Kühlschränke eingesparten Kilowattstunden in den nächsten Jahren die Einsparung von mehreren Dutzend großer Kraftwerke bedeuten kann, und zwar zu Kosten von vielleicht 20 bis 40 Prozent, vielleicht nur zehn Prozent dessen, was es kosten würde, Kernkraftwerke oder Kohlekraftwerke zur Deckung dieses Bedarfs zu bauen.

Zweites Beispiel: Welthandel. Die Tatsache, daß in den USA diese Standards eingeführt sind, hat die „Kleinen Tiger" in Südostasien, wie zum Beispiel Südkorea, inzwischen angeregt, ihre eigene Produktion von effizienten Haushaltsgeräten zu starten, die der amerikanischen neuen Norm genügen. Diese amerikanische neue Norm ist zweimal so gut wie der Durchschnitt der europäischen Geräte. Das heißt, über die Ambition, Exportmärkte in den Industrieländern zu erreichen, werden die Entwicklungsländer und die sich rasch entwickelnden Schwellenländer dazu angeregt, frühzeitig effiziente Techniken zu übernehmen, die sie sonst bestimmt lange nicht übernommen hätten.

Gerhard Ott: Ich freue mich, aus Ihrer letzten Bemerkung zu ersehen, daß am Welthandel sogar etwas Gutes für die Umwelt zu sein scheint. Das klang an anderer Stelle auf diesem Kongreß noch ganz, ganz anders.

Heute morgen wurde als negatives Beispiel genannt, daß die Lufthansa ihre Buchhaltung in Indien machen läßt. Mir lag auf der Zunge, zu fragen: Was ist die Alternative? Sollen wir es Indien wegnehmen oder so hoch besteuern, daß dann in Indien die Entwicklung zurückgeworfen wird? Dies nur als Anmerkung.

Der Versuch, einen Gegensatz zwischen uns zu formulieren, war etwas künstlich. Soweit es den Bereich angeht, den Sie genannt haben, haben Sie mit Ihrem Beispiel durchaus recht. Mehr Sorgen machen mir andere Entwicklungen in China, etwa die Entstehung von Megastädten und das Wachstum des Verkehrs. Nehmen Sie den Verkehr als Beispiel. Wir hier in Deutschland hätten nun wirklich die Gelegenheit gehabt, unseren Brüdern und Schwestern in den östlichen Bundesländern nahezulegen, sich weniger schnelle und große Autos zuzulegen. Was ist wirklich passiert? Anderswo ist es ebenso: Der Ehrgeiz jedes Russen ist, ein eigenes Auto zu haben, und bei den Chinesen sieht das bisher auch nicht anders aus. Sie kennen die Zahl: In den USA kommt auf zwei Einwohner ein Pkw. In China müssen sich 700 Menschen einen Pkw teilen. Wenn sich dieses Verhältnis nur etwas verändert, droht wirklich die Lawine, die ich vorhin erwähnt habe.

Die Länder der Dritten Welt haben die Chance, es besser zu machen als wir, aus einem simplen Grunde: Sie beginnen meist auf grüner Wiese. Wir sind hier groß geworden mit gewachsenen Industrielandschaften, die eine gewisse Vorbelastung darstellen. Dort besteht die Chance, es von vornherein richtig zu machen. Trotzdem werden immer wieder Fehler wiederholt, die wir gemacht haben.

Ich sage das nicht als Kritik, sondern als leidvolle Feststellung. Von den hundert Mitgliedsländern des Weltenergierates sind mehr als die Hälfte Entwicklungsländer. Ich sehe zwar auch Hoffnung sprießen, wie Sie mit Recht sagen, aber ich fürchte eben doch, daß es leider noch sehr viel länger dauern wird.

Peter Hennicke: Vielleicht ist es das Problem von Brüdern und Schwestern, daß sie sich an ihren Geschwistern orientieren und, solange diese große Autos haben, ganz einfach nicht zurückstehen wollen.

Florentin Krause: Da ist etwas dran. Aber wir sollten in der Diskussion differenzieren zwischen dem Standard, in dem wir leben, und den Möglichkeiten, den Nachahmungstrend in der Dritten Welt zumindest in seinen Auswirkungen auf die Umwelt abzufedern. Unsere Standards messen sich immer noch am Verbrauch von Energiedienstleistung selber, also wieviel man fährt, in was für einem großen Auto man fährt usw. Ich kann mir nicht vorstellen, daß in der

Dritten Welt Pkw mit sieben, acht Liter Verbrauch pro hundert Kilometer weiter gefahren und produziert würden, wenn in den Industrieländern endlich einmal die Entscheidung gefällt würde, die Drei-Liter-Autos oder die Hybridautos mit zwei Liter pro hundert Kilometer äquivalentem Verbrauch einzuführen. In diesem Bereich gibt es sicherlich genauso Signalwirkungen wie auch in anderen Bereichen; vielleicht sogar noch stärker.

Ist nun die Globalisierung ein Vorteil für die Umweltpolitik oder ein Nachteil? Herr Ott meinte gerade, die Welthandelstransferleistungen, die die internationalen Konzerne in die Dritte Welt hinein leisten, könnten etwas Positives an der Globalisierung sein. Könnten sie auch; das stimmt. Andererseits erlebt man heute in den UN, daß bei den AGBM-Treffen zum Klimaschutz die Vertreter verschiedener Energie- und Herstellerinteressen massiv gerade gegen die Einführung von Effizienzstandards Sturm laufen, weil sie darin eine Begrenzung des Welthandels sehen. Sie sehen dort einen Konflikt mit den Global Agreements on Tariffs and Trades (GATT). Wenn die GATT-Regelung so ausgelegt wird, daß sie die einseitige Einführung von Effizienzstandards in einem Lande, wie den USA, oder in Europa unterbinden, dann wird GATT einen enormen Umweltschaden anrichten, der sich in massiv verstärkten Klimaproblemen auswirken kann.

Dag Schulze, Berlin: Vielleicht gibt es ja doch noch einen Konfliktpunkt, und zwar bezüglich der Kernenergie. Herr Ott, Sie nannten es in einer Linie mit sustainability, Kernenergie zu benutzen. Ich meine aber, daß das dem Effizienzpfad widerspricht. Da möchte ich gern noch um eine Diskussion zwischen Ihnen beiden bitten. Wenn man nämlich die Kernenergie mit ihren ganzen Problemen auch noch exportiert, teilweise in Länder, in denen die politischen Verhältnisse auf längere Sicht nicht stabil sein werden, dann handelt man sich weltweit sehr große Probleme ein.

Peter Hennicke: Jetzt hatten wir schon so einen schönen Schulterschluß zwischen der Nachfrage- und der Angebotsseite, und Sie wollen ihn wieder auseinandernehmen! Aber ich will das Thema nicht abwürgen.

Florentin Krause: Okay. Widerspricht die Nutzung der Kernenergie dem Effizienzpfad? Ja und nein. Im großen Sinne ja, im kleinen Sinne nein. Natürlich kann man jedes Kraftwerk an jeden effizienten Kühlschrank anschließen, und das Energiesystem funktioniert genausogut, ob das nun ein Kernkraftwerk ist oder ein Windkraftwerk.Betrachtet man es vom Standpunkt der Verteidigung des Standorts Erde, dann bringt der Ausbau der Kernenergie Gefährdungspotentiale geopolitischer Art mit sich, die man nicht unterschätzen darf, und natürlich außerdem ungelöste Sicherheitsprobleme.

Der zweite Punkt ist, daß die Kernenergie es nicht erreicht hat, sich kostensenkend zu reproduzieren. Wir haben einmal die Kostenentwicklung von
Windenergie und Kernenergie in den verschiedenen Industrieländern untersucht. Die Windenergie hat in dem kurzen Zeitraum von zehn Jahren ihre
Kosten um das Zweieinhalbfache vermindert. Wir reden hier von jährlichen realen Kostensenkungen um 15 Prozent, kumuliert. Die Kernenergie hingegen hat
ständig mit steigenden Kosten zu kämpfen.

Insofern hat sich die mangelnde Innovationsfähigkeit der Großtechnologie
Kernenergie inzwischen ganz klar erwiesen. Wenn man nur ein begrenztes Budget für die Erforschung und die Entwicklung neuer Techniken hat, so ist die einzig effiziente Art und Weise, dieses Budget zu benutzen, die, daß man sich auf
modulare, kleine Techniken konzentriert, bei denen man die Prototypen in
Monaten oder in einem Jahr bauen und im nächsten Jahr wieder abreißen kann,
dadurch schnell lernt und eine Technik bekommt, die sich zu raschen Kosten-
degressionen in der Massenproduktion eignet.

Der Fehler der Forschungspolitik der Nachkriegszeit war, daß sie mit der
Kernenergie auf ein Pferd gesetzt hat, von dem sie von vornherein sicher sein
mußte, daß es das richtige Pferd ist. Denn eine konkurrierende Forschungslinie
für den Fall – der dann ja auch eingetreten ist –, daß es nichts war, konnte es
praktisch nicht geben. Eine Technologielinie, die zehn Milliarden Mark für
einen Prototypen kostet, wo es 10 bis 15 Jahre dauert, diesen Prototypen zu
bauen, wo die Revision der Technik, wenn sie sich dann als risikoreich erweist,
zu noch weiteren enormen Kosten und langen Einführungszeiten führt, diese
schwerfällige Technologie ist nicht innovationsfreundlich. Sie ist nicht wirklich
geeignet, einen raschen Umschwung in der Weltenergieversorgung herbeizu-
führen.

Gerhard Ott: Ich werde erstens nichts sagen zu der Glaubensfrage Kernenergie.
Da säßen wir heute abend noch, mit dem ganzen Saal wahrscheinlich. Ich sage
auch nichts zu Wirtschaftlichkeitsberechnungen im Vergleich zu Wind, Sonne
oder anderem. Auch da säßen wir noch den ganzen Nachmittag.

Ich möchte zweitens aber wohl etwas zu den Fakten sagen, damit wir wissen,
worüber wir reden. Heute deckt Kernenergie weltweit etwa sechs Prozent des
Primärenergieverbrauchs ab, ist damit ähnlich wichtig wie Wasserkraft. Im
Stromsektor ist, wie Sie wissen, die Bedeutung viel höher; der Anteil an der Welt-
stromerzeugung liegt bei etwa 17 Prozent, und in vielen Ländern –nicht nur in
Frankreich, auch in Japan, den USA, einigen Ländern in Südostasien – noch sehr
viel höher, zum Teil bei 30, 40, 50 Prozent.

Wenn nun jemand ganz schnell aussteigen will, obwohl Kernkraftwerke kein
CO_2 produzieren, dann muß er auch sagen, wie das in den konkreten Ländern
bewerkstelligt werden soll.

Im übrigen wäre ein Ausstieg aus der Kernenergie, glaube ich, das erste Mal in der Menschheitsgeschichte, daß eine begonnene und schon relativ weit entwickelte technische Entwicklung gestoppt, abgedreht und eingegraben würde. Das kann ich mir schlechterdings nicht vorstellen.

Der Glaubensstreit ist endlos. Die Fakten sind beachtlich, eine kurzfristige Alternative sehe ich nicht. Und ich halte es für ganz, ganz unwahrscheinlich, daß wir eine Technik, die wir begonnen haben und die im positiven Sinn eine große Rolle etwa auch in der Medizintechnik gespielt hat, einstellen und nicht weiterentwickeln. Das ist schlicht gegen jegliche Lebenserfahrung. Wir sollten eher versuchen, das Beste daraus zu machen.

Florentin Krause: Meine Lebenserfahrung ist noch nicht ganz komplett, aber sie ist doch davon geprägt, daß wir alle irgendwann sterben, und Techniken sind auch sterblich. Die FCKW standen für eine Technik, die fast untrennbar mit unserem Lebensstandard verbunden schien, bevor sie innerhalb weniger Jahre abgeschafft wurden; und heute scheinen wir doch immer noch ganz gut ohne sie zu leben. Ich glaube nicht, daß wir in einer Technik steckenbleiben müssen, nur weil sie entwickelt wurde, gleichgültig, welche Erfahrungen wir damit gemacht haben.

Dr. Michael Nienhaus, Deutsche Gesellschaft für Technische Zusammenarbeit (GTZ) GmbH, Eschborn: Methodisch ist es meines Erachtens sehr zweifelhaft, seinen eigenen Standpunkt damit zu stützen, daß man sich auf den jeweils dem eigenen genehmen Standpunkt beruft. China war für mich das klassische Beispiel. Herr Krause, Sie haben recht, daß es durchaus bei den dortigen Kadern ein Bewußtsein für Umweltschutz gibt. Nicht zufällig haben sie ja auch einen Umweltrat eingeführt. Es ist aber nicht damit getan, sagen wir auf die Kühlschränke zu verweisen, die in Lizenz von Liebknecht gebaut werden.

Andererseits hat Herr Ott auf die Motorisierungspläne der Regierung hingewiesen. Wenn Sie sich die ansehen, dann kann Ihnen wirklich bange werden. Ein wesentlicher Grund für die Limitation der Motorisierung ist schlicht und einfach, daß es in den großen Städten zur Zeit noch nicht genügend Parkplätze gibt.

Sie haben recht, Herr Krause, wenn Sie sagen, daß die Entwicklungsländer nicht eine angepaßte, sondern eine nachholende Entwicklung betreiben, gerade auf dem Energiesektor. Von den Entscheidungsträgern, sei es in der Wirtschaft oder in der Politik, wird ihnen aber entgegengehalten: Ihr habt keine Legitimation, solange ein Viertel der Weltbevölkerung, nämlich in den Industriestaaten, drei Viertel des Energieverbrauches für sich nutzt.

Sie finden in Thailand durchaus eine Sensibilität für Umweltfragen, und dennoch werden tagtäglich 200 neue Fahrzeuge allein in Bangkok zugelassen. Wer den Verkehr in Bangkok kennt, weiß, was das bedeutet.

Dankenswerterweise, Herr Ott, haben Sie die Verbindung zwischen Bevölkerungszuwachs, Energienachfrage und dann eventuell sich daran anschließendem Lebensstandard gezogen. Erlauben Sie mir aber, daß ich Ihnen, zumindest bei den Ländern, die Sie als Beispiel brachten, widerspreche, nämlich Thailand und Philippinen. Das hat zwar nur mittelbar mit dem Thema zu tun, aber Sie haben es angesprochen.

Auf den Philippinen ist die Bevölkerungskurve nicht abgeflacht, dafür ist der Einfluß der katholischen Kirche viel zu stark. In Thailand ist er durchaus abgeflacht. Aber das Junktim, das Sie gezogen haben, daß damit gerade in diesen Ländern mehr oder weniger oder notwendigerweise auch eine Hebung des wirtschaftlichen Lebensstandards zu verzeichnen ist, ist nicht zutreffend. Dieses Junktim kann gelten, muß aber nicht. Thailand ist genau das Gegenbeispiel. Die Weltbank hat noch in diesem Jahr in einer Studie festgestellt, daß Thailand trotz der enormen Wachstumsraten die verzerrteste Einkommensverteilung in der gesamten Welt außerhalb von Lateinamerika hat. Das heißt, durch die dortige Wirtschaftsreform sind inzwischen 80 Prozent der Bevölkerung marginalisiert worden.

Zurück zur Energie, nur eine kurze Anekdote. Nehru, der frühere Ministerpräsident von Indien, hat einmal gesagt, bezogen auf die Bevölkerungsexplosion: Bei uns ist nicht das Problem die Verteilung der Antibaby-Pille in die einzelnen Dörfer, sondern bei uns ist das Problem, daß wir keinen Strom in den Dörfern haben. Das halte ich für gar nicht so abwegig, wenn man sich an den Blackout vor, ich glaube, 15 Jahren in New York erinnert, nach dem neun Monate später alle Kreißsäle voll waren.

Gerhard Ott: Der Hinweis war völlig richtig. Der berühmte eine Fernseher in einem entlegenen indischen Dorf kann mehr tun als die Pille. Wie soll nun aber die Versorgung ländlicher Gebiete mit Energie aussehen? Was ist sinnvoll? Man könnte dort Photovoltaik sehr gut einsetzen; es muß nicht gleich ein Kabel sein. Darüber kann man lange diskutieren.

Bei meinem Beispiel von den Philippinen lag ich vielleicht falsch. Ich glaubte gelesen zu haben, daß selbst auf den Philippinen die Zuwachsrate nachläßt, aber vielleicht war ich da nicht richtig unterrichtet. Ich habe allerdings auch nicht von einem zwingenden Zusammenhang gesprochen. Aber es fällt doch auf, daß in den meisten dieser Länder der Wohlstand gewachsen ist, auch in Thailand, Herr Nienhaus. Nicht für alle natürlich, aber hätte es einen Zuwachs der Bevölkerung ohne wirtschaftliche Entwicklung und ohne Energieversorgung gegeben, es sähe noch finsterer aus.

Dr. Manfred Linz, Wuppertal Institut: Wenn es um die Begrenzung klimaschädigender Gase geht, dann sind Appelle und Warnungen nicht sehr wirksam, wie wir wissen, weder in den Ländern des Südens noch hier. Aber das eigene Interesse könnte sehr viel wirksamer sein. In den Verhandlungen über die Klimakonvention werden ganz unterschiedliche Instrumente vorgeschlagen, mit denen diese Begrenzung effektiv gemacht werden könnte. Darunter gibt es eines, das ganz Erhebliches zustande bringen könnte, nämlich handelbare Emissionsrechte, die nach dem Kopf der gegenwärtigen Weltbevölkerung verteilt werden. Wer mehr Emissionen tätigen will als die, die er zugeteilt bekommen hat, muß die der anderen kaufen. Dann hat der Norden das Interesse, möglichst wenig zuzukaufen, und die erfolgreichen Länder des Südens haben das Interesse, ihre technische Entwicklung so auszurichten, daß sie möglichst viele Lizenzen übrigbehalten, um sie an den Norden zu verkaufen. Das könnte für die technologische Erneuerung, und zwar die sparsamen Erneuerungen, ganz erhebliche Bedeutung gewinnen.

Gerhard Ott: Ich habe das immer für einen sehr guten Vorschlag gehalten. Der Vorschlag hat allerdings den Nachteil, daß er relativ kompliziert zu gestalten und auch nicht einfach in der Überwachung ist. Regierungen sind in der Regel von großem Mißtrauen gegenüber einzelnen Bürgern und der Industrie erfüllt. Ich fände aber diesen Vorschlag in der Sache viel, viel besser und zielführender, als etwa den sogenannten easy way-out zu gehen und Reduktionsziele zu beschließen, von denen man weiß, daß sie wieder nicht eingehalten werden.

Das hat mich auch an der letzten Debatte in Genf gestört. Man stellt fest, daß die Ziele von Rio nicht eingehalten worden sind. Der Hochspringer hat die Latte von vier Metern nicht übersprungen. Was beschließt man fürs nächste Mal? Man setzt die Latte auf fünf Meter und glaubt, das sei leichter zu überspringen. So ist es eben nicht.

Wir vom Weltenergierat haben uns für einen Vorschlag wie den Ihren immer eingesetzt. Er läßt sich kombinieren mit anderen Dingen, zum Beispiel Maßnahmen der joint implementation, die allerdings überwacht werden müßten, das gebe ich zu. Aber in der Sache ist so etwas viel zielführender, weil ein unmittelbares Interesse erzeugt wird, sich des Sachproblems anzunehmen, und nicht nur nachgemessen wird, ob eine staatliche Verordnung erfüllt wird oder nicht.

Florentin Krause: Es ist ganz offensichtlich, daß wir hier in Herrn Ott einen sehr geläuterten Vertreter des World Energy Councils vor uns haben, der sich in seiner Sicht sehr von den Vertretern der Energiewirtschaft unterscheidet, die in Genf die Klimaverhandlungen und in den nationalen Debatten die Politik zu beeinflussen suchen. Die Industrieländer haben so viele Möglichkeiten, kostensenkend ihre eigenen CO_2-Emissionen zu verringern, daß sie eigentlich bindende Emissionsbegrenzungen ohne Zögern umsetzen sollten. Statt dessen wird seitens der maßgeblichen Vertreter der Öl- und Kohleindustrie versucht, das

Vorhandensein dieser gewinnbringenden und kostensenkenden Emissions-
minderungspotentiale zu verneinen. Da wird versucht, mit manipulierten
makroökonomischen Modellrechnungen das Gespenst wirtschaftlicher Schäden an die Wand zu malen, um internationale Abkommen zu verhindern und
Verhandlungen zu unterlaufen.

Peter Hennicke: Herzlichen Dank. Ich freue mich, daß wir in dieser Diskussion
das abwägende Kontrastprogramm zum heutigen Vormittag geboten bekommen haben. Ich gebe zu, ich bin etwas überrascht, daß es vielleicht sogar mit dem
World Energy Council eher möglich ist, einen Energiekonsens zu erreichen, als
mit der eigenen Bundesregierung. Ich fand es besonders erfreulich, eine nach-
denkliche und sehr konstruktive Diskussion zu hören, die sich auch um Umset-
zungsfragen bemüht hat.

Schlußplenum
Kooperation statt globalem Wirtschaftskrieg – Plädoyer für ein neues Wohlfahrtsverständnis

Leitung:
Prof. Dr. Ernst Ulrich von Weizsäcker

Ernst Ulrich von Weizsäcker

Eine der besten Journalistinnen der Welt ist Hazel Henderson. In Wahrheit ist Hazel viel mehr als eine Journalistin. Sie ist seit mehr als einem Vierteljahrhundert eine pragmatische Visionärin. Die gebürtige Engländerin machte den Sprung über den Atlantik und ließ sich in den Vereinigten Staaten nieder, wo sie in den siebziger Jahren Beraterin des Office for Technology Assessment (OTA) des US-Kongresses war. Auch das Worldwatch Institute und der Council on Economic Priorities haben ihren Rat gesucht und genutzt. Drei aufeinanderfolgende Bücher haben sie weltberühmt gemacht: „Creating Alternative Futures", „Politics of the Solar Age" und „Paradigms in Progress". In den letzten Jahren hat sie aus tiefer Sorge um die Zukunft der Vereinten Nationen das Buch geschrieben „Policy and Financing Alternatives for the United Nations".

Hazel Hendersons Blick war immer nach vorne gerichtet. Doch dabei hat sie stets kompromißlos analysiert und kritisiert, was in der gegenwärtigen Welt nicht stimmte. Einer der alarmierendsten Aspekte der Welt von heute ist in meinen – und ihren – Augen ein entgrenzter Kapitalismus. Es sind die Ströme von Millionen, Milliarden, von Billionen von Dollars rund um die Welt, ein großer Teil davon spekulatives Kapital, und damit verbunden die ständige Gefahr, daß der Herdentrieb der Spekulanten zu irgendeinem Kollaps führt. Sie spricht in ihrer meisterhaften Sprache vom „Global Casino".

Vor einigen Monaten hat sie ein neues Buch geschrieben; sein Titel: „Building a Win-Win-World – Life Beyond Global Economic Warfare".

Hazel Henderson

Macht beide Seiten
zu Gewinnern! oder
Leben jenseits des globalen
ökonomischen Krieges

Diese Konferenz ist ein Fest des Vor-Denkens. Sie führt eine Reihe wissenschaftlicher Disziplinen zusammen und erkundet die Grenzen und die Verbindungen zwischen ihnen. Gerade in diesem Ausschalten konzeptioneller Schranken liegt eine notwendige Voraussetzung dafür, Schranken – unüberwindliche und überwindbare – in lebenden Systemen, einschließlich uns Menschen, unseren Organisationen, Politökonomien und Gesellschaften, verstehen zu können. Ganz offensichtlich sind Schranken, Puffer und Membranen unverzichtbare Strukturmerkmale komplexer Systeme. Sie helfen, Unterschiede zu erzeugen, jene Gradienten und Differentiale, die die Antriebskräfte aller Austauschprozesse sind. Ohne diese Differentiale würde der Zweite Hauptsatz der Thermodynamik regieren.

Die herrschenden Mächte sind dabei zu globalisieren: Industrieprozesse und Technik, Informationen und Finanzen, Arbeit und Migration, Waffenhandel, Einflüsse des Menschen auf die Biosphäre und die Strukturen der westlichen Kultur. Dabei werden mehr und mehr lokale Grenzen und Strukturen überrannt. Die Artenvielfalt der Welt und der Reichtum der menschlichen Kulturen machen einer globalen Monokultur Platz. Zu den Folgen gehören der Verlust nationaler Souveränität, die Erosion des sozialen Kontrakts, der Rückzug in Fundamentalismus und Nationalismus, Gruppenrivalitäten und Bürgerkriege, sezessionistische Bewegungen und das Phänomen der „failed states", der verlorenen Staaten. Könnte es nicht sein, daß man mit der schnellen Verbreitung der menschlichen technologischen und wirtschaftlichen Systeme über die ganze Welt ganz einfach wegen falscher Berechnungen und nicht angemessener Rückmeldungen, Indikatoren und Führungssysteme übers Ziel hinausgeschossen ist? Kann es nicht sein, daß anfänglich noch kleine Fehler und Abweichungen dieser Art unsere techno-ökonomischen Systeme vorantreiben und dabei in den riesigen, nichtlinear-chaotischen, strukturbildenden Systemen menschlicher Gesellschaften mehr und mehr verstärkt wurden? Ich bin fest davon überzeugt, daß es sehr fruchtbar ist, auf dieser Linie weiterzufragen, und in der Tat hat mich genau das beschäftigt, seit ich den Kinderschuhen entwachsen bin. Die Menschheit braucht heute einen Quantensprung des Wissens, des Bewußtseins und der Weisheit; sie braucht ihn, um schlicht überleben zu können. Der Sprung ist möglich, denn wir sind eine der anpassungsfähigsten und biologisch erfolgreichsten Spezies auf diesem Planeten.

Zu den historischen und konzeptionellen Wurzeln dieser globalen Verstärkung von anfänglich kleinen Abweichungen und Fehlern gehört:

- Die Geburt des menschlichen Gehirns mit seinen zwei Hälften war der Anfang der Todesfurcht und der Obsessionen von Fremdsteuerung und Fremdbeherrschung, von politischer, sozialer und persönlicher Freiheit, wie sie Psychologen beschreiben. Diese menschlichen Ängste führten zu der bis heute anhaltenden Spannung zwischen dem individuellen Bedürfnis nach Autonomie und den Bedürfnissen und für das Überleben notwendigen Anforderungen der Gruppe. Wie werden wir es schaffen, mit all unserem expandierenden Wissen und Bewußtsein, den vergleichsweise kleinen Beitrag des Individuum zum Großen und Ganzen des menschlichen Geschlechts wieder ins rechte Maß zu rücken?[1] Der Tanz zwischen Phänotyp und Genotyp (dem Individuum auf der einen und der Gruppe auf der anderen Seite), Konkurrenz und Kooperation, Innovation und Replikation – dies alles ist charakteristisch für die meisten Spezies bei ihrer koevolutiven Entwicklung im sprunghaften Evolutionsprozeß.
- 95 Prozent unserer menschlichen Erfahrung haben wir als Mitglieder kleiner, nomadisierender Gruppen von weniger als 25 Sammlern und gelegentlichen Jägern gemacht.[2] In dem Maße, wie Bevölkerungsgruppen seßhaft wurden und wuchsen, lernten wir, uns in ländlichen Dörfern und Agrargesellschaften selbst zu verwalten. Die Anforderungen, denen wir heute gegenüberstehen – nämlich die, unsere menschliche Familie mit ihren fast sechs Milliarden Mitgliedern in zukunftsfähigen Gemeinschaften neu zu organisieren –, liegen weit außerhalb unserer menschlichen Erfahrung. Wir sehen es überdeutlich an unseren Megastädten und zersplitternden Nationalstaaten.
- Eine andere Wurzel des erkenntnistheoretischen Dilemmas von heute liegt im Kern der indoeuropäischen Sprachen, der Grundlage westlicher Kulturen. Diese Sprachen verdinglichen menschliches Verhalten und die Ergebnisse menschlichen Handelns und führen zu dem unrealistischen Anspruch der „Objektivität" in der wissenschaftlichen Forschung und ihren mathematischen Operationen. Sich sprachlich auszudrücken, indem man Objekte und Prozesse in der äußeren Welt mit Hilfe von Substantiven katalogisiert, ist das Vehikel eines großen Teils spezifisch menschlichen Fortschritts gewesen. Doch es schuf auch die vielen erkenntnistheoretischen Dilemmas, etwa das von Alfred Korzybski und anderen bemerkte „Verwechseln der Landkarte mit dem Land", zusammen mit Alfred North Whiteheads berühmtem „Trug-

schluß der Konkretheit am falschen Platz" (fallacy of misplaced concreteness).[3] Diese typologischen Fehler wurden Teil des Codes unserer Mathematik, das heißt, all diese verdinglichten Substantive wurden zu „Objekten" und „Quantitäten", die mit mathematischen Operanden manipuliert werden können: addieren, subtrahieren, dividieren oder multiplizieren, wie es der Mathematiker und Physiker Andrew A. Hilgartner beschrieben hat.[4] Hilgartner mahnt uns, solche erkenntnistheoretischen Irrtümer und ihre schizophrenen Folgen für persönliches Verhalten und die Politik zu korrigieren, indem wir viele Substantive zu Verben umklassifizieren. „Sprache" (language) würde in diesem Sinne richtiger als „sich sprachlich ausdrücken" (languaging) bezeichnet; dies würde uns daran erinnern, daß es sich um einen menschlichen Prozeß handelt. Zum Beispiel verwechselt die heute gebräuchliche objektivierte Sprache und Erkenntnistheorie immer noch Geld mit Wohlstand und Wohlergehen, und sie verwechselt Computer und die sogenannte Künstliche Intelligenz mit den Funktionen der menschlichen Wahrnehmung, als wären wir „Turingmaschinen". Auch die Traditionen des Buddhismus warnen uns vor der Verdinglichung, wenn wir uns ein waches Bewußtsein erhalten wollen. Auch andere Weisheiten und spirituelle Traditionen vieler Kulturen erinnern uns daran, daß wir in einem unvergleichlich komplizierten Netz eingebunden sind – dem Leben.

Heute ist es an der Zeit, all solche kulturellen Programmierungen und die Art, in der sie unsere Reaktionen „fest verdrahtet" haben, einer Überprüfung zu unterziehen. Nach wie vor muß der Mensch viele Reaktionen zur Routine machen, so, wie auch unser Nervensystem programmiert ist. Wir können unsere Aufmerksamkeit nicht auf alles gleichzeitig richten. Aber wir haben jetzt eine neue Stufe der Evolution erreicht. Es ist zur Überlebensfrage geworden, uns auf unsere kulturellen Werte zurückzubesinnen, unsere akademischen Disziplinen zu rekonstruieren, alte Denkmodelle und Verhaltensprogramme auszurotten, damit wir mit wachem Bewußtsein in unsere neue Situation hineingehen. Nur wenn wir aus unserer techno-industriellen Trance und ihrer mittlerweile dysfunktionalen ökonomischen Programmierung erwachen, können wir in vollem Bewußtsein entscheiden, welche Art von „fester Verdrahtung" angebracht sein könnte. Zum Beispiel wissen wir seit dem Ende des „Kalten Krieges", daß „Sozialismus" und „Kapitalismus" überholte Kategorien sind. Wir sehen nun, daß Kapitalismus sich kulturell auf viele verschiedene Arten ausprägen kann. Wir wissen heute, daß alle Wirtschaftssysteme „gemischte Wirtschaftssysteme" mit Elementen „öffentlicher" und „privater" Sektoren sind, abhängig von den Werten, sozialen Zielen und Traditionen, die gemeinsam das kulturell Spezifische eines Landes bilden. Wir sehen die sozialen Folgen „fest verdrahteter" ökonomischer Lehrbuchrezepte des 19. Jahrhunderts in Osteuropa, Rußland, China und Lateinamerika, und wir sehen, wie ihre rasante Verstärkung infolge computerisierter Währungsgeschäfte in unserem 1,3 Billionen Dollar täglich umwälzenden globalen Kasino Kulturen zerrütten und andere links liegen lassen kann, wie etwa viele in Afrika.

Für uns alle gibt es viel zu tun auf dem Weg in das neue Jahrtausend. Wir Menschen mit unserem flexiblen, zum Greifen prädestinierten Daumen und unserem großen Vorderhirn haben uns in praktisch jede Region dieses Planeten ausgebreitet. Wir beanspruchen mittlerweile so viele Nischen in unserem globalen Ökosystem, daß wir Tausende anderer Arten verdrängen und bedrohen – und nicht zuletzt uns gegenseitig. Nun aber sind uns unsere mächtigen technologischen und begrifflichen Werkzeuge entglitten. Von der Weiterverbreitung von Kernwaffen und giftigen Chemikalien bis zu unseren versagenden politischen Systemen, veralteten ökonomischen Lehrbüchern und den Rechtsprinzipien, die unseren Konzernen globale Macht verleihen, sind viele unserer Werkzeuge außer Kontrolle geraten. Ihre oft unerwarteten Konsequenzen verlangen von uns, unseren überentwickelten Fähigkeiten zu Technik- und Produktinnovationen eine entsprechende Konzentration auf neue Anstrengungen und Anreizsysteme entgegenzusetzen, die die notwendigen sozialen Innovationen zur Zähmung und Steuerung dieser Techniken hervorbringen. Von 1974 bis 1980 habe ich diese Dinge als Mitglied des ursprünglichen Beirats des Office of Technology Assessment (OTA) untersucht, das der Kongreß im Jahre 1995 in einem Akt von institutionellem Vandalismus geschlossen hat.

Das heute noch herrschende industrielle Paradigma beruht auf diesen tief verwurzelten Konflikten, die einflußreiche Wissenschaftler noch verstärkt haben: Francis Bacons Verlangen, die Natur zu erforschen und zu beherrschen, Isaac Newtons Konzept eines gut geölten Uhrwerkuniversums, und René Déscartes Methode, komplette Systeme durch die Analyse ihrer Einzelteile zu erforschen, sowie das Paradigma von der „wertfreien Beobachtung" in der wissenschaftlichen Methodik. Heute befinden wir uns im Informationszeitalter und bewegen uns auf das Sonnenzeitalter und ein besseres ökologisches Verständnis unseres lebendigen Planeten, unserer eigenen Biologie, unserer Gesellschaften und Politökonomien zu.[5] Hinter dieser Sicht von der industriellen Welt steckt aber nach wie vor eine Menge Wissenschaft und unsere neoklassische Ökonomie – die niemals eine Wissenschaft war, sondern eine Profession, deren perverse Grundannahmen den unberechenbaren Globalisierungstrend von heute beherrschen und verstärken.

Ein bedeutender Physiker des Max Planck Instituts für Physik beklagte sich neulich bei mir, es sei offenbar unmöglich, seine Pugwash-Kollegen dazu zu bringen, die fehlerhaften Voraussetzungen und falschen Beweise im Kern der ökonomischen Theorie freizulegen. Physiker, Biologen und Wissenschaftler anderer Disziplinen folgen immer noch dem cartesianischen akademischen

Ethos. Sie gehen davon aus, daß die Ökonomie eine Wissenschaft ist, daß sie aber nicht ihr Fachgebiet ist. Ich bin Mitte der sechziger Jahre zum erstenmal in die Ökonomie gestolpert und habe 1968, 1971 und 1973 meine ersten drei Arbeiten über die Frage veröffentlicht, wo die Fehler in ihren Grundannahmen liegen – meist tief verborgen in fadenscheiniger Mathematik.[6]

Meine Entdeckung war, daß die Ökonomie ein funktionsgestörter Strang unseres westlichen kulturellen Erbes ist, der Zerstörung im sozialen, kulturellen und im Umweltbereich repliziert und inzwischen viele der pathologischen Effekte der Globalisierung verstärkt. Wie könnte man diesen defekten Strang herausschneiden und durch einen korrigierten Strang ersetzen, um bessere Rückkopplung und eine gesündere Heuristik zu schaffen und damit die Entwicklung der menschlichen Kultur voranzutreiben? Ich war gezwungen, die Wirtschaftswissenschaften auf eigene Faust zu studieren, denn es gab in der Universität keine Kurse über „Dekonstruktion der Wirtschaftswissenschaften" oder die Soziologie der Wirtschaftswissenschaften, trotz der Tatsache, daß dieser Beruf den Mächtigen aller Länder dient – und dabei den öffentlichen Politikprozeß beherrscht. So verfolgte ich in meiner Arbeit „Three Hundred Years of Snake Oil" die Spur des ökonomischen Denkens seit den Physiokraten des sechzehnten Jahrhunderts in Frankreich und William Petty in Großbritannien.[7] Es war mir ein leichtes, das newtonsche Paradigma vom allgemeinen Gleichgewicht, kalibriert durch das Preissystem, zu identifizieren, die Wirtschaft als einfaches hydraulisches System, die „Externalisierung" sozialer und Umweltkosten. Ich fand die Annahme von den niemals zu befriedigenden menschlichen Bedürfnissen und die logische Folge, nämlich Knappheit, genauso wie die niemals endenden Möglichkeiten der Ressourcensubstitution und der Technologie, die unerschöpflichen Kapazitäten ökologischer Quellen und Senken sowie die Vorstellung, daß Menschen sich verhalten wie Ratten oder Golfbälle. Dies war vor der Entstehung der „school of rational expectations"; doch diese Schule nahm zwar das komplexe Verhalten der Menschen zur Kenntnis, hatte aber nichts als Nihilismus zu bieten. Da man Verhalten nicht vorhersagen und menschliche Erwartungen nicht modellieren kann, war jedes Bemühen um kollektive Entscheidungen und politische Strategien sinnlos. Derlei brillante Anwälte der Hoffnungslosigkeit erhielten Nobelpreise, jene Auszeichnung, die eigentlich „Nobel Memorial Prize" heißt und von der Schwedischen Zentralbank gestiftet wurde, um die Ökonomie in das ehrenvolle Gewand der „Wissenschaft" zu kleiden.

Heute erzählen uns etablierte Wirtschaftswissenschaftler immer noch, wir könnten nichts tun, die ökonomischen und finanziellen Kräfte einer Globalisierung, die durch ihre neoklassischen Formeln programmiert worden ist, zu verlangsamen oder umzugestalten. Privatisierung und stetig zunehmender weltweiter Wettbewerb, die zu immer neuen irrationalen technischen Neuerungen antreiben, werden als „natürlicher Prozeß" bezeichnet. Gleichzeitig werden aber tatsächliche Versuche weitblickender und vorsorgender Menschen, den technischen Wandel politisch zu bewerten und zu gestalten und das ökonomische Wachstum in ökologisch zukunftsfähigere (sustainable) Bahnen menschengemäßer Entwicklung und besserer Lebensqualität zu lenken, als „Intervention in den freien Markt" verurteilt. Diese Art Ideologie, die ich als „Ökonomismus" bezeichnet habe, ist so tödlich wie falsch. In dreihundert Jahren industrieller Revolution hat sich die Ökonomie auf die Maximierung des individuellen Eigeninteresses und den Wettbewerb auf den Märkten konzentriert und sogar die Position vertreten, Menschen, die sich altruistisch verhalten, seien „irrational" (oder hätten in manchen Fällen ihre längerfristigen Eigeninteressen im Auge). Technologie, die eigentliche treibende Variable der Industriellen Revolution, wurde als Parameter behandelt. In solchen Verirrungen erging sich die ökonomische Theorie und bestätigte und belohnte dabei im Übermaß Egoismus und Habgier. Zwischenzeitlich hatte eine andere Disziplin – die Spieltheorie – menschliche Verhaltensweisen und Motive kodifiziert, die in der Realität von nicht geringerer Bedeutung sind, nämlich die Bindung an eine Gruppe sowie die Fürsorge und das altruistisches Engagement für eine Gruppe und die Aufzucht von Kindern. Offenkundig beruht der Kern der ökonomischen Theorie auf patriarchalischen Annahmen, denn all diese Fürsorge, all das Teilen und die altruistischen Arbeiten, die man von den Frauen dieser Welt erwartet, bleiben, weil unbezahlt, in den meisten ökonomischen Modelle außer Betracht. Spieltheoretiker haben außerdem Konkurrenz, Egoismus und Mißtrauen als „Nullsummenspiel" und „Gefangenendilemmas" modelliert, die zu einem Teufelskreis beiderseitigen Verlierens führen (wie wir heute im Wettlauf um den gemeinsamen Nenner mit dem niedrigsten Preis beobachten können, dem globalen ökonomischen Krieg).

Die große Leistung der Spieltheorie war es, über die Fixierung der Ökonomie auf Nullsummenspiele und die darauf folgenden „tragedies of the commons" hinauszugehen, die Systemdenker seit einer Generation modellieren. Spieltheoretiker übernahmen Erkenntnisse der Psychologie und anderer Sozialwissenschaften und kodierten ein umfassenderes Spektrum menschlicher Seins- und Verhaltensweisen – „konträre" Strategien (statt Herdenverhalten) und alle möglichen „Doppelgewinn"- oder „Gewinner-Gewinner"-Alternativen, von denen viele die Chance zu vollständig neuen Spielen und „Engelskreise" (im Gegensatz zu „Teufelskreisen") boten. Begriffe aus diesem Umfeld schleichen sich allmählich auch in wirtschaftswissenschaftliche Arbeiten ein, wo dann wortreich der Anspruch erhoben wird, die ökonomische Theorie habe sich nun auch der Spieltheorie und außerdem der Anthropologie, der Biologie, der Ökologie und neuerdings auch der Psychologie, der Systemdynamik und der Chaostheorie angenommen.[8] Bis heute erklärt die Ökonomie aber nicht, wie systemische Umwälzungen zu erkennen sind, wenn zum Beispiel alle Nischen eines Marktes ausgefüllt sind und der Markt sich in etwas transformiert, das für jedermann zugänglich ist. Wenn das geschieht, muß der dem Markt angemessene Gewinner-Verlierer-Wettbewerb auf Gewinner-Gewinner-Regeln umgestellt werden, damit öffentlich verfügbare Ressourcen kooperativ alloziert und verwaltet werden können. Werden solche systemischen Veränderungen ignoriert, folgt die Strafe unvermeidlich: Teufelskreise, in denen beide Seiten die Verlierer sind, und vielfache „tragedies of the commons".[9]

Die in der Ökonomie so beliebte Strategie, andere Disziplinen einfach für sich in Anspruch zu nehmen, muß als Machtspiel entlarvt werden. Ökonomen möchten gern an führender Stelle in der Politik mitspielen – und wenn auch nur, um ihre Kunden und Auftraggeber mit immer spitzfindigeren Argumenten für eine Politik des *laissez faire* zu schützen. Die meisten Wirtschaftswissenschaftler beziehen hohe Gehälter und arbeiten direkt oder als Berater für Banken, große Unternehmen und andere wichtige Mitspieler im globalen Kasino. Nur sehr wenige arbeiten für die Armen, die Entrechteten, die Marginalisierten, für die Rechte der Kinder oder künftiger Generationen, für Verbraucher und abhängig Beschäftigte, für die kulturelle und biologische Vielfalt oder eine gesunde Biosphäre dieses Planeten. Manche haben versucht, die Agenda für zukunftsfähige Entwicklung für die Ökonomie zu beanspruchen.[10] Doch die Maske wurde ihnen in der Diskussion um die Klimaveränderungen schnell vom Gesicht gerissen. Der wirtschaftspolitische Ansatz enthält nämlich implizit die Voraussetzung, daß Arme weniger wert sind als Reiche, und das entlarvten die Graswurzel-Globalisten und Vertreter kleiner Inselstaaten bald.

Und dennoch setzen sich nach wie vor die rigiden Lehrbuchmodelle vom öffentlichen Sektor hier und privaten Sektor dort durch, die die Hoffnung vom großen Vorteil verbreiten, der aus unbeschränkt freien Märkten, der Marktkonkurrenz und der hinter allem stehenden newtonschen Annahme eines allgemeinen Gleichgewichts und der fallenden Profitrate auf jedermann heruntertröpfelt. Dieses überholte Paradigma hat dem privaten Sektor einen machtvollen rhetorischen Vorteil vor Politikern verliehen, selbst denen, die gewählt wurden, dem allgemeine Wohl der Bürger zu dienen. Der Wettbewerb galt als das Mittel, die Konzentration von Reichtum und Macht in privaten Händen zu verhindern. In den USA wurde die Stärkung des Wettbewerbs durch Kartellgesetze das – allerdings offensichtlich erfolglose – Modell der Wahl, die Macht der Unternehmen zu brechen. Im Jahre 1959 schrieb der amerikanische Richter David T. Bazelon: „Die Gesellschaft muß an die Kartellgesetze glauben, damit sie sich selbst achten kann. (...) Dean Rostow von der Yale Law School kann zum Beispiel unter Berufung auf diese Gesetze im einen Augenblick einräumen, daß in weiten Bereichen der Wirtschaft Wettbewerbsmärkte nicht existieren, und es unmittelbar danach für unmöglich erklären, das klassische Modell aufzugeben."[11] Zu guter Letzt entpuppt sich die materialisierte unsichtbare Hand als unsere eigene. Spieltheoretiker, die 1994 alle drei Ökonomie-Nobelpreise erhalten haben, zeigen den Wirtschaftswissenschaftlern, daß das Aufstellen von Regeln für Menschen genauso natürlich ist wie das Herstellen von Märkten.[12] Genau genommen sind Regeln und Märkte zwei Seiten der gleichen Medaille, wie wir wieder einmal in Osteuropa und Rußland sehen.

Warum fällt es hervorragenden Wissenschaftlern so schwer – selbst auf dem festeren Boden naturwissenschaftlicher Forschung in Chemie, Thermodynamik, Physik, Werkstofftechnik und Biologie –, mit Wirtschaftswissenschaftlern öffentlich über die Absurditäten ökonomischer Prämissen zu diskutieren, über ihre falschen Beweise und ihren Mißbrauch der Mathematik zur Verschleierung lebenswichtiger politischer Entscheidungen als technische Probleme, die durch Kosten-Nutzen-Analysen gelöst werden können? Warum werden solche Kosten-Nutzen-Analysen und ihre Annahmen über Discount-Raten von Wissenschaftlern nicht öffentlich kritisiert, und mit ihnen neue Methoden wie Zahlungsbereitschafts-, Entschädigungsbereitschafts- oder andere Analysen, die sich auf die Annahme der Pareto-Optimalität stützen, die davon ausgeht, daß die Verteilung von Wissen, Macht und Wohlstand unter den Menschen irrelevant sei?

Warum werden sogenannte Prinzipien in der Ökonomie wie das der Pareto-Optimalität nicht als bloße Annahme Vilfredo Paretos in Frage gestellt – eine Angelegenheit, die genauso geprüft und bewiesen werden muß wie jede andere Hypothese auch? Solche ökonomischen Theorien als „Prinzipien" zu bezeichnen, setzt sie auf eine Stufe mit Newtons Bewegungsgesetzen, die es immerhin möglich machen, Raumschiffe beliebig oft zum Mond und wieder zurück zu holen. Warum fechten ernstzunehmende Wissenschaftler solche Anmaßungen nicht an, die die Wissenschaft selbst wie auch lebenswichtige öffentliche Debatten diskreditieren? Derartige Anfechtungen wären eine enorme Hilfe bei dem Versuch, die schwer bedrängten Menschen auf dieser Erde von der Zerrüttung und dem Elend zu erlösen, die solche Uralt-Paradigmen wie das Bruttoinlandsprodukt mit ihren Rezepten für Wirtschaftswachstum, freien Warenverkehr und Globalisierung des Finanzwesens und der großen Unternehmen hinterlassen.[13]

Wir sollten nicht vergessen, daß noch vor lediglich dreißig Jahren die Überzeugung weit verbreitet war, das ewige Tauziehen zwischen Privatsektor und Staat werde zu Gunsten des Staates ausgehen. Das Ausmaß der schon damals globalen technologischen Innovationen schien die großen Unternehmen zu bevorteilen, mit ihrer ganzen Spannweite von steuerndem Management, der Fähigkeit, Märkte für sich zu erobern, Rücklagen zu bilden und bei den Regierungen Gelder für Forschung und Entwicklung einzuwerben. Doch all diese unternehmerische Macht hatte auf seiten der Regierungen ein entsprechendes

Niveau an Weitsicht, Koordination und der nach dem Zweiten Weltkrieg verbreiteten Orientierung an makropolitischen Zielen wie Vollbeschäftigung, Wirtschaftswachstum und sozialem Wohlstand hervorgebracht.[14] Diese stärkere Rolle des Staates entsprang den Erfahrungen der Depressionszeit, der Zunahme des Einflusses des Militärs durch den Zweiten Weltkrieg sowie den Forderungen der Verbraucher, Gewerkschaften und Anteilseigner, Marktversagen, Marktmißbrauch und die Handlungen *der Unternehmen selbst* zu korrigieren. Heutzutage ist der *Staat* überall auf dem Rückzug. Politische Ängste und Hoffnungen konzentrieren sich jetzt auf den Aufstieg von Märkten und die Macht privater Unternehmen in unserer globalisierten Wirtschaft.

Dieses Hin und Her zwischen privaten Unternehmen und expandierenden Märkten auf der einen Seite und dem Staat auf der anderen Seite gibt es mindestens seit dem 15. Jahrhundert. Europäische Könige heuerten private Gesellschaften mit beschränkter Haftung zur Ausbeutung fremder Länder und Ressourcen an. Oft wurden solche Expeditionen von Monarchen aus Steuereinkünften finanziert. Piraterie, Unterdrückung der indigenen Bevölkerung, das Schürfen von Gold, Mineralien und anderen Bodenschätzen, Sklavenhandel und andere „Profitquellen" wurden angezapft; häufig war es offene Plünderei. In Britannien brachte die Tradition des Gewohnheitsrechts Rechtssysteme und Verträge hervor, die das Privateigentum schützten und dadurch private unternehmerische Initiativen förderten. Diese frühen Urkunden waren eng begrenzte soziale Verträge mit Individuen, in denen einzelne Regeln, die für alle anderen Bürger galten, aufgehoben waren. Während die Herrscher dieser Zeit sich Schätze, Profite und neue Ländereien erhofften, suchten die privaten Investoren in der Übernahme solcher unternehmerischer Risiken ihr persönliches Glück.

Frühe Unternehmungen der British East India Company, der Muscovy Company und der Levant Company bestätigen die Effektivität dieser Praxis des frühen Kapitalismus, die „animalischen Instinkte" zu entfesseln. Die Franzosen experimentierten auf ähnliche Weise in einem Handelsabkommen mit Britannien, dem „Eden Treaty" von 1786, als die Anfänge der „etatistischen" Politik Ludwigs XIV. und seines Ministers Jean Baptiste Colbert vorübergehend unter dem Einfluß der frühen Markttheorien der Physiokraten standen.[15] Während die Franzosen zu dem statischen Modell der nationalen Expansion zurückkehrten, investierten die britischen Unternehmer in alles, von „The Treasurer and Company of Adventurers and Planters of the City of London for the First Colony of Virginia" (um Siedler nach Amerika zu verschiffen, mit 659 privaten Investoren zu 12 Pfund 10 Shilling pro Person) und die „Joint Stock Company for Transporting One Hundret Maids to be Made Wives" bis hin zu Projekten wie einem Perpetuum mobile oder einem System zur Herstellung von Wolle, das „allen Armen in Großbritannien Arbeit verschaffen" sollte.[16] Andere „Inve-

storen" fanden sich schnell zusammen, um Nordamerika zu kapitalisieren. Am
Ende des 19. Jahrhunderts betrug die Gesamtsumme der Direktinvestitionen in
den USA rund drei Milliarden US-Dollar, hauptsächlich für die Eisenbahn, die
zu diesem Zeitpunkt das frühere Kanalsystem bereits an Bedeutung überholt
hatte. Britische Aktionäre wurden gewohnheitsmäßig von amerikanischen
Eisenbahngesellschaften und ihren Räuberhauptmannsdirektoren hereingelegt.
Diese lieferten nämlich gefälschte Berichte ab, wie etwa Jay Gould, der 1882
schließlich von der Erie Railroad geschaßt wurde.

Im späten 18. Jahrhunderts verliehen US Städte und Bundesstaaten zahlreichen Unternehmen Privilegien, wobei umfangreiche Bestechung der Öffent-
lichkeitsvertreter und offene Geschenke in Form von Aktien an der Tagesordnung waren. Allmählich wurden diese früheren Privilegien durch Gesetze ein-
geschränkt. Die übelsten Mißstände wurden abgestellt; unter anderem wurden
eine erweiterte Veröffentlichungspflicht und primitive Buchhaltungsvorschriften eingeführt. Die Betrügereien an den Aktionären setzten sich allerdings im
Verwässern von Anteilen, dem Wachstum von Holdinggesellschaften und
immer komplexeren Verfahren fort, Vermögenswerte von Unternehmen in
„Trusts" einzubringen. Obendrein wurden bei unregulierten Börsengeschäften
die Aktienpreise durch eine Reihe von Tricks wie „short-selling", „bear raiding",
Monopole und andere üble Kunststückchen manipuliert, die sich über ein Jahrhundert der Booms, Pleiten und Seifenblasen ergossen und schließlich im Wall
Street Crash von 1929 ihren Höhepunkt fanden. Während Aktionäre immerhin
auf dem Papier noch einige Rechte hatten, war in den Unternehmensverfas-
sungen nirgends etwas festgehalten über die Rechte der Beschäftigten, der Verbraucher oder der Bürger im allgemeinen, außer gelegentlichen vagen Verspre-
chungen von einem allgemeinen Nutzen, der sich einstellen werde. Umweltschutz kam diesen frühen Investoren nicht in den Sinn; für sie war es vielmehr
eine Tugend, natürliche Ressourcen auszubeuten.

Das Konzept, daß der Staat Unternehmen in einem Gesellschaftsvertrag
besonderen Status verleiht, hat überdauert, und es hat, wie ich in diesem Papier
beschreibe, immer noch eine vielversprechende Zukunft. Die Idee gewann
zusätzlich an Boden durch die ersten Partnerschaften zwischen öffentlichen und
privaten Einrichtungen beim Bau von Kanälen – und sie hat eine bewegte Vergangenheit. Ludwig XIV. zum Beispiel versah den Bau des staatlichen Kanalsystems in Frankreich mit Privilegien. Im Gegensatz dazu wurde das britische
Kanalsystem in privater Regie und einem Wirrwarr von inkompatiblen Standards ausgebaut. Das französische Prinzip, die gesamte Wirtschaft als ein einheitliches System zu führen, schlug sich später in Subventionen für Segelschiffe
nieder, denen dann in den achtziger Jahren des vergangenen Jahrhunderts die
britischen Dampfschiffe den Wind wegnahmen. Der Weitblick der französischen Regierung erwies sich als verkürzt, und im Jahre 1910 dominierte die

britische Dampfflotte die Handelsschiffahrt. Im gleichen Zeitraum investierte die französischen Regierung außerdem in den Ausbau ihres Kanalsystems – während in Großbritannien und den USA gerade die Eisenbahnen den Transportverkehr übernahmen. Der angelsächsische Spruch von der „schusseligen Regierungsbürokratie", den man heute so oft hört, enthielt also viel Wahres, hat eine lange Geschichte und wurde im Laufe der Zeit zu einer Glaubensangelegenheit.[17] Dieser Glaube an den freien Markt verbreitete sich in den USA außerordentlich im Zuge der beträchtlichen Investitionen und Innovationen zur Zeit der frühen Industriellen Revolution, und er wurde zu einem prägenden Bestandteil der US-Kultur.

Während in vielen europäischen Ländern das Privilegieren von Unternehmen eine Angelegenheit eng umgrenzter Einzelfälle blieb, erteilten in Großbritannien und den USA myriaden unterschiedlicher und miteinander konkurrierender Einzelstaatengesetze solche Privilegien routinemäßig. Oft wurden sie künftigen Unternehmern regelrecht aufgedrängt. Das Unternehmensrecht des Staates Arizona schrieb zum Beispiel im Jahre 1908 vor, daß „keine öffentlichen Unterlagen oder Firmenbücher an irgend einem Ort zur öffentlichen Einsichtnahme bereitgehalten werden müssen", und Delaware reihte sich ein zum Wettlauf um die niedrigsten Standards. Keinerlei Beschränkungen hinderten Vorstände und Direktoren eines Unternehmens daran, mit „Insiderkenntnissen" Handel mit den Aktien ihres Unternehmens zu treiben. Im Jahre 1887 wurde die US Interstate Commerce Commission gegründet, um die Flut von Korruption bei der Vergabe von Eisenbahnkonzessionen und die damit einhergehende außerordentliche Freigebigkeit mit öffentlichem Grund und Boden einzudämmen. Einige Eisenbahngesellschaften und Banken gingen dazu über, Gelder in Fonds zu sammeln, die dann sowohl in Washington ausgegeben wurden wie auch zum Schmieren von Vertretern staatlicher und örtlicher Behörden, um „Aktionäre vor ungerechter Gesetzgebung zu schützen". Lobbyismus dieser Art und das Parteispendenwesen sind heute endemisch und werden von der Mehrheit der US-Bürger als Grund dafür genannt, daß siebzig Prozent der Regierung in Washington nicht trauen.[18] Um das Jahr 1903 gab es in den USA 300 Industriegiganten mit staatlichen Privilegien, und der Ansturm hörte nicht auf, immer mehr öffentliches Kapital einzuwerben.[19]

Das erste Gesetz eines Bundesstaates, das den großangelegten Betrug bei der Vergabe und dem Verkauf von Sicherheiten bremsen sollte, wurde 1910 in Kansas als Reaktion auf eine Welle öffentlicher Empörung in Kraft gesetzt. Endlich wurde die routinemäßige Vergabe von Unternehmensprivilegien gebremst, und es wurden strengere Anforderungen gestellt. Von Aktienmaklern, Versicherern und Händlern wurden jetzt Lizenzen verlangt. Verletzungen dieser Vorschrift wurden als Kriminaldelikt bestraft. Obwohl es nur ein Gesetz eines Einzelstaates war, wurde das „Kansas Blue Sky Law" (Gesetz zur Regelung des Verkaufs von Aktien und Wertpapieren des Staates von Kansas) Vorbild für 23 andere innerhalb von zwei Jahren erlassenen Staatsgesetze. Dies ist ein frühes Beispiel für einen „Engelslskreis", ein Beispiel dafür, daß die Rechtsprechung an einer einzigen Stelle eine Führungsrolle bei der Aufstellung von Regeln für Unternehmen übernehmen und damit einer ganzen Nation nützen kann. Diesem „Engelskreis" lag Spieltheorie, nicht Ökonomie zugrunde. Die ökonomische Wettbewerbstheorie hätte vorausgesagt, daß die Firmen in Gegenden laxerer Vorschriften fliehen würden, was - im Dienste privater Profitmaximierung - zu einer Abwärtsspirale bis zum bitteren Ende führen würde. So ein Wettbewerb, solche Gefangenendilemmas und Teufelskreise kennt man natürlich auch in der Spieltheorie. Aber die Spieltheorie erlaubt auch kreative, überraschende Doppelgewinn-Strategien, welche zu „Engelskreisen" führen. Im vorliegenden Beispiel einigten sich andere Staaten und Firmen freiwillig auf die von Kansas gesetzten Höchststandards, um Vertrauen bei Kunden und Investoren zu gewinnen: Der höhere Standard wurde zum Wettbewerbsvorteil. Solche Strategien funktionieren am besten in demokratischen Gesellschaften mit vielen Medien, und mit Gesetzen, die die Rede- und Informationsfreiheit garantieren. Der Börsenkrach von 1929 (Endpunkt eines Vielfach-Verlierer-Spieles halsabschneiderischen Wettbewerbs) war schließlich 1934 der Anlaß für die Einrichtung der Anlagen- und Börsenkommission der USA (SEC), welche Regeln in Richtung von Vielfach-Gewinner-Spielen festsetzte. Dank dieser Regeln konnten Firmen ihre Aktien einem verängstigten Publikum wieder getrost anbieten, weil sie sich den Regeln eines fairen und kontrollierten Spieles unterwarfen.

Heute wird das Spiel des Übervorteilens von Regierungen durch private Marktteilnehmer auf globaler Ebene gespielt. Täglich wechseln im globalen Kasino 1,3 Billion (tausend Milliarden) Dollar von Währungen und Derivaten den Besitzer, wobei 90 Prozent rein spekulative Transaktionen sind; das erinnert bedenklich an die unregulierte Wallstreet von 1929. Diese Globalisierung hat die auf nationale Kapital- und Wirtschaftsmärkte bezogenen Lehrbuchmeinungen über den Haufen geworfen und die klassischen fiskalischen und geldpolitischen Instrumente geschwächt. Viele Staaten haben zwar unter politischem Druck von Bürgerbewegungen, Gewerkschaften, Aktionären, Menschenrechtsgruppen oder Umweltschützern gute Vorschriften zustande bekommen. Aber internationale Vereinbarungen über Transparenz, Buchhaltungsvorschriften und andere Maßnahmen zur Steuerung der Weltkapitalmärkte, von mir und anderen immer wieder verlangt, stecken noch in den Kinderschuhen. Diese globalen Finanzmärkte zerstören nicht nur ganze Ökosysteme und Kulturen, sondern enthalten auch hohe Risiken für Investoren und für die öffentliche Hand, wie man kürzlich beim Bankrott des Distrikts Orange County in Kalifornien erleben konnte.[20]

Die meisten Regierungen, der Internationale Währungsfonds (IMF), die Weltbank und die Welthandelsorganisation (WTO) sind immer noch besessen von physikalistischen Modellen wirtschaftlicher Wettbewerbsfähigkeit. Dabei übersehen sie biologische und ökologische Erkenntnisse, sie übersehen, daß die Flutwellen finanzieller Liquidität ganze Landschaften und Ökosysteme weg-bürsten, die durchlässigen Membranen von Kulturen aus dem Weg räumen und Gemeinschafts-„Zellen" aufbrechen, wodurch ihr interner Stoffwechsel zerstört wird. Die Regierungen haben noch mit Recht Angst vor der ungezügelten glo-balen Mobilität des heutigen Kapitals und der Konzerne, die nach Regeln vor-gehen, nach denen es entweder Gewinner auf der einen und unvermeidlich Ver-lierer auf der anderen Seite gibt, oder überhaupt nur Verlierer. Konzerne und Regierungen übersehen immer noch die spieltheoretische Möglichkeit kreati-ver Doppelgewinnstrategien, die sich aus Einsichten der Quantenmechanik und der Chaostheorie ableiten.[21]

Drei Arten von Geld sind heute mindestens erforderlich:

• eine globale Reservewährung, die auf Sonderziehungsrechten (SDR) oder einem globalen Währungskorb basiert;
• nationale Währungen einschließlich Gutscheinen, Lebensmittelmarken, Darlehensprogrammen und Berechtigungsscheinen, die alle nicht interna-tional gehandelt werden; und
• lokale Währungen sowie direkter, auf Information basierender Tauschhan-del.[22]

Viele Konzerne kämpfen immer noch gegen internationale Vorschriften, obwohl diese ihnen in Wirklichkeit nützen würden, weil sie den Markt ver-größern oder dazu beitragen, saubere, kostensparende Technologien nutzbrin-gend einzusetzen. So ist zum Beispiel Calstart, das öffentlich-private Konsor-tium für Null-Emissions-Verkehr, nach anfänglicher Opposition seit 1992 auf 185 teilnehmende Firmen angewachsen, hat eine halbe Milliarde Dollar priva-ter Gelder auf sich gezogen und 2000 Arbeitsplätze in einem neuen Doppel-gewinnspiel geschaffen.[23] Im heutigen globalen Dorf mit seinen sofort und überall verfügbaren und wirksamen Nachrichten kann bei klassischen Null-summenstrategien der Schuß leicht nach hinter losgehen, etwa durch Skandale und Boykotte. So ging es zum Beispiel US-Firmen, die Billigkleider aus mittel-amerikanischer Kinderarbeit vertrieben. Das Tauziehen erstreckt sich heute auf die Machtinstrumente der Massenverführung, Werbefeldzüge und Kampagnen, um Volksabstimmungen nachträglich zu neutralisieren. Ihre Gegenspieler sind finanziell viel schlechter ausgestattete Alternativmedien und die Netze von Gras-wurzelgruppen, die sich global über das Internet zusammenfinden.[24] Einige fortschrittliche Konzerne einschließlich der Mitglieder des World Business

Council for Sustainable Development (WBCSD) mit dem Hauptquartier in Conches bei Genf arbeiten daran, Doppelgewinn-Strategien für die gemeinsame Umsetzung (joint implementation) der Klimarahmenkonvention zustandezubringen, unterstützt durch die befreundete International Business Action on Climate Change (IBACC).

Die meisten Firmen sind immer noch mit Arbeitsrationalisierung und Verschlankung und mit der Drohung gegenüber nationalen Politikern beschäftigt, an Standorte mit schwacher Gesetzgebung auszuwandern. Dabei stehen betriebliche Orts- und Investitionsentscheidungen natürlich auch unter gewaltigen Währungsrisiken. Einige werfen ihr Geld auch in Forschung und technologische Innovation in technologieabhängigen Märkten und stehen dann plötzlich vor gewaltigen Kapitalverlusten, von denen Orio Giarini berichtet.[25] Manche technologische Innovation in Produkte ist entweder trivial oder gefährlich, aber das kann den Lehrbuchökonomen und den fortgesetzten Subventionen der „schöpferischen Zerstörung" offenbar nichts anhaben. Im Kontrast zu diesen Lehrbüchern, aber von der Chaostheorie her völlig verständlich, hat die wachsende Größe und Kapitalintensität der Firmen und ihr konkurrenzloses Technologiepotential zu immer weiter wachsenden Konzerngrößen sowie zu immer weiterer Arbeitsrationalisierung geführt (und nicht etwa zu perfekten Märkten mit einer großen Zahl von Konkurrenten). All das haben Juan Rada, Gunter Friedrichs und ich selbst schon seit langem vorausgesagt: Angestellte, die keinen Kapitalanteil besaßen, mußten in einer immer ungleicheren Verhandlungsposition zwischen Kapital und Arbeit immer mehr um ihre Arbeitsplätze und Löhne bangen. Wenn die Maschinen ihre Arbeit übernahmen, mußten die Beschäftigten zum Bestandteil der Maschine werden.[26] In den USA gibt es seit den sechziger Jahren Vorschläge für ein garantiertes Grundeinkommen von Autoren wie Milton Friedman, Gar Alperovitz, Robert Theobald und mir selbst, in Europa von James Robertson, Josef Huber und anderen sowie den meisten Grünen Parteien.[27] Ich habe mich außerdem für die Anregungen von Louis und Patricia Kelso über Belegschaftsaktien und Wirtschaftsdemokratie eingesetzt.[28]

Alle diese Gedanken für den Umgang mit der technologischen Überschußgesellschaft gingen der kybernetischen und morphogenetischen Erkenntnis über Abweichungs/Verstärkungsprozesse in der Gesellschaft voraus. Nur wenige Ökonomen, unter ihnen Paul Romer und W. Brian Arthur, haben solche kybernetischen und aus lebendigen Systemen übernommenen Prinzipien aufgegriffen, nach welchen positive Rückkopplungen und Attraktoren Trendverstärkungen bis hin zu Katastrophen, Gigantismus und Systemkollaps möglich machen. Sogar der Ökonomie-Nobelpreisträger Kenneth Arrow hat Mitte der achtziger Jahre seine früheren Gleichgewichtstheorien über Bord geworfen und sich mit system- und chaostheoretischen Gleichgewichtsansichten angefreundet. Kurzum: die heutige Globalisierung von Technologie, Märkten, Kapital,

Information und Massenmedien wird durch die neuen Linsen besser beobachtbar als durch die der alten Ökonomie. Die neuen Linsen kommen aus der Spieltheorie, der Systemdynamik, der Chaostheorie, der Geopolitik, der Kulturanthropologie, der Psychologie und der Ökologie, wo jeweils Effekte sowohl positiver wie negativer Rückkopplung, von Ungleichgewichten, Erwartungen, Ungewißheit und kulturellen Variablen auftauchen.

Einige kluge Ökonomen übernehmen solche systemtheoretischen Konzepte wie etwa das Aufschaukeln durch positive Rückkopplung in ihre engeren ökonomischen Modelle und sprechen dann etwa von „wachsenden Gewinnen".[29] Andere wie Paul Romer legen die peinliche Tatsache offen, daß die Wirtschaftswissenschaften die Antriebsvariable „Technologie" vernachlässigen und immer noch als bloßen *Parameter* behandeln.[30] Das heißt, die Brüderschaft der Ökonomen kann sich immer noch gegenseitig die Nobelpreis für Leistungen zuschieben, die in anderen Disziplinen als Schmierpapier-Trivialitäten angesehen würden. Sogar der amerikanische Oberkonservative Irving Kristol gab schon 1981 zu, daß es „eine Krise in der ökonomischen Theorie gibt (...) – fast jeder Begriff, jeder Lehrsatz, jede Methodologie in der heutigen Ökonomie ist heute zum Streitgegenstand geworden."[31] Und Peter Drucker, der Guru der Betriebsführung, weist auf tieferliegende Probleme für Firmen hin: „Sogar der Begriff der Gewinnmaximierung, der in der Theorie der Firma in Hochschulkursen gelehrt wird, wird bedeutungslos, wenn er irgendwo anders als bei einmaligen, nicht wiederkehrenden Handelsabschlüssen seitens einzelner und bezogen auf eine einzelne Ware verwendet wird, also in extrem seltenen und absolut nicht repräsentativen Fällen."[32]

Während die Kraft der ökonomischen Theorie als Stützpfeiler für Firmenprivilegien im Schwinden begriffen ist, halten Lobbyisten und Politiker, die im Dienste der Privatwirtschaft stehen, nach neueren „wissenschaftlichen" Rechtfertigungen für immer weitere Deregulierung und Privatisierung Ausschau. Es steht viel auf dem Spiel, zum Beispiel die von der Weltbank betriebene völlige Privatisierung staatlicher Pensionssysteme nach chilenischem Modell, die natürlich auf neoklassischer Ökonomie und nicht auf systemtheoretischen Annahmen fußt.[33] Die Anwälte der *Laisser-faire*-Politik zitieren jetzt die soziotechnische Komplexität und deren nicht vorhersagbares Verhalten zusammen mit den Ungewißheiten dynamischer Systeme im Ungleichgewicht als neue Argumente für die Privatisierung und die Nicht-Intervention in das Marktgeschehen. Modische Denkfabriken einschließlich des Santa-Fe-Instituts freuen sich über Nachfrage bei Konzernen für ihre chaostheoretischen Modelle; ähnlich ergeht es der „Ökonomie als Ökologie"-Lehre von Michael Rothschilds Institut für Bioökonomie. Beide sind bei Regierung und politischen Vorkämpfern für die Deregulierung äußert populär.[34] Dennoch können wir als Menschen uns nicht vor der Verantwortung für die massiven privatwirtschaftlichen Interventionen drücken, die zu Gunsten der Entwicklung von Industrietechnologien oder mit der Wirkung von Umweltverschmutzung, Wüstenausbreitung und Auszehrung der Ozonschicht gemacht worden sind. Wenn alle diese privaten Aktivitäten als „natürlich" angesehen und folglich den natürlichen Rückkopplungen überlassen bleiben sollten, wie die *Laisser-faire*-Ökonomen es wollen, warum ist es dann nicht ebenso „natürlich" für uns Menschen, Vorsicht, Gemeinschaftsregeln, nationale Gesetze, Versicherungspflicht usw. zu entwickeln und ökologisch aufgeklärte Verbraucher und Investoren, soziale und ökologische Buchprüfer und Berater oder aber globale Graswurzelaktivisten zu werden, welche alle dazu beitragen, die unerwünschten, unfairen, giftigen Effekte früherer ungeregelter Privatwirtschaft zu dämpfen?

Die Regierungen geben gerne zu, daß die ökonomischen Vielfach-Verliererspiele nur begrenzt Sinn haben, aber sie tun sich schwer, den heutigen globalen Wirtschaftskrieg durch Kooperation und die Schaffung von Doppel-Gewinnregeln zu reorganisieren, wie es die Europäische Union mit ihren Umweltstandards immerhin geschafft hat. Eine globale Version der amerikanischen Anlagen- und Börsenkomission zur Stabilisierung der globalen Finanzmärkte und zur Erschwernis des Geldwaschens ist beim G7-Gipfel in Halifax, Kanada, 1995 diskutiert worden, allerdings erst auf starken Druck von außen. Aber Fortschritte waren nicht zu verzeichnen. Das Ausmaß, in welchem Regierungen auf allen Ebenen zu Marionetten von Konzernen und finanziellen Sonderinteressen geworden sind, wird von der konventionellen Ökonomie und Politikwissenschaft übersehen oder heruntergespielt, und es gibt eine massive psychologische Verdrängung dieser Tatsachen unter Politikern, Wissenschaftlern und Journalisten.[35] All das ist von einer mutigen Minderheiten von Kritikern seit 200 Jahren immer wieder beschrieben worden, und in der heutigen Forschung etwa durch den Council on Economic Priorities, den Multinational Monitor (beide in den USA), Third World Resurgence (Malaysia), New Economics (Großbritannien) und durch Susan George, Richard Falk, Richard Barnet, Vandana Shiva, Martin Khor, Christine von Weizsäcker, Johan Galtung, Marilyn Waring, Colin Hines, Chakravarthi Raghavan, Helena Norberg Hodge, David Korten, Sir James Goldsmith sowie die Autorin dieses Beitrags.

Die dritte Kraft: Die Zivile Gesellschaft

Jetzt stellt sich eine wachsende moralische Kraft der geballten Konzern- und Regierungsmacht entgegen. Sowohl in den OECD-Ländern wie im Süden beobachtet man eine erstaunliche Zunahme engagierter Freiwilliger, Graswurzelsowie Bürger- und Bürgerinnengemeinschaften. In den USA alleine sind 89 Millionen Freiwillige wenigstens fünf Stunden pro Woche unentgeltlich tätig.[36] Dieser „dritte Sektor" hat die herkömmliche Ökonomie und Politikwissenschaft überrascht, weil unbezahlte Gemeinschaftsarbeit im Haushalt, der

Gemeinde und den traditionalen Gesellschaften als „unökonomisch" betrachtet und schlicht übersehen wurde – weswegen dann auch die rund 16 Billionen (tausend Milliarden) Dollar, die in diesem Sektor stecken, in den Berechnungen des globalen BSP fehlen.[37] Dieser dritte Sektor, die dritte Kraft, stammte ursprünglich aus traditionalen, zumeist familien- und subsistenzorientierten Aktivitäten, welche die konventionell-ökonomische Analyse ebenso übersieht wie die Myriaden von sozialen, Umwelt- und kulturellen Kosten, welche solche vergessenen Bevölkerungsteile aufgebürdet bekommen. Diese unbezahlte, informelle „Liebesökonomie" (Love Economy), über die ich seit einem Vierteljahrhundert schreibe[38], liegt dem größten Teil der zivilen Gesellschaft zugrunde und umfaßt wenigstens die Hälfte aller produktiven Arbeit in den Industrieländern und bis zu 65 Prozent in den Entwicklungsländern. Immerhin ist sie nunmehr endlich gut dokumentiert, wie die Abbildung zeigt. [Der von Hazel Henderson gebrauchte Begriff der „Civil society" umfaßt die deutschen Entsprechungen „Zivile Gesellschaft", „Bürgergesellschaft" und „Bürgerbewegung"; Anm. d. Ü.]

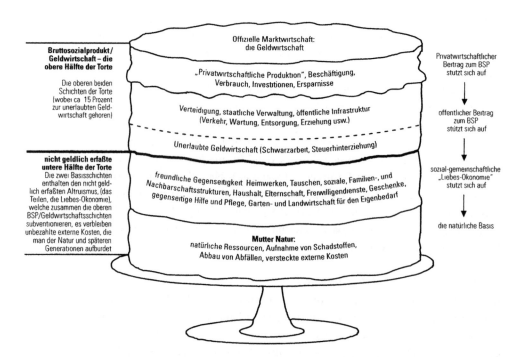

Das Gesamtproduktionssystem einer Industriegesellschaft: eine hohe Torte mit Glasur (© 1982 H. Henderson).

Das Bild stellt einen weiteren Sargnagel für die konventionellen Theorien über Bruttosozialprodukts/Bruttoinlandsprodukts-Wachstumstheorien dar.[39] Das Zusammenwachsen der Erfahrungen von Millionen von Bürgern, die die schädlichen Auswirkungen der herkömmlichen Makropolitik der internationalen Finanzinstitutionen und Handelsabkommen und der Welthandelsorganisation sowie der Konzerne selbst zu erleiden haben, wendet sich nunmehr gegen die Verursacher. „Fünfzig Jahre sind genug", war der Name einer Kampagne gegen die Weltbank, welche diese zu inneren Reformen gezwungen hat.[40] Unterdessen hatten die Analysen des Dritte-Welt-Netzwerks gut dokumentiert, wie die herkömmliche Politik Armut und ökologische Zerstörung im Süden verschärft hatten. Die aus dem 19. Jahrhundert stammenden Nichtregierungsorganisationen wie der YMCA und kirchliche Gruppen hatten noch versucht, das Elend und die soziale Zerrüttung zu lindern, die durch das Gewinnstreben des privaten Sektors verursacht waren.[41] Heute haben sich ihnen akademische Analytiker angeschlossen, die die zerstörerischen Wirkungen der als „Washington Consensus" bekannten Sorte von Weltwirtschaft in so angesehenen Zeitschriften wie „Foreign Affairs" kritisieren.[42]

Freiwillige Verhaltensregeln der Privatwirtschaft
Bis hierher haben wir nur die schlimme Tatsache beleuchtet, wie die Konzerne konsequent Bürgerrechte verletzen. Jetzt wenden wir uns dem leider sehr langsamen Prozeß der Besserung zu, der durch ökologische Begrenzungen erzwungen wird. Gute Parasiten töten ihren Wirt nicht, sondern suchen die Koevolution. Die „dritte Kraft" zwingt die Wirtschaft, ihre Verantwortung wahrzunehmen, wie es früher von Regierungen verlangt worden ist. Wo aber die Regierungen nun um Haushaltskürzungen, Regeln und Sicherheiten wetteifern, die das Investitions-„Klima" verbessern sollen, verlangen Bürgerrechtler vom Privatsektor, daß er sich mehr um die soziale Sicherung und Erziehung kümmert, die früher beim Staat aufgehoben war. Die Bürgermacht hat noch nicht die kritische Masse erreicht, um Weltkonzerne in die Schranken zu weisen. Schließlich sind diese Konzerne so mächtig und reich, daß ihre Jahreseinkommen das Bruttosozialprodukt fast aller Staaten übersteigt; das erklärt die Rückschläge der Graswurzel-Globalisten.[43]

Auch die Firmen sind aus kleinen Anfängen entstanden und haben sich erst später in die staatliche Gesetzgebung, zum Beispiel über Abgaswerte, einmischen können. Anfangs bekämpfen sie die Bürgerinitiativen, später, zu einem ihnen genehmen Zeitpunkt, übernehmen sie deren Forderungen. Dann aber wird der soziale oder ökologische Standard zum Doppelgewinnspiel für sie.[44] Auch auf globaler Ebene gibt es nicht nur die Versuche, internationale Standards zu schwächen oder zu unterlaufen, sondern man kann neuerdings auch Bemühungen um höhere globale Standards in Partnerschaft mit Regierungen und der Zivilen Gesellschaft beobachten, als Ansatz für Doppel-Gewinnstrategien für die Zukunft.

Die Uruguay-Runde des GATT[45], die regionalen Freihandelshandelszonen wie NAFTA, der Unsinn des Subventionierens von Transport, Energie und Landverbrauch macht die Irrationalitäten des heutigen Welthandels teilweise sichtbar. Aber es gibt eine Bewegung in Richtung korrigierter Preise und „wahrer Kosten". Steuern werden langsam von den Einkommen auf Ressourcenverschwendung, Ressourcenverbrauch und Verschmutzung verlagert, und das Bruttosozialprodukt wird langsam als Meßwert in Frage gestellt, wie es in der Agenda 21 des Erdgipfels von Rio 1992 verlangt wurde. Und so sollten die sinnlosen Warenströme fast identischer Produkte langsam vom Markt verschwinden.

Ich habe eine Vision eines gesunden Welthandelssystems durch einen Übergang von Waren auf Dienstleistungen und einem Auswechseln unserer kulturellen Prioritäten. Bei Vollkostenrechnung dürften sich die Selbstversorgungssysteme in den meisten Ländern als am effizientesten erweisen. Dann zeigt sich, daß John Maynard Keynes recht hatte, daß es besser ist, Rezepte zu transportieren als Kuchen. Wir können viele Gewinner haben, wenn die Rezepte auch allen zugänglich gemacht werden, wie die „joint implementation"-Strategien des WBCSD es vorsehen. Ökologisch günstigere, neue Technologien soll man nicht rar machen, sondern aktiv verbreiten. Information ist ja gar nicht knapp, aber die Ökonomen reden immer noch bloß über Knappheit. Information kann die alten Geldmonopole durch technologisch hochstehende Tauschgeschäfte unterlaufen. Der nicht monetarisierte „Gegenhandel" durch Tauschringe, aber auch durch Geschäftsleute und Regierungen, wird heute auf rund 10 bis 25 Prozent des gesamten Welthandelsvolumens geschätzt. Ein gesundes Welthandelssystem wird die kulturelle und biologische Vielfalt feiern und belohnen. Wir lernen wieder den Genuß an Musik, Kunst, Küche und Lebensformen anderer Länder.

Vielleicht fünf oder zehn Prozent der Privatwirtschaft zählen sich heute bereits zur schöpferischen Minderheit einer Privatwirtschaft des bürgerlichen Anstandes („Good Corporate Citizenship"), mit Blick auf die Märkte des 21. Jahrhunderts. Sie tun sich mit den wachsenden Scharen von sozial und ökologisch bewußten Verbrauchern, Investoren und Mitarbeitern zusammen.[46] Sie schwimmen gegen den Strom der konventionellen Wettbewerbswirtschaft mit vielen Verlierern. Die Nicht-„Lehrbuch"-Investoren und Unternehmer laufen nicht der schnellen Mark nach, sie versuchen, ein weites Feld personaler und gesellschaftlicher Ziele zu optimieren, wobei Sinnstiftung zu erleben, langfristige Perspektiven bis zu Enkelgeneration zu entwickeln sowie den Planeten und das nichtmenschliche Leben zu schützen eine wichtige Rolle spielen. Viele vermeiden jede militärische Produktion, andere halten ihr Anlagegeld aus Firmen heraus, die ökologisch problematisch oder unfair gegen Angestellte oder

Minderheiten sind, sich mit Diktaturen einlassen, Kinderarbeit zulassen, im Alkohol- oder Tabakgeschäft tätig sind oder unnötige Tierexperimente machen. Einer der ersten Fonds dieser Art war der Pax World Fund, der schon 1974 gegründet wurde und bisher seinen Anteilseignern hervorragende Mehrzuwächse beschert hat. Der Calvert Social Investment Fund von 1982 tat sich besonders mit der Ablehnung der südafrikanischen Apartheid, ökologischen Sünden, rüdem Betriebsklima und Menschenrechtsverletzungen hervor. Später kam die Ablehnung von Grausamkeit gegenüber Tieren hinzu. Bis 1996 sind diese Fonds auf einen Gesamtanlagewert von immerhin 1,5 Milliarden Dollar angewachsen.[47] Regelmäßige Publikationen in dieser Richtung findet man beim Social Investment Forum, Boston, und auf kirchlicher Seite im „Corporate Examiner", New York. Für die Vermögensverwaltungen von Universitäten gibt es das „Investor Responsibility Research Center of Washington DC". Die Geschichte hat Severyn T. Bruyn[48] geschrieben; eine weitere grundlegende Quelle ist Morton Levys Klassiker.[49]

Zwar herrscht bei Fonds-Investoren immer noch das „Prudent Man Principle" der Renditeoptimierung vor, aber dieses schützt nicht vor Abstürzen, wenn sich nämlich die ganze Herde der ökonomischen Lemminge irrt, wie es in der Kernenergie der Fall war. Ironischerweise nahm die Bewegung der sozial verantwortlichen Investitionen während der Reagan-Thatcher-Zeit einen großen Aufschwung. Das lag einfach daran, daß viele Investoren fanden, die Regierungen hätten sich aus der breiteren sozialen und ökologischen Verantwortung gestohlen. Große Popularität gewannen die ethischen Fonds nach dem Börsenkrach vom Oktober 1987, als ein Artikel in dem erzkonservativen Finanzjournal Barrons fragte: „How Come these Do-Good-Funds Do So Well in a Down Market?". Sie hatten nur acht Prozent verloren, während der Dow Jones Index um 24 Prozentpunkte abgestürzt war. Die Erklärung war wieder der – computerprogrammierte – Herdentrieb. Wichtig wäre es nun, die riesigen Vermögensverwaltungen der Pensionsfonds in Richtung der ethischen Fonds zu beeinflussen. Diese sind aber durch die neoklassische Gewinnmaximierung noch weitgehend gebunden.[50]

Im Rahmen einer allgemein gewachsenen Aufmerksamkeit für kleine und mittlere Unternehmen, welche weit mehr Jobs schaffen als die großen, gehätschelten Konzerne, kam mit einem Mal auch die Rolle von Frauen als Kapitaleignern ins Gesichtsfeld. Etwa jeder vierte Arbeitsplatz in den USA ist in einer Firma im Eigentum von Frauen, das sind mehr Arbeitsplätze als die großen „Fortune 500" Gesellschaften zusammengenommen. Diese Geschäftsfrauen sind selten Profitmaximiererinnen; ihr Motiv ist eher, die Welt zu einem lebenswerteren Platz zu machen und gesellschaftliche Bedürfnisse zu befriedigen. Sie vermeiden eher die Sackgassenjobs und Glasfassaden der großen Konzerne. Sie gehen eher in Richtung Selbsthilfe.[51]

Internationale Standards

Die Bewegung darf nicht auf die nationale Ebene beschränkt bleiben. Fortschritt gibt es, wenn die „good corporate citizenship" international wirkt. Hierfür müssen globale Standards wirksam werden. Den Anfang hatte die internationale Arbeitsorganisation ILO mit der dreiseitigen Erklärung zu Prinzipien für multinationale Konzerne gemacht. Später kamen von den Vereinten Nationen und UNCTAD weitere Prinzipien und Codices dazu. Leider gelang es den USA zur Zeit von Präsident Bush, das UN-Center of Transnational Corporations in New York zu zerschlagen. Es gibt auch freiwillige internationale Prinzipien wie die Sullivan Prinzipien über gleiche Chancen und Nichtdiskriminierung (von Angestellten) und die McBride-Prinzipien über Menschenrechte, die noch aus den siebziger Jahren stammen. Die internationale Handelskammer (ICC) hat eine ethisch orientierte Charta, die bis 1996 von 2150 Firmen unterschrieben worden ist, und die Chemieindustrieverbände haben sich international auf ein „Responsible Care"-Programm geeinigt.

Gewiß wollen die meisten Konzerne die internationale Normenfestsetzung eher zum Verhindern von noch höheren Standards. Die genannten fünf bis zehn Prozent Pioniere versuchen demgegenüber, sich für die wachsenden Märkte von ökologisch und sozial verantwortlichen Angeboten zu rüsten, und versuchen folglich, die globalen Normen aktiv anzuheben. Das macht es ihnen dann leichter, Doppelgewinnstrategien in Doppelverlustmärkten zu entdecken und zu erobern.

Nach früh ins 19. Jahrhundert zurückführenden Wurzeln (MVA-Bereich) geht heute die Bewegung zur freiwilligen Normsetzung von der Internationalen Standardorganisation (ISO) in Genf aus. Die Normenreihe ISO 9000 zur Produktqualität wird heute von 110 000 Industriebetrieben weltweit befolgt, nachdem sie lange Zeit vielen amerikanischen Firmen den Zutritt zu anspruchsvollen europäischen Märkten verwehrt hatte. Gegenwärtig ist die Bewegung im Bereich der Reihe ISO 14 000 und der zugehörigen Umweltmanagementsysteme (EMS), welche einen Schutz für die globale Umwelt beabsichtigen und Auswertungsvorschriften, Audits, ökologische Kennzeichnung und lebenszyklusweite Produktkettenanalysen vorsieht.[52]

Als Bremser wirkt sich die WTO aus. Da werden ökologische Kennzeichnungen von Produktionsprozessen immer noch als Handelshemmnis angesehen und in den Nord-Süd-Verhandlungen angegriffen. Verständlicherweise werfen die Entwicklungsländer den Industriegiganten des Nordens unfaire Praktiken und Einflußnahme auf die WTO vor. Es ginge weit über dieses Papier hinaus, eine Analyse der Ökonomie auszubreiten, die immer noch die WTO bestimmt und die auf den Prinzipien der Gewinnmaximierung des 19. Jahrhunderts basiert: die systematische Externalisierung von Sozial- und Umweltkosten, die traditionelle BIP-Definition und die Überbewertung von Gütern gegenüber Dienstleistungen müßten dann zur Sprache kommen. In einer von Michail Gorbatschow geleiteten Sitzung mit WTO-Vertretern im Dezember 1995 wurden diese Fehler zur Sprache gebracht, aber auch die Tatsache, daß die WTO-Regeln sich nur auf etwa zehn Prozent des gesamten Welthandels beziehen, während neunzig Prozent der täglichen Finanzströme gar nicht behandelt werden, welche dringend eine striktere Kontrolle und nicht etwa eine Deregulierung bräuchten!

Sozialverantwortliche Unternehmen bemühen sich unterdessen, am Rande verschiedener internationaler Konferenzen wie dem Erdgipfel von Rio, dem Sozialgipfel von Kopenhagen oder Habitat II in Istanbul, jeweilige Gruppen zur Verschärfung internationaler Standards zusammenzubringen.[53] Man schart sich auch um die ISO 14 000-Standards, um sich aus schrumpfenden Märkten zu verabschieden und zugleich die Notwendigkeit von Regierungsinspektionen und unnötige Geldausgaben zu vermeiden und Popularität in der Öffentlichkeit zu gewinnen.[54]

Vom Aktionär zum Mitspieler

Immer wütender wird die Öffentlichkeit über die Raffgier des privaten Sektors. 60 Prozent der Befragten in den USA wünschen mehr Regierungsinitiativen zur Sicherung sozialverantwortlichen Geschäftsgebarens. 70 Prozent meinen, daß Gewinnsucht und nicht etwa Wettbewerbsdruck die dauernden Entlassungen und Rücknahmen ehemaliger Vereinbarungen mit Mitarbeitern erklären. Fast fünf Millionen Amerikaner haben sich in der Stakeholder Alliance für eine anderes Auftreten der Regierung gegenüber der Privatwirtschaft zusammengefunden. Auf Aktionärsversammlungen der großen Firmen findet man regelmäßig Aktionäre mit ethischen Forderungen vom Verzicht auf Landminen bis zum Stoppen von Geschäftsbeziehungen mit Myanmar oder Aufklärung über ökologische Lasten.[55]

Es ist eine entscheidende Frage, wie sich die „Stakeholders", die gesellschaftlichen Mitspieler, gegenüber den Shareholders, den Aktionären, auf allen Ebenen verhalten. Außer den berechtigten Interessen der Aktionäre gibt es in der Zivilen Gesellschaft ebenso berechtigte Interessen der Angestellten, der Umwelt, des Sozialausgleichs, der Minderheiten, der Menschenrechte allgemein. Für alle diese berechtigten Anliegen gibt es wichtige Mitspieler in der Demokratie. An sich ist dieses eine uralte demokratische Einsicht, aber erst seit kurzem ist die Idee der „Stakeholder Corporation" (des auf alle Mitspieler Rücksicht nehmenden Konzerns) auf der politischen Arena prominent geworden, zum Beispiel durch entsprechende Plattformen von Tony Blair in Großbritannien oder Präsident Bill Clinton in den USA. In Schweden gibt es zumindest den berühmten Ombudsmann, in Deutschland wenigstens die betriebliche Mitbestimmung, in Kanada eine förmliche Unterstützung der Zivilgesellschaft, in den Niederlanden finanzielle Unterstützungen für Umweltschutzgruppen usw.

Natürlich müssen die Mitspieler von manchem Traum Abschied nehmen. Insbesondere die Vorstellung der „Wiederherstellung des Gleichgewichts", die noch von vielen kultiviert wird, ist durch die Evolutionsbefunde der permanenten Veränderung und des fortgesetzten Nichtgleichgewichts widerlegt. Selbst der bäuerlich-ländliche Lebensstil, zu welchem viele so gern zurückkehren wollen, war einstmals eine absolute Revolution, welche die vormaligen Nomadenvölker verdrängte. Schon gar nicht sollten wir kulturelle Traditionen romantisieren, die sich auf die Verletzung von Menschenrechten und demokratischen Prinzipien gründen.

Wie geht denn die Gegenbewegung gegen die globalisierte, mit den globalen Konzernen verwobene Technologie von Satelliten, Düsenflug, Computern und Internet vor sich? Die Graswurzelbewegung und die weltweite Verbreitung der Demokratie sind doch ihrerseits Kinder der Informationstechnologie. Die Ziele der Bewegungen von Bürgern, Angestellten, Aktionären, Umweltschützern und Menschenrechtsvertretern sind demokratische Kontrolle, politische Transparenz und öffentliche Rechenschaftspflicht. Um derentwillen muß man sich international gegenseitig helfen.

Die Frage ist also nicht, *ob* Globalisierung, sondern *welche Art* von Globalisierung, *durch wen und in wessen Interesse*. Die Globalisierung der Kernwaffenausbreitung, des Waffenhandels, der Prostitution einschließlich des Sex mit Kindern (gegenwärtig ein wichtiger Verbreitungsweg für AIDS), der Ozonschichtauszehrung, der Atmosphären- und Weltmeerverschmutzung – all das sind lebensbedrohende Formen der Globalisierung. Sie alle machen *natürlicherweise* feste Vorschriften nötig, sowie eine Neuausrichtung bürgerlicher und menschlicher Prioritäten. Und welche globalen Trends gibt es, die unsere Kultur in eine positive Richtung lenken? Viel verspreche ich mir von der Globalisierung der Information und Kultur – aber nicht durch privatwirtschaftliche Medienkonzerne und staatliche „Mediokratie", die beide den verschwenderischen, ökologisch nicht nachhaltigen westlichen Lebensstil immer weiter verbreitet. Die 300 Jahre alten Regeln der Haftungsbeschränkung sind völlig ungeeignet, um die Mitverantwortung der Konzerne zu definieren, weil sie die Firmen im wesentlichen den Aktionären, und nicht den weiteren Mitspielern gegenüber verantwortlich machen. Auch die rechtliche Interpretation von Firmen als „Rechtspersonen" (deren Spendengelder unsere Politiker beeinflussen), ist nicht aufrecht zu erhalten.

Nehmen wir auch zur Kenntnis, daß Kleinstunternehmen ein entscheidender Teil einer gesunden Entwicklung sind und daß die ärmsten Unternehmer ihre Darlehen im Durchschnitt zuverlässiger zurückzahlen als die reichen. Die prinzipiell gesunden Mikrounternehmen brauchen einen fairen Zugang zur global verfügbaren Information und relativ wenig Geld. Man müßte das Geldsystem auf diesen Bedarf zuschneiden, wie es etwa bei der Grameen Bank der Fall ist.

Was gibt es für soziale Innovationen, aus denen wir Hoffnung schöpfen können? Da gibt es einiges, auch wenn manches noch nicht durch die Massenmedien verbreitet worden ist:

- Der Aufstieg der Zivilen Gesellschaft und die Anerkennung der „Liebes-Ökonomie", woraus sich die Dritte Kraft sowie neue Stimmen speisen, welche unsere Chancen vermehren. Alle neueren Konferenzen der Vereinten Nationen wurden von mächtigen Demonstrationen der Zivilen Gesellschaft begleitet.

- Die weltweiten Militärausgaben sind seit 1987 um rund drei Prozent jährlich gesunken. Allerdings waren diese „Friedensdividenden" in den öffentlichen Haushalten nicht immer leicht erkennbar. jedoch müssen wir diesen zehnjährigen Weg der Entmilitarisierung in dem Vertrauen fortsetzen, daß wir Menschen intelligente Lebewesen sind und die lebensgefährlichen Dummheiten des Kalten Krieges überwinden können. Oscar Arias hat mit seinem globalen Abrüstungsfonds und dem globalen Verhaltenskodex über Waffenhandel weite Unterstützung gefunden. Sein Land Costa Rica zeigt der Welt die riesigen wirtschaftlichen Vorteile der Abrüstung. Panama und Haiti folgen ihm auf dem Weg. Dr. Arias gehört auch zu den Unterstützern der Global Commission to Fund the United Nations (Weltkomission zur Finanzierung der Vereinten Nationen), deren Kerngedanke ein weltweit einbehaltener Versicherungsbeitrag zur Finanzierung einer UNO-Sicherheits- und Versicherungsagentur (UNSIA) ist. Dazu gehört der Vorschlag der vorsorglichen Risikoverminderungs-/Friedenskontingente (Anticipatory Risk Mitigation Peace-building Contingents, ARM-PC), die sich aus einem Teil der Versicherungsprämien finanzieren könnten. Dieser Vorschlag wurde immerhin vom UN-Sicherheitsrat im April 1996 unter Botschafter Juan Somavias klugem Vorsitz diskutiert.

- Eine weitere Gruppe von sozialen Erfindungen, die von der Weltkomission zur Finanzierung der Vereinten Nationen vorgeschlagen wird, ist die dringende Notwendigkeit der Zähmung des „globalen Kasinos". Wir brauchen weltweit harmonisierte Bestimmungen über den Handel mit Wertpapieren und Währungen, überwacht durch eine „Global Securities and Exchange Commission". Ein ähnlicher Vorschlag basiert auf den Ideen von Professor Ruben Mendez von Yale, denen von John Maynard Keynes während der Bretton Woods Conference und von dem Nobelpreisträger James Tobin in den späten siebziger Jahren. Alle diese Gedanken können zusammengeführt werden zu einer Neuorganisation des Währungshandels als öffentlicher Dienstleistung, wozu die G-24-Länder und ihre Zentralbanken zusammen mit den Vereinten Nationen, dem Internationalen Währungsfonds und der

Weltbank beitragen können. Diese neue Handelsinfrastruktur könnte auf modernster, computerisierter Handelstechnologie basieren und den teilnehmenden Nationen und Zentralbanken erlauben, außer ihren herkömmlichen Handelsberichten wertvolle Informationen mit dem Ziel einzufüttern, den heutigen Mißbrauch zu beenden. Eine kleine Gebühr, wesentlich geringer als die von James Tobin vorgeschlagene Steuer, nämlich unterhalb einem Hundertstel Prozent des Umsatzes, würde den meisten der von uns interviewten Händler keinen Schaden zufügen und könnte doch eine bedeutende Einnahmequelle für die Vereinten Nationen, die entsprechenden Dienstleistungen der Regierungen sowie andere Entwicklungszwecke darstellen.[56]

• Die genannte Weltkomission hat noch viele weitere Vorschläge für innovative Finanzierungsmöglichkeiten der Vereinten Nationen und anderer Entwicklungsbereiche vorgetragen. Gebrauchsgebühren für die Nutzung der globalen Allmende (etwa der Luft oder der Ozeane) gehören dazu und können etwa von Fluggesellschaften, Fernsehsendern und Nutzern der biologischen Vielfalt erhoben werden. Ferner schlagen wir den nationalen Regierungen Strafgebühren oder Steuern für den Mißbrauch der globalen Ressourcen vor, einschließlich Waffenhandel, grenzüberschreitender Verschmutzung und Währungsspekulation.

Die Vereinten Nationen müssen sich für das neue Jahrhundert unter Nutzung der Möglichkeiten der Informationstechnik verjüngen. Die UNO ist immer noch die beste Instanz zum Zusammenbringen von Menschen, zum Verhandeln, zum Definieren von Normen für unsere globale menschliche Familie. Nationale Regierungen mögen allerdings häufig die Einbeziehung der zivilgesellschaftlichen Organisationen in die UN-Aktivitäten nicht. Für sie ist die UNO ein Feigenblatt oder auch ein Sündenbock, um von nationalen Interessen abzulenken.

Wenn wir in Systemzusammenhängen denken, müssen wir wenigstens auf den folgenden sieben Ebenen etwas unternehmen:

1. *Individuum:* weniger Material- und Geldumsatz, Personenentwicklung, Erd-Ethik, Nachhaltigkeitswerte;
2. *Gemeinden:* staatliche Anleitungen zur Erleichterung nachhaltiger Lebensstile, etwa Erleichterungen für Fußgänger und Radfahrer, gemischte Gewerbe- und Wohngebiete, lokale Währungen, erneuerbare Energien, Recycling, Abbau von Subventionen für globale Konzerne;
3. *Firmen:* Firmenstrategie für Stakeholder-(Mitspieler-)Modelle, Fortentwicklung der Herstellungsprozesse im Sinne einer breiten Firmenverantwortung nach dem Verursacherprinzip;
4. *national:* ökologische Steuerreform, ökologisch erweiterte Bruttosozial-

produktsrechnung unter Einbeziehung von Lebensqualitätsindikatoren sowie weitere politische Maßnahmen jenseits klassischer Makroökonomie;

5. *international:* Veränderung und Neuverhandlung der Handelsabkommen auch mit der Zielsetzung, erleichterten Zugangs für Entwicklungsländer, Demokratisierung der internationalen Finanzinstitutionen, der Zentralbanken und der Handelsverhandlungen unter Einschluß von Beschäftigten sowie weiteren zivilen Gesellschaftsgruppen; Durchsetzung von Vollkostenrechnung, Lebenszykluskosten, korrigierten Nationalbilanzen und Lebensqualitätsindikatoren. Durchsetzung von Benutzungsgebühren für den wirtschaftlichen Gebrauch von globalen Gütern sowie Steuern und Strafen für Mißbrauch, Rückführung der Weltbank und des IMF in das UN-System, Stärkung des ECOSOG und Wiedergründung des UN Centre on Transnational Corporations;

6. *Zivile Gesellschaft:* Stärkung derselben, Erziehung zum globalen Bürgertum, Steuervorteile und leichterer Zugang zu den Medien für zivilgesellschaftliche Aktivitäten;

7. *Biosphäre:* Durchsetzung der Vereinbarungen und des Aktionsplans der Kairoer Konferenz über Bevölkerung und des Sozialgipfels von Kopenhagen 1995 sowie früherer Aktionspläne, die die menschlichen Gesellschaften zur Nachhaltigkeit führen und die Artenvielfalt der Erde schützen. Frauen sollen auf allen Entscheidungsebenen einbezogen werden, um günstigere Gesellschaftstrends, stabile Bevölkerung und eine wirklich menschliche, nachhaltige Entwicklung zu sichern.

Anmerkungen

1 Hazel Henderson, Horace Albright Lecture. University of California, Berkeley, 1982

2 Joseph Tainter, *The Collapse of Complex Societies.* New York: Cambrigde University Press, 1988

3 Wie behandelt in H. Henderson, *Creating Alternative Futures,* Kap 1, New York, NY: Putnam's Sons, 1978; reprint, Hartford, CT: Kumarian Press, 1996

4 C.A. Hilgartner, M.D., „The Method in the Madness of Western Man" (Unveröffentlichtes Manuskript), in: H. Henderson, *ibid.*

5 H. Henderson, *Politics of the Solar Age.* Doubleday/Anchor: New York, NY, 1981; TOES Books, 1988

6 H. Henderson, „Should Business Tackle Society's Problems", *Harvard Business Review,* Vol. 46, #4 (July-August, 1968); „Toward Managing Social Conflict", Vol. 49, #3 (May-June, 1971); „Ecologists Versus Econimists", Vol. 51, #4 (July-August, 1973)

7 H. Henderson, *Politics of the Solar Age,* Kap. 8: "Three Hundred Years of Snake Oil", op. cit.

8 Siehe zum Beispiel, *The Economist,* in London ansässiger Fürsprecher der neoklassischen Ökonomie, vertritt diese Position oft in seinen Editorials

9 H. Henderson, *Paradigms In Progress.* Indianapolis, IN: Knowledge Systems, 1991; reprint, San Francisco: Berrett-Koehler, 1995

10 H. Henderson, *Building a Win-Win World,* Kap. 1, S. 56. San Francisco: Berrett-Koehler Publishers, 1996

11 Judge David T. Bazelon, *The Paper Economy*, New York, NY: Random House, 1959

12 Siehe zum Beispiel Robert Axelrod, *The Evolution of Cooperation. New York, NY: Basic Books, 1984*

13 H. Henderson, *Building a Win-Win World*, Kap. 1 u. 10, op. cit.

14 Siehe zum Beispiel H. Henderson, *Politics of the Solar Age*, Kap. 4, op. cit.

15 Andrew Shonfield, *Modern Capitalism*, S. 385. London: Oxford University Press

16 Carter F. Henderson u. Albert C. Lasher, *Twenty Million Careless Capitalists*, Kapitel 2, 3 und 4, Seiten 26-64, New York: Doubleday, 1967

17 G. M. Young, *Victorian England.* (Vergriffen), London, 1953 und H. Henderson, *Politics of the Solar Age*, Kap. 8, *op. cit.*

18 *Who Will Connect with the People: Republicans, Democrats, or … None of the Above?* Survey 28. Americans Talk Issues: Washington, DC, August 14, 1995

19 John Moody, *The Art of Wall Street Investing.* New York, 1906 (Vergriffen); zitiert in Carter F. Henderson u. Albert C. Lasher, *Twenty Million Careless Capitalists, op. cit.*, S. 68

20 H. Henderson, *Building a Win-Win World*, Kap. 12: "New Markets and New Commons: The Cooperative Advantage", *op.cit.*

21 Siehe zum Beispiel die Katastrophenmathematik von Rene Thom, *Structural Stability and Morphogenesis* (Paris, Frankreich, 1972. Englische Ausgabe W. A. Benjamin, Reading, MA, 1975), die organische, nichtlineare Prozesse, Bifurkationen und die Rolle von positiver Rückkopplung und Attraktoren in schnellen Strukturveränderungen behandelt

22 H. Henderson, *Building a Win-Win-World*, Kap. 9: „Information, the World's New Currency Isn't Scarce", *op. cit.*

23 Calstart, *Action Report, 1995-96*, Burbank, California 91505 (or at www. calstart.org)

24 H. Henderson, *Building a Win-Win World*, Kap. 6: "Grassroots Globalism", *op. cit.*

25 Orio Giarini und Henri Louberge, *Diminishing Returns to Technology*, London and New York: Pergamon Press, 1979

26 H. Henderson, *Politics of the Solar Age*, Seiten 276-278, *op. cit.*

27 Joseph Huber, ed. *Anders Arbeiten – Anders Wirtschaften.* Frankfurt: Fischer Verlag, 1979

28 Louis and Patricia Kelso, *Democracy and Economic Power,* S. 25. Cambridge, MA: Ballinger, 1986; 1991 edition, Lanham, Maryland: University Press of America

29 W. Brian Arthur, *Increasing Returns: Path Dependence in the Economy.* Ann Arbor: University of Michigan Press, 1994

30 David Samuels, „The Adam Smith of Silicon Valley: Economist Paul Romer Preaches the Gospel of Growth", *Worth*, Seiten 99-101 (September 1996)

31 Rationalism in Economics, *The Crisis in Economic Theory*, Seiten 201-203. Daniel Bell and Irving Kristol, eds. New York, NY: Basic Books, 1981

32 Peter Drucker, „Toward the Next Economics", *The Crisis in Economic Theory*, S. 13, Daniel Bell and Irving Kristol, eds. New York, NY: Basic Books, 1981

33 Jon Ralls, "Pensions Systems: Defining the Holy Grail", *International Fund Strategies*, S. 2-6, (London, September 1996)

34 H. Henderson, *Building a Win-Win World*, Kap. 8: „Cultural DNA Codes and Biodiversity: The Real Wealth of Nations", *op. cit.*

35 Stuart D. Lydenberg, *Bankrolling Ballots, Update 1980: the Role of Business in Financing Ballot Question Campaigns.* New York, NY: Council on Economic Priorities, 1981

36 The Independent Sector, 1828 L Street, N.W., Washington, DC 20036. Fax: 1-202-416-0580

37 *Human Development Report., 1995.* New York, NY: United Nations Development Programme/ Oxford University Press

38 H. Henderson, „Ecologists versus Economists", *Harvard Business Review*, Vol. 51, #4 (July-August, 1973)

39 H. Henderson, „What's Next in the Great Debate about Measuring Wealth and Progress?" *Challenge* (Tarrytown, NY: M.E. Sharpe, November-Dezember 1996)

40 Zum Beispiel einschließlich des neuen *Wealth Index* der Weltbank, herausgegeben im Oktober 1995. Washington, DC: Weltbank

41 Elise Boulding, *Building a Global Civic Culture*. New York, NY: Columbia University Press, 1988

42 Michael Pettis, „The Liquidity Trap", *Foreign Affairs* (Dezember 1996); und Will Hutton, „Relaunching Western Economies", *Foreign Affairs* (Dezember 1996)

43 Siehe zum Beispiel *Citizens: Strengthening Global Civil Society*. Veröffentlicht von CIVICUS, World Alliance for Citizen Participation. U.S. Address: 919 18th Street, N.W., 3rd Floor, Washington, DC 20006

44 H. Henderson, *Creating Alternative Futures*, Kap. 13: „Coping with Organizational Future Shock", Nachdruck in *American Management Review* (Juli 1976). New York, NY: Putnam's Sons, 1978; Nachdruck, Hartford, CT: Kumarian Press, 1996

45 Siehe zum Beispiel Chakravarthi Raghavan, *Re-colonization: GATT, the Uruguay Round, and the Third World*. Penang, Malaysia: Third World Network; London: Zed Books, 1990

46 Michael Porter and Claes van der Linde, „Green and Competitive", *Harvard Business Review*, S. 120 (September-Oktober 1995)

47 The Calvert Group, Inc. of Bethesda, Maryland

48 Severyn T. Bruyn, *A Future for the American Economy: A Social Market*, Stanford, CA: Stanford University Press, 1991

49 Morton Levy, *Accounting Goes Public*. Philadelphia, PA: University of Pennsylvania Press, 1977

50 Die Gesetzgebung im US-Kongreß hat es seit 1995 nicht einmal zustande gebracht, striktere neo-klassische Interpretationen des Begriffes „prudent man principle" festzulegen.

51 National Association of Women Business Owners, Silver Springs, MD, 1996

52 *Business Week*, special advertising sections, „American Competitiveness: Gaining an Edge Through Strategic Standardization", 16. Oktober 1995, und „Competition 2000", 21. Oktober 1996

53 „The Istanbul Declaration" of the Business Forum, United Nations Conference on Human Settlements (Habitat II), Istanbul Turkey, 3.-14. Juni 1996

54 „Going Green With Less Red Tape", *Business Week*, Seiten 70-71 (23. September 1996). Siehe auch Don Sayre, *Inside ISO 14 000*. Delray Beach, FL 33483: St. Lucie Press. Fax 1-407-274-9927

55 *The Corporate Examiner*. New York, NY: Interfaith Center on Corporate Responsibility, 19. Juli 1996

56 Hazel Henderson and Alan F. Kay, „Introducing Competition to the Global Currency Markets", *Futures*, Vol. 28, #4, Seiten 305-324 *op. cit.*

57 H. Henderson, *Paradigms In Progress*, Kap. 3: „From Economism to Earth Ethics and Systems Theory", *op. cit.*

Podiumsdiskussion

Ernst Ulrich von Weizsäcker: Herzlichen Dank, Hazel, für diesen brillanten Einblick in Ihr Denken.

Wir werden nun in eine Podiumsdiskussion eintreten. Als ersten möchte ich Professor Vittorio Hösle bitten, das Wort zu ergreifen. Vittorio Hösle ist seit einigen Jahren ordentlicher Professor für Philosophie an der Universität Essen, ist aber gegenwärtig am Kulturwissenschaftlichen Institut im Wissenschaftszentrum Nordrhein-Westfalen. Seine Moskauer Vorlesungen zur Ökologie vor fünf Jahren haben weltweites Aufsehen erregt. Man kann sagen, zum ersten Mal hat einer, der die ganze Philosophiegeschichte von ihren Anfängen, einschließlich asiatischer, also nichteuropäischer Bestandteile durchlebt hat, die ökologische Herausforderung unserer Tage ins Visier genommen. Wir sind sehr gespannt, Vittorio, auf Ihre Präsentation.

Vittorio Hösle

Ganz herzlichen Dank, Ernst, für die so freundlichen, leider der Wahrheit nicht ganz entsprechenden Worte. Es ist für mich eine große Ehre, an diesem Kongreß teilnehmen zu können, und ich habe die beiden letzten Tage sehr viel gelernt. Ich habe mich natürlich gefragt: Was kann ich als Philosoph zu einer komplexen Frage wie der Globalisierung sagen? Ich möchte Stellung nehmen zu einigen Dingen, die gerade Hazel Henderson in ihrem beeindruckenden Vortrag gesagt hat und die an anderer Stelle in den letzten Tagen aufgetaucht sind.

Die Philosophie hat, recht vereinfacht gesprochen, zwei Teile: einen theoretischen und einen praktischen. Ich möchte zunächst etwas zu der Deutung von Grenzen durch die theoretische Philosophie sagen und dann zu den praktischen Konsequenzen übergehen, die uns ja besonders interessieren.

Einer der Punkte, die immer wieder betont wurden – das war die Pointe dieses interdisziplinären Kongresses –, ist, daß man Ähnlichkeiten zwischen sozialen und biologischen Systemen beobachten kann. Das ist in der Tat eine wichtige Feststellung. Wenn wir die Dogmengeschichte der Nationalökonomie verfolgen, stellen wir fest, daß die Beziehungen zur Biologie relativ eng sind. Wir dürfen nicht vergessen, daß einer der Theoretiker, die für Darwin außerordentlich wichtig waren, Malthus war. Malthus war der erste Inhaber eines Lehrstuhls für Nationalökonomie in England, und seine Analysen des demographi-

schen Verhaltens von Menschen hatten eine große Bedeutung für die Entstehung der Darwinschen Selektionstheorie.

Später aber ist es gelungen – ob überzeugend oder nicht, das ist eine andere
Frage –, einige Aspekte der Evolutionstheorie von Darwin wieder auf die sozialen Systeme zurückzubeziehen; wir können hier also einen Kreislauf des natur-
wissenschaftlich-sozialwissenschaftlichen Denkens verfolgen.

Daraus ergibt sich, daß es in der Tat möglich ist, bestimmte Kategorien zu
entwickeln, die allgemein auf Systeme zutreffen, die zueinander in Konkurrenz
stehen. Ich kann etwa Ivan Illich nicht vollständig zustimmen, wenn er heute
morgen sagte, daß es abwegig sei, von einem Wettbewerb von Bakterien um
knappe Ressourcen zu sprechen. Organismen stehen in einem Wettbewerb um
knappe Ressourcen – nicht immer, es hängt von den Rahmenbedingungen ab.
Aber aufgrund der Tatsache, daß Organismen eine Tendenz haben, sich fort-
zupflanzen, kommt es sehr häufig zu Wettbewerbssituationen, und dieses ist das
Wesen des Ökonomischen.

Man kann vom Ökonomischen dann sprechen, wenn es um den Wettbewerb
um knappe Ressourcen geht. Nicht nur Marx, sondern manche anderen hatten
im letzten Jahrhundert die Hoffnung, daß die Herrschaft des Ökonomischen
überwunden werden würde, weil die Knappheit im 20. Jahrhundert aufgrund
der unglaublichen Erfolge in der Steigerung der Produktivität im 19. Jahrhundert verschwinden würde. Wir haben erkannt, daß das leider nicht der Fall sein
wird. Wir sehen nicht, wie wir die Herrschaft des Ökonomischen überwinden
können. Drei Gründe kann man dafür anführen.

Erstens ist mit der Steigerung der Produktivität eine Zunahme der Zahl der
Menschen einhergegangen. Sofern dieses Problem nicht gelöst wird, kann die
Knappheit trotz der Produktivitätszuwächse zunehmen. Das hängt ganz davon
ab, wie sich Bevölkerungs- und Wirtschaftswachstum zueinander verhalten. Das
war schon Malthus' Problem. Zwar hatte Malthus in der konkreten mathematischen Bewertung der beiden Parameter geirrt. Aber er hat das Problem richtig gesehen.

Der zweite Faktor, der eine große Rolle spielt, ist die Zahl der Bedürfnisse.
Sie wächst noch viel schneller als die Zahl der Menschen; und ich halte es auch
für ungerecht, wenn man als Hauptproblem der ökologischen Krise die Zahl der
Menschen ansieht. Die Höhe unserer Bedürfnisse ist das eigentliche Problem.
Es scheint in der Natur des Menschen, zumindest vieler Menschen zu liegen, daß
sie keine immanente Grenze der Bedürfnisse finden können. Wenn wir nicht an
diesem Parameter arbeiten, wird die Herrschaft des Ökonomischen sich ver-
schärfen.

Der dritte Aspekt, der eine Rolle spielt, ist, daß es bestimmte individuelle
Güter gibt. Die Mona Lisa zum Beispiel kann nicht jeder haben. Selbst wenn wir
im Bereich der Nahrungsmittelproduktion Knappheitssituationen vollständig

überwänden, würden, fürchte ich, aufgrund der menschlichen Natur um andere Güter Wettkämpfe stattfinden. Wettbewerb um knappe Ressourcen ist also etwas, was wir als Tatsache zur Kenntnis nehmen müssen.

Die Aufgabe der praktischen Philosophie ist nun zu sagen, welche moralischen Kriterien diesen Wettbewerb ordnen sollen. Kein vernünftiger Mensch, kein Vertreter auch des extremsten Liberalismus, den ich kenne, bestreitet, daß der Wettbewerb nur funktionieren kann, wenn es Regeln gibt, die selbst nicht nach der Logik des Marktes funktionieren. Banales Beispiel: Wenn Sie in einem Rechtsstreit um irgendwelche wirtschaftlichen Probleme Ihr Urteil kaufen könnten, dann würde das Recht- und Wirtschaftssystem sehr schnell zusammenbrechen, weil die Transaktionskosten horrend hoch wären. Es gäbe keinen Grund, dem anderen zu vertrauen und sich auf einen Prozeß einzulassen. Dasselbe würde gelten, wenn die Notenbank ihre Geldpolitik auf der Basis der Intervention des Meistbietenden bestimmen würde. Es ist klar, daß dadurch das System ebenfalls kollabieren würde.

Die eigentliche Frage ist nun: Welche Regeln sollte der Staat festsetzen, und wieviel ist der Konkurrenz der einzelnen zu überlassen? Dabei sind zwei moralische Kriterien von Relevanz.

Das erste Kriterium ist die Deckung elementarer Bedürfnisse. Ein Wirtschaftssystem, in dem es nicht gelingt, Menschen vor dem Verhungern zu bewahren, darf schwerlich darauf Anspruch erheben, gerecht zu sein und moralischen Prinzipien zu entsprechen.

Der zweite, nach meiner Ansicht in der Rangfolge dahinter folgende Aspekt ist, daß möglichst weitgehend die Freiheit vor Interventionen gesichert sein soll, sofern eben nicht die Konsequenzen dieser Freiheit schädlich sind.

Nun stehen wir vor dem Problem der Globalisierung. Was kann ein Philosoph dazu sagen?

Ein Philosoph kann natürlich nicht die negativen und positiven Konsequenzen dieses Prozesses vorhersagen. Er kann nur versuchen, das, was er in diesen Tagen gehört hat, zu ordnen, zu kategorisieren und Bewertungsparameter vorzuschlagen.

Es gibt – Sie haben es in dem eindrucksvollen Vortrag von Professor Minford gehört – ökonomische Argumente für den derzeit laufenden Prozeß. Hazel Henderson hat völlig recht: Pareto-Optimalität ist ganz gewiß kein hinreichendes Kriterium für die Gerechtigkeit einer Wirtschaftsordnung. Aber es ist ein notwendiges Kriterium für eine gute Wirtschaftsordnung. Das klassische Argument von den komparativen Kostenvorteilen, zu dem noch einiges zu sagen wäre, meinte unter anderem dies: daß, wenn zwei Seiten Güter tauschen können, die für den jeweils anderen nützlicher sind als für den Produzenten, beide Seiten dabei gewinnen. Wir hätten also gerade diese Win-Win-Ökonomie, die Hazel Henderson fordert.

Das zweite Argument spielt seit dem 18. Jahrhundert eine große Rolle, beginnend mit Montesquieu und dann bei Kant und im ganzen Liberalismus. Es ist die unter Politologen nicht unumstrittene Annahme – für die aber doch einiges spricht –, daß die wechselseitige wirtschaftliche Verflechtung der Staaten das Kriegsrisiko mindert, zumindest wenn bestimmte Bedingungen erfüllt sind, insbesondere eine ausgeglichene Handelsbilanz. Diese Erfahrung hat nach dem Zweiten Weltkrieg zu dem Versuch geführt, die einzelnen europäischen Staaten so zu verflechten, daß ein Krieg auch aus ökonomischen Gründen kaum mehr möglich wird.

Wir stehen nun vor Problemen, die weit über Europa hinausführen. Was gibt es dabei zu bedenken? Ich habe drei wichtige Gegenargumente gegen eine uneingeschränkte Globalisierung gehört. Die eigentliche Aufgabe ist, die beiden positiven Argumente ins Gleichgewicht zu bringen mit den drei Gegenargumenten.

Das erste Argument betrifft das Problem, daß in der Globalisierung in der Tat, wie auf diesem Kongreß sehr klar gezeigt wurde, bei uns unvermeidlich Arbeitsplätze verlorengehen werden. Aber wenn wir uns als Ethiker zu universalistischen Prinzipien bekennen, also zum Beispiel dazu, daß jedes Menschenleben den gleichen Wert hat, dann müssen wir akzeptieren, daß die Zunahme von Arbeitsplätzen in Ostasien und Südostasien moralisch zu begrüßen ist, auch wenn es auf unsere Kosten geht. Politisch ist das sicher ein Problem. Aber moralisch kann man dagegen schwer etwas einwenden, wenn ein Nettogewinn an Arbeitsplätzen herauskommt. Das Problem stellt sich anders dar, wenn dies nicht der Fall ist, sondern innerhalb der relativ ärmeren Länder nur die Eliten profitieren. Was der Fall sein wird, ist ein Problem empirischer Analyse, dafür bin ich nicht zuständig.

Das zweite Problem, das ebenfalls genannt wurde, ist das Problem der Homogenisierung der Welt. Auch das ist nach meiner Ansicht ein moralisches Problem, insofern kulturelle Vielfalt ein Wert ist, auf den wir nicht verzichten können. Gegen die große Gefahr, daß die Welt sozusagen ein Riesen-Dallas wird, sollten wir uns wehren. Allerdings kann die bürgerliche Gesellschaft, wie Hazel Henderson sehr eindrucksvoll in ihrem Referat gezeigt hat, sich auch mit marktförmigen Mitteln dagegen wehren, indem genügend Menschen sich assoziieren. Der Kommunitarismus steht nicht im Widerspruch zum Liberalismus, denn Assoziationsrechte sind einer der klassischen Bestandteile des traditionellen Liberalismus gewesen. Assoziationen können auch mit dem Ziel geschlossen werden, bestimmte kulturelle Werte zu verteidigen. Das sollte durchaus auch bei jenen Kulturen gefördert werden, die die schwächeren sind.

Hiermit komme ich zum letzten Punkt, dem Problem des sogenannten Erziehungsprotektionismus. Wegen der Skaleneffekte, also der Tatsache, daß die Produktion in sehr großen Zahlen billiger ist als in kleinen Zahlen, verfügen die großen Anbieter innerhalb eines Landes, und erst recht international, über immense Wettbewerbsvorteile, so daß die Schwächeren keine Chancen haben, in der Konkurrenz mitzuhalten. In solch einer Situation scheint es mir in der Tat berechtigt, für eine Übergangszeit von seiten der schwächeren Länder – nicht von unserer Seite – eine Art Erziehungszölle einzuführen und einen gewissen Protektionismus zu betreiben. Einer der Gründe, warum die vier Kleinen Tiger so erfolgreich gewesen sind, ist, daß sie genau diese wirtschaftspolitische Strategie verfolgt haben.

Ernst Ulrich von Weizsäcker: Ich bitte nun Herr Professor Dr. Franz Lehner ans Pult. Er ist Präsident des Instituts Arbeit und Technik im Wissenschaftszentrum Nordrhein-Westfalen. Er ist Schweizer, er kommt aus dem Kanton Aargau und hat mir gerade erklärt, daß sich der Kanton Aargau schon in der Vergangenheit durch das Sprengen von Grenzen hervorgetan hat. Franz, ich kann mir nicht verkneifen, die tiefe Einsicht erneut wiederzugeben, die ich einmal zum Thema „grenzenlos" aus den Schweizer Monatsheften bezogen habe. Dort stand: Es gibt in unserer Zeit Aufgaben, die nur noch durch überkantonale Zusammenarbeit gelöst werden können. Sie haben das Wort.

Franz Lehner

Herzlichen Dank, Ernst. So ist, glaube ich, die schweizerische Grenzüberschreitung treffend dargestellt. Und es paßt auch zu dem, was ich sagen werde.

Hazel Henderson hat einen sehr weiten Horizont geöffnet, sehr fundamental analysiert. Vittorio Hösle hat das auch noch moralisch untermauert. Ich will das jetzt nicht weiter ausbauen, weil es in der Tat den geistigen Horizont eines kleinkarierten Schweizers, der ich nicht ungern bin, übersteigen würde.

Ich möchte auf zwei einfache Fragen zurückkommen: Was ist eigentlich falsch mit unserer Wirtschaft? Was können wir ändern? Ich glaube nämlich nicht, daß das Problem, das wir gegenwärtig diskutieren und immer mit Globalisierung assoziieren, so fundamental ist, wie wir es ansprechen. Ich glaube, es ist einfacher. Das Problem liegt ein Stück weit einfach darin, daß wir nicht wissen, worüber wir reden.

Wir reden über Globalisierung, als wäre das etwas, das uns alle völlig überrollt hat, den Staat in die eine Ecke, den Bürger in die andere Ecke geworfen hat, wo ein brutaler, harter Kampf stattfindet, Billigarbeitsplätze irgendwo in Bangladesh oder in Polen, wo auch immer, geschaffen werden, aber gegen uns.

Schauen Sie sich doch einmal die Fakten an. Die Globalisierung ist bisher kein globaler Prozeß, sie ist ein triadischer Prozeß. Sie ist ein Spiel – ein ziemlich mieses Spiel, das gebe ich gern zu – zwischen Japan und einigen Staaten der Region um Japan, Nordamerika und Europa. Es ist ein Spiel zwischen unseren Unternehmen und ein Spiel zwischen unseren Regierungen, die glauben, sie müßten eine Art Nationalspieler der Wettbewerbsfähigkeit werden. Da liegen die Probleme, und nicht irgendwo weit draußen.

Das Spiel schließt einen großen Teil der Welt weiterhin aus. Selbst in den letzten Jahren, in denen wir so dramatisch globalisiert haben, ist der Anteil neuer Industrieländer am Welthandel nicht sehr dramatisch gestiegen.

Wir haben – das ist ein wichtiger Punkt – in diesem Globalisierungsspiel, das eigentlich ein triadisches Spiel ist, in vieler Hinsicht vergessen, unsere Märkte so weiterzuentwickeln, daß sie mit dem Spielverlauf Schritt halten können. Wir haben destruktive Wettbewerbsformen entwickelt, weil wir Produktionspotentiale rasch ausgebaut haben und nicht mehr darauf geachtet haben, daß die bisherigen Märkte als Spielfeld zu klein sind. Wir haben in vielen Fällen nicht innovativ auf globale Veränderungen und auf den Strukturwandel reagiert. Wir sind – gerade in Deutschland ist das sehr ausgeprägt – trotz hoher technologischer Kompetenz, trotz hoher Wissenskompetenz in alten Märkten hängengeblieben, statt daß wir unsere sozialen, unsere wirtschaftlichen, unsere ökologischen Probleme innovativ gelöst haben.

Ich bin völlig der Meinung der OECD, die in einem neuen Bericht feststellt, das Beschäftigungsproblem, die Wachstumsschwächen in Deutschland und anderen europäischen Ländern seien nichts anderes als das Resultat einer falschen, verzögerten strukturellen Anpassung.

Das Falsche ist, daß wir angefangen haben, die enormen Produktivitätspotentiale, die wir über neue Produktionssysteme, „schlanke Produktion" und dergleichen, gewonnen haben, auszuschöpfen, soweit es nur geht, ohne uns zu überlegen, wie wir in diesem Spiel die Preise und die Einkommen sichern können. Wir haben in vielen Bereichen einen Wettbewerb, in dem man nicht mehr nach fairen Regeln im Prinzip so lange mitspielen kann, wie man Profit macht, sondern wir haben immer mehr einen Wettbewerb, der unterstützt wird durch Subvention und durch die gefüllten Kriegskassen vieler großer Unternehmen.

Sie sehen das daran, daß in vielen Märkten, die gewaltig wachsen, immer mehr Unternehmen Verluste machen. Wir haben in den sechziger, siebziger Jahren den Luftfahrtmarkt boomen und gleichzeitig die Luftfahrtgesellschaften in die roten Zahlen sausen sehen. Auf dem Computermarkt sieht es genauso aus, und der Telekommunikationsmarkt wird sich ähnlich entwickeln.

Gehen Sie mal auf die Straße und sagen Sie: „Ich habe kein Handy." In zehn Minuten haben Sie in jeder Hosentasche eines. Handies werden Ihnen inzwischen nachgeschleudert. Warum funktioniert das? Weil wir in den sechziger, siebziger Jahren angefangen haben, global die Massenproduktion zu entwickeln und an der Innovationsfront nicht mehr weiterzuschreiten. Wir haben das auch deshalb getan, weil der Staat im Globalisierungsprozeß nicht etwa der Gefangene der Multis geworden ist, sondern weil Staat und Politik ihre Ordnungsfunktion nicht mehr wahrgenommen haben. Sie haben geglaubt und glauben es immer noch, daß der Staat heute in diesem Globalisierungsspiel auf einmal ein Mitspieler ist. Ein Nationalspieler sozusagen.

Wir haben angefangen, nationale Wettbewerbsfähigkeitsstrategien zu entwickeln, über die wir noch mehr subventioniert haben als früher. Daß das zu enormen Marktverzerrungen führen muß, ist ziemlich klar. Wir haben unheimlich viel in Technologie gesteckt, wogegen prinzipiell nicht sehr viel einzuwenden wäre, hätten wir auch dafür gesorgt, daß aus dieser Technologie sehr schnell sinnvolle Produkte kommen, die einen Markt finden. Das haben wir nicht getan. Wir haben die Märkte sträflich vernachlässigt, und wir haben gerade in Deutschland enorme Kommerzialisierungsdefizite aufgebaut.

Genau betrachtet, ist das ganze Globalisierungsproblem eigentlich ein hausgemachtes Problem der Industrieländer, vor allem in Europa. Es hat auch damit zu tun, daß wir irgendwann aufgehört haben, nach vorne zu denken.

Ich finde es interessant, daß seit den siebziger Jahren das Bruttosozialprodukt zwar weiter nach oben geht, daß aber alle verfügbaren Indikatoren für die Lebensqualität nicht mehr steigen. Daraus kann man nun ein Indikatorenproblem machen. Ich stelle mir eine andere Frage: Wo verschwindet die Differenz zwischen dem, was da immer noch weiter wächst und was sich in Lebensqualität umsetzt? Es verschwindet in den Kriegskassen. Außerdem – das ist für mich außerordentlich wichtig – haben wir angefangen, auch immer mehr in soziale Verteilungskonflikte zu investieren, die im Grunde unsinnig sind.

Ich will nur einen angeben, den wir heute sehr intensiv und ehrlich diskutieren müssen. Beide Kontrahenten in der Diskussion haben sich angewöhnt, davon auszugehen, daß Ökologie und Wachstum, Ökologie und Beschäftigung zusammen nicht möglich sind. Das sagt der Club of Rome – ich vereinfache jetzt –, das sagen die Unternehmer, das sagen die Gewerkschaften, wenn sie warnen: Laßt uns mit der Ökologie in Ruhe. In den letzten Jahren haben wir kaum überlegt, ob wir nicht durch innovative wirtschaftliche Lösungen aus der Ökologie neue Wachstumsimpulse gewinnen können. Ein paar Firmen haben es getan, und da hat es auch funktioniert. Der große Teil der Wirtschaft – und ein großer Teil der Wissenschaft zieht dann ja immer mit – ist aber passiv geblieben und hat angefangen, grundsätzliche Debatten über Verteilung zu führen, statt zu überlegen, wie wir innovativ weiterkommen.

So einfach ist in meinen Augen das Globalisierungsproblem dann auch zu lösen: Wir müssen wieder hier in Deutschland etwas tun, und nicht irgendwo in Bangladesh. Wir müssen hier innovativer werden.

Ernst Ulrich von Weizsäcker: Ganz herzlichen Dank für dieses eloquente Plädoyer für die Innovation. Es scheint mir sehr beherzigenswert, insbesondere für uns in Deutschland. Wir wissen allerdings, daß manche Innovationen in der Vergangenheit und in der Gegenwart schwächste Glieder im Konkurrenzkampf besonders benachteiligt haben, die Umwelt und die Rechte von indigenen Völkern, die durch die Globalisierung erst recht bedrängt werden.

Hazel Henderson hat in ihrer Eingangsansprache Keynes erwähnt, der gesagt hat: Verkauft den Menschen nicht Kekse, verkauft ihnen Rezepte. Manche Geschäftsleute haben das wörtlich genommen und angefangen, mit geistigem Eigentum zu handeln und Leben zu patentieren. Im Seminar über kulturelle Vielfalt haben wir einen Alarmruf von Victoria Tauli-Corpuz gehört, einer Angehörigen einer dieser kleineren Gruppen indigener Völker, deren Land erbarmungslos dem Markt geöffnet wurde. Im Anschluß an sie folgte ein Beitrag von Dr. Darrell Posey, dem Direktor des Programme for Traditional Resource Rights in Oxford. Er hat in diesem Jahr zusammen mit G. Dutfield ein Buch mit dem Titel „Beyond Intellectual Property Rights" veröffentlicht, in dem er sich mit genau diesem Problem beschäftigt. Wir sind sehr froh, Sie noch einmal willkommen heißen zu dürfen, Darrell, und sind gespannt zu hören, wie Sie diejenigen verteidigen, die sich nicht immer selbst verteidigen können.

Darrell A. Posey

Es gibt eine „Grenze", über die wir noch nicht gesprochen haben, nämlich die biologische Schwelle dafür, wieviel der Planet ertragen kann. Es ist auf dieser Konferenz viel vom „Spiel" die Rede gewesen. Es ist immer noch die Vorstellung im Umlauf, das Ganze sei ein Spiel, ein politisches Spiel, ein ökonomisches Spiel, ein wissenschaftlich-technologisches Spiel, und wenn wir das Spiel richtig spielten, dann würden wir gewinnen. Ich aber bezweifle, ob das Spiel sich so zu Ende spielen läßt, daß es nicht diese biologische Schwelle überschreitet und zu einem biologischen, einem ökologischen Kollaps führt. Ob man nun Anhänger der Gaya-Theorie ist oder nicht, hier liegt eine Schwelle, über die wir nicht genug gesprochen haben.

Wenn das passiert, was wird geschehen? Wir alle gehen davon aus, daß es nicht passiert. Ich aber meine, es ist Zeit, über einen Plan für den Fall nachzudenken, daß es passiert. Wir sollten für diesen Fall einen Plan B haben; und ein Element dieses Planes B muß zweifelsohne die Stärkung jenes einzigen Sicherheitsnetzes sein, das wir haben, nämlich der indigenen und regionalen Gemeinschaften.

Dr. Henderson hat die Gemeinschaften erwähnt und darauf hingewiesen, daß die neuen Ideen auf der Graswurzelebene vorhanden sind. Meine Meinung ist, daß die Gemeinschaften, die traditionellen und indigenen Völker, die von alters her erprobten und bewährten und bereits funktionierenden Ideen bereits haben. Die Prinzipien der Zukunftsfähigkeit (Sustainability) sind jetzt und heute verfügbar.

Da gibt es nichts Neues zu entdecken. Meine Vorfahren haben die Neue Welt entdeckt, wo es Menschen gab, die dort bereits zwanzig- oder dreißigtausend Jahre lebten. Wir sind immer noch dabei, Lösungen zu entdecken, die indigene und traditionell lebende Völker bereits haben. Es geht hier nicht um Entdeckungen, nicht darum, etwas herauszufinden. Es geht darum, wie wir es schaffen, diesen Gemeinschaften Einfluß zu geben.

Es sagt sich so schön, daß wir einen Austausch der kulturellen DNA vornehmen können. Aber wie und unter welchen Umständen soll das jemals möglich sein, wenn es für das Wissen, das von diesen indigenen und traditionell lebenden Gemeinschaften kommt, keinerlei Rechtsschutz und keine der zur Umsetzung eines solchen Rechtsschutzes notwendigen Mechanismen gibt? Diese genetischen Ressourcen sind in keiner Weise geschützt. Das Recht auf geistiges Eigentum schützt das industrielle Wissen reicher Unternehmen. Er ist nicht in der Lage und wird es niemals sein, das kollektive Wissen von Generationen von Menschen zu schützen, deren Glauben ihnen sagt, daß das Wohlergehen des Planeten in vergangenen und zukünftigen Generationen liegt, die sich in der gegenwärtigen Generation treffen.

Wir sehen uns einem völlig andersartigen System gegenüber. Hier geht es nicht um die Modifizierung von Steuersystemen oder ähnliches. Das ist wichtig und entscheidend, da stimme ich völlig zu. Aber der vorhandene Rahmen kann niemals funktionieren. Entscheidende Veränderungen sind nötig. Wir müssen uns endlich der Tatsache bewußt werden, daß indigene und traditionell lebende Völker einen Großteil der kulturellen Vielfalt zu bieten haben. Wenn ich von „traditionell lebenden" Menschen spreche, dann meine ich nicht nur die in Amazonien. Ich meine auch die, die noch wissen, wie man in den Alpen lebt und überlebt, oder solche in Wales, die noch wissen, wie man medizinisch wirksame Pflanzen anwendet. Dies sind die Menschen, deren Wissen immer noch das einzige Sicherheitsnetz ist, das wir haben.

In diesem Prozeß aber scheint mir die Ökonomie eines der Hauptprobleme zu sein. Aber schauen wir uns die Wissenschaft an, einen der Bereiche, die noch bis vor kurzer Zeit nicht so sehr unter dem Druck der Ökonomie standen. Sie, Dr. von Weizsäcker, haben das Bioprospecting erwähnt, den Diebstahl genetischer Ressourcen aus dem Besitz lokaler Gemeinschaften – menschlicher Gene, pflanzlicher Gene, tierischer Gene. Plötzlich ist die Wissenschaft keine Institutionalisierung des reinen Wissens mehr, sondern plötzlich ist sie es, deren Wissen und deren Forschungspraxis die entscheidenden Werkzeuge für die Ausbeutung dieses lokalen und traditionellen Wissens ist, dieser kulturellen DNA.

Wir selbst sind zum eigentlichen Problem geworden. Das aber ist kein Marktproblem, sondern ein ethisches Problem und eine der gewaltigen Grenzen, mit denen wir uns auseinandersetzen müssen. Wir müssen uns mit der Entkolonisierung unserer Institutionen auseinandersetzen. Die Wissenschaft ist noch nicht entkolonisiert. Die Wissenschaft glaubt immer noch, sie habe das Recht, überall hinzugehen, wo sie will, und zu erforschen, was sie will, und zu nehmen, was sie will oder braucht, einzig und allein, weil es wissenschaftlich interessant und wichtig ist und wir das so entschieden haben. Aber diese Zeiten sind vorbei. Wenn Sie in unserem Seminar gewesen sind und Victoria Tauli-Corpuz gehört haben, dann haben Sie gehört, daß die indigenen Völker es satt haben. An vielen Orten, in ganzen Regionen und in ganzen Staaten wie Ecuador sind Moratorien beschlossen worden. Indigene und traditionell lebende Völker werden Sie nicht mehr in ihre Länder lassen – so lange nicht, bis wir die ethische Seite und den rechtlichen Schutz so geregelt haben, daß diese Völker dadurch gestärkt werden, nicht zerstört.

Dies ist die Art von Schutz, mit der wir uns beschäftigen müssen. Gebraucht wird nicht lediglich ein wirtschaftlicher Wandel, sondern gebraucht wird die Entkolonisierung der Wissenschaft. Gebraucht wird auch etwas weiteres, sehr Wichtiges: die Demokratisierung der Industrie. Denn mehr und mehr von dem, worüber wir hier reden, wird von der Industrie vorangetrieben, ohne jede Transparenz, ohne jede Demokratie.

Und wie sollen wir damit umgehen? Hier geht es nicht um Ökonomie und nicht darum, die Ökonomie in die richtigen Bahnen zu lenken. Hier geht es darum, die Ethik in die richtigen Bahnen zu lenken. Es geht darum, in einer völlig neuartigen Auseinandersetzung altbekannte Prinzipien einzufordern wie Transparenz sowie das Recht darauf, gehört zu werden, und auf vollständige Offenlegung der wahren Ziele von Forschung und Industrie.

Wir werden diese Probleme nicht durch Herumbasteln an der Wirtschaft lösen. Wir werden es nicht mit Geld lösen. Viele der Probleme haben etwas mit dem Wissen zu tun, wie Mensch und Gesellschaft sich zum Planeten Erde verhalten sollten. Meine Behauptung ist, daß die ganzheitlichen, alternativen Weltbilder, die wir suchen, bereits da sind. Die Aufgabe lautet, sie – auf unsere sehr eurozentrische Art – zu „entdecken". Aber statt sie zu „entdecken", sollten wir es dieses Mal richtig machen. Wir sollten ihnen Einfluß verleihen und ihnen erlauben, zu uns zu sprechen. Dann sind wir soweit, daß der Fortschritt beginnen kann.

Ernst Ulrich von Weizsäcker: Herzlichen Dank. Wir kommen dann zu einer Eingangsrunde hier auf dem Podium, um zu versuchen, in Richtung der Doppelgewinn-Welt, von der Hazel Henderson gesprochen hat, zu kommen. Ich habe in keinem der Statements eine Art von romantischem Rückzug in Protektion und Inseldasein gefunden, sondern eher ein Verständnis für die weltweite Herausforderung des Schutzes schützenswerter Güter und Personen. Hazel Henderson hat zum Schluß ein paar Vorschläge gemacht, wie man vielleicht auch die gespenstisch gewordenen Kapitalströme handhabbar machen kann.

So eröffne ich die Diskussion mit der Frage an alle: Was wollen wir aus diesem Teil der Diskussion lernen, um zum Beispiel Herrn Dr. Lintzen oder anderen Politikern im Raum handhabbare Ratschläge zu geben, wie wir mit der Globalisierung umgehen können? Franz Lehner hat ja schon einen Vorschlag gemacht.

Hazel Henderson: Ich möchte lediglich voll und ganz dem zustimmen, was Darrell gesagt hat. Wenn mehr Zeit gewesen wäre, hätte ich auf die Schäden eingehen können, die indigenen Völkern zugefügt werden und die im wesentlichen Schädigungen der bürgerlichen Gesellschaft sind. Es ist wahr, daß viel von diesem Wissen erst wieder zurückgeholt und in die dominanten Kulturen neu integriert werden muß. Ich stimme also voll mit ihm überein.

Wir sollten nach aufpassen, wenn wir über Kultur sprechen, daß wir diesen Begriff nicht romantisieren. Ich erinnere mich an den Sozialgipfel der Vereinten Nationen, wo ich gehört habe, wie schwer es der Frauenausschuß hatte, Formulierungen zu finden, die sagen: Ja, die Integrität lokaler Kulturen muß respektiert werden, außer sie verletzen die Menschenrechte, insbesondere die der Frauen und Kinder. Wir müssen einfach zur Kenntnis nehmen, daß einige kulturelle Traditionen sehr stark den Menschenrechten widersprechen.

Zum Bild der Globalisierung als triadisches Spiel: Ich halte sie für ein Spiel, das weiter ausgreift. Der vierte Mitspieler sind die globalen Unternehmen. Die meisten von ihnen haben ein größeres „Bruttoinlandsprodukt" als die meisten Staaten der Erde. Sie und der ebenfalls sehr machtvolle Finanzsektor sind der vierte Mitspieler. Der fünfte Mitspieler wurde erwähnt, es sind die Staaten, die jetzt mitzuspielen versuchen, die sich in den Wettbewerb hineindrängen. Das Spiel greift also weiter aus.

Zustimmen muß ich der Forderung nach der Entkolonisierung der Wissenschaft. In meiner Zeit beim Office of Technology Assessment war ich entsetzt, in welchem Maße die Wissenschaft von militärischen Aufträgen abhängt, und in amerikanischen Universitäten auch von Industrieaufträgen. Das ist genauso schlimm wie diese Art von Wissenschaft, über die Darrell sprach, die sich einbildet, sie habe das Recht, überall in der Welt hinzugehen und zu tun, was ihr beliebt. Da ist ein erhebliches Umdenken in der Wissenschaft nötig.

Franz Lehner: Ich will noch einmal die beiden Punkte globale Kooperation und kulturelle Vielfalt ganz pragmatisch angehen. Es ist sicher richtig, wie Hazel sagt, daß die globalen Kooperationen eine enorm wichtige Rolle spielen. Eines aber finde ich faszinierend: Immer mehr von den innovativen Multis, wie etwa ABB, spielen auf einmal ein neues Spiel. Die gehen nicht einfach nur in Regionen hinein und wieder hinaus, wie man sie gerade subventioniert, sondern die fangen an, systematisch regionale Standbeine zu entwickeln. Sie fangen an zu lernen, daß Regionen mit ihren Forschungs- und Entwicklungseinrichtungen, mit ihrem intellektuellen oder kulturellen Milieu, mit ihren potentiellen Kunden, mit ihren Zulieferern etwas wert sind, was man nicht wechseln kann wie das Hemd. Die Entwicklung ist bereits deutlich spürbar. Es ist bereits die Strategie einer ganzen Reihe von Konzernen.

Noch leben wir in der Vorstellung, eine Region könne wenig ausrichten, könne allenfalls versuchen, dem Standort Vorteile zu verschaffen, indem alles dereguliert und subventioniert wird. Wir müssen uns genauer anschauen, was die großen Kooperationen machen, dann lernen wir durchaus eine Lektion, die wir gerade in Nordrhein-Westfalen systematisch verwenden können. Damit können wir viel intelligentere „Regionalpolitik" machen.

Mein zweiter Punkt ist die kulturelle Vielfalt. Eine der schlimmsten Entwicklungen in der sogenannten Globalisierung ist die enorme Ausweitung der Massenproduktion, die auch dadurch vorangetrieben wird, daß wir glauben, wir müßten offene Märkte dadurch schaffen, daß wir uniform regulieren. Dabei kommt dann heraus, was ich meinen Studenten, als ich noch an der Universität war, immer als Parmaschinkensyndrom erklärt habe.

Vor 10 oder 15 Jahren war Parmaschinken ein edles Produkt. Er wurde in einem langwierigen Prozeß aus Schweinen produziert, die irgendwo in der Gegend von Parma Eicheln fraßen. Er war in Deutschland eine teure Spezialität, die man sich nicht oft leisten konnte, aber es hat Spaß gemacht. Heute ist Parmaschinken ein europäisches Massenprodukt, produziert aus armen Schweinen, die man in Belgien züchtet, dann kurz durch Frankreich jagt und irgendwann in der Nähe von Parma umbringt. Der Rest, der übriggeblieben ist und den man Fleisch nennt, wird vollgepumpt mit Salzlake und in Riesenmengen auf die Märkte geworfen. Kein Minimal-Markt in der hintersten, finstersten Ecke von Deutschland, der nicht Parmaschinken hat. Er ist so billig geworden, daß wir ihn uns jeden Tag leisten können. Es macht nur keinen Spaß mehr. Außerdem ist damit unheimlich viel Wertschöpfung kaputtgegangen. Wo etwas billig ist, da ist auch nicht viel Wertschöpfung, da kann auch nicht mehr viel Arbeit dahinterstecken.

Also müssen wir doch lernen, daß kulturelle Vielfalt eine wirtschaftliche Chance ist. Darum müssen wir sie sichern. Wir müssen begreifen, daß wir Schnittstellen gestalten müssen, statt daß wir europäische Normen machen, damit die Märkte offen sind. Es darf unterschiedliche Normen geben. Wir müssen nur schauen, wie wir so eine Art Übersetzung zustande bringen. Es käme doch heute keiner auf die Idee, zu verlangen, damit der große europäische Markt funktioniert, müßten alle Schweizerdeutsch lernen, weil eine Einheitssprache gebraucht wird und es nur eine Einheitssprache in der Welt geben kann, nämlich Schweizerdeutsch. Wir haben Übersetzungen, wir lernen von Deutsch nach Französisch, von Schweizerdeutsch nach Hochdeutsch umzusetzen, und genau dies müssen wir auch lernen.

Wir müssen lernen, französische Standards, Normen der Emiglia Romana zu übersetzen in Standards in Deutschland usw., statt daß wir weltweit normieren. Diese Uniformität ist für uns tödlich. Sie ist für uns Europäer besonders tödlich, weil diese Uniformität den Teil der Wirtschaft am meisten schwächt, von dem wir die größten Beschäftigungseffekte haben, nämlich Ihre Kundschaft, Herr Köster, das Handwerk, die kleinen und mittleren Unternehmen. Die machen wir mit diesem verrückten Uniformierungsdrang völlig kaputt. Und damit gehen auch wir und ein Teil unserer Lebensqualität kaputt.

Vittorio Hösle: Es scheint mir relativ wichtig zu erkennen, daß das Globalisierungsproblem zwar das ökologische Problem verschärft, daß es aber nicht die eigentliche Ursache ist. Die Ursachen für die massiven Umweltzerstörungen sind ganz einfach zu nennen. Sie hängen damit zusammen, daß sowohl der Markt als auch die Demokratie, die nach sehr unterschiedlichen Ordnungsprinzipien funktionieren, die Rechte kommender Generationen nicht zur Geltung bringen können.

Der Markt ist zwar der effizienteste Allokationsmechanismus, aber natürlich nur für diejenigen, die Kaufkraft haben. Zu denen, die keine Kaufkraft haben, gehören aber auch kommende Generationen. Ebensowenig kann die Demokratie – jedenfalls in unserer augenblicklichen Form – die Rechte kommender Generationen sozusagen in Cash umsetzen, der politisch relevant ist, nämlich in Wahlstimmen.

Die eigentliche moralische Frage der Umgestaltung unserer Gesellschaft ist: Wie schaffen wir es, die legitimen Rechte kommender Generationen zu schützen? Da gibt es zwei Bereiche. Einerseits dürfen wir mit den Ressourcen nicht so umgehen, wie wir mit ihnen umgehen. Bei den erneuerbaren Ressourcen dürfen wir gewissermaßen nicht vom Kapitalstock, sondern nur von den Zinsen leben. Und bei den nichterneuerbaren Ressourcen müssen wir mit dem Schrumpfen der Bestände die Preise erhöhen, auch durch staatliche Eingriffe, beziehungsweise in alternative Energien investieren. Der zweite Effekt der intergenerationellen Gerechtigkeit betrifft das Verschmutzungsproblem, das im Augenblick noch größer ist als das Ressourcenproblem.

Diese Probleme müssen gelöst werden. Es ist richtig zu sagen, daß etwa durch die Abschaffung protektionistischer Hemmnisse der Transport zunehmen wird. Der Transport ist einer derjenigen Faktoren, die die Externalisierung interner Umweltkosten verursachen. Das ist alles völlig berechtigt, und an Ernsts Vorschlag einer Umweltsteuer führt nichts vorbei. Das ist das Ei des Kolumbus.

Nur: Das ist nicht ein prinzipielles Problem der Globalisierung. In einem großen Lande findet ja auch Transport statt. Das Problem wird zwar durch die Globalisierung um einen entsprechenden Faktor vergrößert, aber es wäre nicht gerecht zu sagen, daß das Umweltproblem primär mit der Globalisierung zu tun hat. Ich habe den Eindruck, daß bei dieser Diskussion immer viel Heuchelei im Spiel ist; daß die Kritik an der Globalisierung, die fast ein Surrogat geworden ist für frühere Weltverschwörungstheorien, ablenken soll von der Tatsache, daß unsere ökologischen Probleme hausgemacht sind.

Nun könnte man aber trotzdem sagen: Die ökologischen Probleme sind schlimm genug, wir wollen sie nicht noch vergrößern. Doch da spielt meiner Meinung nach folgendes Argument eine wichtige Rolle: Ich sehe nicht, wie wir das von Ernst Ulrich konzipierte System der Umweltsteuern in einem einzelnen Staat durchsetzen sollen. Die Probleme sind globaler Natur, und wir brauchen globale Institutionen, die natürlich die Vielfalt in der regionalen Ebene soweit wie nur möglich respektieren, aber die Rahmenbedingungen koordinieren.

Ich habe selbst längere Zeit in Norwegen gelebt. Wie Sie wissen, hat Norwegen den Beitritt zur EU nicht vollzogen. Ich habe, als ich dort lebte, die interessantesten Argument gehört. Einige waren sehr naive, man kann sagen nationalistische Argumente, und andere waren ökologischer Art. Aber mein Gegenargument gegen die Leute, die schließlich den Anschluß an Europa abgelehnt haben – ich habe trotzdem großen moralischen und intellektuellen Respekt vor ihnen –, war immer dies: Es ist zwar richtig, daß kurzfristig der Beitritt Norwegens zur Europäischen Union die Warenströme nach Norwegen und den Tourismus vergrößern wird, und damit die Umweltzerstörung. Aber es ist völlig ausgeschlossen, die Probleme, um die es geht, in Norwegen allein zu lösen. Norwegen kann das nicht tun. Die einzige Chance des Landes ist, mitzumachen und seine in vielem positive und fortschrittliche Umweltpolitik in Europa einzubringen und Impulse zu setzen. Wenn Ihr meint, so habe ich allerdings gesagt, Ihr müßt noch zehn Jahre verhandeln, weil Ihr dann mehr herausholen könnt, dann ist es eine rationale Entscheidung, jetzt dagegen zu sein.

Es macht mir Sorge, daß ich gerade in Umweltkreisen, denen ich mich verbunden fühle, immer mehr die Stimmung vorfinde: Weg von den großen Blöcken! Teilweise ist das berechtigt, aber eben nur teilweise. Wir kommen nicht an supranationalen Institutionen vorbei. Da stimme ich sicher den amerikanischen Kollegen zu, die ja beide für die Vereinten Nationen arbeiten, die diese Rahmenbedingungen irgendwie in den Griff bekommen können.

Dasselbe gilt für das Problem der indigenen Völker. Die Verbrechen, die an den indigenen Völkern begangen werden, schreien zum Himmel. Aber sie sind nicht nur eine Folge der Globalisierung. Rein brasilianische Kräfte haben den Völkermord an den brasilianischen Indianern energisch vorangetrieben. Manchmal kann die internationale Einbettung auch ein gewisser Mechanismus der Kontrolle sein, wie wir an den Europäern und Amerikanern sehen, die sich dort engagieren. Ich denke, aufgrund der furchtbaren Komplexität der modernen Welt, die uns alle wirklich überfordert, ist diese Panikreaktion: Zurück zu kleineren Einheiten! psychologisch verständlich. Aber sie wird unsere Probleme nicht lösen. Ich möchte warnen vor diesem Kurzschluß.

Darrell Posey: Ich stimme ganz damit überein, daß für Fälle von Mißbrauch oder auch bei Konflikten einige ergänzende internationale Institutionen für die wesentlichen Konventionen notwendig sind, zum Beispiel für diejenigen zu Menschenrechten, Umwelt und Artenvielfalt. Es gibt keine traditionellen Gerichtshöfe, an die sich einzelne oder Gruppen wenden können. Es gibt keine Mechanismen auf globaler Ebene, diese Sorgen und Probleme zu verhandeln.

Auf der anderen Seite gibt es aber einige regionale Voraussetzungen, die genutzt werden sollten. Herr Lehner erwähnte das Beispiel des Schinkens. Eine der interessantesten Entwicklungen ist, daß eines der wenigen Werkzeuge zum Schutz geistigen Eigentums, die Bestimmungen für regionale Qualitätsweine, Appellation d'Origine Controlé, Dénomination oder wie immer es genannt wird, nun auf Käse und andere Produkte angewendet wird. In Großbritannien gibt es sogar einen Vorstoß zum Schutz einer bestimmten Art von Heu, mit dem das Vieh einer bestimmten Region gefüttert wird.

Diese Ursprungszertifizierung kann zum Beispiel genutzt werden, um vorzuschreiben, daß Tiere in der Region gezüchtet sein müssen, daß sie auf eine bestimmte Art und Weise getötet werden müssen und anderes. Dies sind vorhandene Hilfsmittel, die heute in Europa und andernorts genutzt werden können, um kulturelle Vielfalt zu stärken.

Eine kurze Anmerkung zu dem, was ich Ethnowissenschaft nenne, zu der Frage, wie wir die Wissenschaft dahin bringen können, einige dieser Probleme zu lösen. Nötig ist meiner Meinung nach, damit anzufangen, mit den Gemeinschaften zusammenzuarbeiten, sich auf das Wissen über Pflanzen und Tiere und Umwelt und Medizin und anderes zu konzentrieren – vorausgesetzt, wir lösen das Problem der Rechte am geistigen Eigentum. Das aber ist sehr schwer und verlangt zum Beispiel eine Umstrukturierung der Universitäten.

Heute wird den Studenten nicht beigebracht, Sensibilität gegenüber diesen Problemen aufzubringen, über die wir hier sprechen. Wir werden auch niemals dahin kommen, solange wir in Landwirtschaftsschulen erzählen, daß diese Dinger, die da in wunderschönen geraden Reihen wachsen, Nahrungsmittelpflanzen sind, während wir doch wissen, daß im größten Teil der Welt der größte Teil der Nahrungsmittel durch nicht domestizierte Pflanzen gewonnen wird, die wir ironischerweise „wild" nennen, als gehörten sie zur Natur. In Wirklichkeit werden sie seit Tausenden von Jahren genutzt und verändert und gehütet. Wir müssen endlich anfangen, die Aufgabe der Forstwirtschaft nicht nur im Pflanzen von Bäumen zu sehen, sondern darin, die große Vielfalt der waldtypischen Pflanzen zu integrieren, die keine Nutzhölzer sind.

Dazu muß man aber gegen die Landwirtschaftslobby und die Waldlobby auf internationaler Ebene oder mindestens der örtlichen Ebene einer Universität antreten, und das ist unglaublich schwierig. Da sehe ich aber den Punkt, an dem wir anfangen müssen: der Entkolonisierung der Wissenschaften und einer vollkommenen Umstrukturierung der Universitäten.

Ernst Ulrich von Weizsäcker: Vielen herzlichen Dank. Ich möchte jetzt gerne auch das breitere Publikum einbeziehen.

Justus von Widekind: Zur Frage, wie das Gehörte in der Politik angewendet werden kann und welche Ratschläge, wenn man sich dazu vermessen will, man geben könnte.

Ich denke, Politik sollte versuchen, ehrlicher mit Aussagen dazu umzugehen, wo sie Macht hat und wo sie ohnmächtig ist. Zur Zeit beobachtet man, daß die Ohnmacht übertrieben und die real vorhandene Macht gern versteckt wird. Dazu zwei Beispiele. Ich glaube in der Tat, daß eine Besteuerung der internationalen Währungsspekulation durch die Nationalstaaten gar nicht mehr durchsetzbar ist. Diese Macht, das zu koordinieren, haben die einzelnen Nationalstaaten verloren. Aber es spricht doch nichts dagegen, hier auf die Banken zuzugehen und zu sagen: Es ist in eurem eigenen Interesse, daß dieses nicht eines Tages kaputtgeht. Währungsspekulation ist sowieso ein Nullsummenspiel, weil der eine gewinnt, was der andere verliert. Was spricht dagegen, wenn die Banken ihre Tobin-Steuer selbst einrichten? Man muß sie nur herausfordern und sagen: Das ist eure Verantwortung. Ihr habt jetzt schon an dieser Stelle eine Situation erreicht, in der wir an euch nicht mehr herankommen. Dann bitte tut es aus eigenem Interesse.

Während – und dies ist das Gegenbeispiel – wohl inzwischen ein Konsens in der Fachwelt herrscht, daß freiwillige Selbstverpflichtungen im Bereich CO_2, wie wir sie hier in der Bundesrepublik begonnen haben, wohl nicht sehr aussichtsreich sind. An der Stelle hätte die Politik die Macht, entsprechende Steuern und Abgaben durchzusetzen. Man muß noch ein bißchen an den Feinheiten arbeiten. Es kommt aus dem Deutschen Institut für Wirtschaftsforschung Anfang 1997 wieder eine Studie, in der gezeigt wird, wie durch den internationalen Wettbewerb bedrohte Industrien in der Einstiegsphase ein bißchen geschont werden können. An der Stelle sollte Politik ihre Macht nicht verstecken, sondern nutzen, während sie an anderer Stelle ehrlich die Ohnmacht zugeben muß.

Dr. Dieter Stockburger: Sie hatten gefragt, was wir den Politikern mitgeben sollten. Ein kurzer Rat von mir. Es genügt weder, bei einer solchen Veranstaltung in der ersten Stunde dazusein und dann zu gehen, noch in der letzten Stunde erst zu kommen. Und es genügt auch nicht zu sagen, wir haben keine Zeit. Es ist nur eine Frage, wofür man Zeit hat.

Ernst Ulrich von Weizsäcker: Danke schön. Wir wollen uns aber nicht wie der Pfarrer in der Kirche über die unterhalten, die nicht da sind. Ich jedenfalls bin sehr dankbar, daß Herr Dr. Lintzen sich jetzt noch die Zeit genommen hat, dazuzukommen und gerade diese Abschlußdiskussion mitzunehmen, die vielleicht das Politischste an diesem Kongreß ist.

Dr. Thomas Köster, Geschäftsführer Handwerkstag Nordrhein-Westfalen, Düsseldorf: Herr Professor von Weizsäcker, das Thema Globalisierung ist für die mittelständische Wirtschaft ein Schicksalsthema, weil möglicherweise sehr starke mittelständische Märkte davongefegt werden, aber nicht nur Märkte, sondern auch ganze Geschäftskulturen und das, was sich an gewerblicher Tradition über lange Zeit angesammelt hat. Frau Henderson hat interessanterweise davon gesprochen, es gehe um einen kulturellen Code auch für das Ökonomische. Das ist etwas, was auf den ersten Blick auch in weiten Bereichen des Mittelstandes auf eine erhebliche Resonanz stoßen kann. Ich möchte daran erinnern, daß die deutsche historische Schule der Nationalökonomie – wenn ich Namen wie Gustav von Schmoller und Werner Sombart nennen darf – genau das zum Gegenstand ihrer Analyse gemacht hat. Die angelsächsische, modelltheoretisch orientierte Nationalökonomie hat dies anschließend aufgerollt, und die Freiburger Schule hat dann durch Walter Eucken den Versuch unternommen, die Antinomie zwischen der angelsächsischem Modelltheorie und der historischen Schule der Nationalökonomie zu überwinden.

An Herrn Hösle und an Frau Henderson richte ich die Frage: Ist es nicht doch so, daß generell die ökonomischen Gesetze gelten, die dann lediglich, von Land zu Land unterschiedlich und nach einem gewissen kulturellen Code, Abwandlungen erfahren? Letztlich schlagen aber die ökonomischen Gesetze durch. Man kann sich ihnen letzten Endes nicht entziehen. Zu diesem Punkte hätte ich gerne von Ihnen, Herr Hösle, und von Frau Henderson eine Ergänzung.

Karin Robinet: Ich habe eine Frage an Herrn Lehner. Sie haben gesagt, man müsse die Ökologie viel stärker für Wachstumsprozesse nutzen. Die Frage treibt mich auch um, und ich frage mich, ob das nicht ein immanenter Widerspruch ist, wenn man sich noch einmal in Erinnerung ruft, was Herr Danielmeyer von den Grenzen des Wachstums erzählt hat. Vielleicht könnten Sie darauf eingehen.

Eine zweite Frage habe ich zur Strategie der Kooperation. Es ist hier sehr viel von Wettbewerb die Rede gewesen. Frau Henderson hat auf die Strategie der Kooperation verwiesen. Mir ist noch unklar, was sozusagen das Eigeninteresse ist. Wer sagt uns, daß solche Kooperationen immer zum Besseren führen müssen? GATT scheint mir ein Gegenbeispiel zu sein. Da sehe ich einen immanenten Widerspruch, über den ich gerne noch etwas mehr gehört hätte.

Dr. William Robert Dasilva, Goa University, Indien/Universität Osnabrück: Was Frau Henderson und Herr Posey gesagt haben, habe ich als zwei extreme Positionen an den Enden eines Kontinuums empfunden. Das Beispiel meines eigenen Landes zeigt, daß es große Bereiche auf dieser Welt gibt, die nicht in der Globalisierung gefangen sind. Die Globalisierung geht über ihre Köpfe hinweg, zerstört aber mit der Marktöffnung nun ein ganzes System traditionsreicher regionaler Unternehmen. Die Öffnung der Märkte hängt zusammen mit der Krise der politischen Parteien und dem Eindringen internationaler Einflüsse, was dann auch die Voraussetzung war für so etwas wie ein kulturell bestimmtes Konsumentenbewußtsein.

Für die bestehenden Unternehmen ist nun, unabhängig von der Art der Probleme, die sie bekommen haben, die Frage nicht, wie sie in einem romantischen Sinne den Weg zurück finden, sondern wie man aufrechterhält, was noch existiert und von der Zerstörung bedroht ist.

Ein Beispiel. Die zahlreichen Anthropologen, die ich in diesen Gegenden arbeiten gesehen habe, entfremden die Menschen von ihrem Wissen und ihrer eigenen Sprache. Das Ergebnis dieser Entfremdung von zum Beispiel dem Wissen über die Artenvielfalt der Wälder ist, daß nun Unternehmen dabei sind, diese Artenvielfalt zu sammeln. Wären die Anthropologen nicht dorthin gekommen, könnten die Gemeinschaften sich nach wie vor selbst versorgen. Vorher hatten sie nämlich viele dieser Bedürfnisse nicht, die nun aufkommen.

Was dort passiert, ist, daß eine große Mittelschicht ihre Autonomie verliert, ohne dabei – jedenfalls bisher – der bereits auf hohem Niveau voranschreitenden Globalisierung ausgesetzt zu sein. Dazu kommt: Wo diese Globalisierung auf die lokale Ebene durchdringt, kooperieren die großen Unternehmen untereinander bei der Ausbeutung. Im Ergebnis werden die vorhandenen Unternehmen zerstört. Das ist keine Romantisierung, das ist Realität.

Dritter Punkt: Eine große Zahl solcher „Bauerngemeinden" ist im Bruttoinlandsprodukt überhaupt nicht erfaßt. Die Berechnungen des Bruttoinlandsprodukts sind absolut spekulativ. Zahlreiche produzierende Unternehmen dieser Menschen werden in keinerlei Statistik erfaßt. Damit sind also die internationalen Vergleichszahlen der Produktion solcher Länder schlicht falsch.

Dennoch aber sind genau diese Menschen die Opfer der Ausbeutung durch globale Unternehmen, neue Technik und ökologische Anforderungen Wie sieht die Lösung aus, die zwischen den beiden Extremen liegt? Das ist meine Frage.

Ernst Ulrich von Weizsäcker: Vielen Dank. Ich möchte Gelegenheit zu einigen Anworten geben. Bitte, Hazel, möchten Sie beginnen?

Hazel Henderson: Die erste Frage war, ob es möglich ist, die Währungsspekulation in den Griff zu bekommen. Das können die Zentralbanken durchaus. Sie müssen dazu verpflichtet werden, und die Politiker können sie dazu verpflichten. Ich habe in der Mai-Ausgabe des Magazins „Futures" ein Papier veröffentlicht, in dem ich beschreibe, wie das bewerkstelligt werden kann.

Der zweite Punkt war: Wie kann man die Verbindungen zwischen Politikern, Unternehmen und finanziellen Interessen transparenter machen? Nach einer repräsentativen Umfrage vertrauen siebzig Prozent der US-Amerikaner der Regierung in Washington nicht mehr. Diese Menschen haben recht. Sie sind der Meinung, daß die Regierung Gruppeninteressen dient, daß sie den Unternehmen und den großen Finanzmächten dient. Wenn wir Kooperation und Wettbewerb analysieren, ist es wichtig, darauf zu achten, wer kooperiert und wer im Wettbewerb steht. Schauen Sie sich an, wie die Welthandelsorganisation WTO zustande kam. Es war eine Kooperation von Unternehmen und Regierungen. Die Bürgerbewegungen und erst recht die indigenen Völker haben dort nichts zu sagen. Das gleiche gilt für den GATT-Prozeß.

Es ist deshalb enorm wichtig, daß Bürgerbewegungen mit den Medien zusammenarbeiten. Manchmal waren auch die UN ein großer Hoffnungsträger, wenn sie Weltkongresse abgehalten haben, in denen solche Themen im Vordergrund standen. Die Kooperation mit den Medien und solche UN-Veranstaltungen sind das einzige Mittel, Verflechtungen dieser Art ans Tageslicht zu bringen. Denn es stimmt, daß viele Unternehmen, so, wie sie heute untereinander und mit Regierungen kooperieren, die wir gewählt haben, durch die Lande ziehen und sowohl Ressourcen der Biosphäre wie auch die Lebensgrundlage von Gemeinschaften zerstören, die sich bis dahin selbst versorgen konnten.

Dies sind sehr komplexe Themen. Deshalb bin ich sehr froh, daß die letzte Intervention deutlich gemacht hat, wie sehr wir aufpassen müssen, wenn wir analysieren wollen, wo die Kooperation stattfindet. Findet sie hinter den Kulissen statt? Wenn es eine Kooperation ist, die als Geheimabsprache gebrandmarkt werden muß, dann müssen wir davon Kenntnis bekommen.

Franz Lehner: Ich will mich auf Frau Robinet konzentrieren und drei Antworten geben.Meine erste Antwort ist eine Wuppertaler Antwort: Die Ressourcenproduktivität muß verbessert werden. Ernst Ulrich von Weizsäcker spricht vom

„Faktor Vier", Friedrich Schmidt-Bleek etwas radikaler vom „Faktor Zehn". Das ist eine phantastische Antwort, weil sie erlaubt, das Ökologieproblem mit einem stark innovativen Element zu verbinden.

Was haben wir in den letzten hundert Jahren dadurch gewonnen, daß wir immer wieder die Arbeitsproduktivität vorangetrieben haben? Es sind unendlich viele neue Erfindungen technischer wie sozialer Art entstanden, und auch viel Wohlstand. Heute allerdings, so müssen wir einräumen, treiben wir es zu weit. Wir schießen über das Ziel hinaus, wir vernichten Arbeitsplätze. Aber eine Verbesserung der Ressourcenproduktivität könnte uns viele Jahre und Jahrzehnte lang genauso vorantreiben. Wir würden gezwungen, mehr mit sehr viel weniger Aufwand zu entwickeln, zu konstruieren und zu bauen. Es gäbe ein Mehr, also Wachstum, aber eben mit einer sehr hohen Produktivität.

Nehmen wir ein Beispiel: Wir sind in unserem Institut gegenwärtig dabei, mit dem Wirtschaftsverband Stahl, mit der Internationalen Bauausstellung und mit dem Wuppertal Institut ein Projekt „Wohnungsbau Stahl" zu entwickeln. Wenn das so läuft, wie wir es planen, werden wir dabei Bauformen entwickeln, die enorm flexibel und kostengünstig sind, die viele Wohnungsprobleme lösen helfen, gerade auch für Bezieher geringerer Einkommen, die neue Arbeitsplätze schaffen werden und die ökologisch dem, was wir heute bauen, weit überlegen sein werden. Ressourcenproduktivität heißt also meine erste Antwort.

Die zweite heißt Umweltsteuer. Die Kritik an der Umweltsteuer lautet, es würde mit einem Federstrich die Wettbewerbsfähigkeit der Wirtschaft zerstört. Wie verhindert man das? Indem man die Steuer deckelt. Sagen wir, wir wollen sie zum 1. Januar 2001 einführen. Dann rechnet man für 1999 für jedes Unternehmen aus, wie groß die Summe an Steuern ist, die es durch das Streichen all der arbeitsbezogenen und anderen Steuern spart, und legt fest, daß die neue Ökosteuer für eine Übergangszeit von 10 oder 15 Jahren nicht über diese Summe hinausgeht. Es wird also zunächst kein Unternehmen im Wettbewerb durch die Ökosteuer schlechtergestellt. Die ökologisch etwas fortschrittlicheren Unternehmen können sich sehr bald besserstellen. Die Rechnung bezahlt der Staat, der weniger Steuereinnahmen hat, und das ist gar nicht schlecht. Dann muß er vielleicht doch noch einmal lernen, richtig produktiv zu werden, statt immer zu kürzen. Übrigens kann man diese Ökosteuer national unglaublich gut nutzen und auch ein schönes System des Grenzausgleichs aufbauen – das will ich jetzt nicht ausführen. Man schafft damit auch ein viel einfacheres Steuersystem, weil es viel, viel weniger Steuersubjekte gibt.

Die dritte Antwort heißt dynamische Regulation. Wenn wir heute ökologische Probleme regulieren, dann schreiben wir meistens einen Standard willkürlich vor, den wir dann irgendwann ändern. Niemand in der Wirtschaft weiß, wie lange der Standard gültig bleibt und wie lange die technische Lösung gesetzlich vorgeschrieben bleibt. Die Rahmenbedingungen sind also höchst instabil. Wenn man aber vorausschauend festlegt, wie die Standards sich in den nächsten 15 Jahren verändern werden, wenn man den Unternehmen sagt, daß die Hürden immer höher werden, ihnen aber schon 15 Jahre vorher offenbart, wo es hingeht, dann können sich Unternehmen innovativ anpassen. Dann gewinnen diejenigen, die heute schon die Standards der Zukunft zu erreichen versuchen. Trotz dieser Dynamik hat man dann absolut stabile Bedingungen, wie sie die heutige Regulation nicht bietet. Dadurch aber induziert man Innovation und Wachstum.

Ernst Ulrich von Weizsäcker: Ich habe gerade Farel Bradbury lächeln gesehen. Er hat mehr oder weniger genau dies in der ersten Sitzung gesagt.

Vittorio Hösle: Drei Fragen sind angesprochen worden, zu denen etwas zu sagen ist. Es ist erstens in der Spieltheorie völlig unumstritten, daß in einer Gewinn-Gewinn-Situation, in der zwei Seiten Vorteile haben, nicht unbedingt auch Dritte profitieren müssen. Das klassische Beispiel sind Kartelle. Der Witz der Kartellgesetzgebung ist gerade, zu verhindern, daß Unternehmer aus Gefangenendilemmasituationen herauskommen. Sie sollen in Gefangenendilemmasituationen bleiben, weil das für den Konsumenten besser ist.

Ein zweiter Punkt: Wir müssen wohl in der Tat davon ausgehen, daß es allgemeine anthropologische Konstanten gibt, daß sie sich aber historisch ausdifferenzieren. Das Gewinnstreben als Erwerbszweck ist wohl etwas spezifisch Neuzeitliches. Das hat es bei einzelnen Individuen in der Antike und im Mittelalter gegeben, aber es waren nicht genügend Leute da, die das aufgegriffen und die Gesellschaft entsprechend geändert hätten. Damit eine Gesellschaft davon profitieren kann, müssen sehr spezielle kulturelle Bedingungen geschaffen sein.

Ich denke, daß diese Bedingungen im wesentlichen mit bestimmten Einstellungen zur Wirklichkeit zu tun haben, das heißt, mit religiösen Einstellungen. Daraus folgt eine sehr wichtige Konsequenz: Nicht alle Kulturen sind gleichermaßen in der Lage, profitabel mit kapitalistischen Grundstrukturen umzugehen. Die eigentliche Frage, die Max Weber in seinem späten Werk erforschte, war die nach den religiösen Rahmenbedingungen sozialer Systeme. Offenbar sind keineswegs nur die protestantisch geprägten Kulturen zum Aufbau des Kapitalismus in der Lage. Wir stellen fest, daß die ostasiatischen Kulturen es auch können. Vielleicht werden sie sogar noch besser in der Lage sein als wir.

Eine der Hauptaufgaben einer umfassenden Kultursoziologie ist meiner Ansicht nach, herauszufinden, was ich den Modalitätskompatibilitätsfaktor der einzelnen Kulturen nenne. Nicht alle Kulturen sind modalitätskompatibel. Einige sind es; vielleicht sind einige sogar in der Lage, das Projekt der Moderne, das vermutlich selbstzerstörerisch ist, segensreich werden zu lassen und zu erweitern, und vielleicht können wir von Ostasien viel lernen.

Zur dritten Frage nach den Politikern nur eine sehr persönliche Meinung. Ich gestatte mir da, von meinem verehrten Freund Ernst Ulrich etwas abzuweichen. Ich denke, wir sollten nicht zu schwarzmalen. Wir können durch Effizienzsteigerung und durch Förderung von Innovativität einiges erreichen. Aber wir müssen den Menschen auch sagen, daß die außerordentlich günstigen, weltgeschichtlich einzigartigen wirtschaftlichen Bedingungen, in denen etwa die Deutschen in den letzten 20 oder 30 Jahren gelebt haben, aus moralischen Gründen und aufgrund anderer weltwirtschaftlicher Entwicklungen nicht mehr zu halten sein werden. Das ist keine Tragödie, denn wenn man nicht soviel Energie verwenden kann, wie wir heute haben, kann man viele andere Werte entdecken; es muß den Menschen überhaupt kein Glücksverzicht abverlangt werden. Aber man muß ihnen sagen, daß sie von liebgewordenen Gewohnheiten Abstand nehmen müssen. Die Effizienzrevolution muß von einer Suffizienzrevolution begleitet werden. Die menschliche Bedürfnisstruktur ist derart, daß alle Steigerungen der Effizienz durch Steigerung der Bedürfnisse eingeholt werden, wenn nicht eine bewußte Entscheidung für einen bestimmten Deckel der Bedürfnisse getroffen wird. Wenn wir nicht anerkennen, daß wir diese Entscheidung treffen müssen und daß darin unsere Freiheit und Würde liegt, dann hilft die Effizienzsteigerung alleine nicht.

Ernst Ulrich von Weizsäcker: Ganz herzlichen Dank. Da gibt es auch gar keinen Widerspruch. Ich sage nur gelegentlich, es ist nicht gut, wenn die Reichen den Armen sagen, sie müssen bescheidener werden.

Darrell Posey: Ich möchte Herrn Dasilva antworten, denn er bringt uns in die Realität zurück, und zu der Frage, was wir nun mit den Gemeinschaften machen sollen, die, wie ich nach wie vor meine, mit höchster Priorität unterstützt werden müssen. Die Antwort auf diese Frage ist leider: Wir wissen es nicht. Wir wissen, daß es zahlreiche Versuche gibt herauszufinden, wie man es tun soll, viele davon in Indien. Ein Teil des Wandels der Wissenschaft von einer Einrichtung, die die Gesellschaft erforscht, zu einer, die der Gesellschaft dient, findet in Indien statt. Ein gutes Beispiel ist das sogenannte Community Registry Movement. In diesem Projekt arbeiten Wissenschaftler mit Gemeinden zusammen, um deren traditionell genutzte Varietäten von Nutzpflanzen, medizinischen und anderen Pflanzen zu dokumentieren. Die Gemeinden erstellen die Dokumentation und behalten die Daten unter ihrer Kontrolle. Das ist ein sehr interessanter Vorgang. Der Wissenschaftler steht im Dienst der lokalen Gemeinschaft, und seine Aufgabe ist, sich zu fragen, wie er ihr nützlich sein kann.

Unter solchen Umständen ist es wesentlich einfacher herauszufinden, welche Projekte nützlich für die Gemeinden sind, von ihnen ausgehen und von ihnen verwaltet werden. Eine der großen Herausforderungen ist, dafür die Methodologie zu entwickeln, denn dies ist ein methodologisches Problem. Die Konvention über die Artenvielfalt (Biodiversity Convention) verlangt zum Beispiel Untersuchungen über Umweltauswirkungen. Die Frage ist: Wie können wir dieses Mandat so wahrnehmen, daß die Kriterien für die Evaluation nicht in den Händen der Wissenschaftler und technischen Experten liegen, sondern daß regional verankerte kognitive Kategorien und das Umweltwissen und die Prioritäten der Menschen hineingenommen werden? Woran erkennt man von ihrem Standpunkt aus Veränderungen, und wie entscheiden sie, ob diese Veränderungen positiv oder negativ waren? Das ist bisher nicht geschehen. Es hat lediglich Ansätze gegeben. Dies ist ein Problem, mit dem wir uns als internationale Scientific Community konfrontieren müssen. Bisher wissen wir nicht, wie wir vorgehen müssen. Aber wir müssen es versuchen.

Außerdem brauchen wir meines Erachtens eine Ethno-Ökonomie. Es gibt bisher keine Theorie der Ethno-Ökonomie, soweit ich das beurteilen kann. Wir wissen, daß diese lokalen Gemeinschaften seit Tausenden von Jahren funktionieren, und wir wissen, daß sie nicht deshalb funktionieren, weil sie isoliert sind – ganz und gar nicht. Zwischen den Anden und der Amazonasmündung, über Tausende von Kilometern, gab es einen ausgedehnten Handel, lange bevor der erste Europäer eintraf. Wie konnten diese Mikroökonomien überleben und sich in sehr andersartige und internationale Wirtschaftssysteme einfügen? Das hat nie jemand untersucht. Niemand hat sich ernstlich daran gemacht, eine Ethnowissenschaft lokaler Wirtschaftssysteme zu entwickeln. Ich halte das für sehr dringlich.

Ernst Ulrich von Weizsäcker: Vielen Dank. Wir sind alle sehr glücklich, wie Herr Ministerpräsident gestern früh gesagt hat, daß die Grenze zwischen Deutschland Ost und Deutschland West gefallen ist. Der Sozialismus ist kollabiert, und wir waren alle sehr glücklich darüber. Wir dürfen uns fragen: Wenn der Sozialismus der Verlierer war, wer war eigentlich der Sieger? Manche sagen, es war die Marktwirtschaft. Andere sagen, es war die Demokratie. Ich behaupte, es waren die beiden zusammen. Und die gehören untrennbar zusammen. Denn die Marktwirtschaft – um es zu karikieren – ist gut dafür, daß die Starken die Schwachen besiegen. Damit aber die Schwachen nicht hilflos am Boden liegen bleiben, haben wir die Demokratie, in der sich dann die Mehrheiten notfalls zur Wehr setzen können. Das geht so lange gut, wie die geographische Reichweite der Demokratie ungefähr harmoniert mit der geographischen Reichweite des Marktes. In dem Moment allerdings, wo der Markt strukturell global und die Demokratie strukturell national ist, gerät das Kräftegleichgewicht aus den

Fugen und geraten die nationalen Regierungen, wie wir in einem eindrucks-vollen Plädoyer von Victoria Tauli-Corpuz von den Philippinen gelernt haben, sehr in Versuchung, sich zu schlichten Handlangern des internationalen Kapitals zu machen, so daß dann für die bedrängten Bergstämme der Philippi-nen die Globalisierung genau das gleiche Gesicht hat wie vorher die Kolonisie-rung.

Wenn wir bei uns im Lande genauer auf die Machtverhältnisse schauen, wenn wir sehen, wie die tiefverschuldete Bundesrepublik und das tiefverschul-dete Land Sachsen dem schwerreichen Volkswagenkonzern Hunderte von Mil-lionen in die Tasche stecken, unter Inkaufnahme eines Zerwürfnisses mit der Europäischen Kommission, dann sieht man, wer hier die Macht hat.

Das heißt also: Die Globalisierung ist, für sich genommen, durchaus etwas Wünschenswertes. Aber sie wird erst dann erträglich, wenn wir, wie Hazel Hen-derson das brillant vorgeführt hat, das Machtgleichgewicht einigermaßen wie-derherstellen. Dazu haben wir in dieser Podiumsdiskussion eine Menge gelernt.

Da gibt es einmal den Gedanken an die Tobin-Steuer, die Devisenumsatz-steuer. Ich stimme Hazel vollständig zu: Die Zentralbanken sind praktisch und politisch in der Lage, die Tobin-Steuer durchzusetzen, und wenn sie es täten, wäre das gut für das Weltwirtschaftsgeschehen. Wir haben weiter gesehen, daß die globalen Unternehmungen ja schließlich nicht nur wirtschaftlichen Geset-zen gehorchen, sondern sehr wohl auch moralische Bedingungen akzeptieren müssen. Sie können auf Dauer gar nicht anders überleben. Man muß aber heute den Druck auf sie verstärken, zum Beispiel durch bestimmte Aktionen, wie sie gelegentlich Greenpeace macht. Der internationale Shell-Konzern hat vor Greenpeace viel mehr Respekt als vor der britischen Regierung.

Die Konzerne haben also sehr wohl Veranlassung, sich weltweit so zu ver-halten, daß ihnen nicht plötzlich auf irgendwelchen Kundenmärkten der Spie-gel vorgehalten wird und die Kunden weglaufen. Wir können über die Kirchen, über die Verbraucherverbände, über Verbraucheraufklärung, über Kennzeich-nung – Darrell Posey hat davon gesprochen – dafür sorgen, daß die Rückmel-dung an das Privatkapital intakt bleibt. Wir können das sicherstellen über Inve-storengruppen, diese Ethical Investment Funds, die bereits 670 Milliarden US-Dollar an Investitionsgewicht in der Hand haben.

Wir haben viele Möglichkeiten. Wir können an einer Art Globalisierung der Demokratie arbeiten, ohne daß dies in eine Homogenisierung und Zerstörung der Vielfalt einmünden müßte. Wir müssen die Vielfalt, auch die lokale und regionale Vielfalt, als einen Wert an sich ansehen. Das ist auch etwas, was ich in verschiedenen Gesprächen in diesem Kongreß gelernt habe.

Wir stehen eigentlich erst am Anfang einer neuen Agenda, die mit dem Stich-wort „Grenzen-los" angestoßen worden ist. Franz Lehner hat uns mit Recht ermutigt, die Ärmel hochzukrempeln und etwas zu tun. Ich bin überzeugt, daß wir in den nächsten zehn Jahren immer wieder auf dieses Thema zurückkommen werden.

Ich bin dem Wissenschaftszentrum Nordrhein-Westfalen sehr dankbar, daß es uns die Möglichkeit gegeben hat, zu diesem ganz neuen Gebiet auf unsicherem Terrain einen anspruchsvollen Kongreß zu organisieren. Und ich schließe mit einem nochmaligen, nachdrücklichen Dank an alle Rednerinnen und Redner und an Sie als geduldige Teilnehmer. Vielen Dank.

Anhang

Referenten und Moderatoren

Prof. Dr. Robert J. Berry, Department of Biology, University College, London

Prof. Dr. Ernst-Wolfgang Böckenförde ist ehemaliger Richter am Bundesverfassungsgericht in Karlsruhe

Prof. Dr. Hans Günter Danielmeyer, Fakultät für Physik der Technischen Universität München, Vizepräsident der European Science and Technology Assembly und ehem. Vorstandsmitglied der Siemens AG

Prof. Dr. Wouter van Dieren ist Direktor des Instituut voor Milieu en Systemanalyse (IMSA), Amsterdam, Stellvertretender Vorsitzender des Internationalen Beirats des Wuppertal Instituts für Klima, Umwelt, Energie und Mitglied des Club of Rome

Prof. Dr. Matthias Finger ist Professor für Management öffentlicher Unternehmen, Graduate Institute of Public Administration, Lausanne, Schweiz, und Senior Associate of the Global Affairs Institute. Maxwell School of Citizenship and Public Affairs, Syracuse University, USA

Prof. Dr. Orio Giarini ist Generalsekretär und Direktor der Internationalen Vereinigung für das Studium der Versicherungswirtschaft, Genf, und Mitglied des Club of Rome

Prof. Dr. Bernd Guggenberger, Institut für Ökonomische Analyse politischer Systeme und Politikfeldanalysen, Freie Universität Berlin

Dr. Hazel Henderson ist unabhängige Zukunftsforscherin, hat den Horace Albright-Lehrstuhl an der Universität von Kalifornien in Berkeley inne und ist Mitglied der World Business Academy und der World Futures Studies Federation

Prof. Dr. Peter Hennicke ist Direktor der Abteilung Energie des Wuppertal Instituts für Klima, Umwelt, Energie im Wissenschaftszentrum Nordrhein-Westfalen

Prof. Dr. Oswald Hess, Genetisches Institut der Universität Düsseldorf

Prof. Dr. Vittorio Hösle, Kulturwissenschaftliches Institut im Wissenschaftszentrum Nordrhein-Westfalen, Essen

Wolfram Huncke, Leiter Öffentlichkeitsarbeit und Kommunikation am Wuppertal Institut für Klima, Umwelt, Energie im Wissenschaftszentrum Nordrhein-Westfalen

Dr. Ivan Illich, Guernavaca, Mexiko, ist Autor und Dozent in Bremen

Prof. Dr. Doris Janshen lehrt Soziologie an der Universität Essen

Dr. Florentin Krause, Lawrence Berkeley Laboratory, Kalifornien, USA

Dr. Hans Kremendahl ist Oberbürgermeister der Stadt Wuppertal

Professor Dr. Franz Lehner ist Präsident des Instituts Arbeit und Technik im Wissenschaftszentrum Nordrhein-Westfalen, Gelsenkirchen

Prof. Dr. Klaus Meyer-Abich ist Professor der Naturphilosophie an der Universität Essen

Prof. Dr. Patrick Minford, Professor of Applied Economics, The University of Liverpool, England

Prof. Dr. Dieter Oesterhelt ist Direktor am Max-Planck-Institut für Biochemie, München

Prof. Dr. Jürgen Osterhammel war im Historischen Institut der Fernuniversität Hagen im Fachbereich neuere und insbesondere außereuropäische Geschichte tätig und ist jetzt am Wissenschaftskolleg Berlin

Dr. Gerhard Ott ist Präsident des Deutschen Nationalen Komitees (DNK) des World Energy Council, London, und Ehrenpräsident des World Energy Council

Prof. Dr. Riccardo Petrella, Katholische Universität Löwen, ist Präsident der „Gruppe von Lissabon"

Prof. Dr. Ernst Pöppel ist Mitglied des Vorstands des Forschungszentrums Jülich GmbH

Dr. Darrell Addison Posey ist Direktor des Programms für „Traditional Resource Rights", Oxford Centre for the Environment, Ethics & Society, Mansfield College University of Oxford

Dr. hc. mult. Johannes Rau ist Ministerpräsident des Landes Nordrhein-Westfalen

Prof. Dr. Gerhard Scherhorn hat den Lehrstuhl für Konsumtheorie und Verbraucherpolitik an der Universität Hohenheim inne und ist Direktor der Arbeitsgruppe Neue Wohlstandsmodelle am Wuppertal Institut für Klima, Umwelt Energie im Wissenschaftszentrum Nordrhein-Westfalen

Prof. Dr. Rainer K. Silbereisen hat den Lehrstuhl für Entwicklungspsychologie an der Friedrich-Schiller-Universität Jena inne

Prof. Dr. Uwe Sleytr, Zentrum für Ultrastrukturforschung und Ludwig-Boltzmann-Institut für Molekulare Nanotechnologie, Wien

Victoria Tauli-Corpuz ist Sprecherin der Cordillera Peoples' Alliance, Baguio City, Philippinen

Prof. Dr. Ernst Ulrich von Weizsäcker ist Präsident des Wuppertal Instituts für Klima, Umwelt, Energie im Wissenschaftszentrum Nordrhein Westfalen und Mitglied des Club of Rome

Chancen einer zukunftsfähigen Verkehrspolitik

Mobilität gilt heute als Synonym für wirtschaftlichen Erfolg und modernen Lebensstil. Mittlerweile wendet sich der mobile Fortschritt allerdings zunehmend gegen uns selbst und gegen die Umwelt: Die Städte ersticken im Verkehr. Luftverschmutzung und Ozonalarm, Verkehrslärm und Klimabedrohung erfordern neue Lösungen. Es gilt, Wege aus der Krise zu finden, die allen Verkehrsteilnehmern gerecht werden. Rudolf Petersen und Karl Otto Schallaböck geht es um das ökologisch und gesellschaftlich verträgliche Verkehrssystem der Zukunft und erfolgversprechende Strategien. Mobilität soll erhalten bleiben, ohne daß die Natur weiterhin Schaden nimmt.

Rudolf Petersen / Karl Otto Schallaböck
Mobilität für morgen
Chancen einer zukunftsfähigen Verkehrspolitik

Originalausgabe
375 Seiten mit 29 Farbabbildungen.
Gebunden mit Schutzumschlag
ISBN 3-7643-5214-0

In allen Buchhandlungen erhältlich

Here comes the Sun

Dieses *Wuppertal Paper-back* besticht durch seine aktuellen Informationen und innovativen Konzepte: Der notwendige, radikale Strukturwandel in der Energiewirtschaft ist nur mit erneuerbaren Energiequellen zu bewerkstelligen.

Harry Lehmann, Torsten Reetz
Zukunftsenergien
Strategien einer neuen Energiepolitik
Originalausgabe
288 Seiten
36 Strich- und s/w-Abbildungen
und 20 Tabellen
Broschur
ISBN 3-7643-5144-6
Wuppertal Paperback

**In allen Buchhandlungen
erhältlich**

BIRKHÄUSER
SACHBÜCHER

Printed by Printforce, the Netherlands